CATIA 认证工程师成长之路丛书

CATIA V5-6R2014 速成宝典

（配全程视频教程）

戚国祥　编著

電子工業出版社
Publishing House of Electronics Industry
北京·BEIJING

内 容 简 介

本书是系统学习 CATIA V5-6R2014 软件的速成宝典书籍，内容包括 CATIA V5-6R2014 的安装方法和基本操作、二维草图的设计、零件设计、曲面设计、钣金设计、装配设计、工程图设计、模具设计和数控加工与编程等，各功能模块都配有大量综合实例供读者进一步深入学习和演练。

本书以“全面、速成、简洁、实用”为指导，讲解由浅入深，内容清晰简明、图文并茂，在内容安排上，本书结合大量的范例对 CATIA V5-6R2014 软件各个模块中一些抽象的概念、命令、功能和应用技巧进行讲解，所使用的范例或综合实例均为一线真实产品，这样能使读者较快地进入到工作实战状态；在写作方式上，本书紧贴 CATIA V5-6R2014 软件的真实界面进行讲解，使读者能够直观、准确地操作软件，从而提高学习效率。本书讲解所使用的模型和应用案例覆盖了不同行业和领域，具有很强的实用性和广泛的适用性。本书附带 1 张多媒体 DVD 教学光盘，制作了与本书全程同步的语音视频文件，含 366 个 CATIA 应用技巧和具有针对性实例的语音教学视频，长达 12.5 小时（750 分钟）。光盘还包含了本书所有的素材源文件和已完成的实例文件。

本书可作为工程技术人员的 CATIA 自学教程和参考书，也可供大专院校机械专业师生作为教学参考用书。

图书在版编目（CIP）数据

CATIA V5-6 R2014 速成宝典/戚国祥编著.—北京：电子工业出版社，2016.4
（CATIA 认证工程师成长之路丛书）
配全程视频教程
ISBN 978-7-121-26457-3

Ⅰ. ①C… Ⅱ. ①戚… Ⅲ. ①机械设计—计算机辅助设计—应用软件—工程师—资格考试—自学参考资料 Ⅳ. ①TH12

中国版本图书馆 CIP 数据核字（2015）第 142345 号

策划编辑：管晓伟
责任编辑：管晓伟　　特约编辑：王欢 等
印　　刷：北京京师印务有限公司
装　　订：北京京师印务有限公司
出版发行：电子工业出版社
　　　　　北京市海淀区万寿路 173 信箱　　邮编：100036
开　　本：787×1092　1/16　印张：22　字数：534 千字
版　　次：2016 年 4 月第 1 版
印　　次：2016 年 4 月第 1 次印刷
定　　价：49.90 元（含多媒体 DVD 光盘 1 张）

凡所购买电子工业出版社图书有缺损问题，请向购买书店调换。若书店售缺，请与本社发行部联系，联系及邮购电话：（010）88254888。

质量投诉请发邮件至 zlts@phei.com.cn，盗版侵权举报请发邮件至 dbqq@phei.com.cn。

服务热线：（010）88258888。

前　言

CATIA 是由达索系统公司开发的一套功能强大的三维 CAD/CAM/CAE 软件系统，其功能涵盖了产品从概念设计、工业造型设计、三维模型设计、分析计算、动态模拟与仿真、工程图输出到生产加工的全过程。2012 年，Dassault Systemes 推出了全新的 CATIA V6 平台。但作为最经典的 CATIA 版本——CATIA V5 在国内外仍然拥有许多的用户，并且那些已经过渡到 V6 版本的用户仍然需要在内部或外部继续使用 V5 版本进行团队协同工作。为了使 CATIA 各版本之间具有高度的兼容性，Dassault Systemes 随后推出了 CATIA V5-6 版本，对现有 CATIA V5 的功能系统进行加强与更新，同时用户还能够继续与使用 CATIA V6 的各部门、客户和供应商展开无缝协作。

编写本书的目的是帮助众多读者快速掌握 CATIA V5-6R2014 核心功能模块的使用方法，满足读者实际产品设计和制造的需求。本书是系统学习 CATIA V5-6R2014 软件的速成宝典书籍，其特色如下：

- **内容全面。**涵盖了产品的零件设计（含曲面、钣金设计）、装配、工程图设计、模具设计和数控加工等核心功能模块。
- **实例丰富。**由于书的纸质容量有限，所以随书光盘中包含了大量的范例或综合实例教学视频（全程语音讲解），这些范例或综合实例均为一线真实产品，这样的安排可以迅速提高读者的实战水平，同时也提高了本书的性价比。
- **实用、速成。**书中结合大量的案例对 CATIA V5-6R2014 软件各个模块中一些抽象的概念、命令、功能和应用技巧进行讲解，所使用的案例均为一线真实产品，使初学者能够直观、准确地操作软件，这些特点都有助于读者快速学习和掌握 CATIA V5-6R2014 这一设计利器。
- **附带 1 张多媒体 DVD 教学光盘。**包括 366 个 CATIA 应用技巧和具有针对性实例的语音教学视频，长达 12.5 小时（750 分钟），可以帮助读者更加轻松、高效地学习。

本书由戚国祥编著，参加编写的人员还有王双兴、郭如涛、马志伟、师磊、李东亮、白超文、张建秋、任彦芳、杨作为、陈爱君、夏佩、谢白雪、王志磊、张党杰、张娟、马斯雨、车小平、曾为劲。本书已经经过多次审校，但仍不免有疏漏之处，恳请广大读者予以指正。

电子邮箱：bookwellok @163.com　　　咨询电话：010-82176248，010-82176249。

编　者

本书导读

为了能更好地学习本书的知识，读者应仔细阅读下面的内容。

【写作软件蓝本】

本书采用的写作蓝本是 CATIA V5-6 R2014。

【写作计算机操作系统】

本书使用的操作系统为 64 位的 Windows 7，系统主题采用 Windows 经典主题。

【光盘使用说明】

为了使读者方便、高效地学习本书，特将本书中所有的练习文件、素材文件、已完成的实例、范例或案例文件、软件的相关配置文件和视频语音讲解文件等按章节顺序放入随书附带的光盘中，读者在学习过程中可以打开相应的文件进行操作、练习和查看视频。

本书附带多媒体 DVD 助学光盘 1 张，建议读者在学习本书前，先将 DVD 光盘中的所有内容复制到计算机硬盘的 D 盘中。

在光盘的 catxc2014 目录下共有 2 个子目录，分述如下。

（1）work 子文件夹：包含本书全部已完成的实例、范例或案例文件。

（2）video 子文件夹：包含本书讲解中所有的视频文件（含语音讲解），学习时，直接双击某个视频文件即可播放。

光盘中带有“ok”扩展名的文件或文件夹表示已完成的实例、范例或案例。

【本书约定】

◆ 本书中有关鼠标操作的简略表述说明如下。
- 单击：将鼠标指针光标移至某位置处，然后按一下鼠标的左键。
- 双击：将鼠标指针光标移至某位置处，然后连续快速地按两次鼠标的左键。
- 右击：将鼠标指针光标移至某位置处，然后按一下鼠标的右键。
- 单击中键：将鼠标指针光标移至某位置处，然后按一下鼠标的中键。
- 滚动中键：只是滚动鼠标的中键，而不是按中键。
- 选择（选取）某对象：将鼠标指针光标移至某对象上，单击以选取该对象。
- 拖移某对象：将鼠标指针光标移至某对象上，然后按下鼠标的左键不放，同时移动鼠标，将该对象移动到指定的位置后再松开鼠标的左键。

◆ 本书中的操作步骤分为“任务”和“步骤”两个级别，说明如下。

- 对于一般的软件操作，每个操作步骤以 步骤 01 开始。例如，下面是草绘环境中绘制矩形操作步骤的表述。
  - ☑ 步骤 01 选择下拉菜单 插入 ➡ 轮廓 ▸ ➡ 预定义的轮廓 ▸ ➡ 矩形 命令（或在“轮廓”工具栏单击“矩形”按钮）。
  - ☑ 步骤 02 定义矩形的第一个角点。根据系统提示 选择或单击第一点以创建矩形，在图形区某位置单击，放置矩形的一个角点，然后将该矩形拖至所需大小。
  - ☑ 步骤 03 定义矩形的第二个角点。根据系统提示 选择或单击第二点以创建矩形，再次单击，放置矩形的另一个角点。此时，系统即在两个角点间绘制一个矩形。
- 每个“步骤”操作视其复杂程度，下面可含有多级子操作。例如，步骤 01 下可能包含（1）、（2）、（3）等子操作，（1）子操作下可能包含①、②、③等子操作，①子操作下可能包含 a）、b）、c）等子操作。
- 对于多个任务的操作，则每个“任务”冠以 任务 01、任务 02、任务 03 等，每个“任务”操作下则包含“步骤”级别的操作。
- 由于已建议读者将随书光盘中的所有文件复制到计算机硬盘的 D 盘中，所以书中在要求设置工作目录或打开光盘文件时，所述的路径均以“D:”开始。

目　录

第 1 章 CATIA V5-6R2014 基础入门

1.1 CATIA V5-6R2014 R2014 应用详解

CATIA 软件的全称是 Computer Aided Tri-Dimensional Interface Application，是法国 Dassault System 公司（达索公司）开发的 CAD/CAE/CAM 一体化操作系统。CATIA 诞生于 20 世纪 70 年代，从 1982 年到 1988 年，CATIA 相继发布了 V1 版本、V2 版本、V3 版本，并于 1993 年发布了功能强大的 V4 版本，现在的 CATIA 软件分为 V4 和 V5 两个版本，V4 版本应用于 UNIX 系统，V5 版本可用于 UNIX 系统和 Windows 系统。

为了扩大软件的用户群并使软件能够易学易用，Dassauh System 公司于 1994 年开始重新开发全新的 CATIA V5-6R2014 版本，新的 V5-6R2014 版本界面更加友好，功能也日趋强大，并且开创了 CAD/CAE/CAM 软件的一种全新风貌。围绕数字化产品和电子商务集成概念进行系统结构设计的 CATIA V5-6R2014 版本，可为数字化企业建立一个针对产品整个开发过程的工作环境。在这个环境中，可以对产品开发过程的各个方面进行仿真，并能够实现工程人员和非工程人员之间的电子通信。产品整个开发过程包括概念设计、详细设计、工程分析、成品定义和制造乃至成品在整个生命周期（PLM）中的使用和维护。

在 CATIA V5-6R2014 R2014 中共有 13 个模组，分别是基础结构、机械设计、形状、分析与模拟、AEC 工厂、加工、数字化装配、设备与系统、制造的数字化处理、加工模拟、人机工程学设计与分析、知识工程模块和 ENOVIA V5 VPM（图 1.1.1），各个模组里又有一个到几十个不同的模块。认识 CATIA 中的模块，可以快速地了解它的主要功能。下面介绍 CATIA V5-6R2014 R2014 中的一些主要模组。

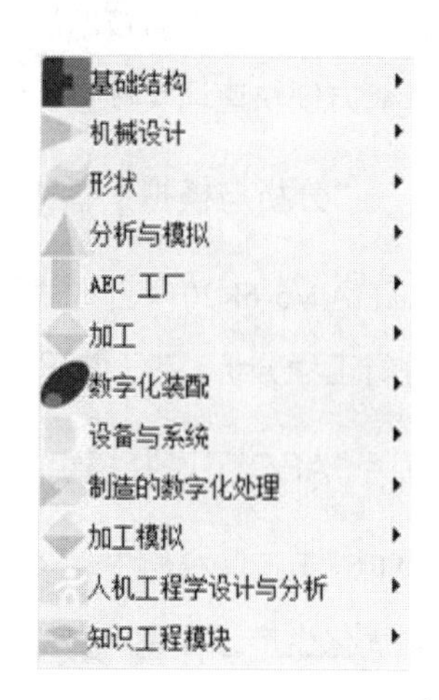

图 1.1.1　CATIA V5-6R2014 R2014 中的模

1.“基础结构”模组

“基础结构”模组主要包括产品结构、材料库、CATIA 不同版本之间的转换、图片制作和实时渲染等基础模块。

2. “机械设计”模组

从概念到细节设计，再到实际生产，CATIA V5-6R2014 的“机械设计”模组可加速产品设计的核心活动。“机械设计”模组还可以通过专用的应用程序来满足钣金与模具制造商的需求，以大幅提升其生产力并缩短上市时间。

“机械设计”模组提供了机械设计中所需要的绝大多数模块，包括零部件设计、装配件设计、草图绘制器、工程制图、线框和曲面设计等模块。本书中将主要介绍该模组中的一些模块。

3. “形状”模组

CATIA 外形设计和风格造型给用户提供有创意、易用的产品设计组合，方便用户进行构建、控制和修改工程曲面和自由曲面，包括自由曲面造型（FreeStyle）、汽车白车身设计（Automotive Class A）、创成式曲面设计（Generative Shape Design）和快速曲面重建（Quick Surface Reconstruction）等模块。

“自由曲面造型”模块给用户提供了一系列工具，来定义复杂的曲线和曲面。对 NURBS 的支持使得曲面的建立和修改，以及与其他 CAD 系统的数据交换更加轻而易举。

“汽车白车身设计”模块对设计类似于汽车内部车体面板和车体加强筋这样复杂的薄板零件提供了新的设计方法。可使设计人员定义并重新使用设计和制造规范，通过 3D 曲线对这些形状的扫掠，便可自动地生成曲面，从而得到高质量的曲面和表面，并避免了重复设计，节省了时间。

“创成式曲面设计”模块的特点是通过对设计方法和技术规范的捕捉和重新使用，从而加速设计过程，在曲面技术规范编辑器中对设计意图进行捕捉，使用户在设计周期中的任何时候都能方便快速地实施重大设计更改。

4. “分析与模拟”模组

CATIA V5-6R2014 创成式和基于知识的工程分析解决方案可快速对任何类型的零件或装配件进行工程分析，基于知识工程的体系结构，可方便地利用分析规则和分析结果优化产品。

5. “AEC 工厂”模组

“AEC 工厂”模组提供了方便的厂房布局设计功能，该模组可以优化生产设备布置，从而达到优化生产过程和产出的目的。“AEC 工厂”模组主要用于处理空间利用和厂房内物品的布置问题，可实现快速的厂房布置和厂房布置的后续工作。

6. “加工”模组

CATIA V5-6R2014 的“加工”模组提供了高效的编程能力及变更管理能力，相对于其他现有的数控加工解决方案，其优点如下：

- 高效的零件编程能力。
- 高度自动化和标准化。
- 高效的变更管理。
- 优化刀具路径并缩短加工时间。
- 减少管理和技能方面的要求。

7. “数字化装配”模组

“数字化装配”模组提供了机构的空间模拟、机构运动、结构优化的功能。

8. “设备与系统”模组

“设备与系统”模组可用于在 3D 电子样机配置中模拟复杂电气、液压传动、机械系统的协同设计和集成以及优化空间布局。CATIA V5-6R2014 的工厂产品模块可以优化生产设备布置，从而达到优化生产过程和产出的目的，它包括了电气系统设计、管路设计等模块。

9. “人机工程学设计与分析”模组

“人机工程学设计与分析”模组使工作人员与其操作使用的作业工具安全而有效地加以结合，使作业环境更适合工作人员，从而在设计和使用安排上统筹考虑。“人机工程学设计与分析”模组提供了人体模型构造（Human Measurements Editor）、人体姿态分析（Human Posture Analysis）、人体行为分析（Human Activety Analysis）等模块。

10. “知识工程模块”模组

“知识工程模块”模组可以方便地进行自动设计，同时还可以有效地捕捉和重用知识。

以上有关 CATIA V5-6R2014 的功能模块介绍仅供参考，如有变动应以法国 Dassauh System 公司的最新相关资料为准，特此说明。

1.2 CATIA V5-6R2014 软件的安装与启动

1. CATIA V5-6R2014 安装过程

本节将介绍 CATIA V5-6R2014 主程序、Service Pack（服务包）的安装过程，用户如需安装 LUM 与加设许可服务器相关的注册码，请洽询 CATIA 的经销单位。

下面将以 CATIA V5-6R2014 为例，简单介绍其主程序和服务包的安装过程。

步骤 01 先将安装光盘放入光驱内（如果已将系统安装文件复制到硬盘上，可双击系统安装目录下的 setup.exe 文件），等待片刻后，会出现“选择设置语言”对话框，选择欲安装的语言系统，在中文版的 Windows 系统中建议选择“简体中文”选项，单击 确定 按钮。

步骤 02 系统弹出“CATIA V5-6R2014 欢迎”对话框，单击 下一步 > 按钮。

步骤 03 系统弹出图 1.2.1 所示的对话框，在该对话框中单击 下一步 > 按钮。

如果用户使用的是中文版的 CATIA 软件，则没有此步操作，系统直接弹出“CATIA V5-6R2014 欢迎”对话框。

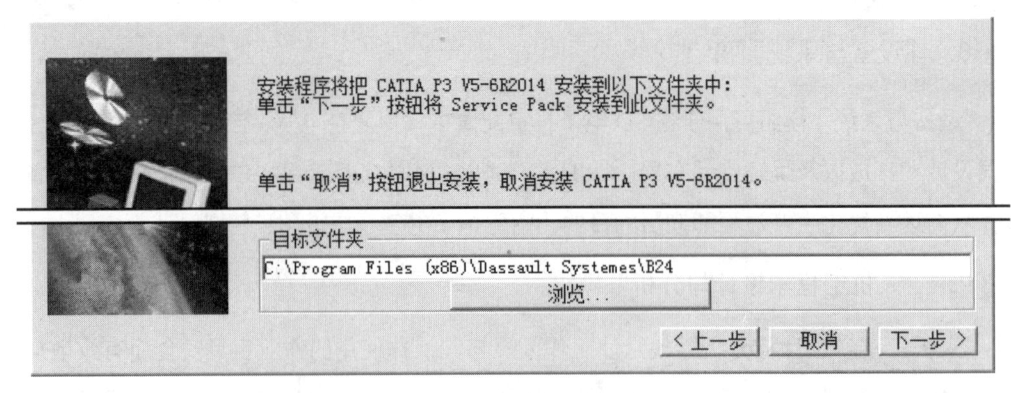

图 1.2.1 选择目标位置

单击 浏览... 按钮，可以重新选择放置安装文件的位置。因为 CATIA 文件小且数量庞大，建议用户将 CAITA 主程序及其他相关程序（如在线帮助文档、CAA 等软件）放在使用 NTFS 分区的磁盘空间，这样可以加快执行速度，并且避免系统文件过于凌乱。

步骤 04 此时系统弹出“确认创建目录”对话框，单击 是(Y) 按钮。

步骤 05 系统弹出“输入字符串”对话框，在该对话框的 标识: 文本框中按要求输入标识字符串，单击 下一步 > 按钮。

步骤 06 系统弹出“选择环境位置”对话框，接受系统默认路径，单击 下一步 > 按钮。

步骤 07 系统弹出“安装类型”对话框，采用系统默认的安装类型 ⊙ 完全 - 将安装所有软件，单击 下一步 > 按钮。

步骤 08 系统弹出图 1.2.2 所示的“选择 Orbix 配置”对话框，可设置 Orbix 相关选项，接受系统默认设置，单击 下一步 > 按钮。

步骤 09 系统弹出图 1.2.3 所示的“服务器超时配置”对话框，可设置服务器超时的时间，接受系统默认参数设置值，单击 下一步 > 按钮。

步骤 10 系统弹出“电子仓客户机”对话框，接受系统默认（不安装 ENOVIA 电子仓客户机），单击 下一步 > 按钮。

步骤 11 系统弹出“定制快捷方式创建”对话框，接受默认参数设置值，单击 下一步 > 按钮。

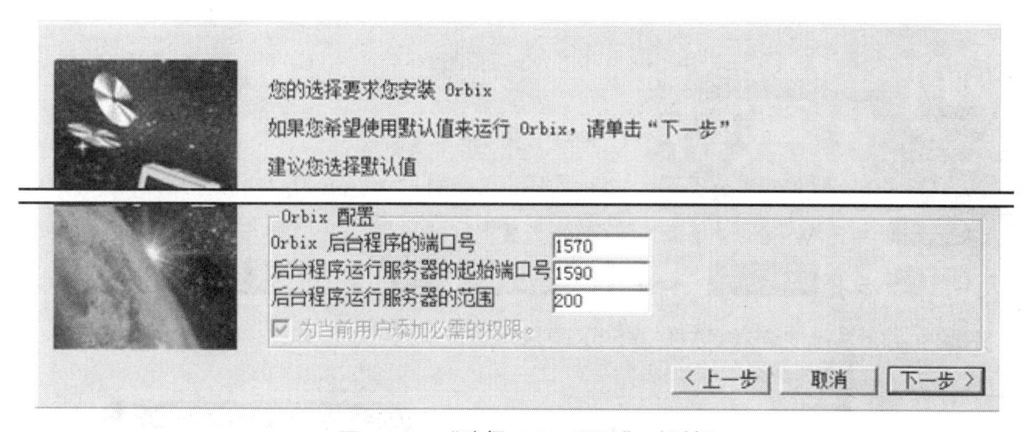

图 1.2.2 “选择 Orbix 配置”对话框

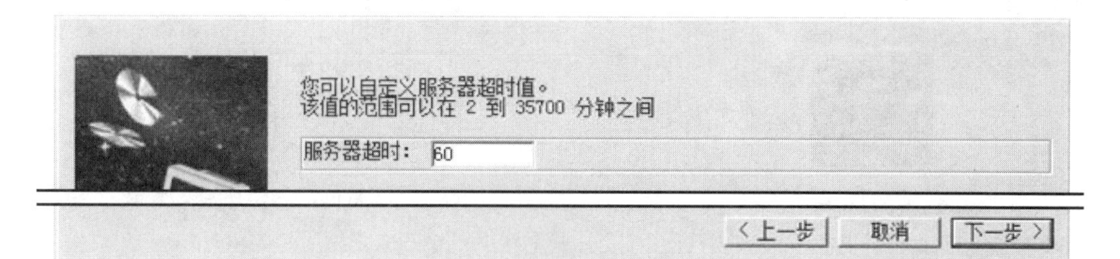

图 1.2.3 服务器超时配置

步骤 12 系统弹出“选择文档”对话框，接受系统默认参数设置值（不安装联机文档），单击 下一步 > 按钮。

如果选中 ☑ 我想要安装联机文档 复选框，则会在 CATIA 安装完成后，要求用户放入在线帮助文档的安装光盘，建议用户在此步骤即安装在线帮助文档。若在此不安装，也可以独立安装在线帮助文档。

步骤 13 系统弹出“开始复制文件”对话框，单击 安装 按钮。

步骤 14 安装程序。系统弹出“安装进度”对话框，此时系统开始安装 CATIA 主程序，并显示安装进度。

步骤 15 几分钟后，系统弹出“安装完成”对话框，单击 完成 按钮退出安装程序。

2. 启动

一般来说，有两种方法可启动并进入 CATIA V5-6R2014 软件环境。

方法一：双击 Windows 桌面上的 CATIA V5-6R2014 软件快捷图标（图 1.2.4）。

只要是正常安装，Windows 桌面上都会显示 CATIA V5-6R2014 软件快捷图标。快捷图标的名称可根据需要进行修改。

方法二：从 Windows 系统“开始”菜单进入 CATIA V5-6R2014，操作方法如下：

步骤 01 单击 Windows 桌面左下角的 开始 按钮。

步骤 02 选择 所有程序 → CATIA P3 → CATIA P3 V5-6R2014 命令，如图 1.2.5 所示，系统便进入 CATIA V5-6R2014 软件环境。

图 1.2.4　CATIA 快捷图标

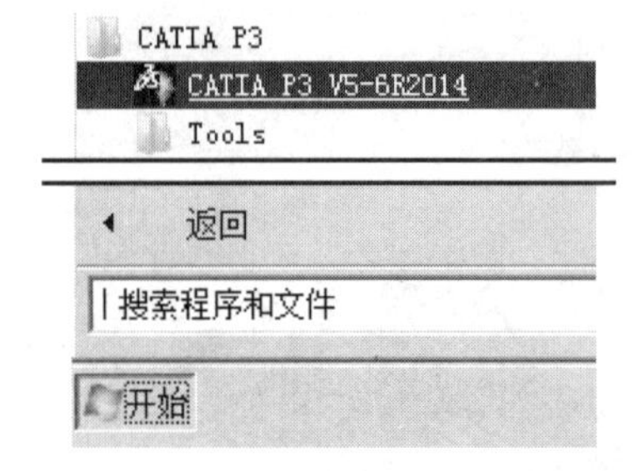

图 1.2.5　Windows“开始”菜单

1.3　CATIA V5–6R2014 用户界面

1.3.1　用户界面简介

在学习本节时，请先打开一个模型文件。具体的打开方法是选择下拉菜单 文件 → 打开... 命令，在“选择文件”对话框中选择 D:\catxc2014\work\ch01.03.01 目录，选中 link_base.CATPart 文件后单击 打开(O) 按钮。

CATIA V5-6R2014 中文用户界面包括特征树、下拉菜单区、指南针、右工具栏按钮区、下部工具栏按钮区、功能输入区、消息区以及图形区（图 1.3.1）。

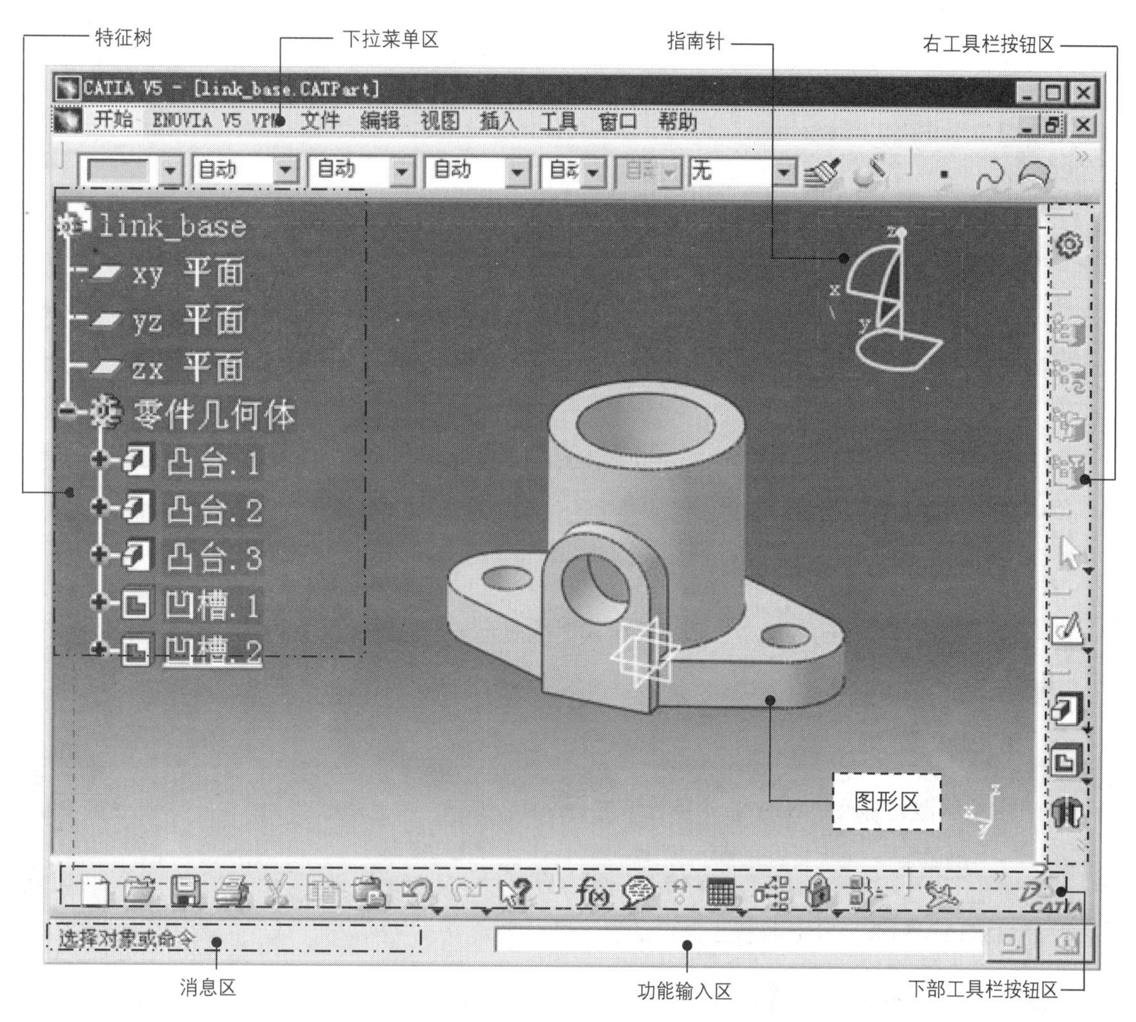

图 1.3.1 CATIA V5-6R2014 界面

1. 特征树

“特征树”中列出了活动文件中的所有零件及特征，并以树的形式显示模型结构，根对象（活动零件或组件）显示在特征树的顶部，其从属对象（零件或特征）位于根对象之下。例如，在活动装配文件中，“特征树”列表的顶部是装配体，装配体下方是每个零件的名称；在活动零件文件中，“特征树”列表的顶部是零件，零件下方是每个特征的名称。若打开多个 CATIA V5-6R2014 模型，则“特征树”只反映活动模型的内容。

2. 下拉菜单区

下拉菜单中包含创建、保存、修改模型和设置 CATIA V5-6R2014 环境的一些命令。

3. 工具栏按钮区

工具栏中的命令按钮为快速进入命令及设置工作环境提供了极大的方便，用户可以根据具体情况自定义工具栏。

在如图 1.3.1 所示的 CATIA V5-6R2014 界面中用户会看到部分菜单命令和按钮处于非激活状态（呈灰色，即暗色），这是因为该命令及按钮目前还没有处在发挥功能的环境中，一旦它们进入有关的环境，便会自动激活。

4. 指南针

指南针代表当前的工作坐标系，当物体旋转时指南针也随着物体旋转。关于指南针的具体操作参见“1.4.2 指南针操作”。

5. 消息区

在用户操作软件的过程中，消息区会实时地显示与当前操作相关的提示信息等，以引导用户操作。

6. 功能输入区

用于从键盘输入 CATIA 命令字符来进行操作。

7. 图形区

CATIA V5-6R2014 各种模型图像的显示区。

1.3.2 用户界面的定制

本节主要介绍 CATIA V5-6R2014 中的定制功能，使读者对于软件工作界面的定制了然于胸，从而合理地设置工作环境。

进入 CATIA V5-6R2014 系统后，在建模环境下选择下拉菜单 工具 ➡ 自定义... 命令，系统弹出如图 1.3.2 所示的“自定义”对话框，利用此对话框可对工作界面进行定制。

1. 开始菜单的定制

在如图 1.3.2 所示的“自定义”对话框中单击 开始菜单 选项卡，即可进行开始菜单的定制。通过此选项卡，用户可以设置编好的工作台列表，使之显示在 开始 菜单的顶部。下面以图 1.3.2 所示的 2D Layout for 3D Design 工作台为例说明定制过程。

步骤 01 在“开始菜单”选项卡的 可用的 列表中选择 2D Layout for 3D Design 工作台，然后单

击对话框中的 ⟹ 按钮，此时 2D Layout for 3D Design 工作台出现在对话框右侧的 收藏夹 中。

步骤 02 单击对话框中的 关闭 按钮。

步骤 03 选择下拉菜单 开始 命令，此时可以看到 2D Layout for 3D Design 工作台显示在 开始 菜单的顶部（图 1.3.3）。

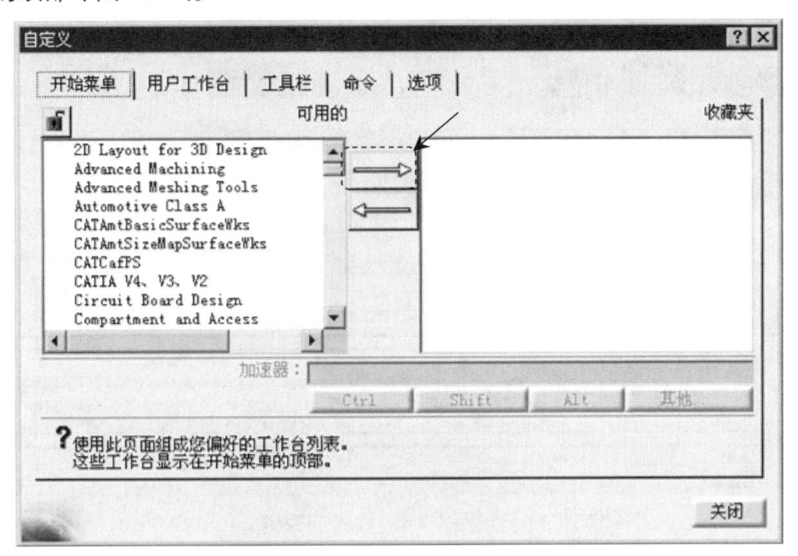

图 1.3.2 “自定义”对话框

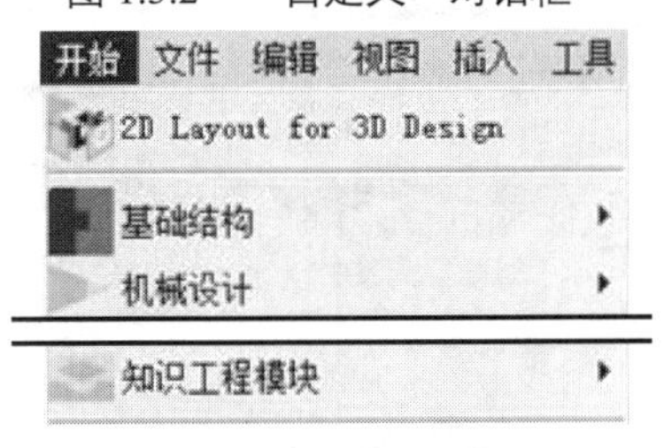

图 1.3.3 “开始”下拉菜单

在 步骤 01 中，添加 2D Layout for 3D Design 工作台到收藏夹后，对话框的 加速器： 文本框即被激活（图 1.3.4），此时用户可以通过设置快捷键来实现工作台的切换，如设置加速键为 Ctrl + Shift，则用户在其他工作台操作时，只需使用这个加速键即可回到 2D Layout for 3D Design 工作台。

2. 用户工作台的定制

在图 1.3.2 所示的“自定义”对话框中单击 用户工作台 选项卡，即可进行用户工作台的定制（图 1.3.5）。通过此选项卡，用户可以新建工作台作为当前工作台。下面以新建“我的工作台”为例说明定制过程。

步骤 01 在图 1.3.5 所示的对话框中单击 新建... 按钮，系统弹出如图 1.3.6 所示的“新用户工作台”对话框。

步骤 02 在对话框的 工作台名称: 文本框中输入名称“我的工作台”，单击对话框中的 确定 按钮，此时新建的工作台出现在 用户工作台 区域中。

步骤 03 单击“自定义”对话框中的 关闭 按钮。

步骤 04 选择 开始 下拉菜单，此时可以看到 我的工作台 显示在 开始 菜单中（图 1.3.7）。

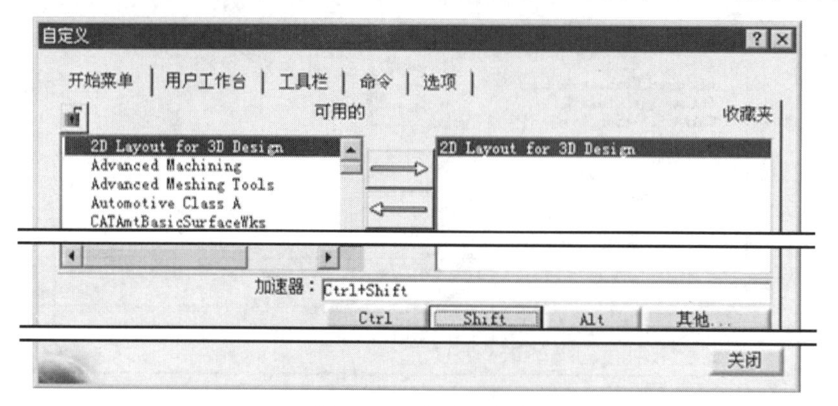

图 1.3.4 设置加速键

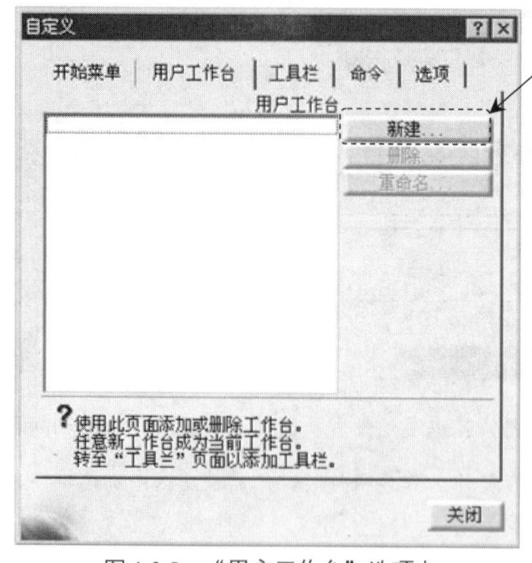

图 1.3.5 “用户工作台”选项卡

图 1.3.6 “新用户工作台”对话框

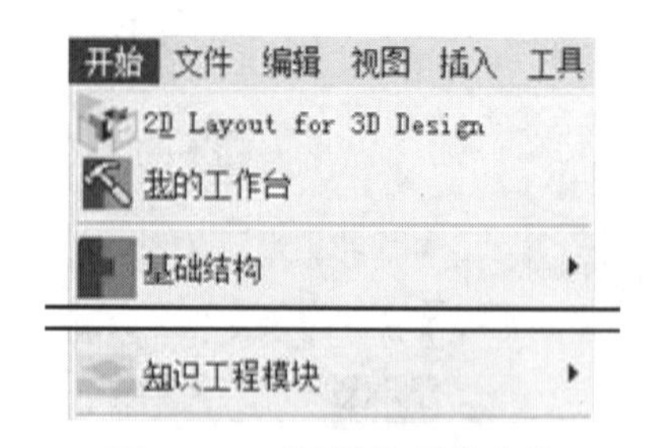

图 1.3.7 “开始”下拉菜单

3. 工具栏的定制

在如图 1.3.2 所示的“自定义”对话框中单击 工具栏 选项卡，即可进行工具栏的定制（图 1.3.8）。通过此选项卡，用户可以新建工具栏并对其中的命令进行添加、删除操作。下面以新建“my toolbar”工具栏为例说明定制过程。

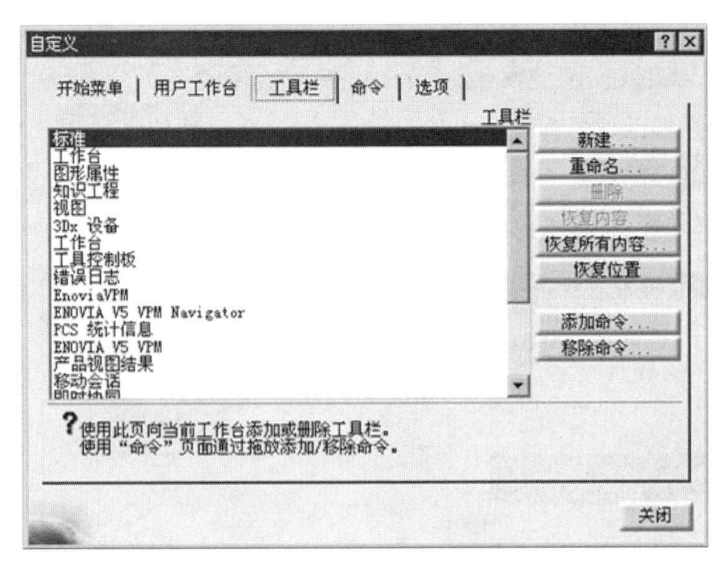

图 1.3.8 "工具栏"选项卡

步骤 01 在如图 1.3.8 所示的"自定义"对话框中单击 新建... 按钮，系统弹出图 1.3.9 所示的"新工具栏"对话框，默认新建工具栏的名称为"自定义已创建默认工具栏名称 001"，同时出现一个空白工具栏。

步骤 02 在"新工具栏"对话框的 工具栏名称: 文本框中输入名称"my toolbar"，单击对话框中的 确定 按钮。此时，新建的空白工具栏将出现在主应用程序窗口的右端，同时定制的"my toolbar"（我的工具栏）被加入列表中（图 1.3.10）。

定制的"my toolbar"（我的工具栏）加入列表后，"自定义"对话框中的 删除 按钮被激活，此时可以执行工具栏的删除操作。

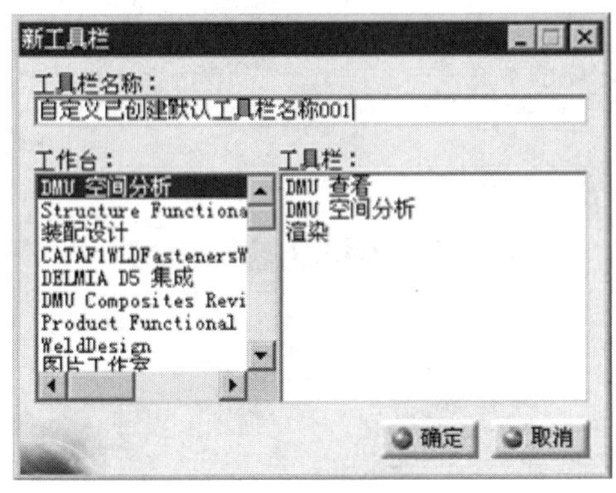

图 1.3.9 "新工具栏"对话框

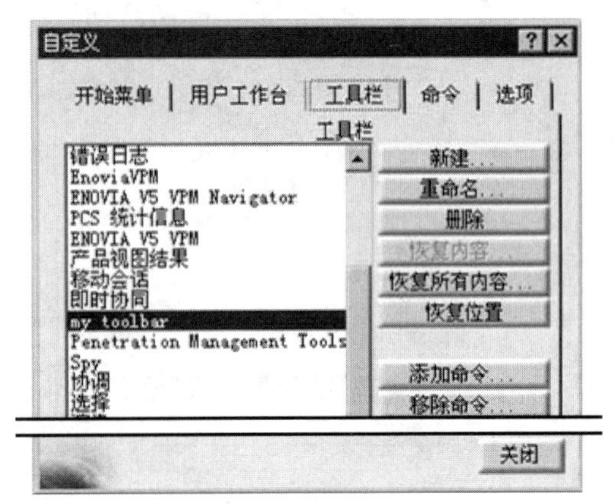

图 1.3.10 "自定义"对话框

步骤 03 在“自定义”对话框中选中“my toolbar”工具栏，单击对话框中的 添加命令... 按钮，系统弹出如图 1.3.11 所示的“命令列表”对话框（一）。

步骤 04 在对话框的列表项中按住 Ctrl 键，选择 “虚拟现实”光标 、“虚拟现实”监视器 和 “虚拟现实”视图追踪 三个选项，然后单击对话框中的 确定 按钮，完成命令的添加，此时“my toolbar”工具栏如图 1.3.12 所示。

图 1.3.11　“命令列表”对话框（一）

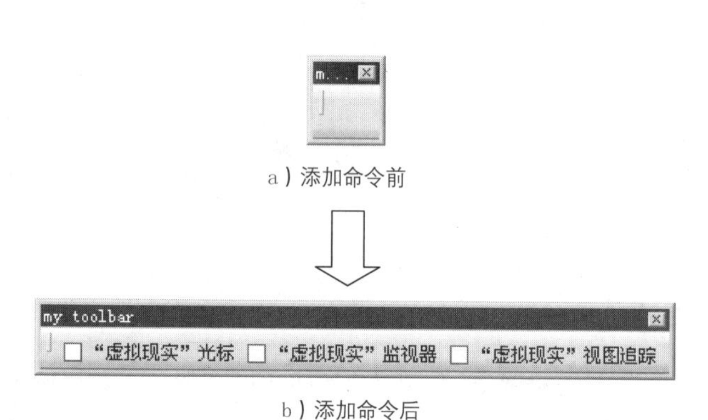

图 1.3.12　“my toolbar”工具栏

- 单击“自定义”对话框中的 重命名... 按钮，系统弹出如图 1.3.13 所示的“重命名工具栏”对话框，在此对话框中可修改工具栏的名称。
- 单击“自定义”对话框中的 移除命令... 按钮，系统弹出如图 1.3.14 所示的“命令列表”对话框（二），在此对话框中可进行命令的删除操作。
- 单击“自定义”对话框中的 恢复所有内容... 按钮，系统弹出如图 1.3.15 所示的“恢复所有工具栏”对话框（一），单击对话框中的 确定 按钮，可以恢复所有工具栏的内容。
- 单击“自定义”对话框中的 恢复位置 按钮，系统弹出如图 1.3.16 所示的“恢复所有工具栏”对话框（二），单击对话框中的 确定 按钮，可以恢复所有工具栏的位置。

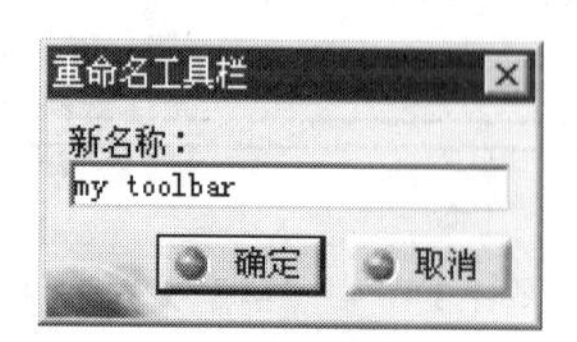

图 1.3.13　“重命名工具栏”对话框

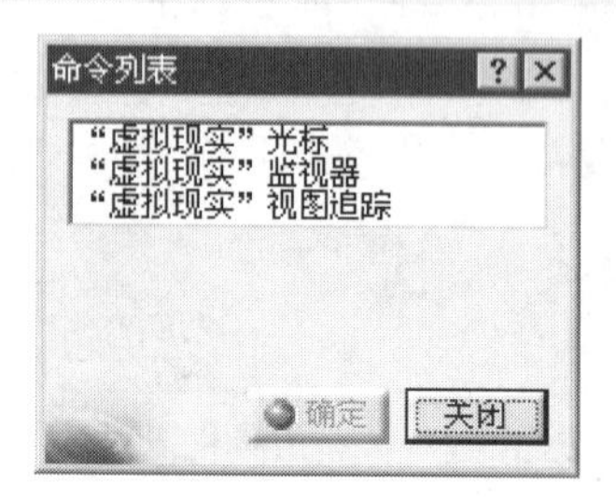

图 1.3.14　“命令列表”对话框（二）

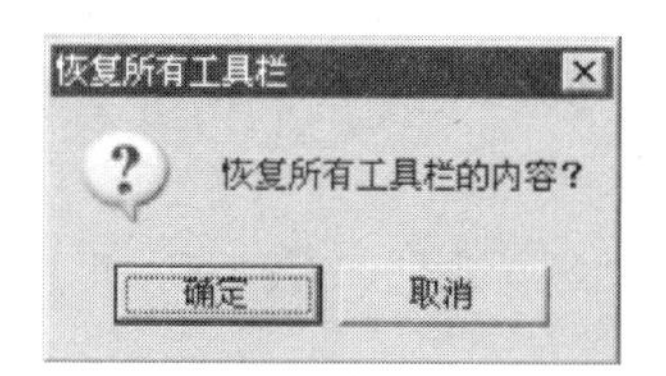

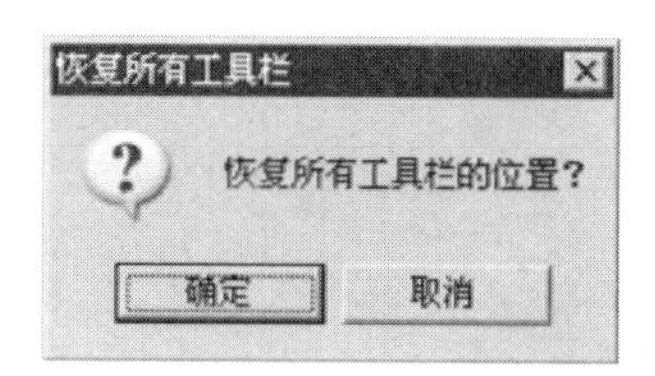

图 1.3.15 “恢复所有工具栏”对话框（一）　　图 1.3.16 “恢复所有工具栏”对话框（二）

4. 命令定制

在如图 1.3.2 所示的“自定义”对话框中单击“命令”选项卡，即可进行命令的定制（图 1.3.17）。通过此选项卡，用户可以对其中的命令进行拖放操作。下面以拖放“目录”命令到“标准”工具栏为例说明定制过程。

步骤 01 在如图 1.3.17 所示的对话框的“类别”列表中选择“文件”选项，此时在对话框右侧的“命令”列表中出现对应的文件命令。

步骤 02 在文件命令列表中选中 目录 命令，按住鼠标左键不放，将此命令拖动到“标准”工具栏，此时“标准”工具栏如图 1.3.18 所示。

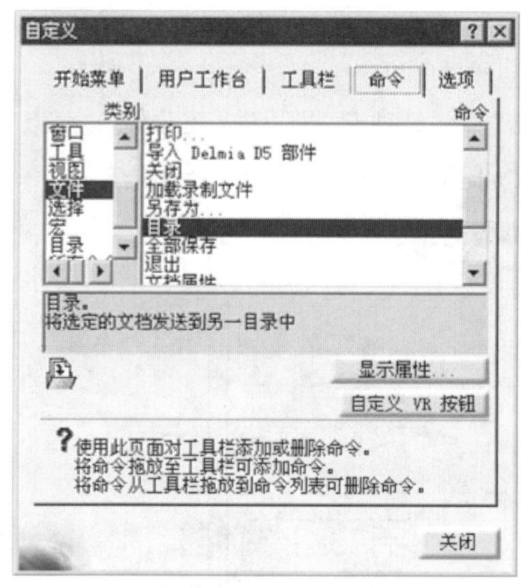

图 1.3.17 “命令”选项卡

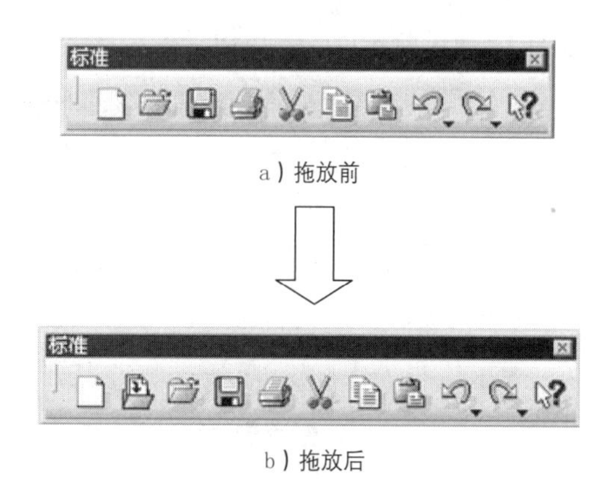

图 1.3.18 “标准”工具栏

说明：单击如图 1.3.17 所示对话框中的 显示属性... 按钮，可以展开对话框的隐藏部分（图 1.3.19），在对话框的 命令属性 区域，可以更改所选命令的属性，如名称、图标、命令的快捷方式等。命令属性 区域中各按钮说明如下。

- ...按钮：单击此按钮，系统将弹出“图标浏览器”对话框，从中可以选择新图标以替换原有的“目录”图标。
- 按钮：单击此按钮，系统将弹出“选择文件”对话框，用户可导入外部文件作为“目录”图标。
- 重置...按钮：单击此按钮，系统将弹出如图 1.3.20 所示的“重置”对话框，单击对话框中的确定按钮，可将命令属性恢复到原来的状态。

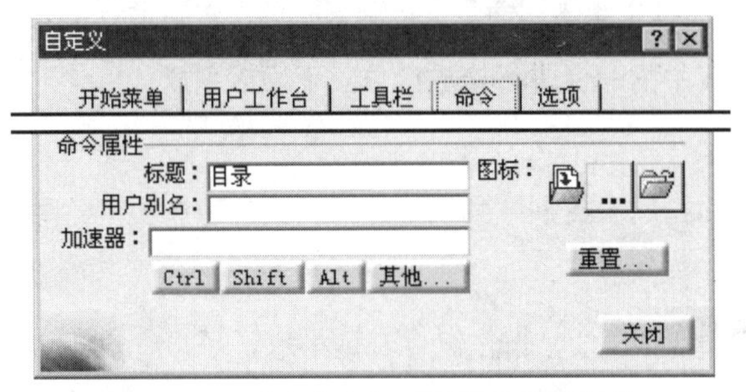

图 1.3.19 “自定义”对话框的隐藏部分

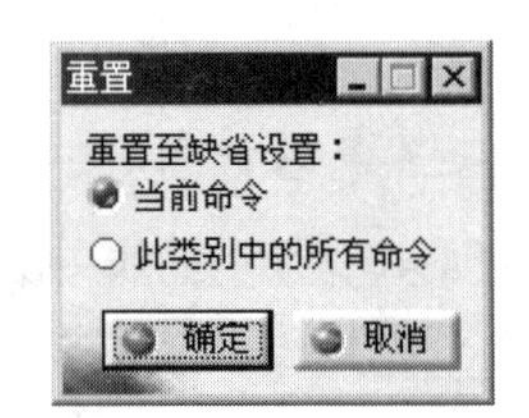

图 1.3.20 “重置”对话框

5. 选项定制

在如图 1.3.2 所示的“自定义”对话框中单击选项选项卡，即可进行选项的自定义（图 1.3.21）。通过此选项卡，可以更改图标大小、图标比率、工具提示和用户界面语言等。

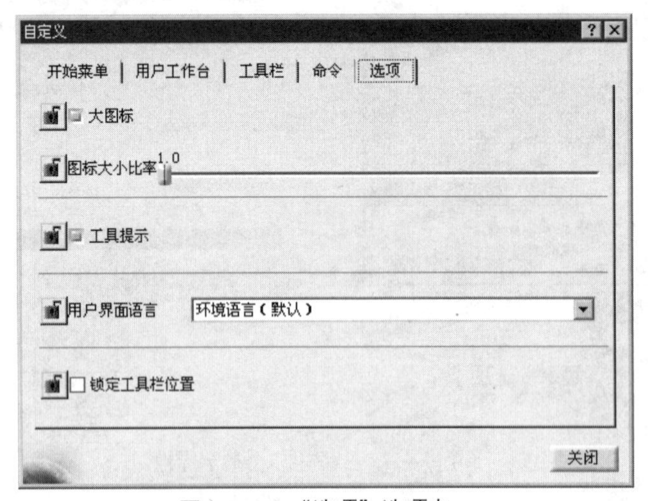

图 1.3.21 “选项”选项卡

在此选项卡中，除□锁定工具栏位置选项外，更改其余选项均需重新启动软件，才能使更改生效。

1.4 CATIA V5-6R2014 鼠标基本操作

1.4.1 模型控制操作

与其他 CAD 软件类似，CATIA 提供各种鼠标按钮的组合功能，包括执行命令、选择对象、编辑对象，以及对视图和树的平移、旋转和缩放等。

在 CATIA 工作界面中选中的对象被加亮（显示为橙色）。选择对象时，在图形区与在特征树上选择是相同的，并且是相互关联的。利用鼠标也可以操作几何视图或特征树，要使几何视图或特征树成为当前操作的对象，可以单击特征树或窗口右下角的坐标轴图标。

移动视图是最常用的操作，如果每次都单击工具栏中的按钮，将会浪费用户很多时间。用户可以通过鼠标快速地完成视图的移动。

对 CATIA 中鼠标操作的说明如下。

- 缩放图形区：按住鼠标中键，单击鼠标左键或右键，向前移动鼠标可看到图形在变大，向后移动鼠标可看到图形在缩小。
- 平移图形区：按住鼠标中键，移动鼠标，可看到图形跟着鼠标移动。
- 旋转图形区：按住鼠标中键，然后按住鼠标左键或右键，移动鼠标可看到图形在旋转。

1.4.2 指南针操作

如图 1.4.1 所示的指南针是一个重要的工具，通过它可以对视图进行旋转、移动等多种操作。同时，指南针在操作零件时也有着非常强大的功能。下面简单介绍指南针的基本功能。

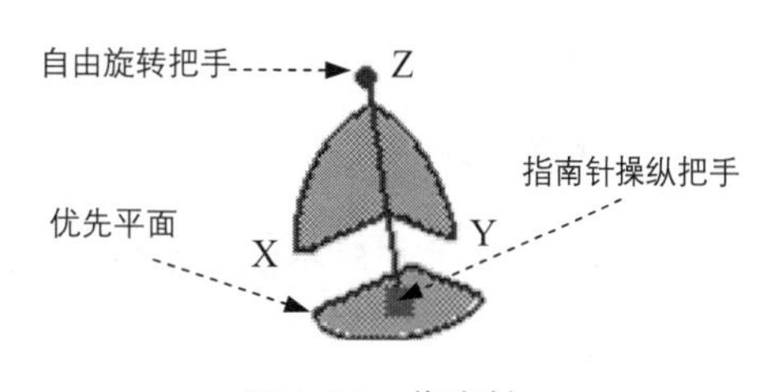

图 1.4.1 指南针

指南针位于图形区的右上角，并且总是处于激活状态，用户可以选择下拉菜单 视图 → 指南针 命令来隐藏或显示指南针。使用指南针既可以对特定的模型进行特定的操作，还可以对视点进行操作。

在图 1.4.1 中，字母 X、Y、Z 表示坐标轴，Z 轴起到定位的作用；靠近 Z 轴的点称为自由旋转把手，用于旋转指南针，同时图形区中的模型也将随之旋转；红色方块是指南针操纵把手，用于拖动指南针，并且可以将指南针置于物体上进行操作，也可以使物体绕该点旋转；指南针底部的 XY 平面是系统默认的优先平面，也就是基准平面。

指南针可用于操纵未被约束的物体，也可以操纵彼此之间有约束关系但是属于同一装配体的一组物体。

1. 视点操作

视点操作是指使用鼠标对指南针进行简单的拖动，从而实现对图形区的模型进行平移或者旋转操作。

将鼠标移至指南针处，鼠标指针由 变为 ，并且鼠标指针所经过之处，坐标轴、坐标平面的弧形边缘及平面本身皆会以亮色显示。

单击指南针上的轴线（此时鼠标指针变为 ）并按住鼠标拖动，图形区中的模型会沿着该轴线移动，但指南针本身并不会移动。

单击指南针上的平面并按住鼠标移动，则图形区中的模型和空间也会在此平面内移动，但是指南针本身不会移动。

单击指南针平面上的弧线并按住鼠标移动，图形区中的模型会绕该法线旋转，同时，指南针本身也会旋转，而且鼠标离红色方块越近旋转越快。

单击指南针上的自由旋转把手并按住鼠标移动，指南针会以红色方块为中心点自由旋转，且图形区中的模型和空间也会随之旋转。

单击指南针上的 X、Y 或 Z 字母，则模型在图形区以垂直于该轴的方向显示，再次单击该字母，视点方向会变为反向。

2. 模型操作

使用鼠标和指南针不仅可以对视点进行操作，而且可以把指南针拖动到物体上，对物体进行操作。

将鼠标指针移至指南针操纵把手处（此时鼠标指针变为 ），然后拖动指南针至模型上释放，此时指南针会附着在模型上，且字母 X、Y、Z 变为 W、U、V，这表示坐标轴不再与文件窗口右下角的绝对坐标相一致。这时，就可以按上面介绍的对视点的操作方法对物体进行操作了。

3. 编辑

将指南针拖动到物体上，右击，在系统弹出的快捷菜单中选择 编辑... 命令，系统弹出如图 1.4.2 所示的“用于指南针操作的参数”对话框。利用“用于指南针操作的参数”对话框可以对模型实现平移和旋转等操作。

- 在对模型进行操作的过程中，移动的距离和旋转的角度均会在图形区显示。显示的数据为正，表示与指南针指针正向相同；显示的数据为负，表示与指南针指针的正向相反。
- 将指南针恢复到默认位置的方法：拖动指南针操纵把手到离开物体的位置，松开鼠标，指南针就会回到图形区右上角的位置，但是不会恢复为默认的方向。
- 将指南针恢复到默认方向的方法：将其拖动到窗口右下角的绝对坐标系处；在拖动指南针离开物体的同时按 Shift 键，且先松开鼠标左键；选择下拉菜单 视图 → 重置指南针 命令。

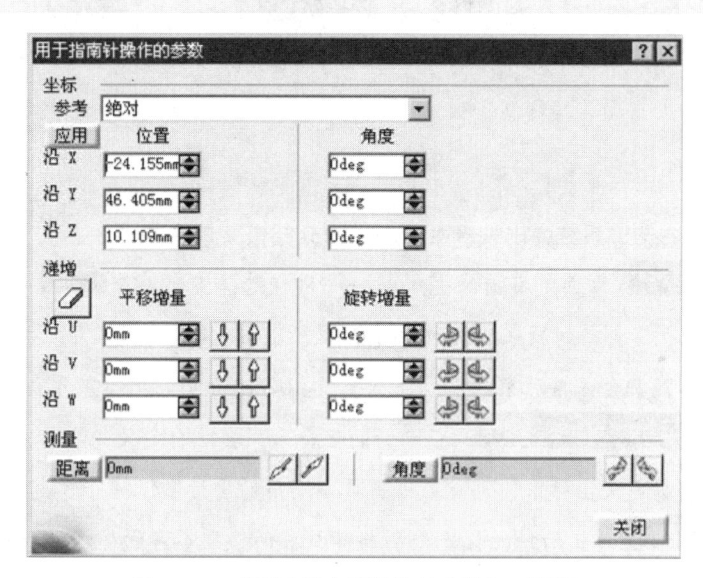

图 1.4.2 “用于指南针操作的参数”对话框

对图 1.4.2 所示的“用于指南针操作的参数”对话框说明如下。

- 参考 下拉列表：该下拉列表包含 绝对 和 活动对象 两个选项。“绝对”坐标是指模型的移动是相对于绝对坐标的；“活动对象”坐标是指模型的移动是相对于激活的模型的（激活模型的方法是在特征树中单击模型。激活的模型以蓝色高亮显示）。此时，就可以对指南针进行精确地移动、旋转等操作，从而对模型进行相应操作。
- 位置 文本框：此文本框显示当前的坐标值。
- 角度 文本框：此文本框显示当前坐标的角度值。

◆ 平移增量区域：如果要沿着指南针的一根轴线移动，则需在该区域的U、V或W文本框中输入相应的距离，然后单击或者按钮。

◆ 旋转增量区域：如果要沿着指南针的一根轴线旋转，则需在该区域的U、V或W文本框中输入相应的角度，然后单击或者按钮。

◆ "距离"区域：要使模型沿所选的两个元素产生矢量移动，则需先单击距离按钮，然后选择两个元素（可以是点、线或平面）。两个元素的距离值经过计算会在距离按钮后的文本框中显示。当第一个元素为一条直线或一个平面时，除了可以选择第二个元素以外，还可以在距离按钮后的文本框中填入相应数值。这样，单击或按钮，便可以沿着经过计算所得的平移方向的反向或正向移动模型了。

◆ "角度"区域：要使模型沿所选的两个元素产生的夹角旋转，则须先单击角度按钮，然后选择两个元素（可以是线或平面）。两个元素的距离值经过计算会在角度按钮后的文本框中显示。单击或按钮，便可以沿着经过计算所得的旋转方向的反向或正向旋转模型了。

4. 其他操作

在指南针上右击，系统弹出快捷菜单。下面介绍该菜单中的命令。

◆ 锁定当前方向：即固定目前的视角，这样，即使选择下拉菜单 视图 → 重置指南针 命令，也不会回到原来的视角，而且在将指南针拖动的过程中及指南针拖动到模型上以后，都会保持原来的方向。欲重置指南针的方向，只需再次选择该命令即可。

◆ 将优先平面方向锁定为与屏幕平行：指南针的坐标系同当前自定义的坐标系保持一致。如果无当前自定义坐标系，则与文件窗口右下角的坐标系保持一致。

◆ 使用局部轴系：指南针的优先平面与其放置的模型参考面方向相互平行，这样，即使改变视点或者旋转模型，指南针也不会发生改变。

◆ 使 XY 成为优先平面：使XY平面成为指南针的优先平面，系统默认选用此平面为优先平面。

◆ 使 YZ 成为优先平面：使YZ平面成为指南针的优先平面。

◆ 使 XZ 成为优先平面：使XZ平面成为指南针的优先平面。

◆ 使优先平面最大程度可见：使指南针的优先平面为可见程度最大的平面。

◆ 自动捕捉选定的对象：使指南针自动到指定的未被约束的物体上。

◆ 编辑...：使用该命令可以实现模型的平移和旋转等操作，前面已详细介绍。

1.4.3 选取对象操作

在 CATIA V5-6R2014 中选择对象常用的几种方法说明如下。

1. 选取单个对象

- 直接用鼠标的左键单击需要选取的对象。
- 在“特征树”中单击对象的名称，即可选择对应的对象，被选取的对象会高亮显示。

2. 选取多个对象

按住 Ctrl 键，用鼠标左键单击多个对象，可选择多个对象。

3. 利用图 1.4.3 所示的“选择”工具条选取对象

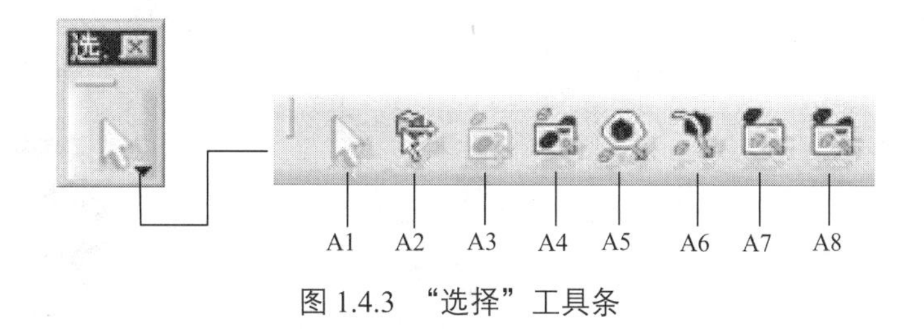

图 1.4.3 “选择”工具条

对图 1.4.3 所示的“选择”工具条中的按钮说明如下。

A1：选择。选择系统自动判断的元素。

A2：几何图形上方的选择框。

A3：矩形选择框。选择矩形内包括的元素。

A4：相交矩形选择框。选择与矩形内及与矩形相交的元素。

A5：多边形选择框。用鼠标绘制任意一个多边形，选择多边形内部所有元素。

A6：手绘选择框。用鼠标绘制任意形状，选择其包括的元素。

A7：矩形选择框之外。选择矩形外部的元素。

A8：相交于矩形选择框之外。选择与矩形相交的元素及矩形以外的元素。

4. 利用“编辑”下拉菜单中的“搜索”功能，选择具有同一属性的对象

“搜索”工具可以根据用户提供的名称、类型、颜色等信息快速选择对象。下面以一个例子说明其具体操作过程。

步骤 01 打开文件。选择下拉菜单 文件 → 打开... 命令。在“选择文件”对话框中找到 D:\ catxc2014\work\ch01.04.03 目录，选中 link_base.CATPart 文件后单击 打开(O) 按钮。

步骤 02 选择命令。选择下拉菜单 编辑 → 搜索... 命令，系统弹出图 1.4.4 所示的“搜索”对话框。

步骤 03 定义搜索名称。在“搜索”对话框 常规 选项卡下的 名称： 下拉列表中输入*平面，如图 1.4.4 所示。

*是通配符，代表任意字符，可以是一个字符也可以是多个字符。

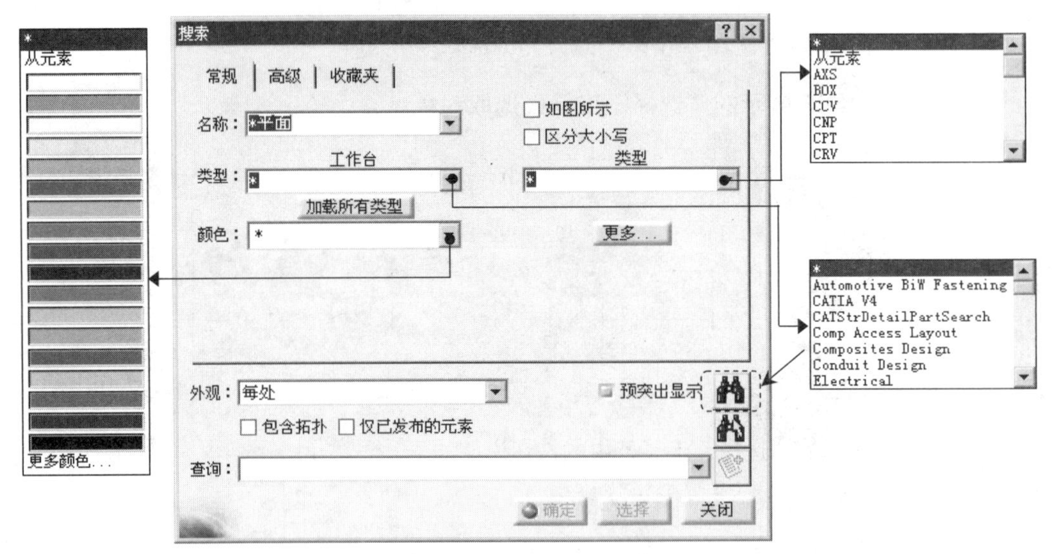

图 1.4.4 “搜索”对话框

步骤 04 选择搜索结果。单击“搜索”对话框 常规 选项卡下的按钮，“搜索”对话框下方则显示出符合条件的元素。单击 确定 按钮后，符合条件的对象被选中。

1.5 CATIA V5-6R2014 文件基本操作

1.5.1 创建工作目录

使用 CATIA V5-6R2014 软件时，应该注意文件的目录管理。如果文件管理混乱，会造成系统找不到正确的相关文件，从而严重影响 CATIA V5-6R2014 软件的全相关性，同时也会使文件的保存、删除等操作产生混乱，因此应按照操作者的姓名、产品名称（或型号）建立用户文件夹。如本书要求在 E 盘上创建一个文件夹，名称为 cat-course（如果用户的计算机上没有 E 盘，在 C 盘或 D 盘上创建也可）。

1.5.2 文件的新建

创建一个新零件文件，可以采用以下步骤。

步骤 01 如图 1.5.1 所示，选择下拉菜单 文件(F) → 新建... 命令（或在“标准”工具栏中单击 按钮），此时系统弹出如图 1.5.2 所示的“新建”对话框。

步骤 02 选择文件类型。在“新建”对话框的 类型列表： 中选择文件类型为 Part，然后单击对话框中的 确定 按钮，完成新零件文件的创建。

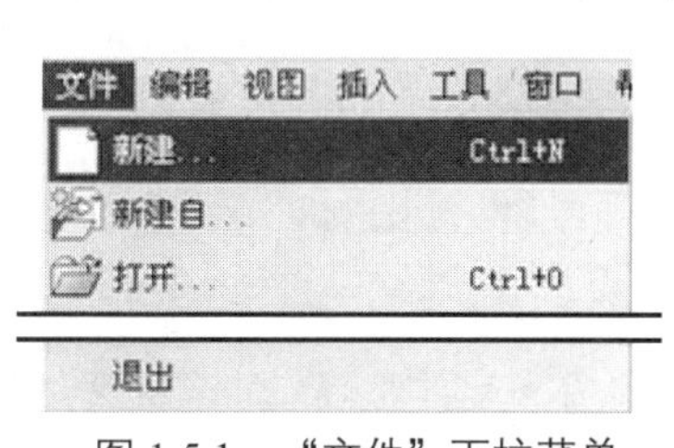

图 1.5.1 “文件”下拉菜单

图 1.5.2 “新建”对话框

这里创建的是零件，每次新建时 CATIA 都会显示一个默认名，默认名的格式是 Part 后跟序号（如 Part1），以后再新建一个零件，序号自动加 1。读者也可根据需要定义其他类型文件。

1.5.3 文件的打开

假设已经退出 CATIA 软件，重新进入软件环境后，要打开名称为 link_base.CATPart 的文件，其操作过程如下：

步骤 01 选择下拉菜单 文件 → 打开... 命令，系统弹出“选择文件”对话框。

步骤 02 单击 查找范围(I): 文本框右下角的 按钮，找到 D:\catxc2014\work\ch01.05.03 目录，在文件列表中选择要打开的文件名 link_base.CATPart，单击 打开(O) 按钮，即可打开文件。

1.5.4 保存文件

步骤 01 选择下拉菜单 文件 → 保存 命令（或单击“标准”工具栏中的 按钮），系统弹出如图 1.5.3 所示的“另存为”对话框。

步骤 02 在“另存为”对话框的 保存在(I): 下拉列表中选择文件保存的路径，在 文件名(N): 文本框中输入文件名称，单击“另存为”对话框中的 保存(S) 按钮即可保存文件。

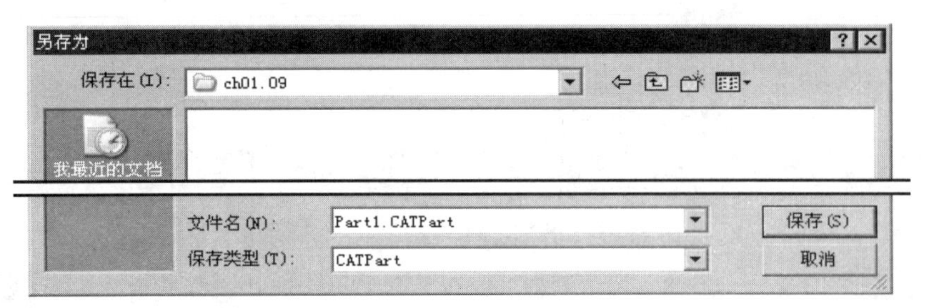

图 1.5.3 “另存为”对话框

- 保存路径可以包含中文字符，但输入的文件名中不能含有中文字符。
- 文件 下拉菜单中还有一个 另存为... 命令，保存 与 另存为... 命令的区别在于：保存 命令是保存当前的文件，另存为... 命令是将当前的文件复制进行保存，原文件不受影响。
- 如果打开多个文件，并对这些文件进行了编辑，可以用下拉菜单中的 全部保存 命令，将所有文件进行保存。若打开的文件中有新建的文件，系统会弹出如图 1.5.4 所示的“全部保存”对话框，提示文件无法被保存，用户须先将以前未保存过的文件保存，才可使用此命令。
- 选择下拉菜单 文件 → 保存管理... 命令，系统弹出如图 1.5.5 所示的“保存管理”对话框，在该对话框中可对多个文件进行“保存”或“另存为”操作。方法是：选择要进行保存的文件，单击 另存为... 按钮，系统弹出如图 1.5.3 所示的“另存为”对话框，选择想要存储的路径并输入文件名，即可保存为一个新文件；对于经过修改的旧文件，单击 保存(S) 按钮，即可完成保存操作。

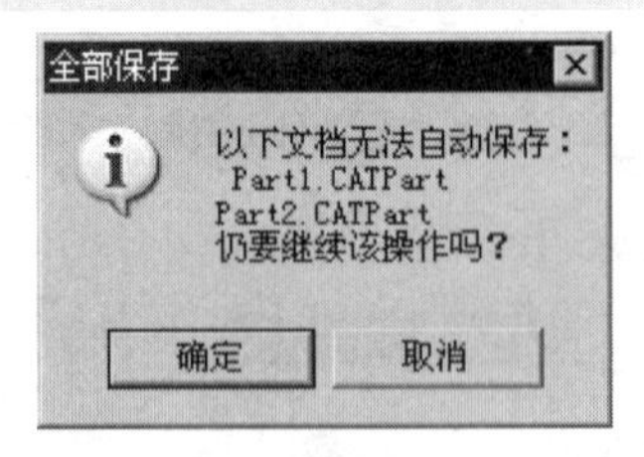

图 1.5.4 “全部保存”对话框

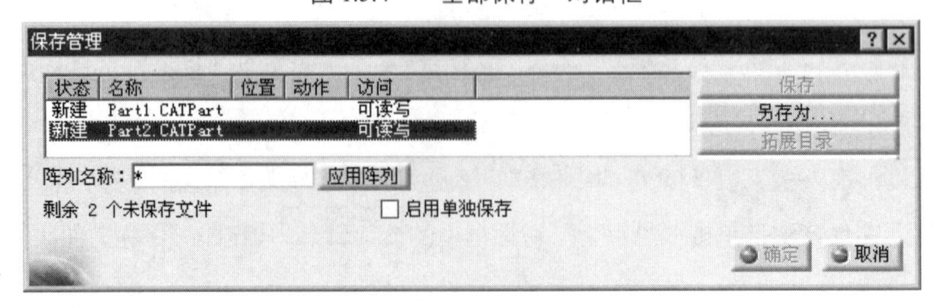

图 1.5.5 “保存管理”对话框

第 2 章　二维草图设计

2.1　草图设计入门

2.1.1　草图工作台用户界面介绍

1. 进入草图设计工作台的操作方法

启动 CATIA V5-6R2014 后，选择下拉菜单 开始 → 机械设计 → 草图编辑器命令，系统弹出“新建零件”对话框；在 输入零件名称 文本框中输入文件名称（也可采用默认的名称 Part1），单击 确定 按钮；在特征树中选取任意一个平面（如 XY 平面）为草绘平面，系统即可进入草图设计工作台（图 2.1.1）。

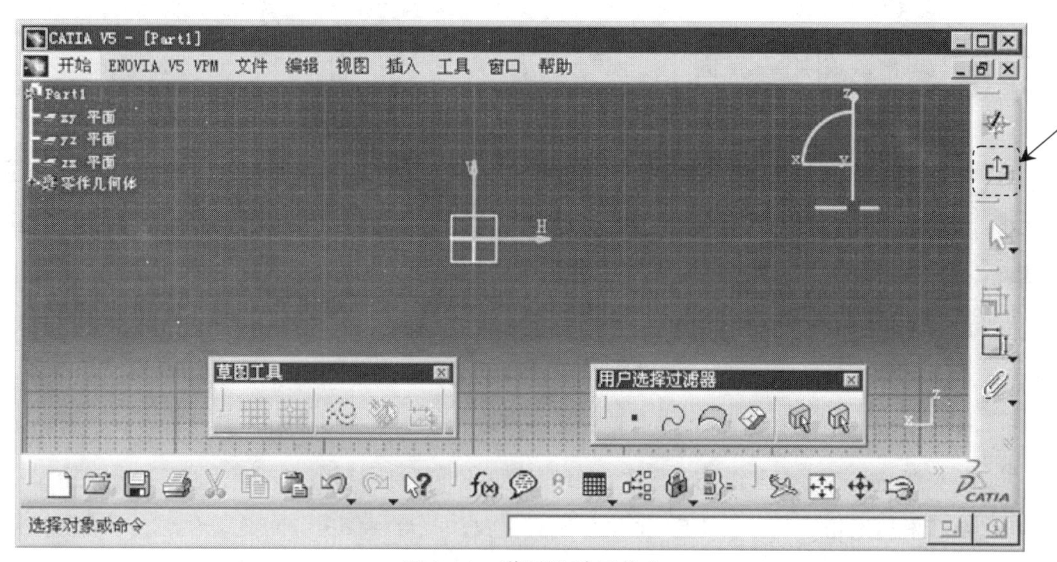

图 2.1.1　草图设计工作台

2. 退出草图设计工作台的操作方法

在草图设计工作台中单击“工作台”工具条中的“退出工作台”按钮，即可退出草图设计工作台。

2.1.2　草图设计命令菜单介绍

插入 下拉菜单是草图设计工作台中的主要菜单，其功能主要包括草图轮廓的绘制、约束和操作（如旋转、平移和偏移等）等。

单击 插入 下拉菜单，即可弹出图 2.1.2～图 2.1.4 所示的命令，其中绝大部分命令都以快捷按钮方式出现在屏幕的工具栏中。

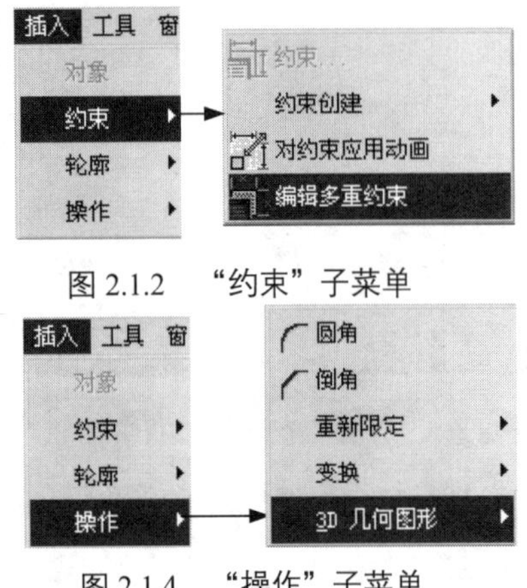

图 2.1.2 “约束”子菜单

图 2.1.4 “操作”子菜单

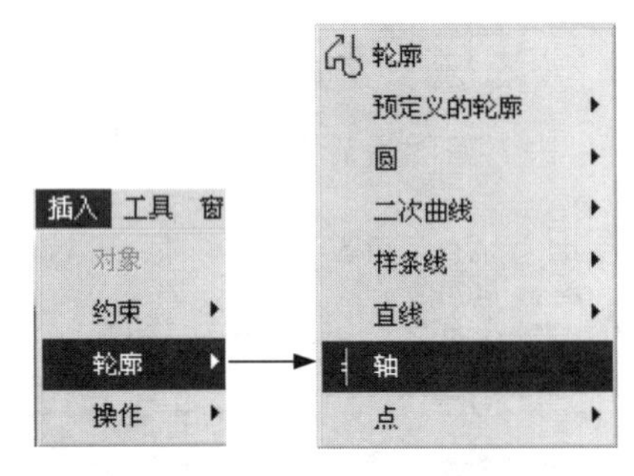

图 2.1.3 “轮廓”子菜单

2.1.3 调整草图用户界面

单击“草图工具”工具栏中的“网格”按钮，可以控制草图设计工作台中网格的显示。当网格显示时，如果看不到网格，或者网格太密，可以缩放草绘区；如果想调整图形在草绘区上下、左右的位置，可以移动草绘区。

鼠标操作方法说明如下。

- 中键（移动草绘区）：按住鼠标中键移动鼠标，可看到图形跟着鼠标移动。
- 中键滚轮（缩放草绘区）：按住鼠标中键，再单击一下鼠标左键或右键，然后向前移动鼠标可看到图形在变大，向后移动鼠标可看到图形在缩小。
- 中键滚轮（旋转草绘区）：按住鼠标中键，然后按住鼠标左键或右键，移动鼠标可看到图形在旋转。草图旋转后，单击屏幕下部的“法线视图”按钮可使草图回至与屏幕平行状态。

草绘区这样的调整不会改变图形的实际大小和实际空间位置，它的作用在于方便用户查看和操作图形。

2.2 草图绘制工具

2.2.1 轮廓线

“轮廓”命令用于连续绘制直线和（或）圆弧，它是绘制草图时最常用的命令之一。轮廓线可以是封闭的，也可以是不封闭的。

步骤 01 选择命令。选择下拉菜单 插入 → 轮廓 ▸ → 轮廓命令（或单击“轮廓”工具栏中的按钮），此时“草图工具”工具条如图 2.2.1 所示。

图 2.2.1 “草图工具”工具条

步骤 02 选用系统默认的“直线”按钮，在图形区绘制图 2.2.2 所示的直线，此时“草图工具”工具条中的“相切弧”按钮被激活，单击该按钮，绘制图 2.2.3 所示的圆弧。

图 2.2.2 绘制直线　　图 2.2.3 绘制相切圆弧

步骤 03 按两次 Esc 键完成轮廓线的绘制。

- 轮廓线包括直线和圆弧，“轮廓线”命令和“圆”及“直线”命令的区别在于，轮廓线可以连续绘制线段和（或）圆弧。
- 绘制线段或圆弧后，若要绘制相切弧，可以在画圆弧起点时拖动鼠标，系统自动转换到圆弧模式。
- 可以利用动态输入框确定轮廓线的精确参数。
- 结束轮廓线的绘制有如下三种方法：按两次 Esc 键；单击工具条中的“轮廓线”按钮；在绘制轮廓线的结束点位置双击鼠标左键。
- 如果绘制时轮廓已封闭，则系统自动结束轮廓线的绘制。

2.2.2 矩形

矩形对于绘制截面十分有用，可省去绘制四条线的麻烦。

方法一：

步骤 01 选择下拉菜单 插入 → 轮廓 ▸ → 预定义的轮廓 ▸ → 矩形 命令。

步骤 02 定义矩形的第一个角点。根据系统提示 选择或单击第一点以创建矩形，在图形区某位置单击，放置矩形的一个角点，然后将该矩形拖至所需大小。

步骤 03 定义矩形的第二个角点。根据系统提示 选择或单击第二点创建矩形，再次单击，放置矩形的另一个角点。此时，系统即在两个角点间绘制一个矩形。

方法二：

步骤 01 选择命令。选择下拉菜单 插入 → 轮廓 ▸ → 预定义的轮廓 ▸ → 斜置矩形 命令。

步骤 02 定义矩形的起点。根据系统提示 选择一个点或单击以定位起点，在图形区某位置单击，放置矩形的起点，此时可看到一条“橡皮筋”线附着在鼠标指针上。

步骤 03 定义矩形的第一边终点。在系统 选择点或单击以定位第一边终点 提示下，单击以放置矩形的第一边终点，然后将该矩形拖至所需大小。

步骤 04 定义矩形的一个角点。在系统 单击或选择一点，定义第二面 提示下，再次单击，放置矩形的一个角点。此时，系统以第二点与第一点的距离为长，以第三点与第二点的距离为宽创建一个矩形。

方法三：

步骤 01 选择命令。选择下拉菜单 插入 → 轮廓 ▸ → 预定义的轮廓 ▸ → 居中矩形 命令。

步骤 02 定义矩形中心。根据系统提示 选择或单击一点，创建矩形的中心，在图形区某位置单击，创建矩形的中心。

步骤 03 定义矩形的一个角点。在系统 选择或单击第二点，创建居中矩形 提示下，将该矩形拖至所需大小再次单击，放置矩形的一个角点。此时，系统即创建一个矩形。

2.2.3 圆

方法一：中心/点——通过选取中心点和圆上一点来创建圆。

步骤 01 选择命令。选择下拉菜单 插入 → 轮廓 ▸ → 圆 ▸ → 圆 命令。

步骤 02 定义圆的中心点及大小。在某位置单击，放置圆的中心点，然后将该圆拖至所需大小并单击确定。

方法二：三点——通过选取圆上的三个点来创建圆。

方法三：使用坐标创建圆。

步骤 01 选择命令。选择下拉菜单 插入 → 轮廓▸ → 圆▸ → 使用坐标创建圆命令，系统弹出图 2.2.4 所示的“圆定义”对话框。

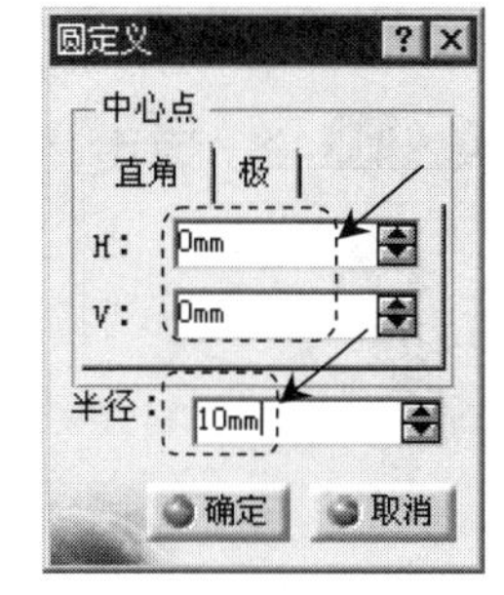

图 2.2.4 “圆定义”对话框

步骤 02 定义参数。在“圆定义”对话框中输入中心点坐标和半径，单击 确定 按钮，系统立即创建一个圆。

方法四：三切线圆。

步骤 01 选择命令。选择下拉菜单 插入 → 轮廓▸ → 圆▸ → 三切线圆命令。

步骤 02 选取相切元素。分别选取三个元素，系统便自动创建与这三个元素相切的圆。

2.2.4 圆弧

共有三种绘制圆弧的方法。

方法一：圆心/端点圆弧。

步骤 01 选择命令。选择下拉菜单 插入 → 轮廓▸ → 圆▸ → 弧命令。

步骤 02 定义圆弧中心点。在某位置单击，确定圆弧中心点，然后将圆拉至所需大小。

步骤 03 定义圆弧端点。在图形区单击两点以确定圆弧的两个端点。

方法二：起始受限制的三点弧——确定圆弧的两个端点和弧上的一个附加点来创建三点圆弧。

步骤 01 选择下拉菜单 插入 → 轮廓▸ → 圆▸ → 起始受限的三点弧命令。

步骤 02 定义圆弧端点。在图形区某位置单击，放置圆弧一个端点；在另一位置单击，放置另一端点。

步骤 03 定义圆弧上一点。移动鼠标，圆弧呈橡皮筋样变化，单击确定圆弧上的一点。

方法三：三点弧——确定圆弧的两个端点和弧上的一个附加点来创建一个三点圆弧。

步骤 01 选择命令。选择下拉菜单 插入 → 轮廓▸ → 圆▸ → 三点弧命令。

步骤 02 在图形区某位置单击，放置圆弧的一个起点；在另一位置单击，放置圆弧上的终点。

步骤 03 此时移动鼠标指针，圆弧呈橡皮筋样变化，单击放置圆弧中间的一个端点。

2.2.5 直线

步骤 01 进入草图设计工作台前，在特征树中选取 XY 平面作为草图平面。

- 如果创建新草图，则在进入草图设计工作台之前必须先选取草图平面，也就是要确定新草图在空间的哪个平面上绘制。
- 以后在创建新草图时，如果没有特别的说明，则草图平面为 XY 平面。

步骤 02 选择命令。选择下拉菜单 插入 → 轮廓 → 直线 → 直线 命令（或单击“轮廓”工具栏“直线”按钮中的，再单击按钮）。此时，“草图工具”工具条如图 2.2.5 所示。

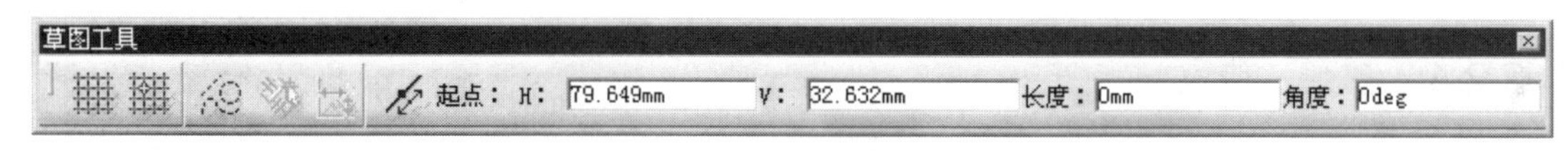

图 2.2.5 “草图工具”工具条

步骤 03 定义直线的起始点。根据系统提示 选择一点或单击以定位起点，在图形区中的任意位置单击左键，以确定直线的起始点，此时可看到一条“橡皮筋”线附着在鼠标指针上。

- 单击按钮绘制一条直线后，系统自动结束直线的绘制；双击按钮可以连续绘制直线。草图设计工作台中的大多数工具按钮均可双击来连续操作。
- 系统提示 选择一点或单击以定位起点 显示在消息区，有关消息区的具体介绍请参

步骤 04 定义直线的终止点。根据系统提示 选择一点或单击以定位终点，在图形区中的任意位置单击左键，以确定直线的终止点，系统便在两点间创建一条直线。

- 在草图设计工作台中，单击“撤销”按钮可撤销上一个操作，单击“重做”按钮重新执行被撤销的操作。这两个按钮在绘制草图时十分有用。
- CATIA 具有尺寸驱动功能，即图形的大小随着图形尺寸的改变而改变。
- 直线的精确绘制可以通过在“草图工具”工具条中输入相关的参数来实现，其他曲线的精确绘制也一样。
- “橡皮筋”是指操作过程中的一条临时虚构线段，它始终是当前鼠标光标的中心点与前一个指定点的连线。因为它可以随着光标的移动而拉长或缩短，并可绕前一点转动，所以形象地称为“橡皮筋”。

2.2.6 圆角

下面以图 2.2.6 为例，来说明绘制圆角的一般操作过程。

图 2.2.6 绘制圆角

步骤 01 打开文件 D:\ catxc2014\work\ch02.02.06\corner.CATPart。

步骤 02 选择命令。选择下拉菜单 插入 → 操作 ▸ → 圆角 命令，此时“草图工具”工具栏如图 2.2.7 所示。

图 2.2.7 所示“草图工具”工具栏中部分按钮的说明如下。

A1：所有元素被修剪。　　A2：第一个元素被修剪。
A3：不修剪。　　A4：标准线修剪。
A5：构造线修剪。　　A6：构造线未修剪。

步骤 03 选用系统默认的“修剪所有元素”方式，分别选取两个元素（两条边），然后单击以确定圆角位置，系统便在这两个元素间创建圆角，并将两个元素裁剪至交点。

2.2.7 样条曲线

下面以图 2.2.8 为例，来说明绘制样条曲线的一般操作过程。

样条曲线是通过任意多个点的平滑曲线，其创建过程如下。

步骤 01 选择命令。选择下拉菜单 插入 → 轮廓 ▸ → 样条线 ▸ → 样条线 命令。

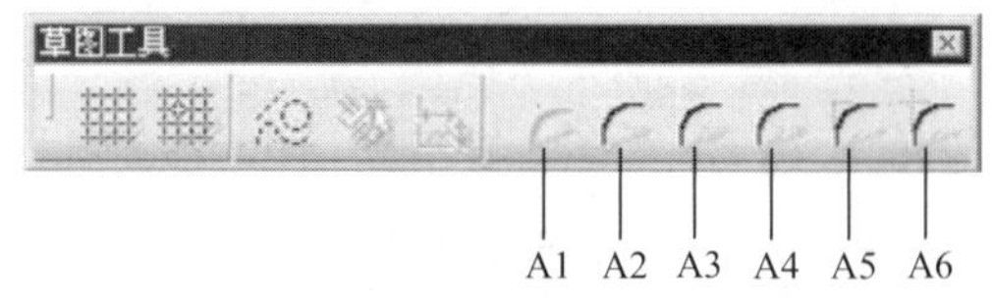

图 2.2.7 “草图工具”工具栏

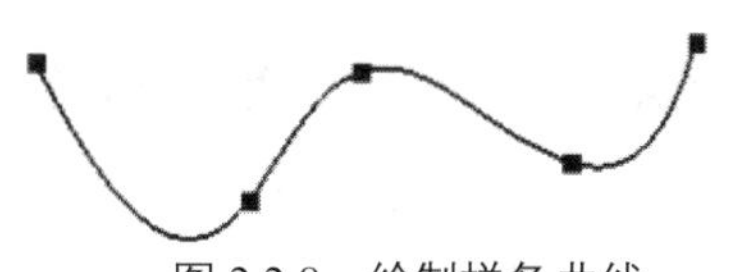
图 2.2.8 绘制样条曲线

步骤 02 定义样条曲线的控制点。单击一系列点，可观察到一条“橡皮筋”样条附着在鼠标指针上。

步骤 03 按两次 Esc 键结束样条曲线的绘制。

- 当绘制的样条曲线形成封闭曲线时，系统自动结束样条曲线的绘制。
- 结束样条曲线的绘制有如下三种方法：按两次 Esc 键；单击工具栏中的“样条线”按钮 ；在绘制轮廓线的结束点位置双击。

2.2.8 点

点的创建很简单。在设计管路和电缆布线时，创建点对工作十分有帮助。

步骤 01 选择命令。选择下拉菜单 插入 → 轮廓▸ → 点▸ → ⌟ 点命令。

步骤 02 在图形区的某位置单击以放置该点。

2.3 草图的编辑

2.3.1 操纵草图

1. 直线的操纵

CATIA 提供了元素操纵功能，可方便地旋转、拉伸和移动元素。

操纵 1 的操作流程：在图形区，把鼠标指针 移到直线上，按下左键不放，同时移动鼠标(此时鼠标指针变为)，此时直线随着鼠标指针一起移动(图 2.3.1)。达到绘制意图后，松开鼠标左键。

操纵 2 的操作流程：在图形区，把鼠标指针 移到直线的某个端点上，按下左键不放，同时移动鼠标，此时会看到直线以另一端点为固定点伸缩或转动（图 2.3.2）。达到绘制意图后，松开鼠标左键。

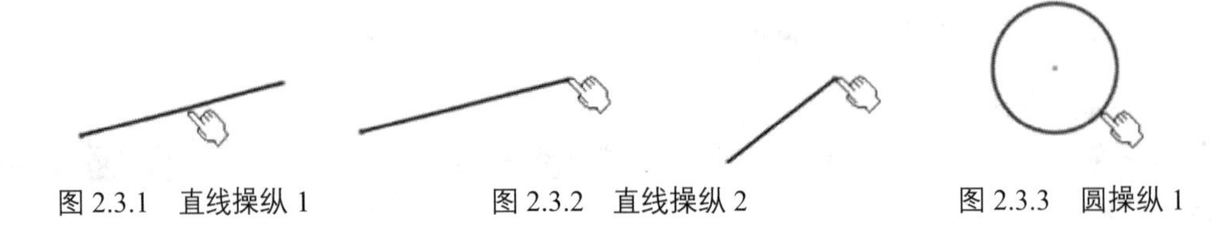

图 2.3.1 直线操纵 1　　图 2.3.2 直线操纵 2　　图 2.3.3 圆操纵 1

2. 圆的操纵

操纵 1 的操作流程：把鼠标指针 移到圆的边线上，按下左键不放，同时移动鼠标，此时会看到圆在变大或缩小（图 2.3.3）。达到绘制意图后，松开鼠标左键。

操纵 2 的操作流程：把鼠标指针 移到圆心上，按下左键不放，同时移动鼠标，此时会看到圆随着指针一起移动（图 2.3.4）。达到绘制意图后，松开鼠标左键。

3. 圆弧的操纵

操纵 1 的操作流程：把鼠标指针 移到圆弧上，按下左键不放，同时移动鼠标，此时会看到圆弧随着指针一起移动（图 2.3.5）。达到绘制意图后，松开鼠标左键。

操纵 2 的操作流程：把鼠标指针 移到圆弧的圆心点上，按下左键不放，同时移动鼠标，此时圆弧以某一端点为固定点旋转，并且圆弧的包角及半径也在变化（图 2.3.6）。达到绘制意图后，松开鼠标左键。

操纵 3 的操作流程：把鼠标指针移到圆弧的某个端点上，按下左键不放，同时移动鼠标，此时会看到圆弧以另一端点为固定点旋转，并且圆弧的包角也在变化（图 2.3.7）。达到绘制意图后，松开鼠标左键。

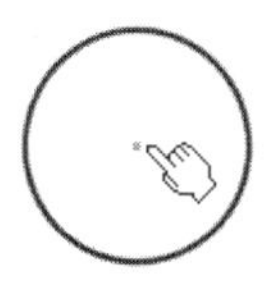

图 2.3.4　圆操纵 2

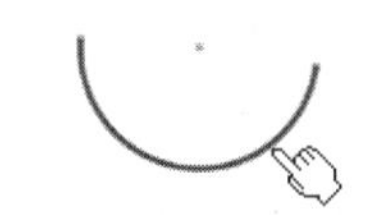

图 2.3.5　圆弧操纵 1

图 2.3.6　圆弧操纵 2

图 2.3.7　圆弧操纵 3

点和坐标系的操纵很简单，读者不妨自己试一试。

4. 样条曲线的操纵

操纵 1 的操作流程（图 2.3.8）：把鼠标指针移到样条曲线的某个端点上，按下左键不放，同时移动鼠标，此时样条曲线以另一端点为固定点旋转，大小也在同时变化。达到绘制意图后，松开鼠标左键。

操纵 2 的操作流程（图 2.3.9）：把鼠标指针移到样条曲线的中间点上，按下左键不放，同时移动鼠标，此时样条曲线的拓扑形状（曲率）不断变化。达到绘制意图后，松开鼠标左键。

操纵 3 的操作流程（图 2.3.10）：把鼠标指针移到样条曲线上，按下左键不放，同时移动鼠标，此时样条曲线的拓扑形状（曲率）不会发生变化，变化的只是样条曲线在空间中的位置。

图 2.3.8　样条曲线操纵 1

图 2.3.9　样条曲线操纵 2

图 2.3.10　样条曲线操纵 3

2.3.2　删除草图

步骤 01　在图形区单击或框选要删除的元素。

步骤 02　按一下键盘上的 Delete 键，所选元素即被删除。也可采用下面两种方法删除元素：

方法一：右击，在弹出的快捷菜单中选择 删除 命令。

方法二：在 编辑 下拉菜单中选择 删除 命令。

2.3.3 复制/粘贴

步骤 01 在图形区单击或框选（框选时要框住整个元素）要复制的元素。

步骤 02 选择下拉菜单 编辑 → 复制 命令，然后选择下拉菜单 编辑 → 粘贴 命令，系统立即绘制出一个与源对象形状大小和位置完全一致的图形。

2.3.4 修剪草图

步骤 01 选择命令。选择下拉菜单 插入 → 操作 ▸ → 重新限定 ▸ → 修剪 命令。

步骤 02 定义修剪对象。依次单击两个相交元素上要保留的一侧（图 2.3.11a 所示的直线 1 的上部分和直线 2 的左部分），修剪结果如图 2.3.11b 所示。

如果所选两元素不相交，系统将自动对其延伸，并将延伸后的线段修剪至交点。

2.3.5 快速修剪

步骤 01 选择命令。选择下拉菜单 插入 → 操作 ▸ → 重新限定 ▸ → 快速修剪 命令。

步骤 02 定义修剪对象。在图形区选取图 2.3.12a 所示的直线 1 的左半部分为要剪掉部分。

步骤 03 修剪图形。再次选择下拉菜单 插入 → 操作 ▸ → 重新限定 ▸ → 快速修剪 命令，选取图 2.3.12a 所示的圆弧 1 的左半部分为要剪掉部分，修剪结果如图 2.3.12b 所示。

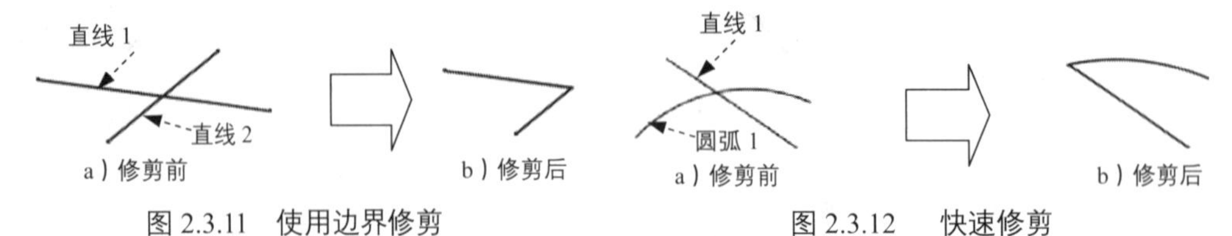

图 2.3.11 使用边界修剪　　图 2.3.12 快速修剪

2.3.6 断开草图

步骤 01 选择命令。选择下拉菜单 插入 → 操作 ▸ → 重新限定 ▸ → 断开 命令。

步骤 02 定义断开对象。选取一个要断开的元素（图 2.3.13a 所示的圆）。

步骤 03 选择断开位置。在图 2.3.13a 所示的位置 1 单击，则系统在单击处断开元素。

步骤 04 重复 步骤 01 ~ 步骤 03，选择断开后的上部分圆弧，将圆在位置 2 处断开，此时圆被分成了三段圆弧。

步骤 05 验证断开操作。按住鼠标左键拖动圆弧时，可以看到圆弧已经断开（图 2.3.13b）。

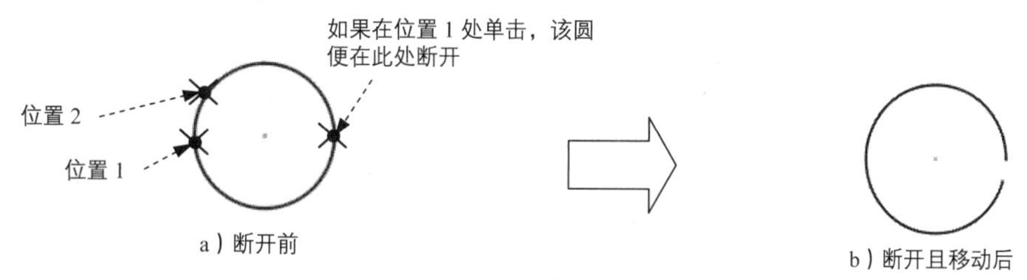

图 2.3.13 断开元素

2.3.7 将草图对象转化为参考线

CATIA 中构造元素（构建线）的作用为辅助线（参考线），构造元素以虚线显示。草绘中的直线、圆弧、样条曲线和椭圆等元素都可以转化为构造元素。下面以图 2.3.14 为例，说明其创建方法。

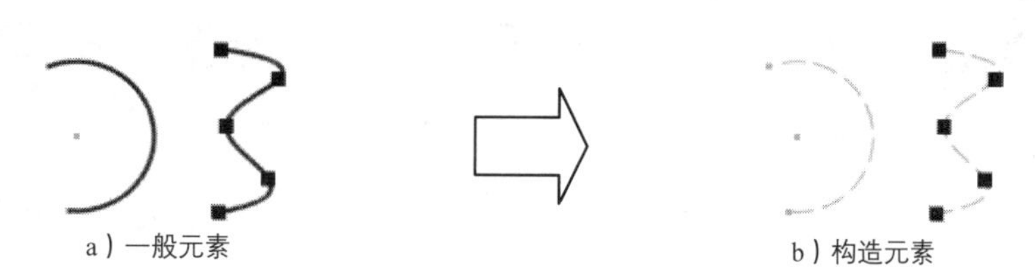

图 2.3.14 将元素转换为构造元素

步骤 01 打开文件 D:\ catxc2014\work\ch02.03.07\construct.CATPart。

步骤 02 按住 Ctrl 键，依次选取图 2.3.14a 中的样条曲线和圆弧。

步骤 03 在“草绘工具”工具栏中单击“构造/标准元素”按钮，被选取的元素就转换成构造元素。

2.3.8 镜像草图

镜像操作就是以一条线（或轴）为中心复制选择的对象，保留原对象。下面以图 2.3.15 为例，来说明镜像元素的一般操作过程。

步骤 01 打开文件 D:\ catxc2014\work\ch02.03.08\mirror.CATPart。

步骤 02 选取对象。在图形区（图 2.3.15a）中选取三角形为要镜像的对象。

步骤 03 选择命令。选择下拉菜单 插入 → 操作 ▸ → 变换 ▸ → 镜像 命令（或在“操作”工具栏中单击“镜像”按钮 中的 ，再单击 按钮）。

步骤 04 定义镜像中心线。选择图 2.3.15a 所示的垂直轴线为镜像中心线。

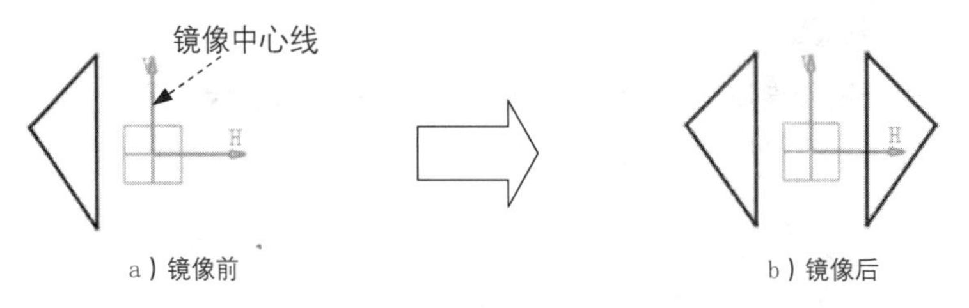

图 2.3.15 元素的镜像

2.3.9 对称草图

对称操作是在镜像复制后删除源对象，其操作方法与镜像操作相同，这里不再赘述。

2.3.10 平移草图

下面以图 2.3.16 为例，来说明平移对象的一般操作过程。

步骤 01 打开文件 D:\ catxc2014\work\ch02.03.10\move.CATPart。

步骤 02 选取对象。在图形区选取图 2.3.16a 所示的延长孔为要平移的元素。

步骤 03 选择命令。选择下拉菜单 插入 → 操作 ▸ → 变换 ▸ → 平移 命令，系统弹出图 2.3.17 所示的“平移定义”对话框。

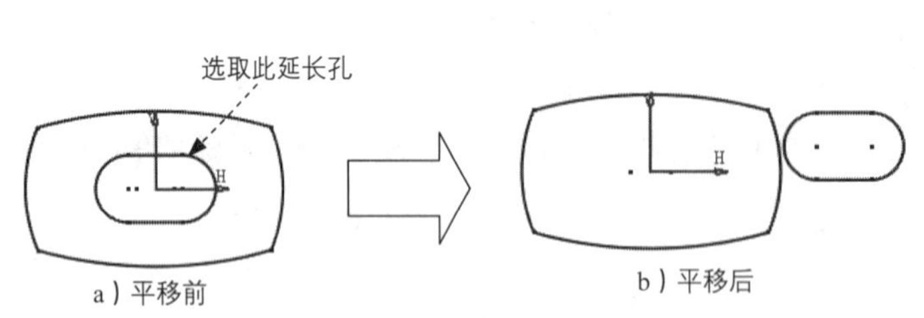

图 2.3.16 “平移对象”示意图

图 2.3.17 “平移定义”对话框

步骤 04 定义是否复制。在“平移定义”对话框中取消选中 □复制模式 复选框。

步骤 05 定义平移起点。在图形区选取图 2.3.16a 所示的坐标原点为平移起点。此时，“平移定义”对话框中 长度 选项组下的文本框被激活。

步骤 06 定义参数。在 长度 选项组下的文本框中输入数值 30，选中 捕捉模式 复选框，按 Enter 键确认。

步骤 07 定义平移方向。在图形区单击以确定平移的方向。

2.3.11 旋转草图

下面以图 2.3.18 为例，来说明旋转对象的一般操作过程。

步骤 01 打开文件 D:\ catxc2014\work \ch02.03.11\circumgyrate.CATPart。

步骤 02 选取对象。在图形区单击或框选（框选时要框住整个元素）要旋转的元素。

步骤 03 选择命令。选择下拉菜单 插入 → 操作 ▸ → 变换 ▸ → 旋转 命令，系统弹出图 2.3.19 所示的“旋转定义”对话框。

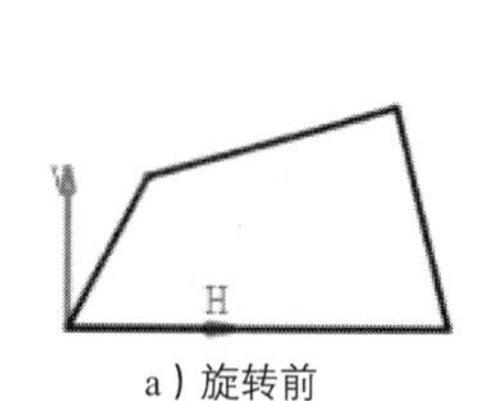

a）旋转前

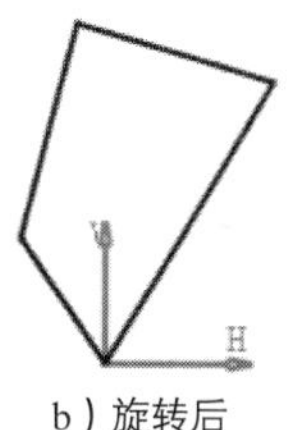

b）旋转后

图 2.3.18 “旋转对象”示意图

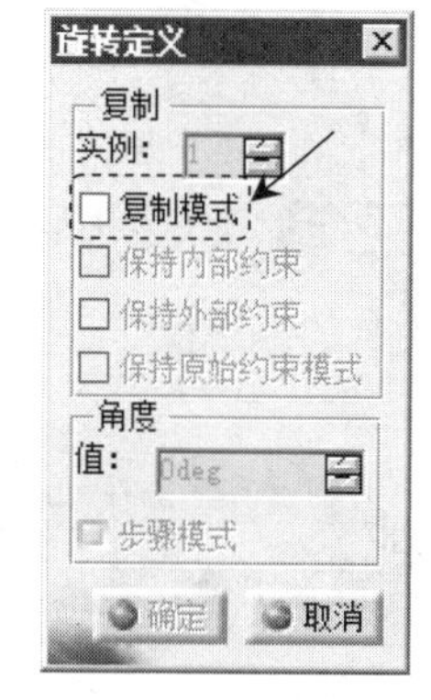

图 2.3.19 “旋转定义”对话框

步骤 04 定义旋转方式。在“旋转定义”对话框中取消选中 □复制模式 复选框。

步骤 05 定义旋转中心点。在图形区单击以确定旋转的中心点（如选择坐标原点）。此时，“旋转定义”对话框中 角度 选项组下的文本框被激活。

步骤 06 定义参数。在 角度 选项组下的文本框中输入数值 60，单击 确定 按钮完成对象的旋转操作。

2.3.12 缩放草图

下面以图 2.3.20 为例，来说明缩放对象的一般操作过程。

步骤 01 打开文件 D:\ catxc2014\work\ch02.03.12\zoom.CATPart。

步骤 02 选取对象。在图形区单击或框选（框选时要框住整个元素）图 2.3.20a 所示的所有曲线。

步骤 03 选择命令。选择下拉菜单 插入 → 操作 ▸ → 变换 ▸ →

缩放 命令，系统弹出图 2.3.21 所示的“缩放定义”对话框。

步骤 04 定义是否复制。在“缩放定义”对话框中取消选中 □复制模式 复选框。

步骤 05 定义缩放中心点。在图形区单击坐标原点以确定缩放的中心点。此时，“缩放定义”对话框中 缩放 选项组下的文本框被激活。

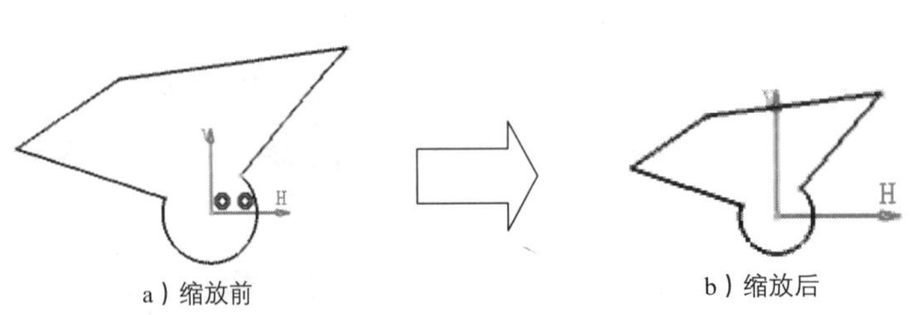

a）缩放前　b）缩放后

图 2.3.20 “缩放对象”示意图

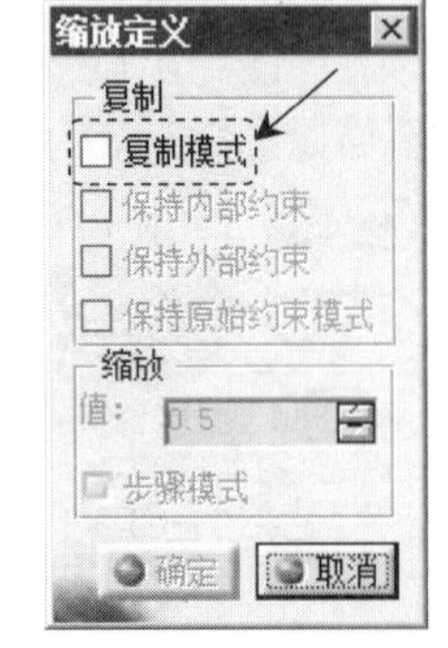

图 2.3.21 “缩放定义”对话框

步骤 06 定义缩放参数。在 缩放 选项组下的文本框中输入数值 0.7，单击 确定 按钮完成对象的缩放操作。

- 在进行缩放操作时，可以先选择命令，然后再选择需要缩放的对象。
- 在定义缩放值时，可以在图形区中移动鼠标至所需数值，单击即可。

2.3.13 偏移草图

偏移曲线就是绘制选择对象的等距线。下面以图 2.3.20 为例，来说明偏移曲线的一般操作过程。

步骤 01 打开文件 D:\ catxc2014\work \ch02.03.13\excursion.CATPart。

步骤 02 选取对象。按住 Ctrl 键，在图形区选取图 2.3.22a 所示的所有曲线。

步骤 03 选择命令。选择下拉菜单 插入 → 操作 ▸ → 变换 ▸ → 偏移 命令。

步骤 04 定义偏移位置。在图形区移动鼠标至合适位置单击，完成曲线的偏移操作。

a）偏移前　b）偏移后

图 2.3.22 偏移草图

2.4 草图几何约束

按照工程技术人员的设计习惯，在草绘时或草绘后，希望对绘制的草图增加一些平行、相切、相等或共线等几何约束来帮助定位，CATIA 系统可以很容易地做到这一点。下面对约束进行详细的介绍。

2.4.1 添加几何约束

下面以图 2.4.1 所示的相切约束为例，来说明创建约束的一般操作过程。

步骤 01 打开文件 D:\ catxc2014\work \ch02.04.01\ restrict.CATPart。

步骤 02 选择对象。按住 Ctrl 键，在图形区选取两个圆。

步骤 03 选择命令。选择下拉菜单 插入 → 约束 ▸ → 约束... 命令（或单击“约束”工具栏中的按钮），系统弹出图 2.4.2 所示的“约束定义”对话框。

在“约束定义”对话框中，选取的元素能够添加的所有约束变为可选。

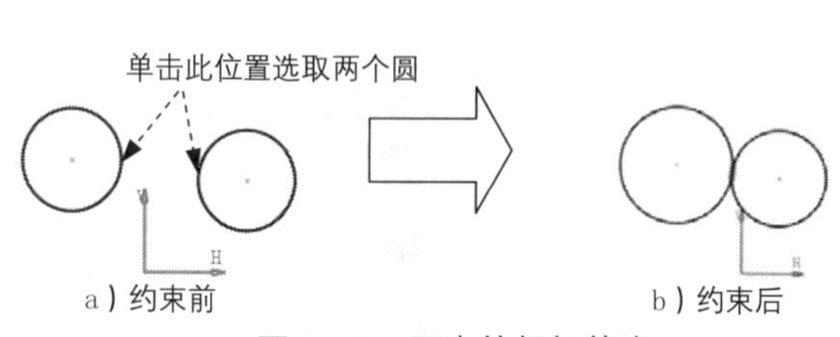

图 2.4.1 元素的相切约束

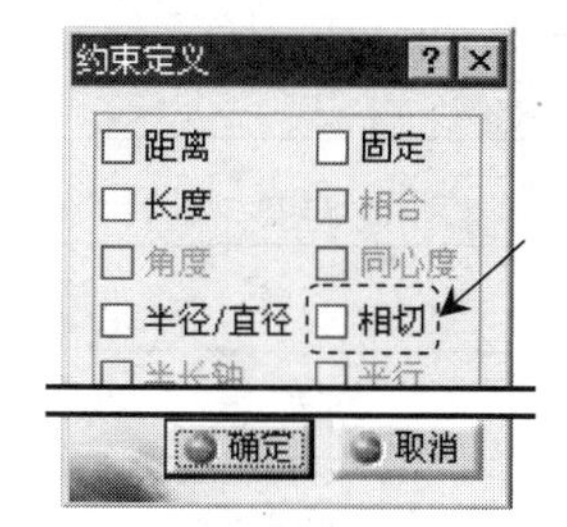

图 2.4.2 “约束定义”对话框

步骤 04 定义约束。在“约束定义”对话框中选中 相切 复选框，单击 确定 按钮，完成相切约束的添加。

步骤 05 若创建其他的约束，可重复步骤 02 ~ 步骤 04。

2.4.2 显示/移除约束

1. 约束的屏幕显示控制

在“可视化”工具栏中单击“几何约束”按钮，即可控制约束符号在屏幕中的显示/关闭。

2. 约束符号颜色含义

- ◆ 约束：显示为黑色。
- ◆ 鼠标指针所在的约束：显示为橙色。
- ◆ 选定的约束：显示为橙色。

3. 各种约束符号列表

各种约束的显示符号见表 2.4.1。

表 2.4.1　约束符号列表

约 束 名 称	约束显示符号
中点	
相合	
水平	H
垂直	V
同心度	
相切	
平行	
垂直	
对称	
等距点	
固定	

2.4.3　接触约束

接触约束是快速创建约束的一种方法，添加接触约束就是添加两个对象之间的相切、同心、共线等约束关系。其中，点和其他元素之间是重合约束，圆和圆以及椭圆之间是同心约束，直线之间是相合约束，直线与圆之间以及除了圆和椭圆之外的其他两个曲线之间是相切约束。下面以图 2.4.3 所示的同心约束为例，说明创建接触约束的一般操作步骤。

图 2.4.3　同心约束

步骤 01 打开文件 D:\ catxc2014\work\ch02.04.03\touch.CATPart。

步骤 02 选取对象。按住 Ctrl 键，在图形区分别选取图 2.4.3a 所示的圆和圆弧。

步骤 03 选择命令。选择下拉菜单 插入 → 约束 ▸ → 约束创建 ▸ → 接触约束 命令，系统立即创建同心约束。

2.5 草图尺寸约束

草图标注是决定草图中的几何图形的尺寸，如长度、角度、半径和直径等，它是一种以数值来确定草绘元素精确尺寸的约束形式。一般情况下，在绘制草图之后，需要对图形进行尺寸定位，使尺寸满足预定的要求。

2.5.1 添加尺寸约束

下面讲解添加尺寸标注的几种常用方式。

1. 线段长度的标注

步骤 01 打开文件 D:\ catxc2014\work\ch02.05.01\lengh.CATPart。

步骤 02 选择命令。选择下拉菜单 插入 → 约束 ▸ → 约束创建 ▸ → 约束 命令。

步骤 03 选取要标注的元素。单击位置 1 以选取直线，如图 2.5.1 所示。

步骤 04 确定尺寸的放置位置。在位置 2 处单击鼠标左键。

2. 两条平行线间距离的标注

步骤 01 打开文件 D:\ catxc2014\work\ch02.05.01\line-lengh.CATPart。

步骤 02 选择下拉菜单 插入 → 约束 ▸ → 约束创建 ▸ → 约束 命令。

步骤 03 分别单击位置 1 和位置 2 以选择两条平行线，然后单击位置 3 以放置尺寸，如图 2.5.2 所示。

3. 点和直线之间距离的标注

步骤 01 打开文件 D:\ catxc2014\work\ ch02.05.01\point-line.CATPart。

步骤 02 选择下拉菜单 插入 → 约束 ▸ → 约束创建 ▸ → 约束 命令。

步骤 03 单击位置 1 以选择点，单击位置 2 以选择直线，单击位置 3 放置尺寸，如图 2.5.3 所示。

4. 两点间距离的标注

步骤 01 打开文件 D:\ catxc2014\work \ch02.05.01\point- point.CATPart。

步骤 02 选择下拉菜单 插入 → 约束 ▸ → 约束创建 ▸ → 约束 命令。

步骤 03 分别单击位置 1 和位置 2 以选择两点，单击位置 3 放置尺寸，如图 2.5.4 所示。

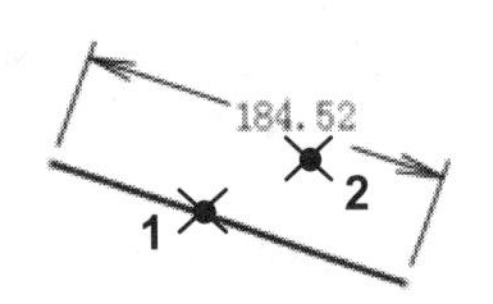

图 2.5.1　线段长度的标注

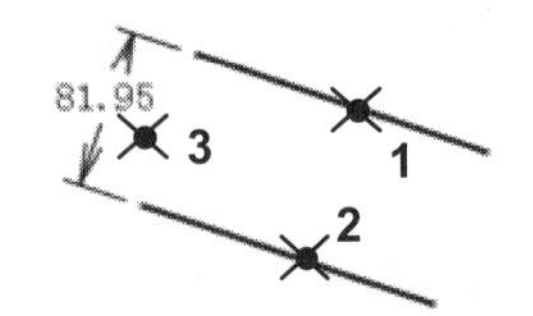

图 2.5.2　平行线间距离的标注

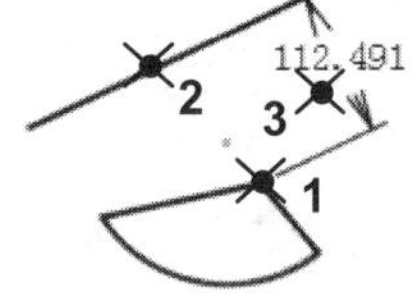

图 2.5.3　点、线间距离的标注

5. 标注直径

步骤 01 选择下拉菜单 插入 → 约束 ▸ → 约束创建 ▸ → 约束 命令（或在“约束”工具栏单击“约束”按钮中的，再单击按钮）。

步骤 02 选取要标注的元素。单击位置 1 以选择圆（图 2.5.5）。

步骤 03 确定尺寸的放置位置。在位置 2 单击鼠标左键（图 2.5.5）。

6. 标注半径

步骤 01 选择下拉菜单 插入 → 约束 ▸ → 约束创建 ▸ → 约束 命令（或在“约束”工具栏单击“约束”按钮中的，再单击按钮）。

步骤 02 单击位置 1 选择圆上一点，然后单击位置 2 放置尺寸（图 2.5.6）。

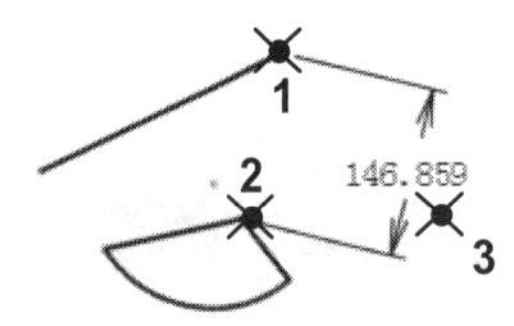

图 2.5.4　两点间距离的标注

图 2.5.5　直径的标注

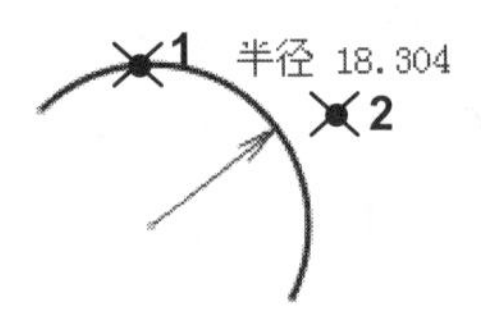

图 2.5.6　半径的标注

7. 两条直线间角度的标注

步骤 01 打开文件 D:\ catxc2014\work\ch02.05.01\angle.CATPart。

步骤 02 选择下拉菜单 插入 → 约束 ▸ → 约束创建 ▸ → 约束 命令。

步骤 03 分别在两条直线上选取点 1 和点 2；单击位置 3 放置尺寸（锐角，如图 2.5.7 所示），或单击位置 4 放置尺寸（钝角，如图 2.5.8 所示）。

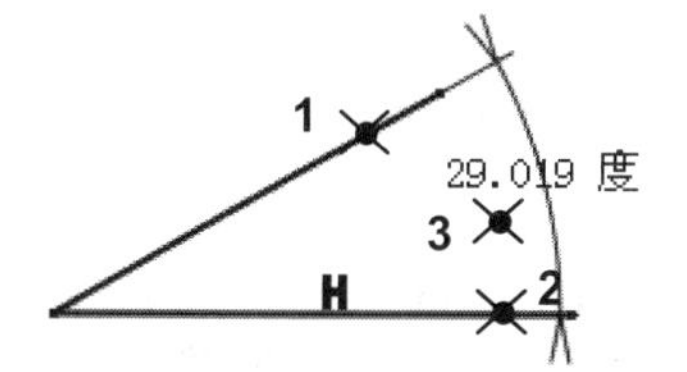

图 2.5.7 两条直线间角度的标注——锐角

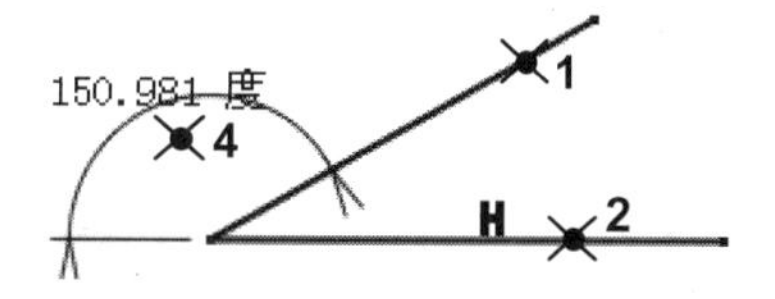

图 2.5.8 两条直线间角度的标注——钝角

2.5.2 尺寸移动

1. 移动尺寸文本

移动尺寸文本的位置，可按以下步骤操作。

步骤 01 单击要移动的尺寸文本。

步骤 02 按下左键并移动鼠标，将尺寸文本拖至所需位置。

2. 移动尺寸线

移动尺寸线的位置，可按下列步骤操作。

步骤 01 单击要移动的尺寸线。

步骤 02 按下左键并移动鼠标，将尺寸线拖至所需位置（尺寸文本随着尺寸线的移动而移动）。

2.5.3 修改尺寸值

有两种方法可修改标注的尺寸值。

方法一：

步骤 01 打开文件 D:\ catxc2014\work \ch02.05.03\amend-dimension_01.CATPart。

步骤 02 选取对象。在要修改的尺寸文本上双击（图 2.5.9a），系统弹出图 2.5.10 所示的“约束定义”对话框。

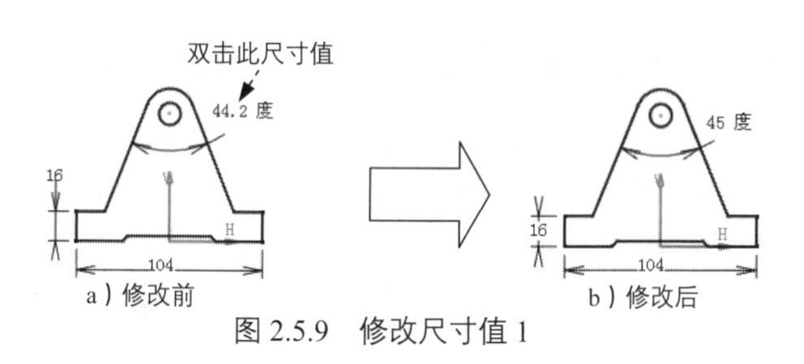

图 2.5.9 修改尺寸值 1

图 2.5.10 “约束定义”对话框

步骤 03 定义参数。在“约束定义”对话框的文本框中输入数值 45，单击 确定 按钮完成尺寸的修改操作，如图 2.5.9b 所示。

步骤 04 若修改其他尺寸值，可重复步骤 02、步骤 03。

方法二：

步骤 01 打开文件 D:\ catxc2014\work\ch02.05.03\amend-dimension_02.CATPart。

步骤 02 选择下拉菜单 插入 → 约束 → 编辑多重约束 命令，系统弹出图 2.5.11 所示的“编辑多重约束”对话框，图形区中的每一个尺寸约束和尺寸参数都出现在列表框中。

步骤 03 在列表框中选择需要修改的尺寸约束，然后在文本框中输入新的尺寸值。

步骤 04 修改完毕后，单击 确定 按钮。修改后的结果如图 2.5.12 所示。

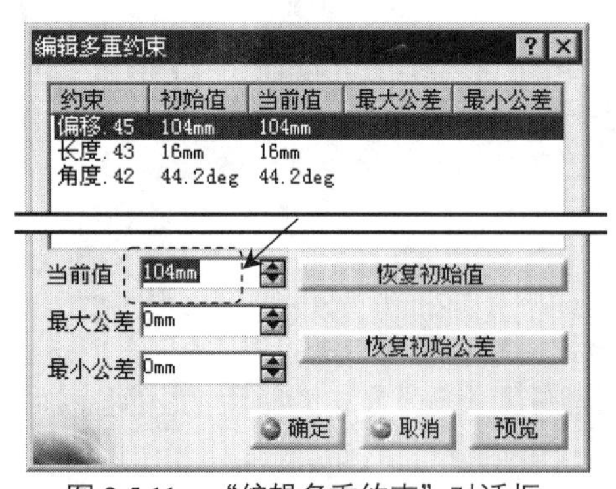

图 2.5.11 “编辑多重约束”对话框

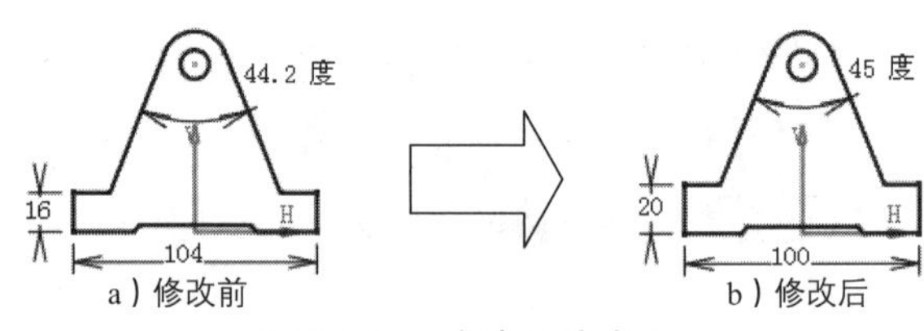

图 2.5.12 修改尺寸值 2

2.6 草图检查工具

完成草图的绘制后，应该对它进行一些简单的分析。在分析草图过程中，系统显示草图未完全约束、已完全约束和过度约束等状态，然后通过此分析可进一步修改草图，从而使草图完全约束。

2.6.1 检查草图约束

草图状态解析就是对草图轮廓作简单的分析，判断草图是否完全约束。下面介绍草图状态解析的一般操作过程。

步骤 01 打开文件 D:\ catxc2014\work \ch02.06.01\sketch_analysis.CATPart（图 2.6.1）。

步骤 02 在图 2.6.2 所示的“工具”工具栏中单击“草图求解状态”按钮中的，再单击按钮，系统弹出图 2.6.3 所示的“草图求解状态”对话框（一）。此时，对话框中显示“不充分约束”字样，表示该草图未完全约束。

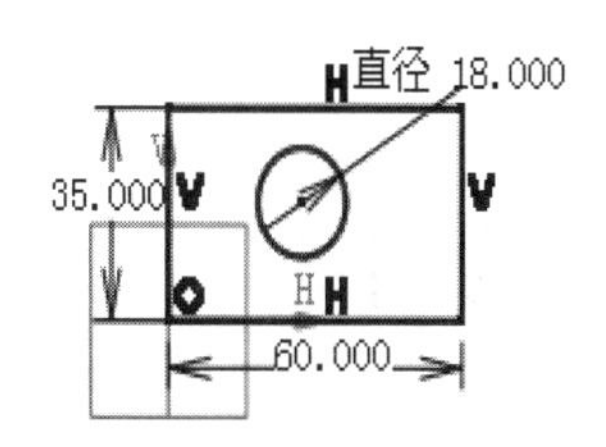

图 2.6.1 草图

图 2.6.2 “工具”工具栏

图 2.6.3 “草图求解状态”对话框（一）

当草图完全约束和过度约束时，“草图求解状态”对话框分别如图 2.6.4 和图 2.6.5 所示。

图 2.6.4 “草图求解状态”对话框（二）

图 2.6.5 “草图求解状态”对话框（三）

2.6.2 检查草图轮廓

利用 工具 下拉菜单中的 草图分析 命令可以对草图几何图形、草图投影/相交和草图状态等进行分析。下面介绍利用“草图分析”命令分析草图的一般操作过程。

步骤 01 打开文件 D:\ catxc2014\work\ch02.06.02\sketch_analysis.CATPart。

步骤 02 选择下拉菜单 工具 → 草图分析 命令（或在“工具”工具栏中单击“草图状态解析”按钮中的，再单击按钮），系统弹出“草图分析”对话框。

步骤 03 在“草图分析”对话框中单击 诊断 选项卡，其列表框中显示草图中所有的几何图形和约束以及它们的状态。

第 3 章　二维草图设计综合实例

3.1　二维草图设计综合实例一

实例概述：

本实例主要介绍图 3.1.1 所示截面草图的绘制过程，重点讲解了二维截面草图绘制的一般过程，下面具体介绍其绘制过程。

步骤 01 选择下拉菜单 文件 ➡ 新建... 命令，系统弹出“新建”对话框，在 类型列表： 中选择 Part 选项，单击 确定 按钮，系统弹出“新建零件”对话框，在 输入零件名称 文本框中输入文件名为 cam-support，单击 确定 按钮，进入零件设计工作台。

步骤 02 选择下拉菜单 插入 ➡ 草图编辑器 ▸ ➡ 草图 命令，在特征树中选择“yz 平面”作为草图平面，系统进入草图设计工作台。

步骤 03 绘制轮廓。粗略地绘制草图的大概轮廓，绘制的结果如图 3.1.2 所示。

步骤 04 确认“草图工具”工具条中的“几何约束”按钮和“尺寸约束”按钮显示橙色（即“几何约束”和“尺寸约束”处于开启状态）。

步骤 05 添加约束。添加“相切”、“相合”、“对称”等约束，结果如图 3.1.3 所示。

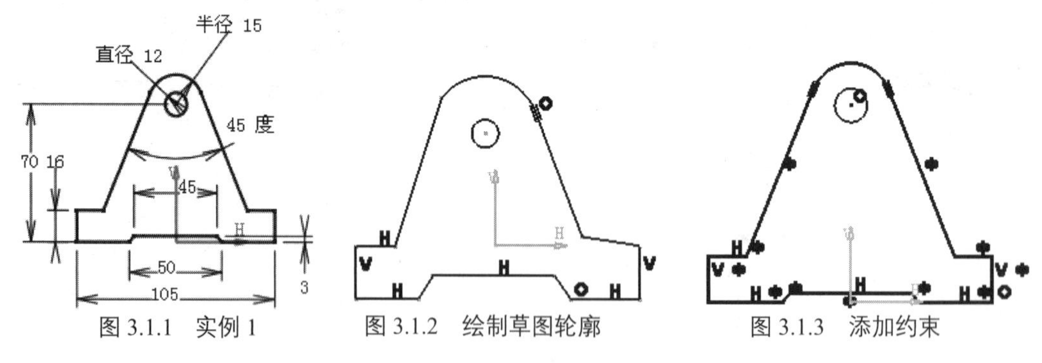

图 3.1.1　实例 1　　图 3.1.2　绘制草图轮廓　　图 3.1.3　添加约束

步骤 06 标注尺寸。标注并修改至图 3.1.1 所示的尺寸。

3.2　二维草图设计综合实例二

实例概述

本实例从新建一个草图开始，详细介绍了草图的绘制、编辑和标注的过程，要重点掌握的是约束的自动捕捉以及尺寸的处理技巧。图形如图 3.2.1 所示。

本实例的详细操作过程请参见随书光盘中 video\ch03.02\文件下的语音视频讲解文件。模型文件为 D:\ catxc2014\work\ch03.02\spsk02_ok.CATPart。

3.3 二维草图设计综合实例三

实例概述:

本实例从新建一个草图开始，详细介绍了草图的绘制、编辑和标注的过程，要重点掌握的是约束的自动捕捉及尺寸的处理技巧。图形如图 3.3.1 所示。

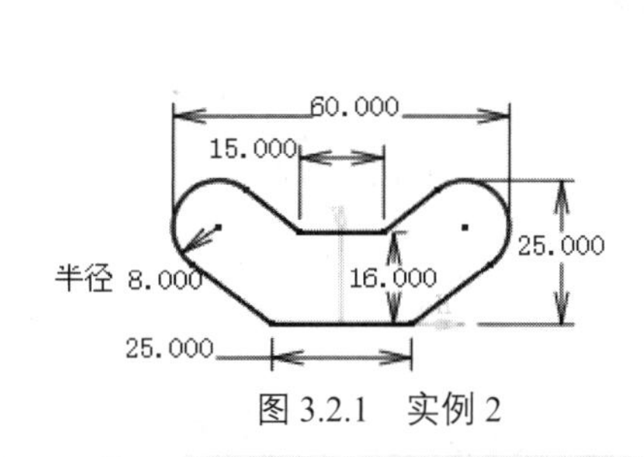

图 3.2.1 实例 2

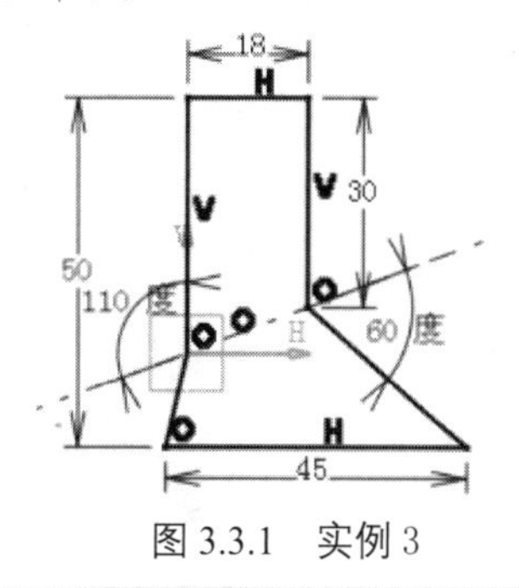

图 3.3.1 实例 3

本实例的详细操作过程请参见随书光盘中 video\ch03.03\文件下的语音视频讲解文件。模型文件为 D:\ catxc2014\work\ch03.03\spsk03_ok.CATPart。

第 4 章　零件设计

4.1　零件设计基础入门

4.1.1　零件设计工作台介绍

进入 CATIA 软件环境后，系统默认创建了一个装配文件，名称为 Product1。此时应选择下拉菜单 开始 ➡ 机械设计 ▸ ➡ 零件设计 命令，系统弹出“新建零件”对话框，在对话框中输入零件名称，选中 启用混合设计 复选框，单击 确定 按钮，即可进入零件设计工作台。

在学习本节时，请先打开文件 D:\catxc2014\work\ch04.01.01\add-slider-01。

CATIA V5-6R2014 零件设计工作台的用户界面包括标题栏、下拉菜单区、工具栏区、消息区、特征树区、图形区和功能输入区，如图 4.1.1 所示，其中右工具栏区是零部件工作台的常用工具。

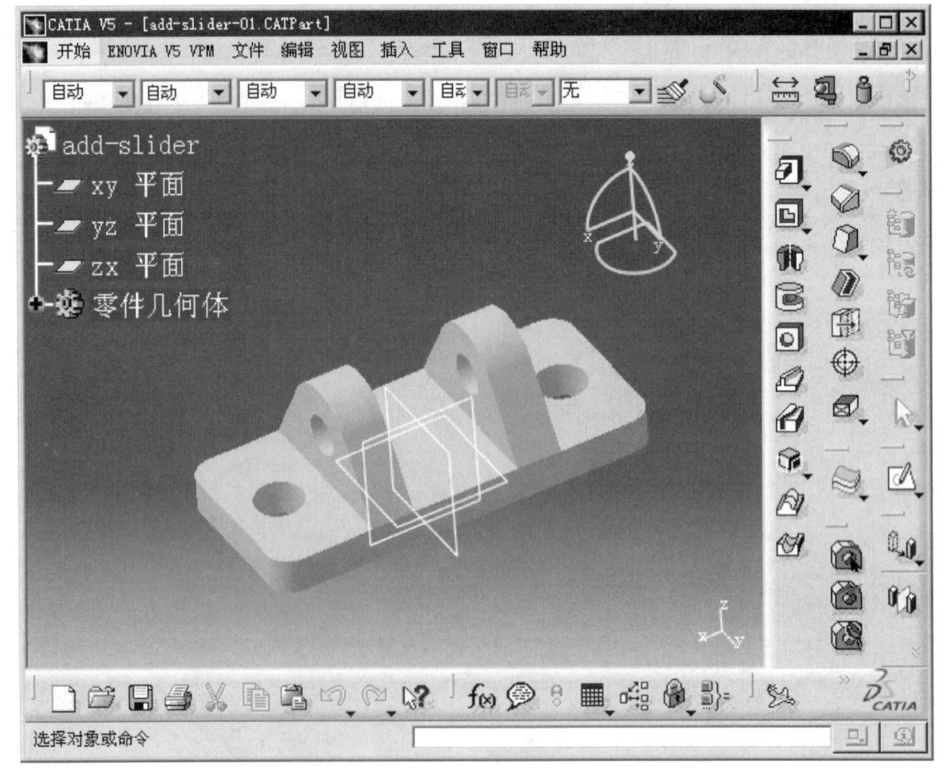

图 4.1.1　CATIA V5-6R2014 零件设计工作台用户界面

右侧工具栏中的命令按钮为快速进入命令及设置工作环境提供了极大方便，用户可以根据实际情况定制工具栏。

在工具栏中，用户会看到有些菜单命令和按钮是灰色的（即暗色），这是因为它们目前还没有处在发挥功能的环境中，一旦它们进入可以发挥功能的环境，便会自动加亮。进入零件设计工作台后，屏幕上会出现建模所需的各种工具按钮。

4.1.2 零件设计命令及工具条介绍

1. 插入下拉菜单

插入下拉菜单是零件设计工作台中的主要菜单，它的主要功能包括编辑草图、建立基于草图的特征、修饰特征等。

单击插入下拉菜单，即可显示其中的命令，其中大部分命令都以快捷按钮方式出现在屏幕的右工具栏按钮区。

2. 工具下拉菜单

工具下拉菜单中有两个实用性非常强的命令——显示和隐藏命令。当图形区中元素过多时，为使模型显示清楚，可以使用这两个命令进行不同类型元素的显示和隐藏操作。

4.2 特征树

CATIA V5-6R2014 的特征树一般出现在屏幕左侧，它的功能是以树的形式显示当前活动模型中的所有特征或零件，在树的顶部显示根（主）对象，并将从属对象（零件或特征）置于其下。在零件模型中，特征树列表的顶部是零件名称，零件名称下方是每个特征的名称；在装配体模型中，特征树列表的顶部是总装配，总装配下是各子装配和零件，每个子装配下方则是该子装配中的每个零件的名称，每个零件名的下方是零件的各个特征的名称。

如果打开了多个 CATIA 窗口，则特征树内容只反映当前活动文件（即活动窗口中的模型文件）。

在学习本节时，请先将工作路径设置至 D:\catxc20\work\ch04.02，然后打开模型文件 slide_block.CATPart。特征树操作界面如图 4.2.1 所示。

4.2.1 特征树的功能

（1）在特征树中选取对象。

可以从特征树中选取要编辑的特征或零件对象，当要选取的特征或零件在图形区的模型中不可见时，此方法尤为有用；当要选取的特征和零件在模型中禁用选取时，仍可在特征树中进行选取操作。

CATIA V5-6R2014 的特征树中列出了特征的几何图形（即草图的从属对象），但在特征树中，几何图形的选取必须是在草绘状态下。

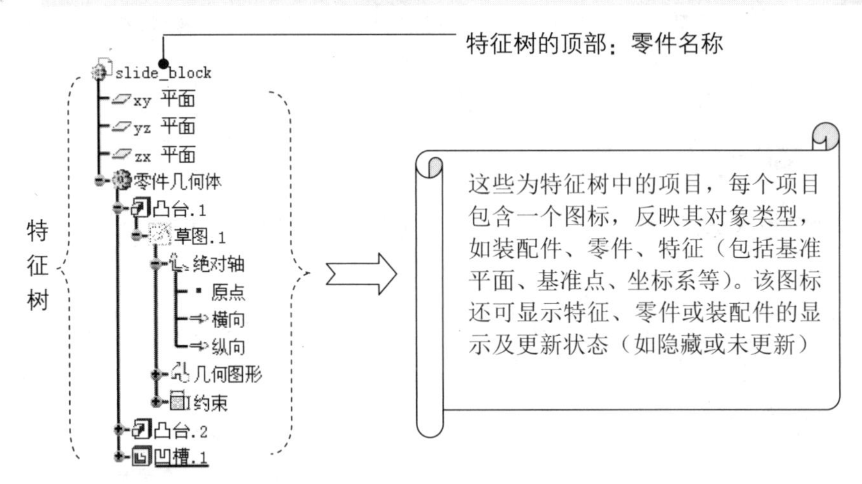

图 4.2.1　特征树操作界面

（2）在特征树中使用快捷命令。

右击特征树中的特征名或零件名，可打开一个快捷菜单，从中可选择相对于选定对象的特定操作命令。

4.2.2　特征树的操作

（1）特征树的平移与缩放

方法一：在 CATIA V5-6R2014 软件环境下，滚动鼠标滚轮可使特征树上下移动。

方法二：单击图 4.2.2 所示图形区右下角的坐标系，模型颜色将变灰暗，此时，按住中键不放移动鼠标，特征树将随鼠标移动而平移；按住鼠标中键不放，再单击鼠标右键，上移鼠标可放大特征树，下移鼠标可缩小特征树（若要重新用鼠标操纵模型，需再单击坐标系）。

（2）特征树的显示与隐藏

方法一：按 F3 键可以切换特征树的显示与隐藏状态。

方法二：选择下拉菜单 工具 → 选项... 命令，系统弹出“选项”对话框，选中对话框左侧 常规 下的 显示 选项，通过 树外观 选项卡中的 树显示/不显示模式 单选项可以调整特征树的显示与隐藏状态。

（3）特征树的折叠与展开

方法一：单击特征树根对象左侧的 ✚ 按钮，可以展开对应的从属对象，单击根对象左侧的 ▬ 按钮，可以折叠对应的从属对象。

方法二：选择下拉菜单 视图 → 树展开 ▸ 命令，在图 4.2.3 所示的菜单中可以控制特征树的展开和折叠。

（4）修改模型名称

在特征树中可以修改模型零件的名称，方法为：右击位于特征树顶部的零件名称，在弹出的快捷菜单中选择 属性 命令，然后在弹出的“属性”对话框中，通过 零件编号 文本框即可修改模型的名称。

装配模型名称的修改方法与上面介绍的相同：在装配特征树中选取某个部件，然后右击，通过 属性 命令和 零件编号 文本框，即可修改所选部件的名称。

在用鼠标对特征树进行缩放时，可能将特征树缩为无限小，此时用特征树的“显示与隐藏”操作是无法使特征树复原的。使特征树重新显示的方法是：单击图 4.2.2 所示的坐标系，然后在图形区右击，从系统弹出的快捷菜单中选择 重新构造图形 选项，即可使特征树重新显示。

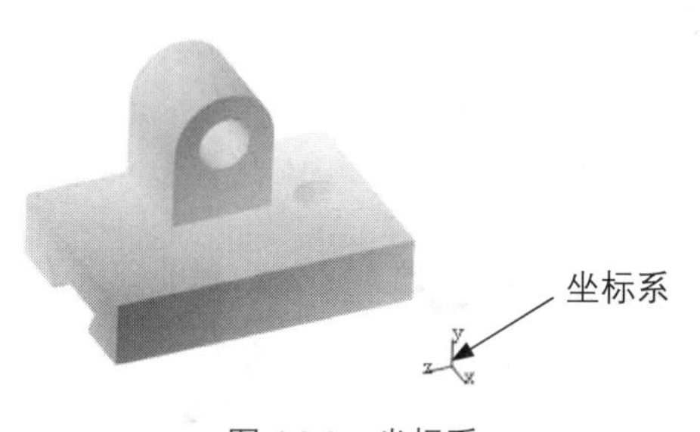

图 4.2.2　坐标系

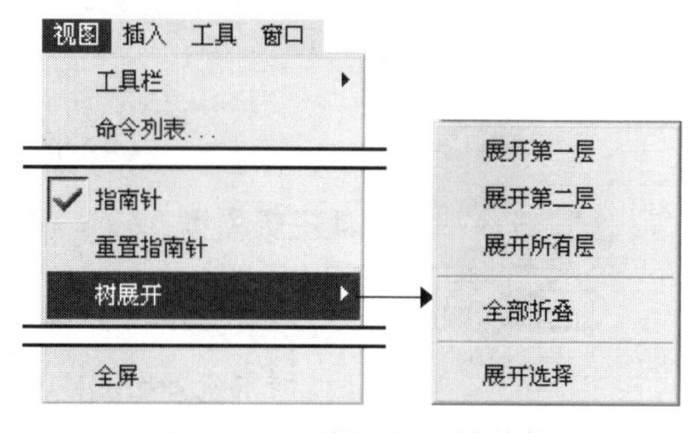

图 4.2.3　“视图”下拉菜单

4.3　拉伸凸台特征

4.3.1　概述

凸台特征是通过对封闭截面轮廓进行单向或双向拉伸建立三维实体的特征（图 4.3.1），它是最基本且经常使用的零件造型命令。

选取特征命令一般有如下两种方法。

方法一：从下拉菜单中获取特征命令。本例可以选择下拉菜单 插入 →

基于草图的特征 → 凸台... 命令。

方法二：从工具栏中获取特征命令。本例可以直接单击“基于草图的特征”工具栏中的命令按钮。

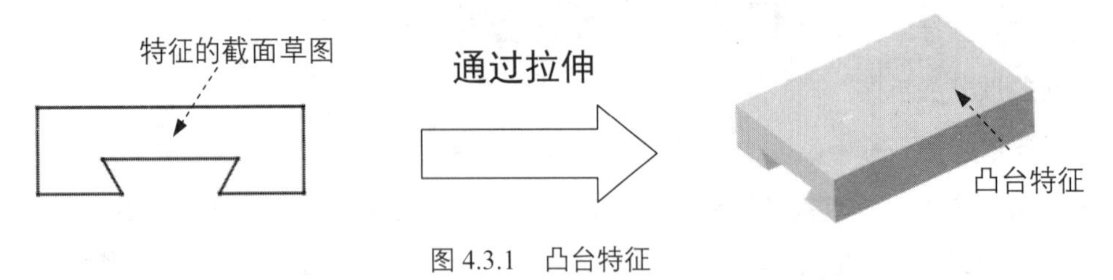

图 4.3.1 凸台特征

4.3.2 创建拉伸凸台特征

下面以一个简单实体的三维模型为例，说明用 CATIA 软件创建零件三维模型的一般过程，同时介绍凸台特征的基本概念及其创建方法。三维模型如图 4.3.2 所示。

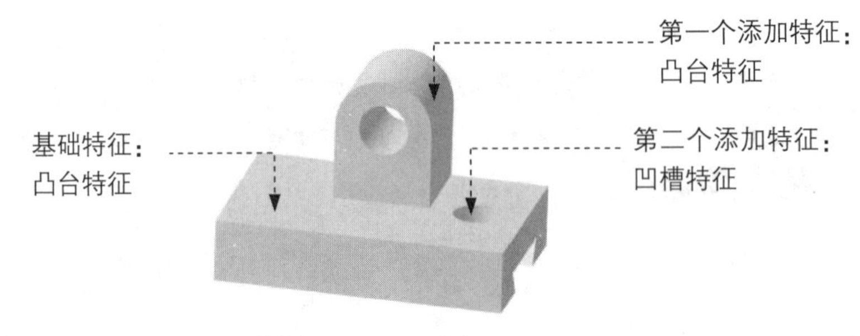

图 4.3.2 零件模型

1. 新建一个零件三维模型

步骤 01 如图 4.3.3 所示，选择下拉菜单 文件(F) → 新建... 命令（或在“标准”工具栏中单击按钮），此时系统弹出图 4.3.4 所示的“新建”对话框。

步骤 02 选择文件类型。在“新建”对话框的 类型列表： 栏中选择文件类型为 Part，然后单击对话框中的 确定 按钮。

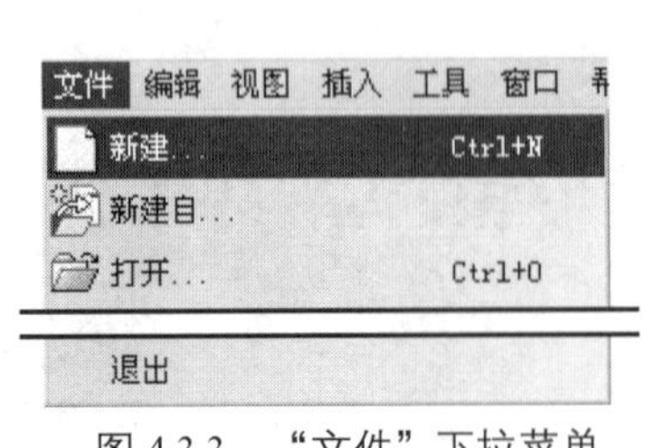

图 4.3.3 “文件”下拉菜单

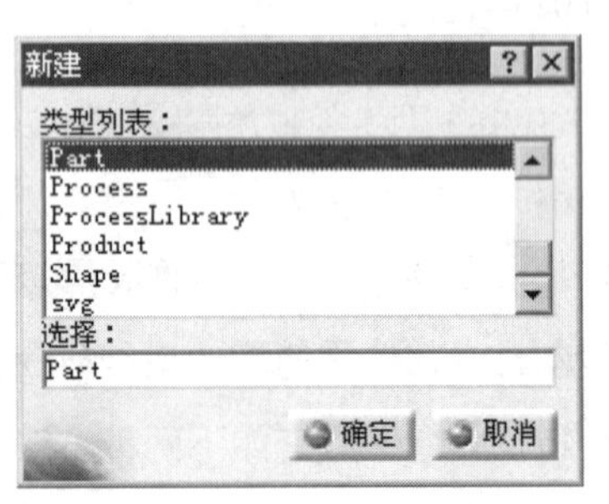

图 4.3.4 “新建”对话框

每次新建一个文件，CATIA 系统都会显示一个默认名。如果要创建的是零件，默认名的格式是 Part 后跟序号（如 Part1），以后再新建一个零件，序号自动加 1。

2. 创建一个凸台特征作为零件的基础特征

基础特征是一个零件的主要结构特征，创建什么样的特征作为零件的基础特征比较重要，一般由设计者根据产品的设计意图和零件的特点灵活掌握。

任务 01 选取凸台特征命令

选择下拉菜单 插入 → 基于草图的特征 → 凸台... 命令，如图 4.3.5 所示。

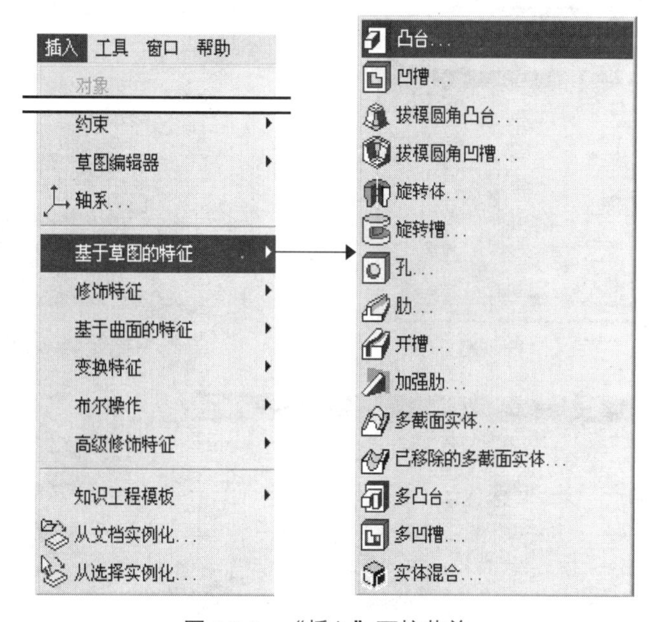

图 4.3.5 “插入”下拉菜单

任务 02 定义凸台类型

完成特征命令的选取后，系统弹出图 4.3.6 所示的“定义凸台”对话框（一），在对话框中不进行选项操作，创建系统默认的实体类型。

利用“定义凸台”对话框（一）可以创建实体和薄壁两种类型的特征，分别介绍如下。

- 实体类型：创建实体类型时，实体特征的截面草图完全由材料填充，如图 4.3.7 所示。

◆ 薄壁类型：在“定义凸台”对话框（一）中的 轮廓/曲面 区域选中 厚 复选框，通过展开对话框的隐藏部分可以将特征定义为薄壁类型（图 4.3.8）。在由草图截面生成实体时，薄壁特征的草图截面则由材料填充成均厚的环，环的内侧或外侧或中心轮廓边是截面草图，如图 4.3.9 所示。

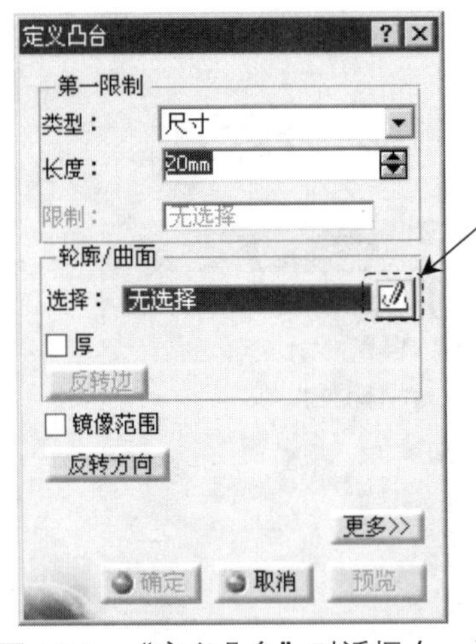

图 4.3.6 “定义凸台”对话框（一）

图 4.3.7 实体类型

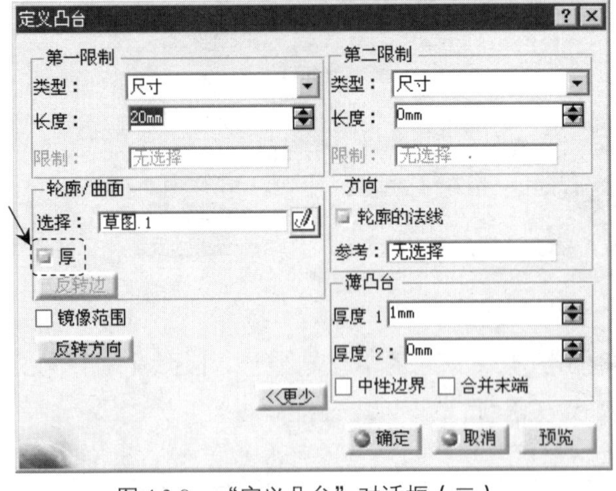

图 4.3.8 “定义凸台”对话框（二）

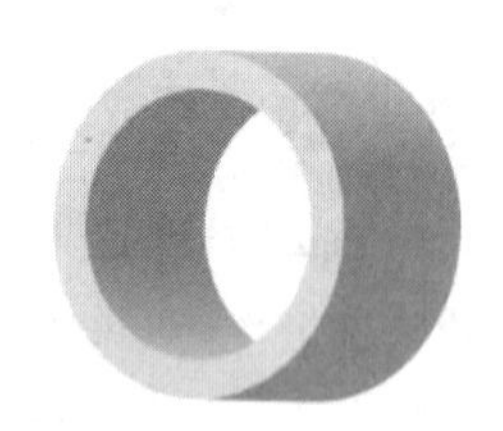

图 4.3.9 薄壁类型

任务 03 定义凸台特征截面草图

定义特征截面草图的方法有两种：第一是选择已有草图作为特征的截面草图，第二是创建新的草图作为特征的截面草图。本例中，介绍定义截面草图的第二种方法，操作过程如下：

步骤 01 选择草图命令并选取草图平面。单击“定义凸台”对话框（一）（图 4.3.6）中的按钮，系统弹出图 4.3.10 所示的“运行命令”对话框，在系统 选择草图平面 提示下，选取 XY 平面作为草图绘制的基准平面，进入草绘工作台。

对草图平面的概念和有关选项介绍如下：

- 草图平面是特征截面或轨迹的绘制平面。
- 选择的草图平面可以是坐标系的“XY 平面”、“YZ 平面”、“ZX 平面”中的一个，也可以新创建一个平面作为草图平面，还可以选择模型的某个表面作为草图平面。

步骤 02 绘制截面草图。

本例中的基础凸台特征的截面草图如图 4.3.11 所示，其绘制步骤如下。

（1）设置草图环境，调整草绘区。

操作提示与注意事项：

- 绘图前可先单击按钮，使绘图更方便。
- 除可以移动和缩放草绘区外，如果用户想在三维空间绘制草图或希望看到模型截面草图在三维空间的方位，可以旋转草绘区。方法是同时按住鼠标的中键和右键并移动鼠标，此时可看到图形跟着鼠标旋转。旋转后，选择下拉菜单 视图 → 修改 → 法线视图 命令（或单击“视图”工具栏中的按钮），可恢复绘图平面与屏幕平行。

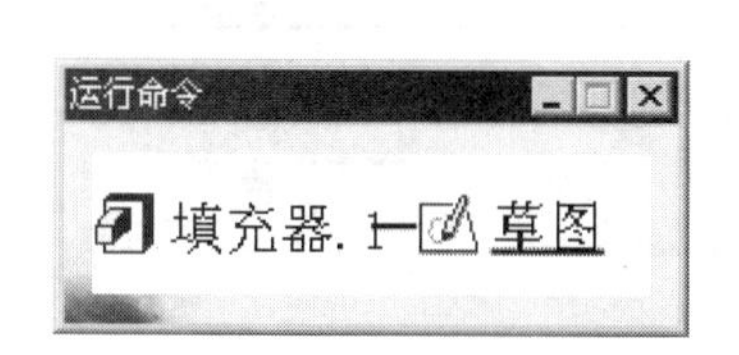

图 4.3.10 “运行命令”对话框

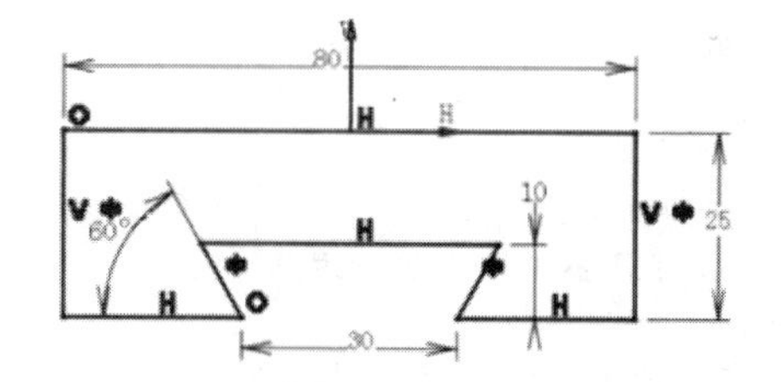

图 4.3.11 基础特征的截面草图

（2）创建截面草图。下面介绍创建截面草图的一般流程，在以后的章节中，创建二维草图时，都可参照这里的操作步骤。

① 绘制图 4.3.12 所示的截面草图的大体轮廓。

操作提示与注意事项。

- 开始绘制草图时，没有必要很精确地绘制截面草图的几何形状、位置和尺寸，只需要绘制一个很粗略的大概形状。本例与图 4.3.12 相似就可以。
- 绘制直线前可先确认“草图工具”工具栏中的按钮被激活，在创建轮廓时可自动建立水平和垂直约束，详细操作可参见本章中草绘的相关内容。

② 建立几何约束。建立图 4.3.13 所示的水平、竖直、相合和对称等约束。

③ 建立尺寸约束。建立图 4.3.14 所示的五个尺寸约束。

④ 修改尺寸。将尺寸修改为设计要求的尺寸，如图 4.3.15 所示，其操作提示如下。

◆ 尺寸的修改往往安排在建立完约束以后进行。

◆ 注意修改尺寸的顺序，先修改对截面外观影响不大的尺寸。

◆ 修改尺寸前要注意，如果需要修改的尺寸较多，且与设计目的尺寸相差太大，应该单击“约束”工具栏中的按钮，输入所有目的尺寸，以达到快速整体修改的效果。

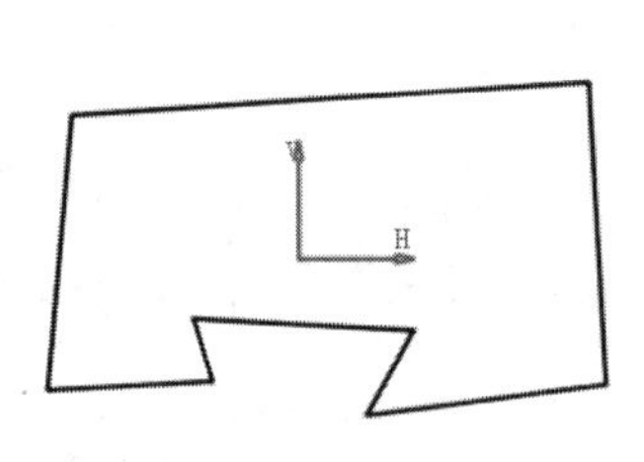

图 4.3.12 草绘截面的初步图形

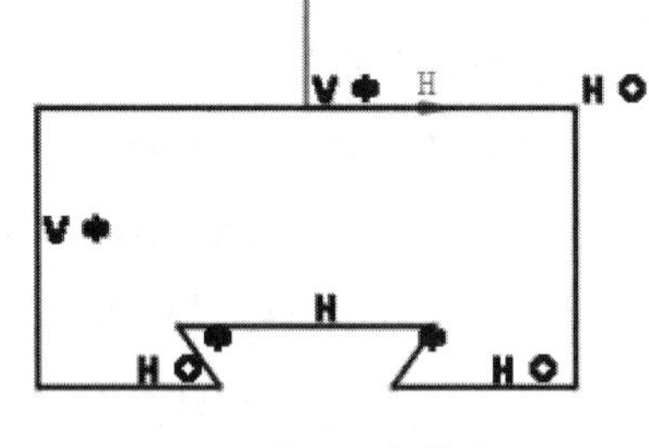

图 4.3.13 建立几何约束

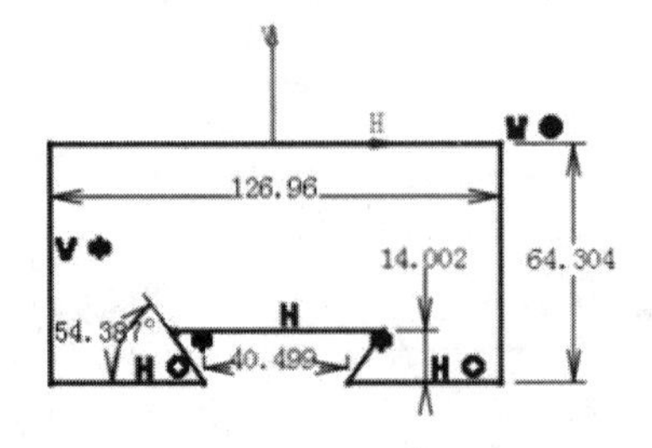

图 4.3.14 建立尺寸约束

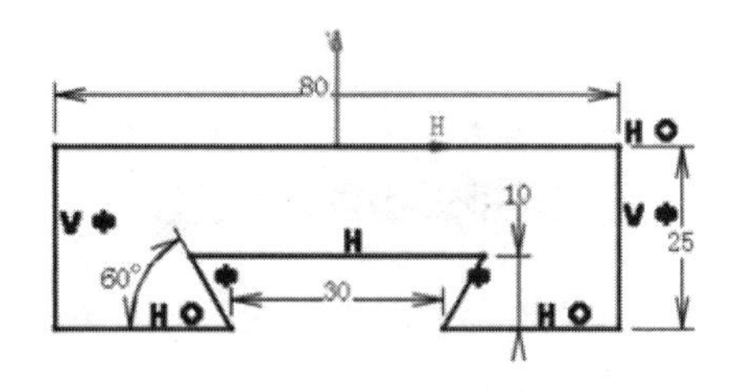

图 4.3.15 修改尺寸

步骤 03 完成草图绘制后，单击“工作台”工具栏中的按钮，退出草绘工作台（按钮的位置一般如图 4.3.16 所示）。

◆ 如果系统弹出图 4.3.17 所示的“特征定义错误”对话框，则表明截面草图不闭合或截面中有多余的线段，此时可单击 否(N) 按钮，然后修改截面中的错误，完成修改后再单击按钮。

◆ 绘制实体凸台特征的截面时，应该注意如下要求。

● 截面必须闭合，截面的任何部位不能有缺口，如图 4.3.18a 所示。

- 截面的任何部位不能探出多余的线头，如图 4.3.18b 所示。
- 截面可以包含一个或多个封闭环，生成特征后，外环以实体填充，内环则为孔。环与环之间不能相交或相切，如图 4.3.18c、图 4.3.18d 所示；环与环之间也不能有直线（或圆弧等）相连，如图 4.3.18e 所示。
- 曲面拉伸特征的截面可以是开放的，但截面不能有多于一个的开放环。

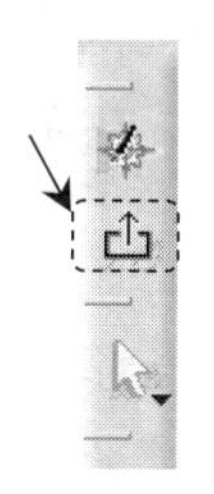

图 4.3.16　“退出工作台”按钮

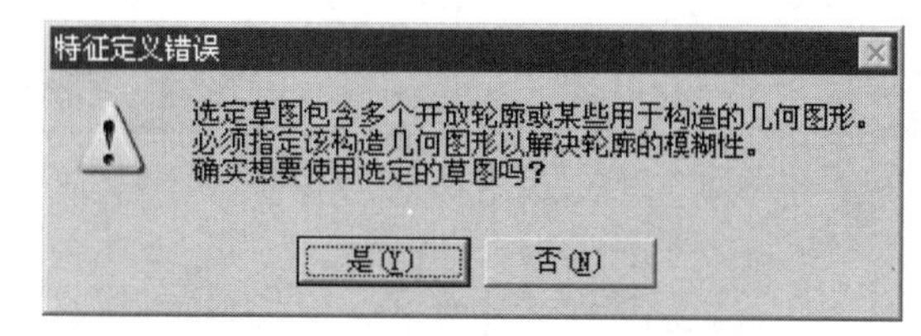

图 4.3.17　“特征定义错误”对话框

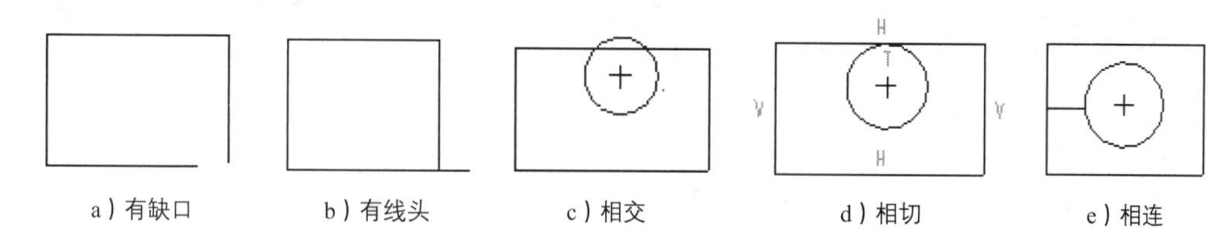

图 4.3.18　凸台特征的几种错误截面

任务 04　定义凸台是法向拉伸还是斜向拉伸

退出草绘工作台后，接受系统默认的拉伸方向（草图平面的法向），即进行凸台的法向拉伸。

CATIA V5-6R2014 中的凸台特征可以通过定义方向以实现法向或斜向拉伸。若不选择拉伸的参考方向，则系统默认为法向拉伸（图 4.3.19）。若在图 4.3.20 所示“定义凸台”对话框（三）的 方向 区域的 参考: 文本框中单击，则可激活斜向拉伸，这时只需选择一条斜线作为参考方向（图 4.3.21），便可实现实体的斜向拉伸。必须注意的是，作为参考方向的斜线必须事先绘制好，否则无法创

任务 05　定义凸台的拉伸深度属性

步骤 01　定义凸台的拉伸深度方向。采用模型中默认的深度方向。

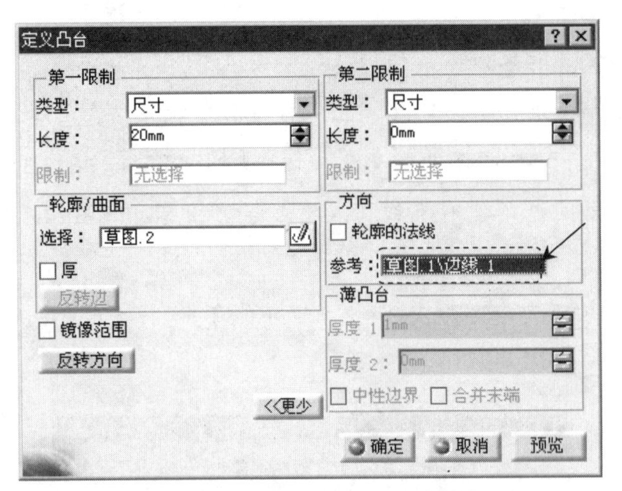

图 4.3.20 “定义凸台”对话框（三）

图 4.3.19 法向拉伸

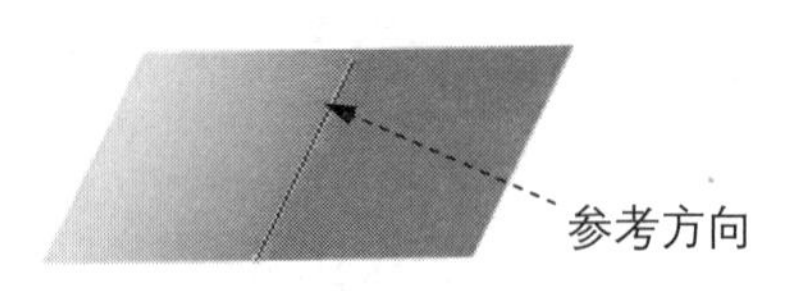

图 4.3.21 斜向拉伸

按住鼠标的中键和右键且移动鼠标，可将草图旋转到三维视图状态，此时在模型中可看到一个橙色的箭头，该箭头表示特征拉伸深度的方向，无论选取的深度类型为双向拉伸还是单向拉伸，该箭头指示的都是第一限制的拉伸方向。要改变箭头的方向，有如下两种方法。

方法一：将鼠标指针移至深度方向箭头上单击。

方法二：在图 4.3.6 所示的“定义凸台”对话框（一）中单击 反转方向 按钮。

步骤 02 定义凸台的拉伸深度类型。单击图 4.3.6 所示的“定义凸台”对话框（一）中的 更多>> 按钮，展开对话框的隐藏部分，在对话框 第一限制 区域和 第二限制 区域的 类型： 下拉列表中均选择 尺寸 选项。

- 如图 4.3.22 所示，单击“定义凸台”对话框（四）中 第二限制 区域的 类型： 下拉列表，可以选取特征的拉伸深度类型，各选项说明如下。
  - 尺寸 选项：特征将从草图平面开始，按照所输入的数值（即拉伸深度值）向特征创建的方向一侧进行拉伸。
  - 直到下一个 选项：特征将拉伸至零件的下一个曲面处终止。
  - 直到最后 选项：特征在拉伸方向上延伸，直至与所有曲面相交。
  - 直到平面 选项：特征在拉伸方向上延伸，直到与指定的平面相交。
  - 直到曲面 选项：特征在拉伸方向上延伸，直到与指定的曲面相交。

◆ 选择拉伸深度类型时，要考虑下列规则。

- 如果特征要拉伸至某个终止曲面，则特征的截面草图的大小不能超出终止的曲面（或面组）范围。
- 如果特征应终止于其到达的第一个曲面，必须选择 直到下一个 选项。
- 如果特征应终止于其到达的最后曲面，必须选择 直到最后 选项。
- 使用 直到平面 选项时，可以选择一个基准平面（或模型平面）作为终止面。
- 穿过特征没有与深度有关的参数，修改终止平面（或曲面）可改变特征深度。

◆ 图 4.3.23 显示了凸台特征的有效深度选项。

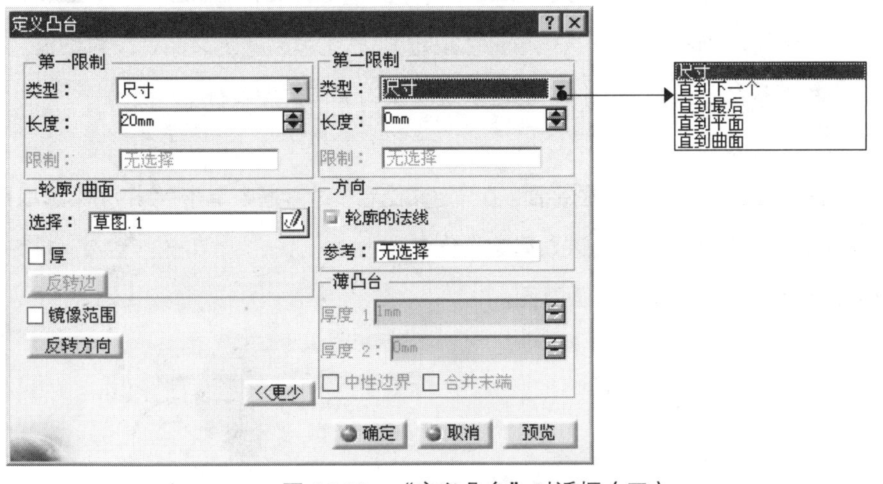

图 4.3.22 “定义凸台”对话框（四）

图 4.3.23 中，a 为尺寸；b 为直到下一个；c 为直到平面；d 为直到最后；1 为草图平面；2 为下一个曲面（平面）；3、4、5 为模型的其他表面（平面）。

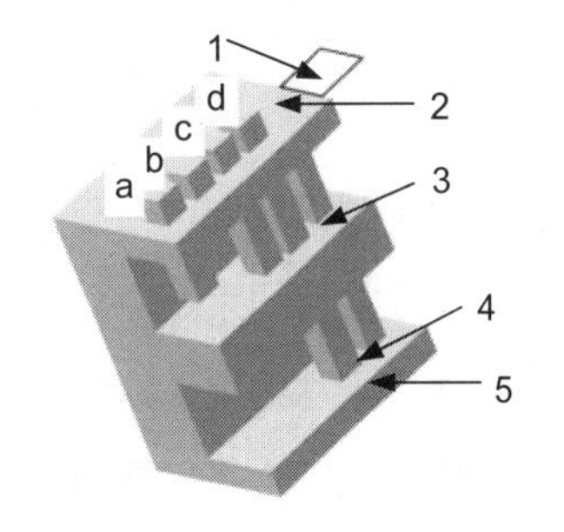

图 4.3.23 拉伸深度选项示意图

步骤 03 定义拉伸深度值。在对话框 第一限制 区域和 第二限制 区域的 长度： 文本框中均输入数值 60.0，并按 Enter 键，完成拉伸深度值的定义。

任务06 完成凸台特征的创建

步骤01 特征的所有要素被定义完毕后，单击对话框中的 预览 按钮，预览所创建的特征，以检查各要素的定义是否正确。

预览时，可按住鼠标中键和右键进行旋转查看，如果所创建的特征不符合设计意图，可选择对话框中的相关选项重新定义。

步骤02 预览完成后，单击“定义凸台”对话框中的 确定 按钮，完成特征的创建。

3. 添加凸台特征

在创建零件的基本特征后，可以添加其他特征。现在要添加图 4.3.24 所示的凸台特征，操作步骤如下：

步骤01 选择命令。选择下拉菜单 插入(I) → 基于草图的特征 → 凸台... 命令（或单击“基于草图的特征”工具栏中的 按钮），系统弹出“定义凸台”对话框。

步骤02 选择凸台类型。本例中创建系统默认的实体类型特征。

步骤03 创建截面草图。

（1）选择草图命令并选取草图平面。在“定义凸台”对话框中单击 按钮，选取图 4.3.24 所示的模型表面 1 为草图平面，进入草绘工作台。

（2）绘制图 4.3.25 所示的截面草图。

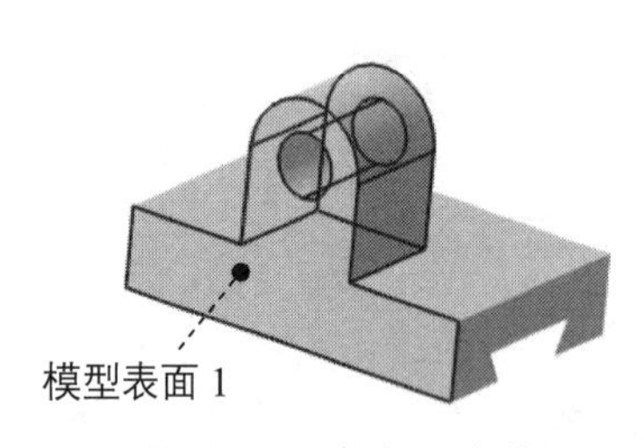

图 4.3.24 添加凸台特征

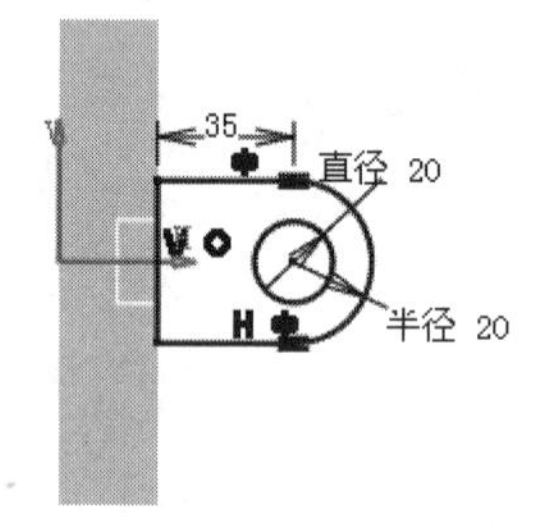

图 4.3.25 截面草图

① 绘制截面轮廓。绘制图 4.3.25 所示的截面草图的大体轮廓。

② 建立几何约束。建立图 4.3.25 所示的相合约束、对称约束和相切约束。

③ 建立尺寸约束。建立图 4.3.25 所示的三个尺寸约束。

④ 修改尺寸。将尺寸修改为设计要求的尺寸。

⑤ 完成草图绘制后，单击“工作台”工具栏中的 按钮，退出草绘工作台。

步骤04 选取拉伸方向。采用系统默认的拉伸方向（截面法向）。

步骤 05 定义拉伸深度。

（1）选取深度方向。单击“定义凸台”对话框中的 反转方向 按钮，使特征反向拉伸。

（2）选取深度类型。在“定义凸台”对话框 第一限制 区域的 类型： 下拉列表中选取 尺寸 选项。

（3）定义深度值。在 长度： 文本框中输入深度值 40.0。

步骤 06 单击“定义凸台”对话框中的 确定 按钮，完成特征的创建。

4. 添加凹槽特征

凹槽特征的创建方法与凸台特征基本一致，只不过凸台是增加实体（加材料特征），而凹槽则是减去实体（减材料特征），其实二者本质上都属于拉伸。

现在要添加图 4.3.26 所示的凹槽特征，具体操作步骤如下。

步骤 01 选择命令。选择下拉菜单 插入(I) → 基于草图的特征 → 凹槽... 命令（或单击“基于草图的特征”工具栏中的 按钮），系统弹出图 4.3.27 所示的“定义凹槽”对话框。

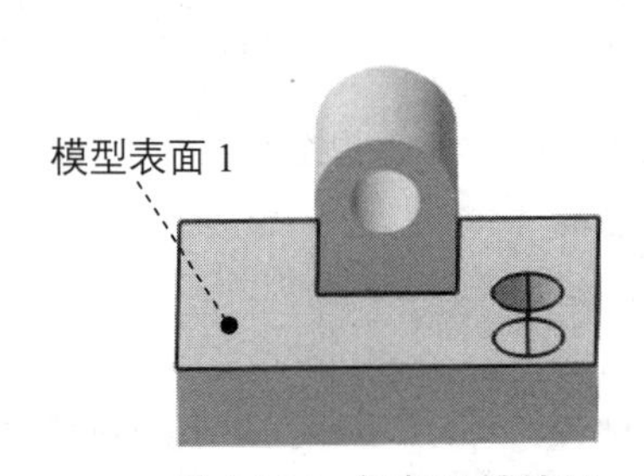

图 4.3.26　添加凹槽特征

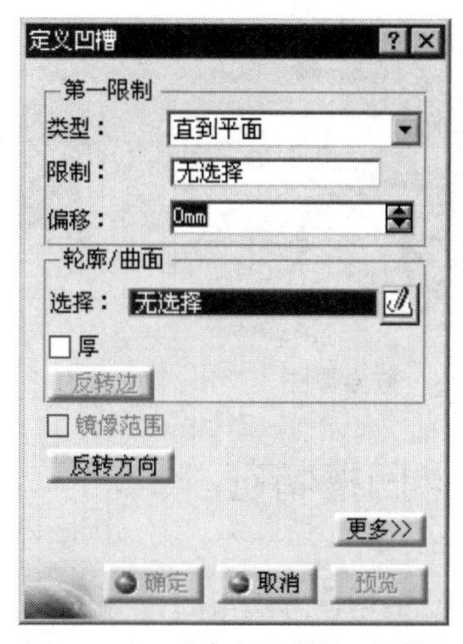

图 4.3.27　“定义凹槽”对话框

步骤 02 创建截面草图。

（1）选择草图命令并选取草图平面。在对话框中单击 按钮，选取图 4.3.26 所示的模型表面 1 为草图平面。

（2）绘制截面草图。在草绘工作台中创建图 4.3.28 所示的截面草图。

① 绘制一个圆的轮廓，添加图 4.3.28 所示的三个尺寸约束。

② 将尺寸修改为设计要求的目标尺寸。

③ 完成特征截面后，单击“工作台”工具栏中的 按钮，退出草绘工作台。

步骤 03 选取拉伸方向。采用系统默认的拉伸方向。

步骤 04 定义拉伸深度。

（1）选取深度方向。本例不进行操作，采用模型中默认的深度方向。

（2）选取深度类型。在“定义凹槽”对话框 第一限制 区域的 类型：下拉列表中选择 直到平面 选项。

（3）定义深度值。选取图 4.3.29 所示的模型表面 2 为凹槽特征的终止面。

“定义凹槽”对话框 第一限制 区域的 偏移：文本框中的数值表示的是偏移凹槽特征拉伸终止面的距离。

步骤 05 单击“定义凹槽”对话框中的 确定 按钮，完成特征的创建。

步骤 06 保存模型文件。选择下拉菜单 文件 ➡ 保存 命令，文件名称为 slide_block。

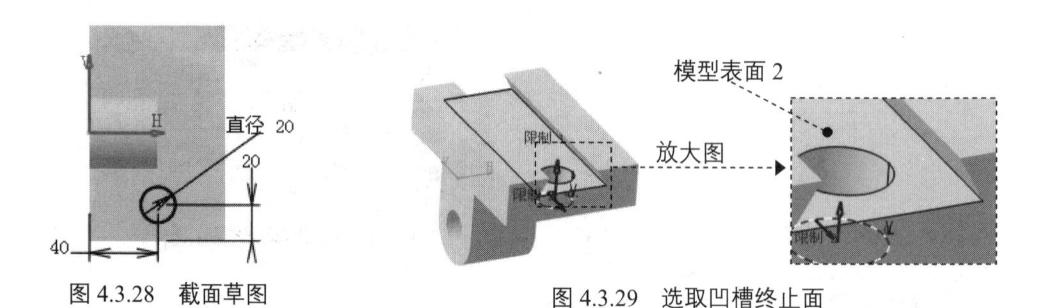

图 4.3.28 截面草图　　图 4.3.29 选取凹槽终止面

4.4 拉伸凹槽特征

凹槽特征的创建方法与凸台特征基本一致，只不过凸台是增加实体（加材料特征），而凹槽则是减去实体（减材料特征），其实两者本质上都属于拉伸。

下面以图 4.4.1 所示的模型为例，说明创建凹槽特征的一般过程。

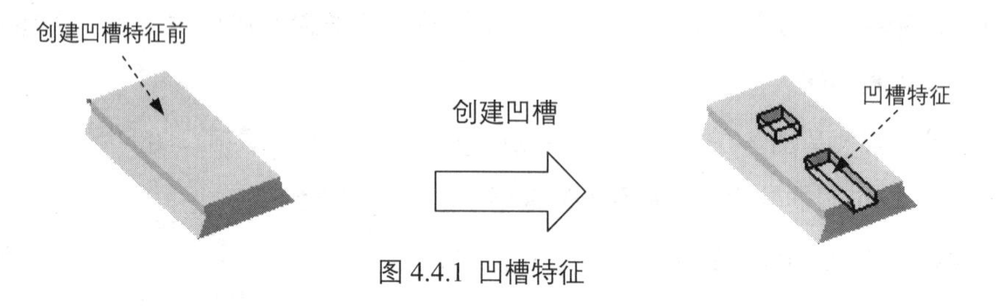

图 4.4.1 凹槽特征

步骤 01 打开文件 D:\catxc2014\work\ch04.04\cavity.CATPart。

步骤 02 选择命令。选择下拉菜单 插入 → 基于草图的特征 → 凹槽... 命令（或单击“基于草图的特征”工具栏中的按钮），系统弹出“定义凹槽”对话框。

步骤 03 创建截面草图。在对话框中单击按钮，选取图 4.4.2 所示的模型表面为草绘基准面；在草绘工作台中创建图 4.4.3 所示的截面草图；单击“工作台”工具栏中的按钮，退出草绘工作台。

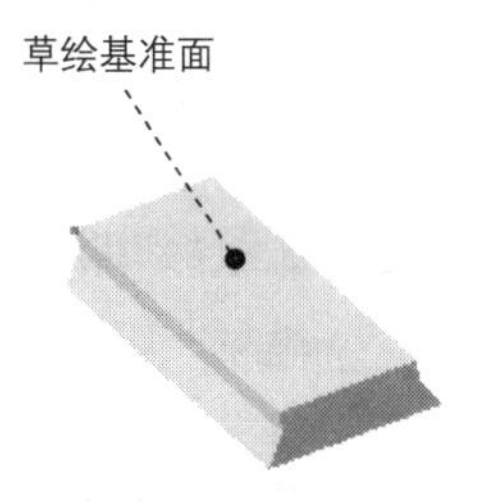

图 4.4.2 凹槽特征

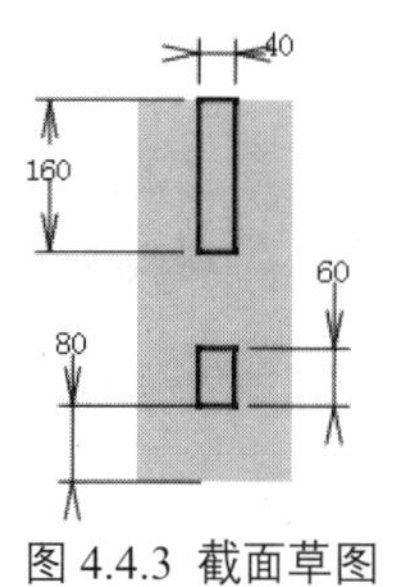

图 4.4.3 截面草图

步骤 04 选取拉伸方向。采用系统默认的拉伸方向。

步骤 05 定义拉伸深度。在“定义凹槽”对话框 第一限制 区域的 类型：下拉列表中选择 尺寸 选项,输入深度值 20。

步骤 06 单击“定义凹槽”对话框中的 确定 按钮，完成特征的创建。

4.5 面向对象的操作

4.5.1 删除对象

删除特征的一般过程如下：

步骤 01 选择命令。在删除的对象上右击，然后在弹出的快捷菜单中选择 删除 命令，系统弹出图 4.5.1 所示的“删除”对话框。

步骤 02 定义是否删除聚集元素。在“删除”对话框中选中 删除聚集元素 复选框。

聚集元素即所选特征的草图，如本例中所选特征的聚集元素即为 草图.2，若取消选中 删除聚集元素 复选框，则系统执行删除命令时，只删除特征，而不删除草图。

步骤 03 单击对话框中的 确定 按钮，完成特征的删除。

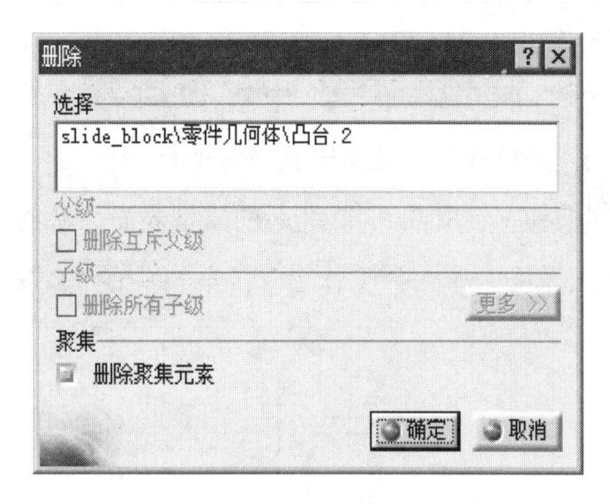

图 4.5.1 “删除”对话框

图 4.5.2 “父级和子级”对话框

4.5.2 对象的隐藏与显示控制

对象的隐藏包括两种：第一种隐藏是系统自动完成的，例如，用户可以先绘制一个草图 1，此时该草图处于显示状态，当用户选择此草图创建了一个凸台等特征后，草图 1 将会自动处于隐藏状态；第二种隐藏或显示是由用户控制的，通过选择显示隐藏命令，使某个或某一类对象在图形区中显示或不显示。

下面以图 4.5.3 所示的模型为例，来说明隐藏与显示对象的一般操作过程。

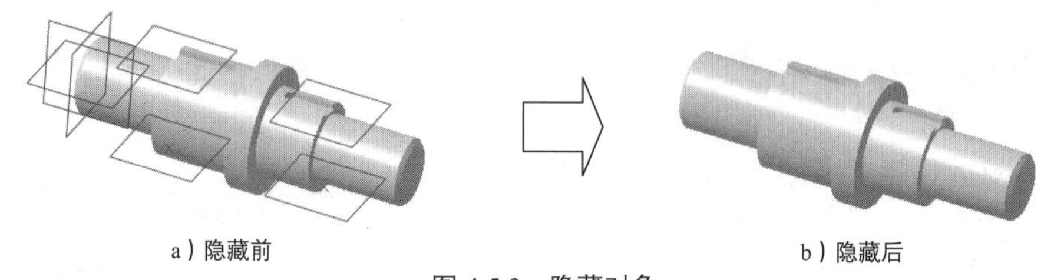

a）隐藏前　　b）隐藏后

图 4.5.3 隐藏对象

步骤 01 打开模型文件 D:\catxc2014\work\ch04.05.02\gear-shaft.CATPart。

步骤 02 隐藏所有平面。选择下拉菜单 工具 → 隐藏 → 所有平面 命令，此时将隐藏所有的平面对象。

步骤 03 隐藏所有点。选择下拉菜单 工具 → 隐藏 → 所有点 命令，此时将隐藏所有的点对象。

步骤 04 显示所有草图。选择下拉菜单 工具 → 显示 → 所有草图 命令，此时将显示所有的草图对象（图 4.5.4）。

步骤 05 隐藏不需要的草图。按住 Ctrl 键，在特征树中单击 草图.2 和 草图.3 节点，然后选择下拉菜单 视图 → 隐藏/显示 → 隐藏/显示 命令，此时结果如图 4.5.5 所示。

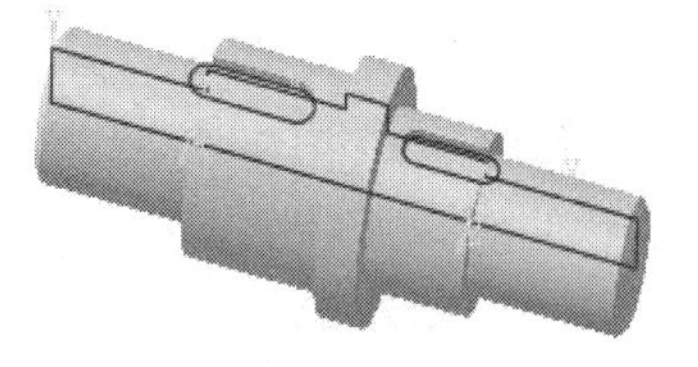

图 4.5.4 显示所有的草图对象

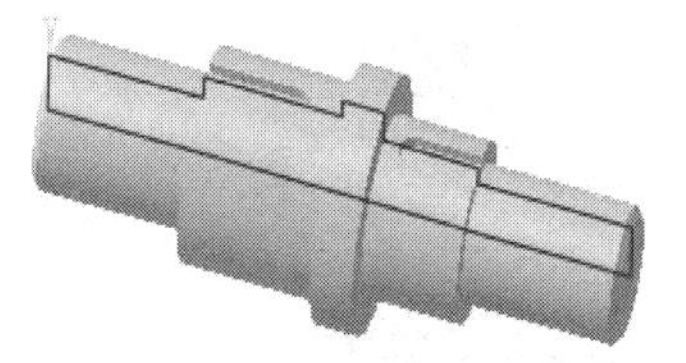

图 4.5.5 隐藏不需要的草图

4.6 模型的显示与视图控制

4.6.1 模型的显示样式

学习本节时，请先打开模型文件 D:\catxc2014\work\ch04.06.01\base.CATPart。

对于模型的显示，CATIA 提供了六种方法，可通过选择下拉菜单 视图 → 渲染样式 ▸ 命令，或单击“视图（V）”工具栏中 按钮右下方的小三角形，从弹出的“视图方式”工具栏中选择显示方式。

- （着色显示方式）：单击此按钮，只对模型表面着色，不显示边线轮廓，如图 4.6.1 所示。
- （带边着色显示方式）：单击此按钮，显示模型表面，同时显示边线轮廓，如图 4.6.2 所示。
- （带边着色但不使边平滑显示方式）：这是一种渲染方式，也显示模型的边线轮廓，但是光滑连接面之间的边线不显示出来，如图 4.6.3 所示。
- （带边和隐藏边着色显示方式）：显示模型可见的边线轮廓和不可见的边线轮廓，如图 4.6.4 所示。

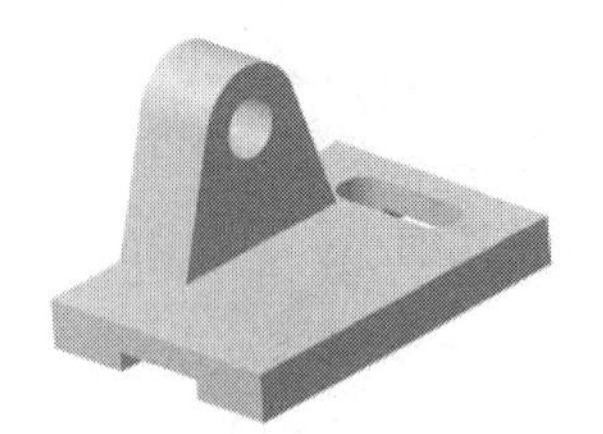

图 4.6.1 着色显示方式

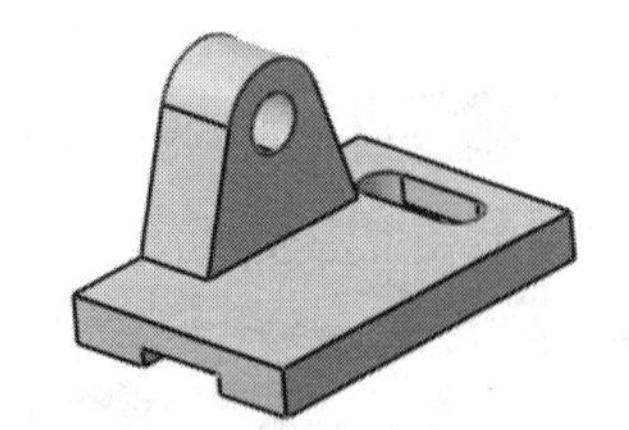

图 4.6.2 带边着色显示方式

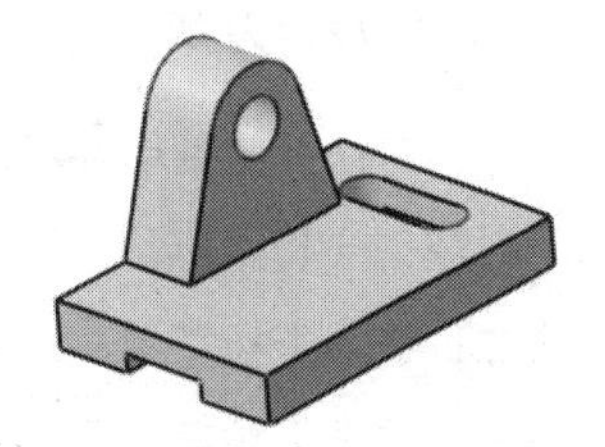

图 4.6.3 带边着色但不使边平滑显示方式

- （带材料着色显示方式）：这种显示方式可以将已经应用了新材料的模型显示出模型的属性。图 4.6.5 所示即应用了新材料后的模型显示。
- （线框显示方式）：单击此按钮，模型将以线框状态显示，如图 4.6.6 所示。

图 4.6.4　带边和隐藏边着色显示方式

图 4.6.5　带材料着色显示方式

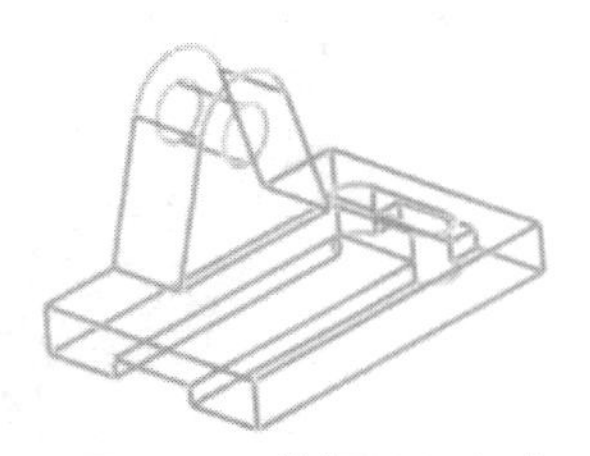
图 4.6.6　线框显示方式

◆ 选择下拉菜单 视图 → 渲染样式 ▸ → 自定义视图 命令，系统将弹出"视图模式自定义"对话框，用户可以根据自己的需要选择模型的显示方式。

4.6.2　模型的视图控制

视图的平移、旋转与缩放等操作只改变模型的视图方位而不改变模型的实际大小和空间位置，是零部件设计中的常用操作，操作方法叙述如下。

1. 平移的操作方法

方法一：选择下拉菜单 视图 → 平移 命令，在图形区按住鼠标左键不放并移动鼠标，此时模型会随鼠标移动而平移。

方法二：按住鼠标中键不放并移动鼠标，模型将随鼠标移动而平移。

2. 旋转的操作方法

方法一：选择下拉菜单 视图 → 旋转 命令，然后在图形区按住鼠标左键并移动鼠标，此时模型会随鼠标移动而旋转。

方法二：先按住鼠标中键，再按住鼠标左（或右）键不放并移动鼠标，模型将随鼠标移动而旋转（单击鼠标中键可以确定旋转中心）。

3. 缩放的操作方法

方法一：选择下拉菜单 视图 → 缩放 命令，然后在图形区按住鼠标左键并移动鼠标，此时模型会随鼠标移动而缩放，向上可使视图放大，向下则使视图缩小。

方法二：选择下拉菜单 视图 → 修改 ▸ → 放大 命令，可使视图放大。

方法三：选择下拉菜单 视图 → 修改 ▸ → 缩小 命令，可使视图缩小。

方法四：按住鼠标中键不放，再单击左（或右）键，光标变成一个上下指向的箭头，向上移动鼠标可将视图放大，向下移动鼠标可缩小视图。

若缩放过度使模型无法显示清楚，可在"视图"工具栏中单击按钮，使模型填满整个图形区。

4.6.3 模型的视图定向

学习本节时，请先打开模型文件 D:\catxc2014\work\ch04.06.03\link_base.CATPart。

利用模型的“定向”功能可以将绘图区中的模型精确定向到某个视图方向。

在“视图”工具栏中单击按钮右下方的小三角形，可以展开图 4.6.7 所示的“快速查看”工具栏，对工具栏中的按钮介绍如下（视图的默认方位如图 4.6.8 所示）。

- （等轴测视图）：单击此按钮，可将模型视图旋转到等轴测三维视图模式，如图 4.6.9 所示。

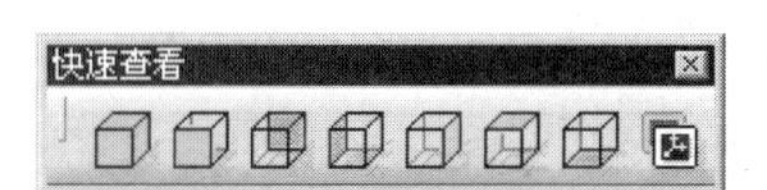

图 4.6.7 “快速查看”工具栏

图 4.6.8 默认方位

图 4.6.9 等轴测视图

- （正视图）：沿着 x 轴正向查看得到的视图，如图 4.6.10 所示。
- （后视图）：沿着 x 轴负向查看得到的视图，如图 4.6.11 所示。
- （左视图）：沿着 y 轴正向查看得到的视图，如图 4.6.12 所示。

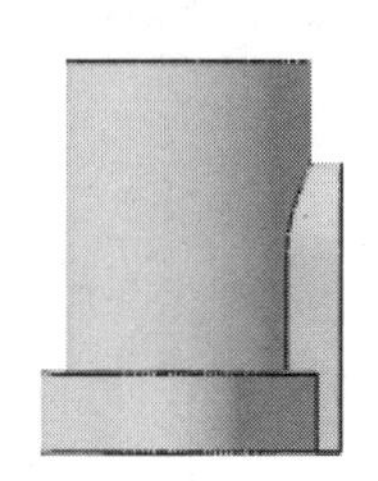
图 4.6.10 正视图

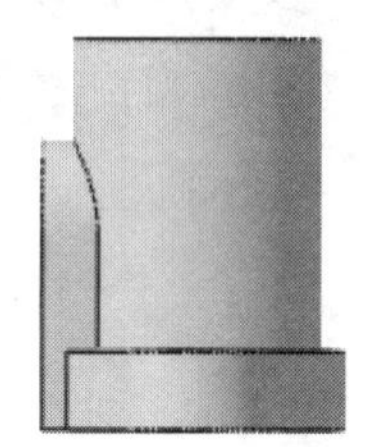
图 4.6.11 后视图

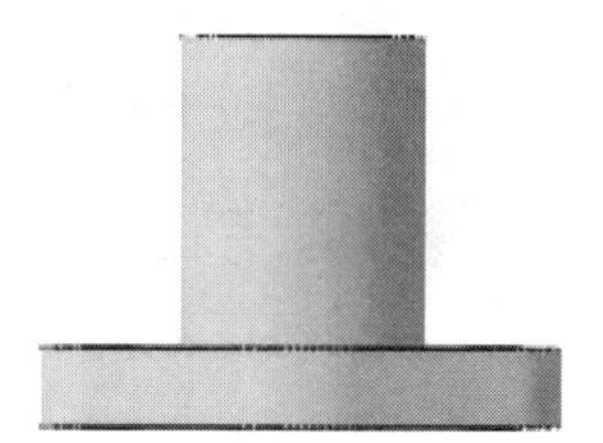
图 4.6.12 左视图

- （右视图）：沿着 y 轴负向查看得到的视图，如图 4.6.13 所示。
- （俯视图）：沿着 z 轴负向查看得到的视图，如图 4.6.14 所示。
- （仰视图）：沿着 z 轴正向查看得到的视图，如图 4.6.15 所示。

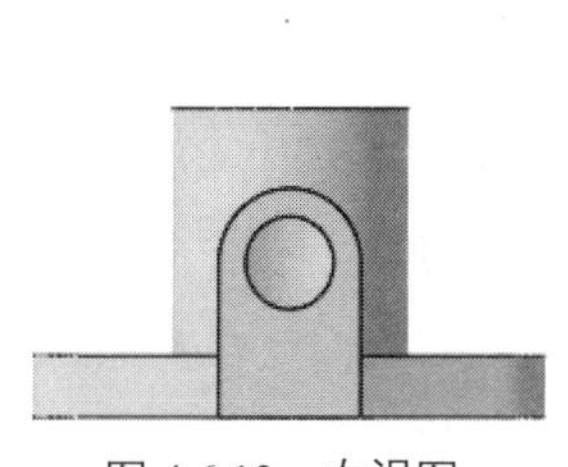
图 4.6.13 右视图

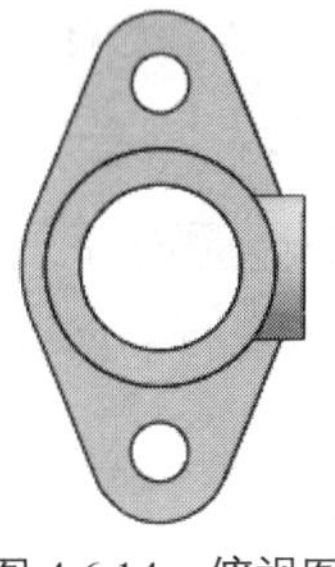
图 4.6.14 俯视图

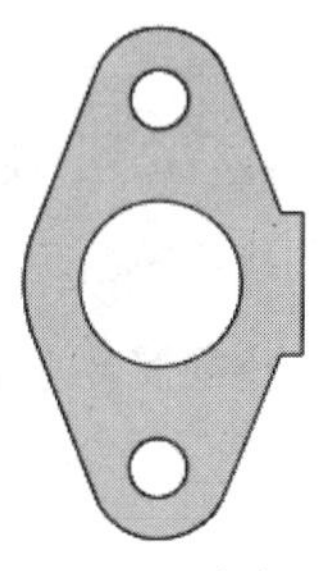
图 4.6.15 仰视图

- （已命名的视图）：这是一个定制视图方向的命令，用于保存某个特定的视图方位。若用户需要经常查看某个模型方位，可以将该模型方位通过命名保存起来，然后单击按钮，便可找到已命名的这个视图方位。

定制视图方向的操作方法如下。

（1）将模型旋转到预定视图方位，在“快速查看”工具栏中单击按钮，系统弹出“已命名的视图”对话框。

（2）在“已命名的视图”对话框中单击 添加 按钮，系统自动将此视图方位添加到对话框的视图列表中，并将之命名为 camera 1（也可输入其他名称，如 C1）。

（3）单击“已命名的视图”对话框中的 确定 按钮，完成视图方位的定制。

（4）将模型旋转后，单击按钮，在“已命名的视图”对话框的视图列表中选中 camera 1 视图，然后单击对话框中的 确定 按钮，即可观察到模型快速回到 camera 1 视图方位。

- 如要重新定义视图方位，只需旋转到预定的角度，再单击“已命名的视图”对话框中的 修改 按钮即可。
- 单击“已命名的视图”对话框中的 反转 按钮，即可反转当前的视图方位。
- 单击“已命名的视图”对话框中的 属性 按钮，系统弹出“相机属性”对话框，在该对话框中可以修改视图方位的相关属性。

4.7 旋转体特征

4.7.1 概述

旋转体特征是将截面草图绕着一条轴线旋转以形成实体的特征，如图 4.7.1 所示。

旋转类的特征必须有一条旋转轴线（中心线）。

另外值得注意的是：旋转体特征分为旋转体和薄旋转体。旋转体的截面必须是封闭的，而薄旋转体截面则可以不封闭。

要创建或重新定义一个旋转体特征，可按下列操作顺序给定特征要素。

定义特征属性（草绘平面）→绘制特征截面→确定旋转轴线→确定旋转方向→输入旋转角度。

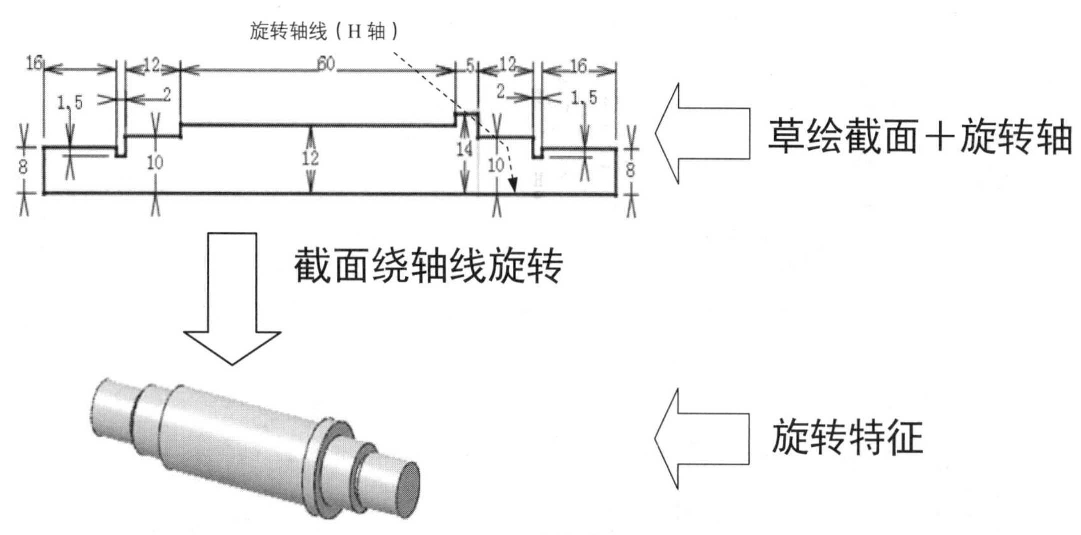

图 4.7.1 旋转体特征示意图

4.7.2 创建旋转体特征

1. 旋转体

下面以一个简单模型为例，说明创建旋转体特征的详细过程。

步骤 01 在零件工作台中新建一个文件，命名为 revolve01.CATPart。

步骤 02 选择命令。选择下拉菜单 插入 → 基于草图的特征 ▸ → 旋转体... 命令，系统弹出“定义旋转体”对话框。

步骤 03 定义截面草图。

（1）选择草图平面。单击对话框中的按钮，选择 yz 平面为草图平面，进入草绘工作台。

（2）绘制图 4.7.1 所示的截面几何图形，完成特征截面的绘制后，单击按钮，退出草绘工作台。

步骤 04 定义旋转轴线。单击“定义旋转体”对话框 轴线 区域的 选择：文本框后，在图形区中选择 H 轴作为旋转体的中心轴线（此时 选择：文本框显示为 横向 ）。

步骤 05 定义旋转角度。在对话框 限制 区域的 第一角度：文本框中输入数值 360。

限制 区域的 第一角度：文本框中的值，表示截面草图绕旋转轴沿逆时针转过的角度， 第二角度：中的值与之相反，二者之和必须小于 360°。

步骤 06 单击对话框中的 确定 按钮，完成旋转体特征的创建。

- 旋转截面必须有一条轴线，围绕轴线旋转的草图只能在该轴线的一侧。
- 如果轴线和轮廓是在同一个草图中，系统会自动识别。
- “定义旋转体”对话框中的 第一角度： 和 第二角度： 的区别在于： 第一角度： 是以逆时针方向为正向，从草图平面到起始位置所转过的角度；而 第二角度： 是以顺时针方向为正向，从草图平面到终止位置所转过的角度。

2. 薄旋转体

下面以一个简单模型为例，说明创建薄旋转体特征的一般过程。

步骤 01 新建文件。新建一个零件文件，命名为 revolve02.CATPart。

步骤 02 选择命令。选择下拉菜单 插入 → 基于草图的特征 → 旋转体... 命令，系统弹出“定义旋转体”对话框。

步骤 03 选择旋转体类型。在“定义旋转体”对话框中选择 厚轮廓 复选框，展开对话框的隐藏部分。

步骤 04 定义截面草图。

（1）选择草图平面。单击对话框中的 按钮，选择 yz 平面为草图平面，系统进入草绘工作台。

（2）绘制截面几何图形，如图 4.7.2 所示。

① 绘制几何图形的大致轮廓。

② 按图中的要求，建立几何约束和尺寸约束，修改并整理尺寸。

（3）完成特征截面的绘制后，单击 按钮，退出草绘工作台。

步骤 05 定义旋转轴线。单击“定义旋转体”对话框 轴线 区域的 选择： 文本框后，在图形区中选择 V 轴作为旋转体的中心轴线（此时 选择： 文本框显示为 纵向 ）。

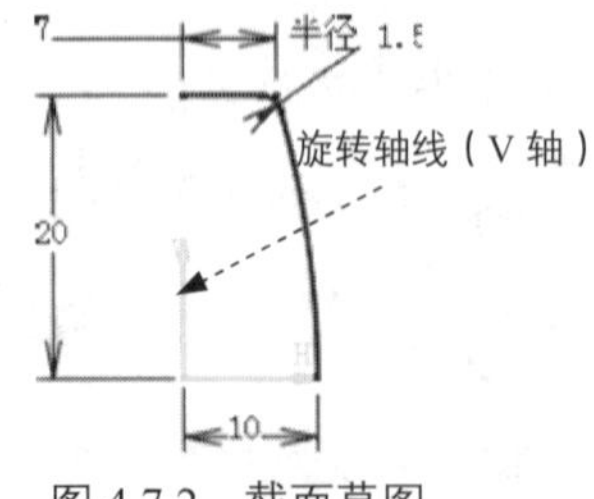

图 4.7.2 截面草图

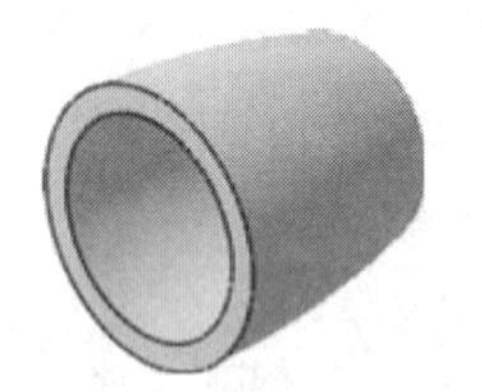

图 4.7.3 薄旋转体特征

步骤 06 定义旋转角度。在对话框 限制 区域的 第一角度： 文本框中输入数值 360。

步骤07 定义薄旋转体厚度。在 薄旋转体 区域的 厚度 1: 文本框中输入厚度值 2.0，在 厚度 2: 文本框中输入厚度值 0。

步骤08 单击对话框中的 确定 按钮，完成薄旋转体的创建（图 4.7.3）。

4.8 旋转槽特征

旋转槽特征的功能与旋转体相反，但其操作方法与旋转体基本相同。

如图 4.8.1 所示，旋转槽特征是将截面草图绕着一条轴线旋转成体并从另外的实体中切去。注意旋转槽特征也必须有一条绕其旋转的轴线。

下面以一个简单模型为例，说明在新建一个以旋转体特征为基础特征的零件模型时，创建旋转槽特征的详细过程。

步骤01 打开文件 D:\catxc2014\work\ ch04.08\groove.CATPart。

步骤02 选择命令。选择下拉菜单 插入 → 基于草图的特征 → 旋转槽... 命令，系统弹出“定义旋转槽”对话框。

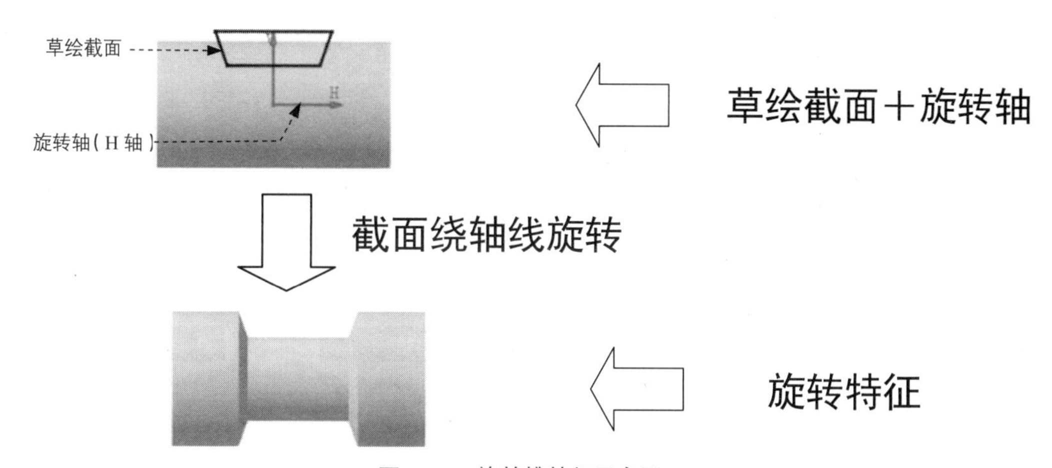

图 4.8.1 旋转槽特征示意图

步骤03 定义截面草图。

（1）选择草图平面。单击对话框中的 按钮，选择 xy 平面为草图平面，系统进入草绘工作台。

（2）绘制截面几何图形，如图 4.8.2 所示。

① 绘制几何图形的大致轮廓。

② 按图中的要求，建立几何约束和尺寸约束，修改并整理尺寸。

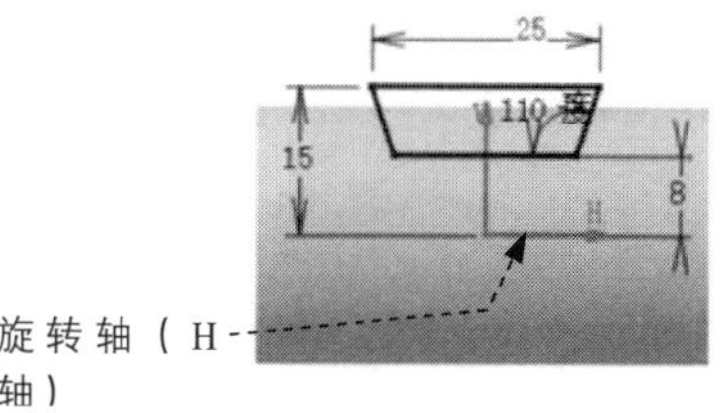

图 4.8.2 截面草图

（3）完成特征截面的绘制后，单击 按钮，退出草绘工作台。

步骤 04 定义旋转轴线。单击“定义旋转体”对话框 轴线 区域的 选择：文本框后，在图形区中选择 H 轴作为旋转体的中心轴线（此时 选择：文本框显示为 横向 ）。

步骤 05 定义旋转角度。在对话框 限制 区域的 第一角度：文本框中输入数值 360。

步骤 06 单击对话框中的 确定 按钮，完成旋转槽的创建。

4.9 倒圆角特征

4.9.1 倒圆角

使用“倒圆角”命令可以创建曲面间的圆角或中间曲面位置的圆角，使实体曲面实现圆滑过渡，如图 4.9.1 所示。

下面以图 4.9.1 所示的简单模型为例，说明创建倒圆角特征的一般过程。

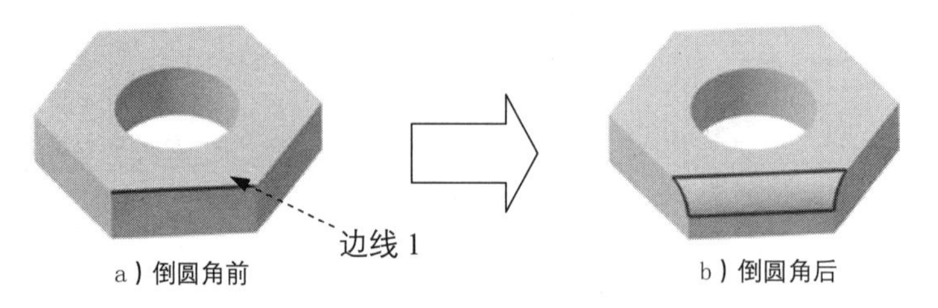

图 4.9.1 倒圆角特征

步骤 01 打开文件 D:\catxc20\work\ch04.09.01\edge_fillet01.CATPart。

步骤 02 选择命令。选择下拉菜单 插入 ➡ 修饰特征 ▸ ➡ 倒圆角... 命令（或单击“修饰特征”工具栏中的 按钮），系统弹出图 4.9.2 所示的“倒圆角定义”对话框（一）。

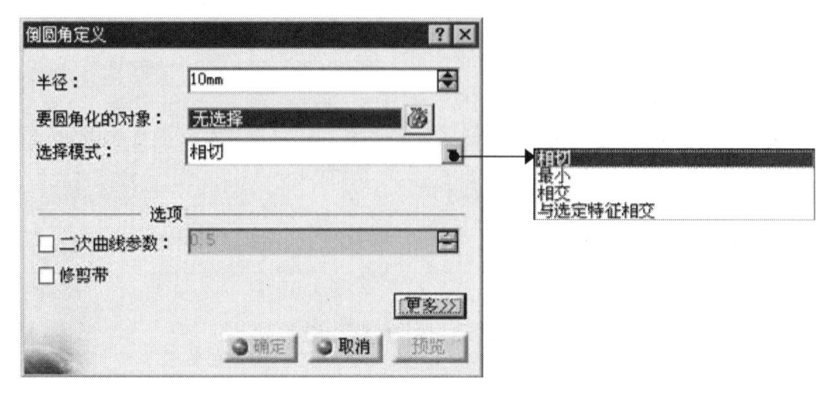

图 4.9.2 “倒圆角定义”对话框（一）

步骤 03 定义要倒圆角的对象。在“倒圆角定义”对话框的 选择模式： 下拉列表中选择 最小 选项，然后在系统 选择边线或面以便编辑圆角。 提示下，选择图 4.9.1 所示的边线 1 为要倒圆角的对象。

步骤 04 定义倒圆角半径。在对话框的 半径： 文本框中输入数值 10.0。

步骤 05 单击对话框中的 确定 按钮，完成倒圆角特征的创建。

- 在对话框的 选择模式： 下拉列表中选择 相切 选项时，要圆角化的对象只能为面或锐边，且在选取对象时模型中与所选对象相切的边线也将被选择；选择 最小 选项时，要圆角化的对象只能为面或锐边，且系统只对所选对象进行操作；选择 相交 选项时，要圆角化的对象只能为特征，且系统只对与所选特征相交的锐边进行操作；选择 与选定特征相交 选项时，要圆角化的对象只能为特征，且还要选择一个与其相交的特征为相交对象，系统只对相交时所产生的锐边进行操作。
- 利用“倒圆角定义”对话框还可创建面倒圆角特征。选择图 4.9.3 所示的模型表面 1 作为要倒圆角的对象，再定义倒圆角参数即可完成特征的创建。
- 单击“倒圆角定义”对话框中的 更多>> 按钮，对话框变为图 4.9.4 所示的“倒圆角定义”对话框（二），在对话框可以选择要保留的边线和限制元素等（限制元素即倒圆角的边界）。

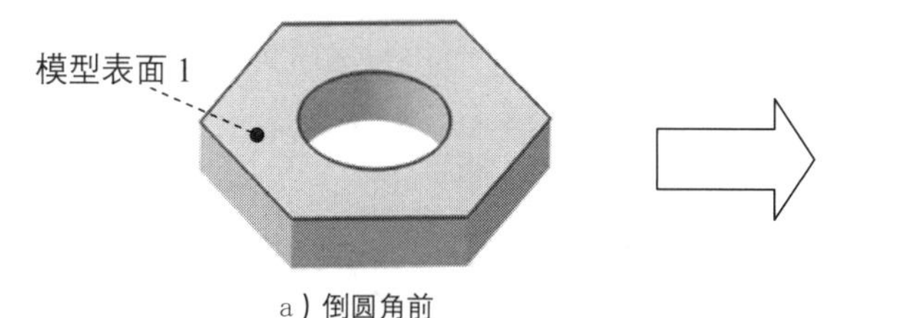

a）倒圆角前

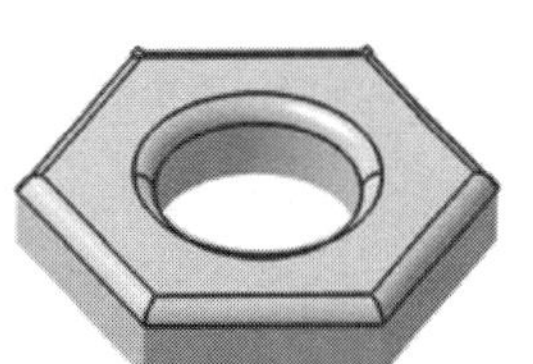

b）倒圆角后

图 4.9.3　面倒圆角特征

倒圆角定义
半径： 10mm
要圆角化的对象： 无选择
选择模式： 与选定特征相交
所选特征： 无选择
选项
二次曲线参数： 0.5
修剪带
要保留的边线： 无选择
限制元素： 无选择
分离元素 无选择
桥接曲面圆角 无选择
缩进距离： 10mm
<<更少
确定 取消 预览

图 4.9.4　“倒圆角定义”对话框（二）

4.9.2 可变半径圆角

下面以图 4.9.5 所示的简单模型为例，说明创建可变半径圆角特征的一般过程。

步骤 01 打开文件 D:\catxc2014\work\ch04.09.02\round_02.CATPart。

步骤 02 选择命令。选择下拉菜单 插入 → 修饰特征 ▸ → 可变圆角... 命令，系统弹出“可变半径圆角定义”对话框。

步骤 03 选择要倒圆角的对象。在 选择模式： 下拉列表中选择 相切 选项，然后在系统 选择边线，编辑可变半径圆角。提示下，选取图 4.9.5 所示的边线 1 为要倒可变半径圆角的对象。

步骤 04 定义倒圆角半径（图 4.9.6）。

（1）单击以激活 点： 文本框，在模型指定边线的两端双击预览的尺寸线，在系统弹出的“参数定义”对话框中更改半径值，将左侧的数值设为 5，右侧数值设为 5。

（2）完成上步操作后，单击所选边线的中间某一需要指定半径值的位置，此时会出现尺寸预览，双击该点处的尺寸预览，然后在对话框的 半径： 文本框中输入数值 12。

步骤 05 单击对话框中的 确定 按钮，完成可变半径圆角特征的创建。

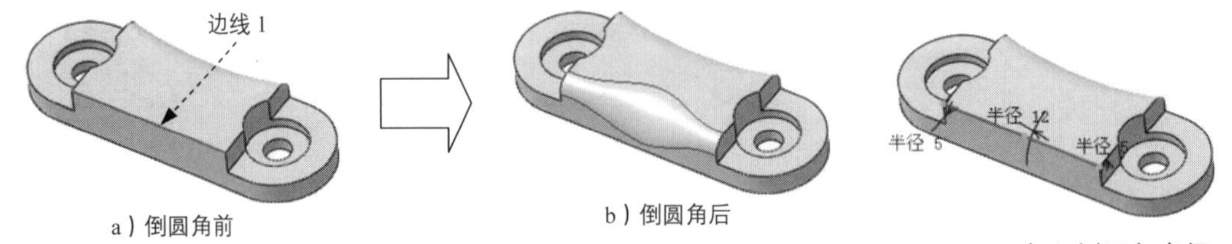

a）倒圆角前　　b）倒圆角后

图 4.9.5 可变半径圆角　　图 4.9.6 定义倒圆角半径

单击“可变半径圆角定义”对话框中的 更多>> 按钮，展开对话框的隐藏部分，如图 4.9.7 所示，在对话框中可以定义可变半径圆角的限制元素。

图 4.9.7 “可变半径圆角定义”对话框

4.9.3 三切线内圆角

下面以图 4.9.8 所示的简单模型为例，说明创建三切线内圆角特征的一般过程。

图 4.9.8 三切线内圆角

步骤 01 打开文件 D:\catxc2014\work\ ch04.09.03\ trianget_fillet.CATPart。

步骤 02 选择命令。选择下拉菜单 插入 → 修饰特征 → 三切线内圆角... 命令，系统弹出图 4.9.9 所示的“定义三切线内圆角”对话框。

步骤 03 定义要圆化的面。在系统 选择面。提示下，选取图 4.9.8 所示的模型表面 1 和模型表面 2 为要圆化的对象。

步骤 04 选择要移除的面。选取模型表面 3 为要移除的面。

步骤 05 定义限制元素。在对话框中单击 更多>> 按钮，展开对话框的隐藏部分，单击以激活 限制元素：文本框，然后在特征树中选取 xy 平面作为限制平面（图 4.9.9）。

步骤 06 单击对话框中的 确定 按钮，完成三切线圆角特征的创建。

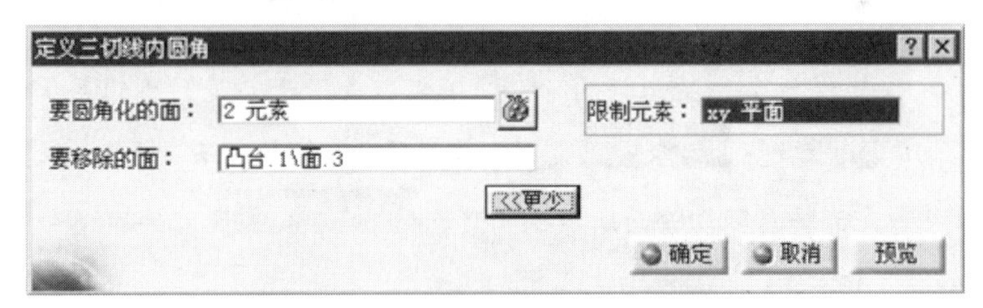

图 4.9.9 “定义三切线内圆角”对话框

4.10 倒斜角特征

如图 4.10.1 所示，倒角（Chamfer）特征是在选定交线处截掉一块平直剖面的材料，以在共有该选定边线的两个平面之间创建斜面的特征。

下面以图 4.10.1 所示的简单模型为例，说明创建倒角特征的一般过程。

图 4.10.1 倒角特征

步骤 01 打开文件 D:\catxc2014\work\ch04.10\chamfer.CATPart。

步骤 02 选择命令。选择下拉菜单 插入 ➡ 修饰特征 ▸ ➡ 倒角... 命令（或单击“修饰特征”工具栏中的按钮），系统弹出图 4.10.2 所示的“定义倒角”对话框。

步骤 03 选择要倒角的对象。在“定义倒角”对话框的 拓展： 下拉列表中选择 最小 选项，选择图 4.10.1a 所示的边线 1 为要倒角的对象。

步骤 04 定义倒角参数。

（1）定义倒角模式。在对话框的 模式： 下拉列表框中选择 长度 1/角度 选项。

（2）定义倒角尺寸。在 长度 1： 和 角度： 文本框中分别输入数值 2 和 45。

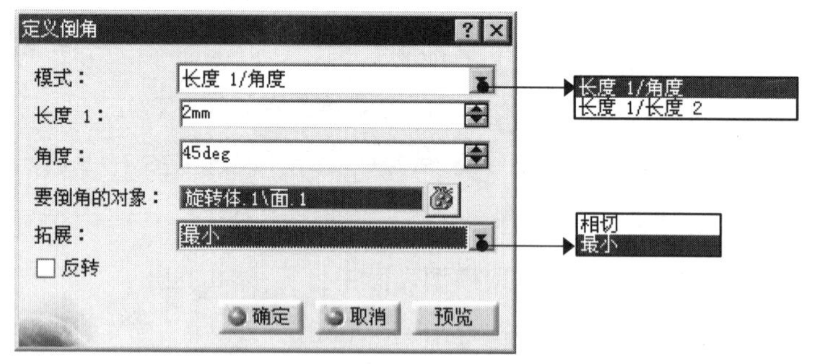

图 4.10.2 “定义倒角”对话框

步骤 05 单击“定义倒角”对话框中的 确定 按钮，完成倒角特征的定义。

- “定义倒角”对话框的 模式： 下拉列表用于定义倒角的表示方法，模式中有两种类型：长度 1/角度 设置的数值中 长度 1： 表示一个面的切除长度， 角度： 表示斜面和切除面所成的角度； 长度 1/长度 2 设置的数值分别表示两个面的切除长度。
- 在对话框的 拓展： 下拉列表中选中 相切 选项时，模型中与所选边线相切的直线也将被选择；选中 最小 选项时，系统只对所选边线进行操作。

4.11 参考元素

4.11.1 平面

“平面”按钮的功能是在零件设计模块中建立平面，作为其他实体创建的参考元素。注意：若要选择一个平面，可以选择其名称或一条边界。

1. 利用“偏移平面”创建平面

下面介绍图 4.11.1 所示偏移平面的创建过程。

步骤 01 打开文件 D:\catxc2014\work\ch04.11.01\offset_from_plane.CATPart。

步骤 02 选择命令。单击“参考元素（扩展）”工具栏中的 按钮，系统弹出图 4.11.2 所示的“平面定义”对话框（一）。

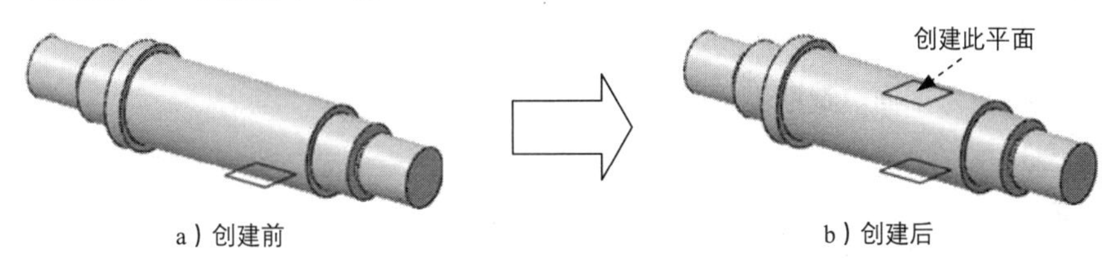

a）创建前　　b）创建后

图 4.11.1 偏移平面

步骤 03 定义平面的创建类型。在对话框的 平面类型： 下拉列表中选择 偏移平面 选项。

步骤 04 定义平面参数。

（1）定义偏移参考平面。选取图 4.11.3 所示的平面 1 为偏移参考平面。

（2）定义偏移方向。接受系统默认的偏移方向。

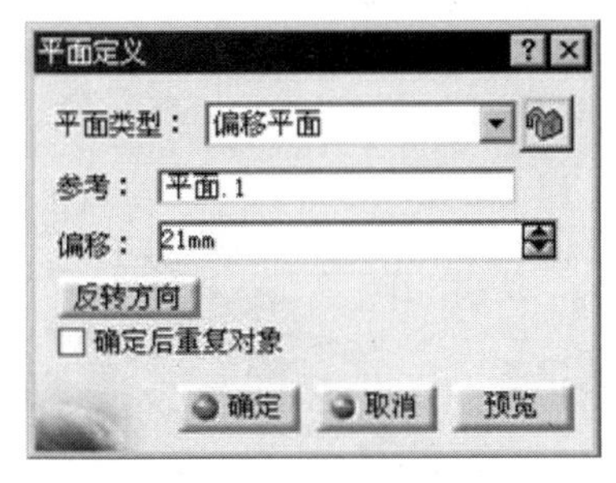

图 4.11.2 “平面定义”对话框（一）

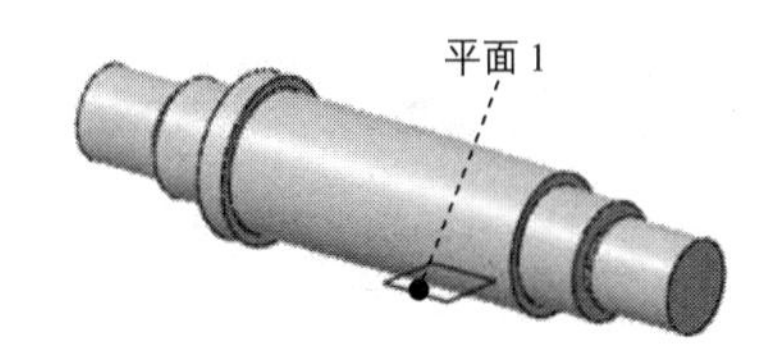

图 4.11.3 定义偏移参考平面

如需更改方向，单击对话框中的 反转方向 按钮即可。

（3）输入偏移值。在对话框的 偏移： 文本框中输入偏移数值 21.0。

步骤 05 单击对话框中的 确定 按钮，完成偏移平面的创建。

选中对话框中的 确定后重复对象 复选框，可以连续创建偏移平面，其后偏移平面的定义均以上一个平面为参照。

2. 创建“平行通过点”平面

下面介绍图 4.11.4 所示的平行通过点平面的创建过程。

步骤01 打开文件 D:\catxc2014\work\ ch04.11.01\parallel_through_point.CATPart。

步骤02 选择命令。单击“参考元素（扩展）”工具栏中的按钮，系统弹出“平面定义”对话框。

步骤03 定义平面的创建类型。在对话框的 平面类型： 下拉列表中选择 平行通过点 选项，此时，对话框变为图 4.11.5 所示的“平面定义”对话框（二）。

步骤04 定义平面参数。

（1）选择参考平面。选取图 4.11.6 所示的模型表面为参考平面。

（2）选择平面通过的点。选择图 4.11.6 所示的点 2 为平面通过的点。

步骤05 单击对话框中的 确定 按钮，完成平面的创建。

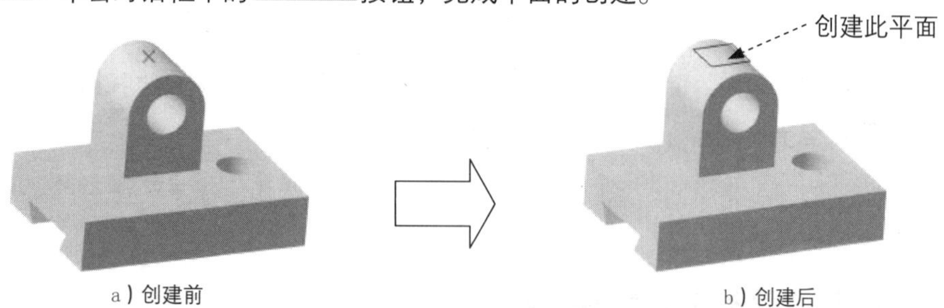

a）创建前　　b）创建后

图 4.11.4　创建“平行通过点”平面

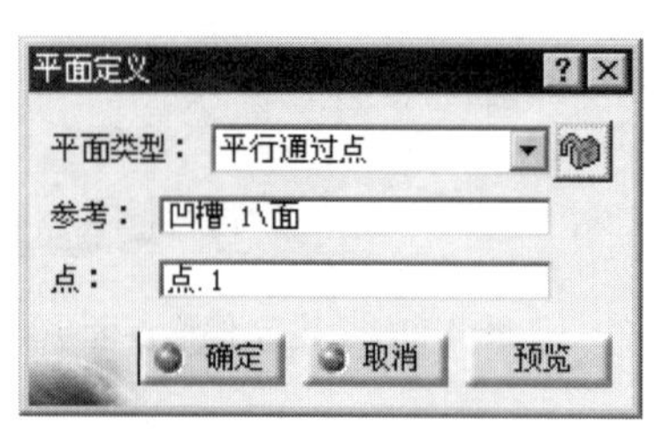

图 4.11.5　“平面定义”对话框（二）

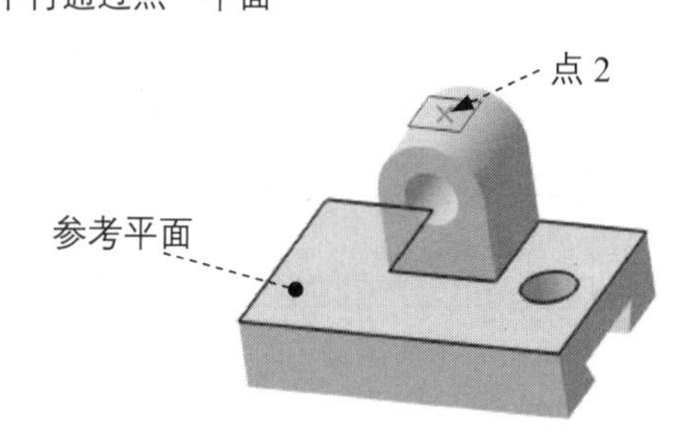

图 4.11.6　定义平面参数

3. 创建“与平面或一定角度或垂直”平面

下面介绍图 4.11.7 所示的平面的创建过程。

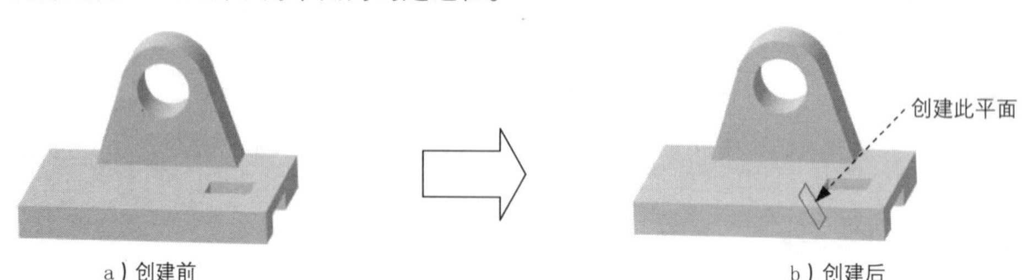

a）创建前　　b）创建后

图 4.11.7　创建“与平面或一定角度或垂直”平面

步骤 01 打开文件 D:\catxc2014\work\ch04.11.01\create_plane03.CATPart。

步骤 02 选择命令。单击“参考元素”工具栏中的 按钮，系统弹出“平面定义”对话框。

步骤 03 定义平面的创建类型。在对话框的 平面类型： 下拉列表中选择 与平面成一定角度或垂直 选项，此时，对话框变为图 4.11.8 所示的“平面定义”对话框（三）。

步骤 04 定义平面参数。

（1）选择旋转轴。选取图 4.11.9 所示的边线作为旋转轴。

（2）选择参考平面。选择图 4.11.9 所示的模型表面为旋转参考平面。

（3）输入旋转角度值。在对话框的 角度： 文本框中输入旋转数值 60。

步骤 05 单击“平面定义”对话框中的 确定 按钮，完成平面的创建。

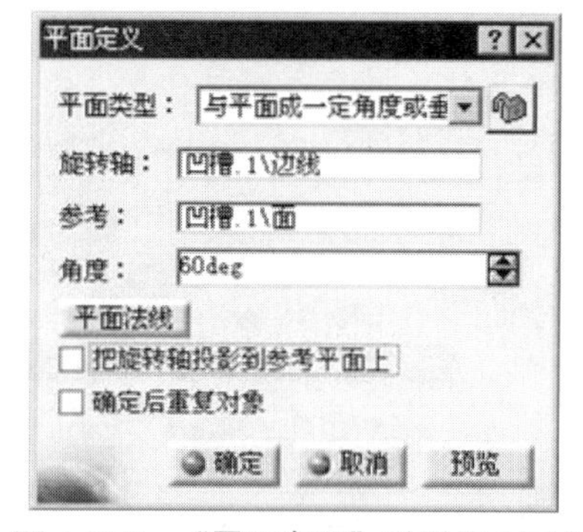

图 4.11.8　“平面定义”对话框（三）

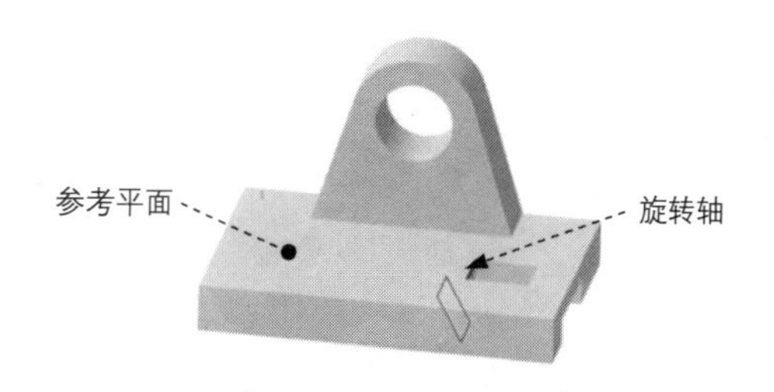

图 4.11.9　定义平面参数

4.　利用“通过两条直线”创建平面

下面介绍图 4.11.10 所示的平面的创建过程。

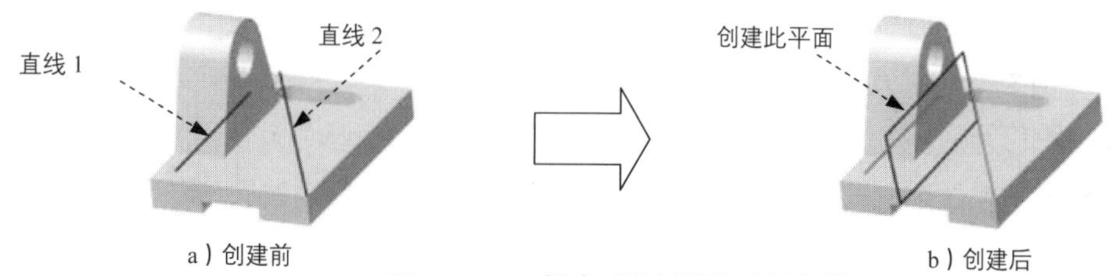

图 4.11.10　创建“通过两条直线”平面

步骤 01 打开文件 D:\catxc2014\work\ ch04.11.01\through_line_plane.CATPart。

步骤 02 选择命令。单击“参考元素（扩展）”工具栏中的 按钮，系统弹出“平面定义”对话框。

步骤 03 定义平面类型。在对话框的 平面类型： 下拉列表中选取 通过两条直线 选项。

步骤 04 选取参考对象。在图形区选取图 4.11.10a 所示的直线 1 和直线 2 为参考直线。

步骤 05 单击对话框中的 确定 按钮，完成平面的创建。

5. 利用“曲线的法线”创建平面

下面介绍图 4.11.11 所示的平面的创建过程。

步骤 01 打开文件 D:\catxc20\work\ch04.11.01\curve_normal_to_plane.CATPart。

步骤 02 选择命令。单击“参考元素（扩展）”工具栏中的 按钮，系统弹出“平面定义”对话框。

步骤 03 定义平面类型。在对话框的 平面类型： 下拉列表中选取 曲线的法线 选项。

步骤 04 选取参考对象。在图形区选取图 4.11.11a 所示的曲线，此时“平面定义”对话框如图 4.11.12 所示。

步骤 05 单击对话框中的 确定 按钮，完成平面的创建。

在图 4.11.12 所示的“平面定义”对话框中，可以通过单击 点： 后的文本框，在图形区选取点创建所需平面。

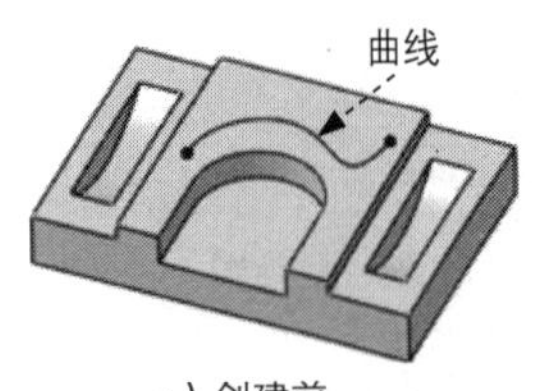

a）创建前

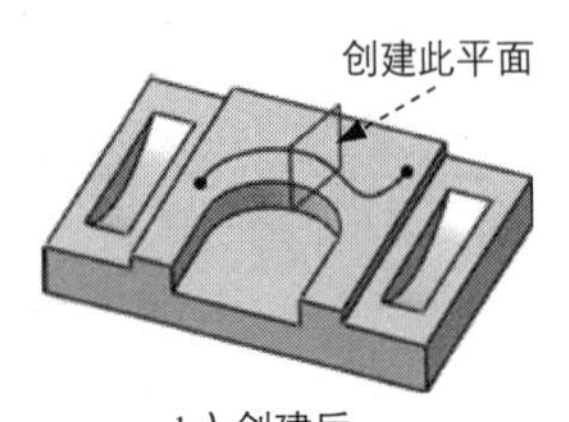

b）创建后

图 4.11.11 创建“曲线的法线”平面

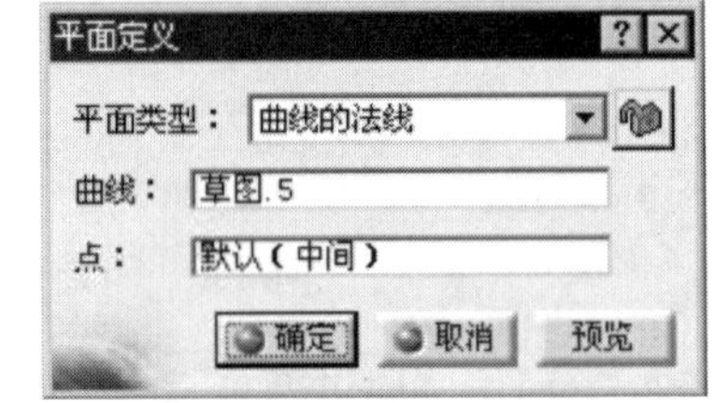

图 4.11.12 “平面定义”对话框（四）

6. 利用“曲面的切线”创建平面

下面介绍图 4.11.13 所示的平面的创建过程。

步骤 01 打开文件 D:\catxc2014\work\ ch04.11.01\ curve_tangent_to_plane.CATPart。

步骤 02 选择命令。单击“参考元素（扩展）”工具栏中的 按钮，系统弹出“平面定义”对话框。

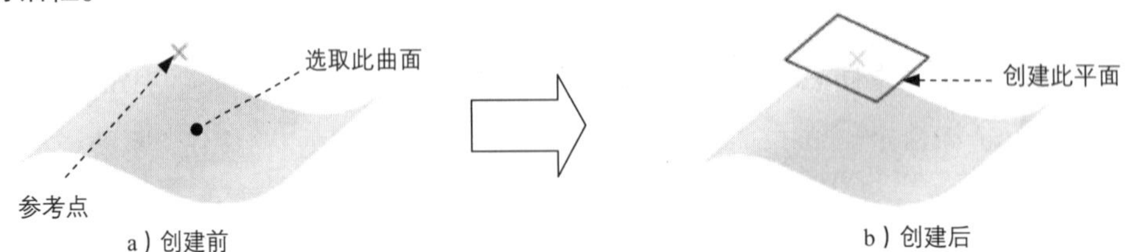

a）创建前　　b）创建后

图 4.11.13 创建“曲面的切线”平面

步骤 03 定义平面类型。在对话框的 平面类型： 下拉列表中选取 曲面的切线 选项。

步骤 04 选取参考对象。在图形区选取图 4.11.13a 所示的曲面和参考点。

步骤 05 单击对话框中的 确定 按钮，完成平面的创建。

4.11.2 直线

“直线”按钮的功能是在零件设计模块中建立直线，以作为其他实体创建的参考元素。

1. 利用“点－点”创建直线

下面介绍图 4.11.14 所示直线的创建过程。

步骤 01 打开文件 D:\catxc2014\work\ch04.11.02\point_point. CATPart。

步骤 02 选择命令。单击“参考元素（扩展）”工具栏中的 按钮，系统弹出“直线定义”对话框。

步骤 03 定义直线的创建类型。在对话框的 线型： 下拉列表中选择 点-点 选项。

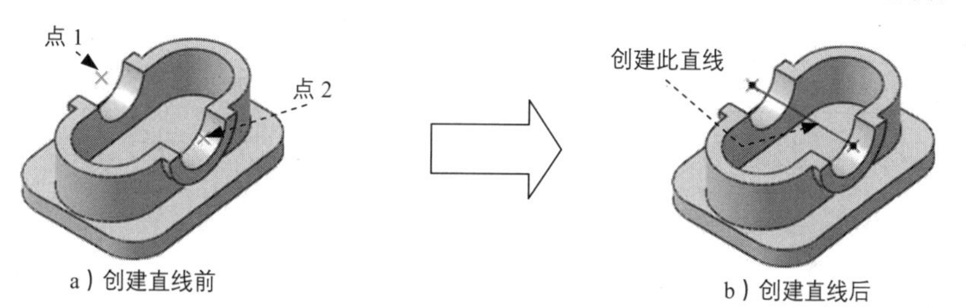

图 4.11.14 利用“点－点”创建直线

步骤 04 定义直线参数。

（1）选择元素。在系统 选择第一元素（点、曲线甚至曲面） 的提示下，选取图 4.11.14a 所示的点 1 为第一元素；在系统 选择第二点或方向 的提示下，选取图 4.11.14a 所示的点 2 为第二元素。

（2）定义长度值。在对话框的 起点： 文本框和 终点： 文本框中均输入数值 0，此时，模型如图 4.11.15 所示。

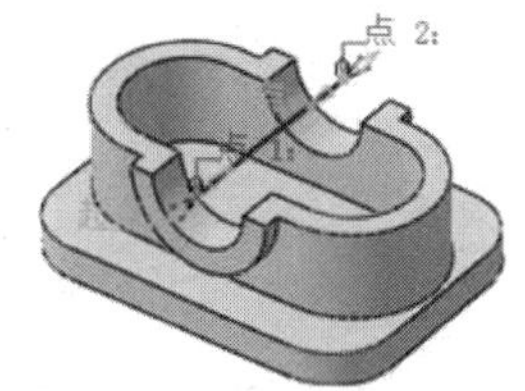

图 4.11.15 定义参考元素

步骤 05 单击对话框中的 确定 按钮，完成直线的创建。

- “直线定义”对话框中的 起点： 和 终点： 文本框用于设置第一元素和第二元素反向延伸的数值。
- 在对话框的 长度类型 区域中，用户可以定义直线的长度类型。

2. 利用“点 – 方向”创建直线

下面介绍图 4.11.16 所示直线的创建过程。

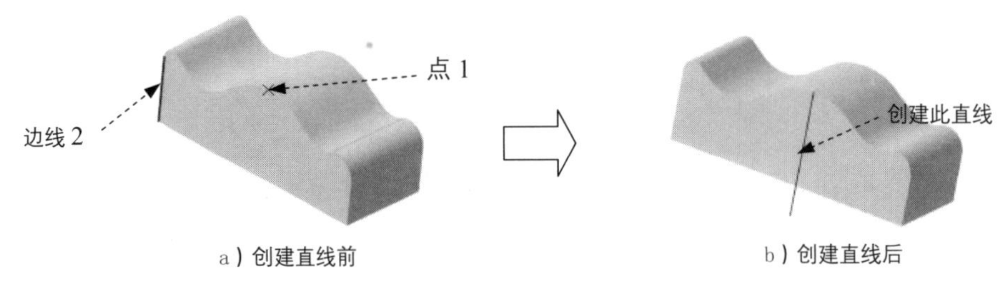

a）创建直线前　　b）创建直线后

图 4.11.16　利用“点 – 方向”创建直线

步骤 01 打开文件 D:\catxc2014\work\ch04.11.02\point_direction. CATPart。

步骤 02 选择命令。单击“参考元素(扩展)”工具栏中的 按钮，系统弹出图 4.11.17 所示的“直线定义”对话框（一）。

步骤 03 定义直线的创建类型。在对话框的 线型： 下拉列表中选择 点-方向 选项。

步骤 04 定义直线参数。

（1）选择第一元素。选取图 4.11.16a 所示的点 1 为第一元素。

（2）定义方向。选取图 4.11.16a 所示的边线 2 为方向线，然后单击对话框中的 反转方向 按钮，完成方向的定义。

（3）定义起始值和结束值。在对话框的 起点： 文本框和 终点： 文本框中分别输入数值 0 和 60.0，定义之后模型如图 4.11.18 所示。

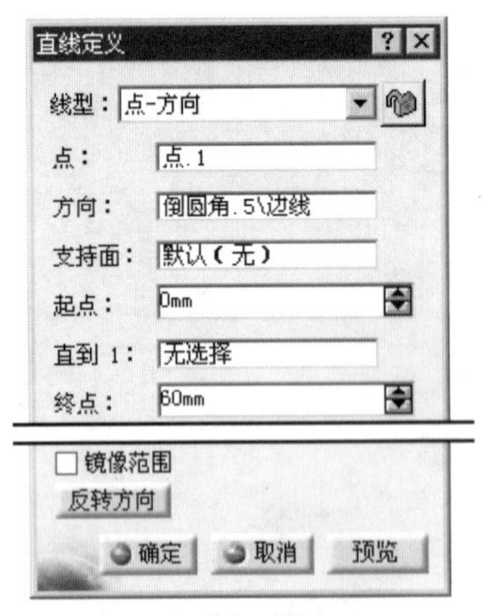

图 4.11.17　“直线定义”对话框（一）

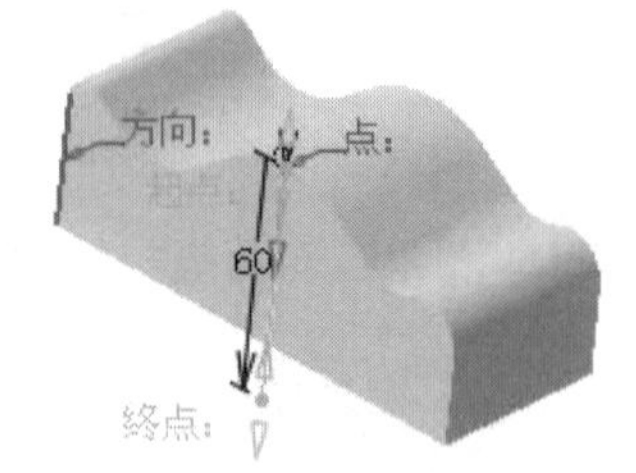

图 4.11.18　定义直线参数

步骤 05 单击对话框中的 确定 按钮，完成直线的创建。

3. 利用“角平分线”创建直线

下面介绍图 4.11.19 所示直线的创建过程。

步骤 01 打开文件 D:\catxc2014\work\ch04.11.02\bisecting.CATPart。

步骤 02 选择命令。单击“参考元素（扩展）”工具栏中的 按钮，系统弹出图 4.11.20 所示的“直线定义”对话框（二）。

步骤 03 定义直线的创建类型。在对话框的 线型： 下拉列表中选择 角平分线 选项。

步骤 04 定义直线参数。

（1）定义第一条直线。选取图 4.11.19a 所示的边线 1。

（2）定义第二条直线。选取图 4.11.19a 所示的边线 2。

（3）定义解法。单击对话框中的 下一个解法 按钮，选择解法 2。

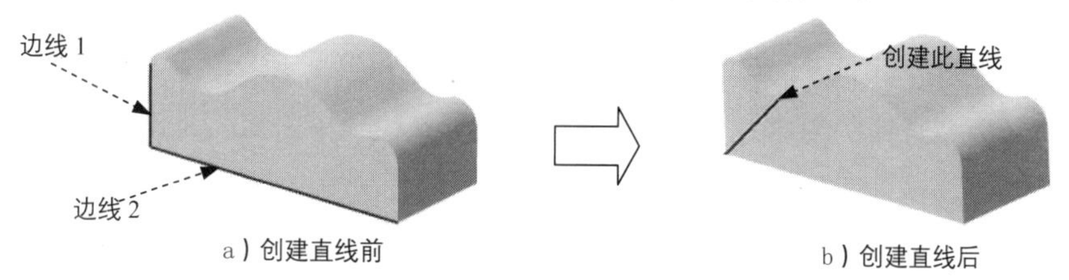

图 4.11.19　利用“角平分线”创建直线

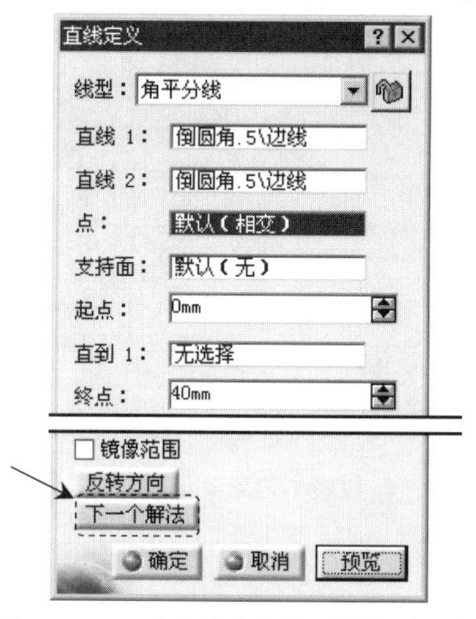

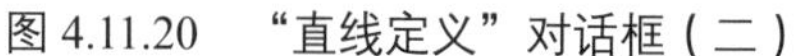

图 4.11.20　“直线定义”对话框（二）

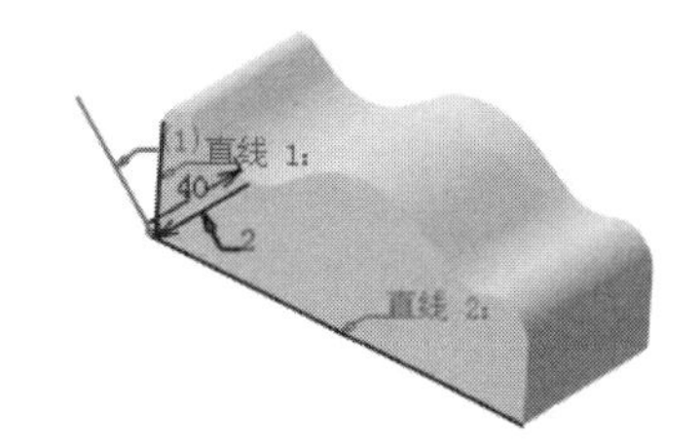

图 4.11.21　定义解法

创建直线的两种不同解法如图 4.11.20 所示，解法 2 为加亮尺寸线所示的直线。

（4）定义起始值和结束值。在对话框的 起点： 文本框和 终点： 文本框中分别输入数值 0、40.0，定义之后模型如图 4.11.21 所示。

步骤 05 单击对话框中的 确定 按钮，完成直线的创建。

4. 利用“曲面的法线”创建直线

下面以图 4.11.22 所示的例子说明通过已知点和曲面的法线创建直线的操作过程。

步骤 01 打开文件 D:\catxc2014\work\ch04.11.02\normal_surface.CATPart。

步骤 02 选择命令。单击“参考元素（扩展）”工具栏中的 按钮，系统弹出“直线定义”对话框（三）。

步骤 03 定义创建类型。在对话框的 线型： 下拉列表中选择 曲面的法线 选项，此时“直线定义”对话框如图 4.11.23 所示。

步骤 04 定义参考曲面。在图形区选取图 4.11.22a 所示的曲面为参考曲面。

步骤 05 定义通过点。在图形区选取图 4.11.22a 所示的点 1 为参考点。

步骤 06 确定直线长度。在 起点： 文本框中输入数值-10，在 终点： 文本框中输入数值 15。

步骤 07 完成直线的创建。其他设置保持系统默认值，单击 确定 按钮，完成直线的创建。

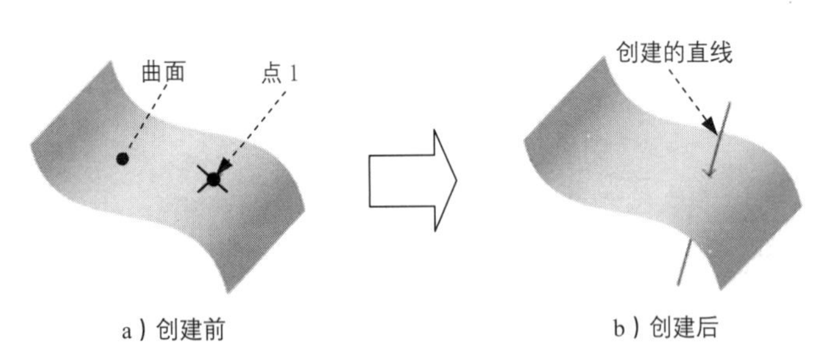

图 4.11.22 利用“曲面的法线”创建直线

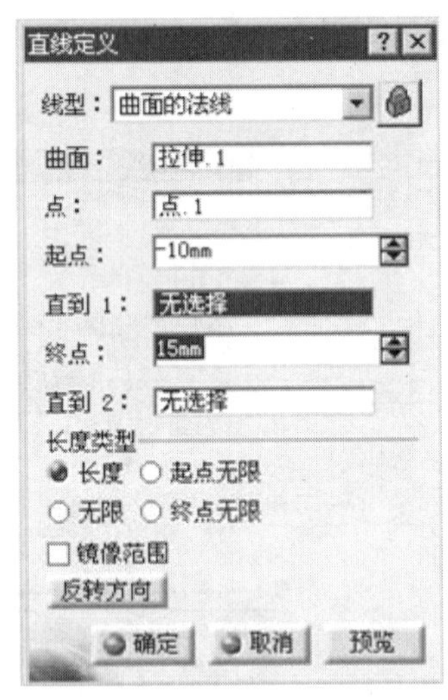

图 4.11.23 “直线定义”对话框（三）

4.11.3 点

“点”的功能是在曲面设计模块中创建点，以作为其他实体创建的参考元素。

1. 利用“坐标”方式创建点

下面以图 4.11.24 所示的实例，说明利用“坐标”方式创建点的一般过程。

步骤 01 打开文件 D:\catxc2014\work\ch04.11.03\point_coordinates.CATPart。

步骤 02 选择命令。单击“参考元素（扩展）”工具栏中的 按钮，系统弹出图 4.11.25 所示的“点定义”对话框（一）。

步骤 03 定义点类型。在 点类型： 下拉列表中选择 坐标 选项。

步骤 04 选择参考点。单击 参考 区域的 点： 后面的文本框，采用默认的原点为参考。

步骤 05 定义点坐标。在 X 文本框中输入数值 10，在 Y 文本框中输入数值 30，在 Z 文本框中输入数值 50。

步骤 06 完成点的创建。其他设置保持系统默认，单击 确定 按钮，完成点的创建。

创建的点

a）创建前　　b）创建后

图 4.11.24　“坐标”方式创建点

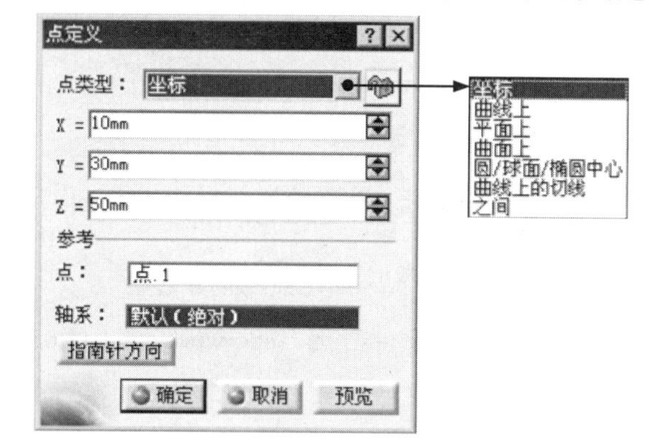

图 4.11.25　“点定义”对话框（一）

2. 在“曲线上”创建点

下面介绍图 4.11.26 所示点的创建过程。

步骤 01 打开文件 D:\catxc2014\work\ch04.11.03\on_curve. CATPart。

步骤 02 选择命令。单击“参考元素（扩展）”工具栏中的 按钮，系统弹出图 4.11.27 所示的“点定义”对话框（二）。

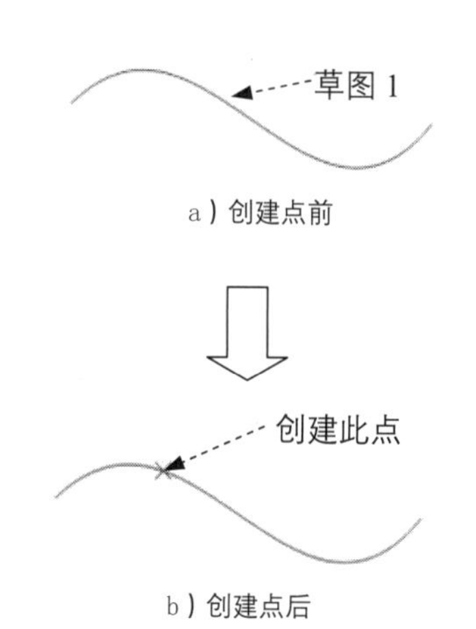

图 4.11.26　在“曲线上”创建点

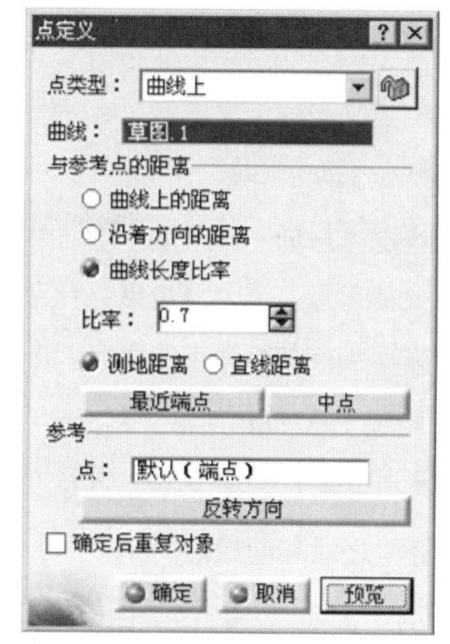

图 4.11.27　“点定义”对话框（二）

步骤 03 定义点的创建类型。在对话框的 点类型： 下拉列表中选择 曲线上 选项。

步骤 04 定义点的参数。

（1）选择曲线。在系统 选择曲线 的提示下，选择图 4.11.26a 所示的草图 1。

（2）定义参考点。采用系统默认的端点作为参考点。

在对话框 参考 区域的 点： 文本框中显示了参考点的名称。

（3）定义所创点与参考点的距离。在对话框 与参考点的距离 区域中选择 曲线长度比率 单选项，在 比率： 文本框中输入数值 0.7。

步骤 05 单击 确定 按钮，完成点的创建。

3. 利用“平面上”创建点

下面介绍图 4.11.28 所示点的创建过程。

步骤 01 打开文件 D:\catxc20\work\ch04.11.03\on_plane. CATPart。

步骤 02 选择命令。单击“参考元素（扩展）”工具栏中的 按钮，系统弹出图 4.11.29 的“点定义”对话框（三）。

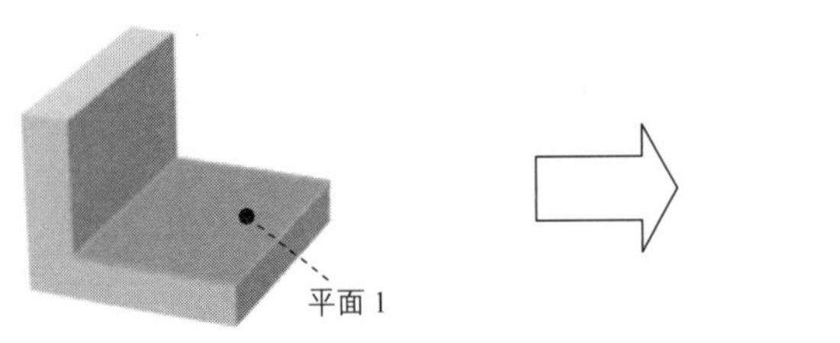

a）创建点前

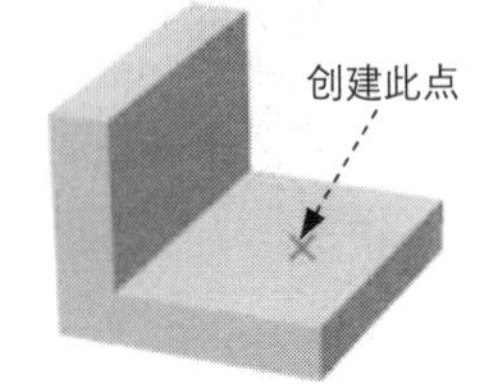

b）创建点后

图 4.11.28 在“平面上”创建点

步骤 03 定义点的创建类型。在 点类型： 下拉列表中选择 平面上 选项。

步骤 04 定义点的参数。

（1）选择参考平面。在系统 选择平面 的提示下，选取图 4.11.28a 所示的平面 1。

（2）定义参考点。采用系统默认参考点（原点）。

（3）定义所创点与参考点的距离。在 H: 文本框和 V: 文本框中分别输入数值 30、35，定义之后模型如图 4.11.30 所示。

步骤 05 单击 确定 按钮，完成点的创建。

4. 利用“之间”创建点

下面以图 4.11.31 为例，说明在两点之间创建点的一般过程。

图 4.11.29 “点定义”对话框（三）

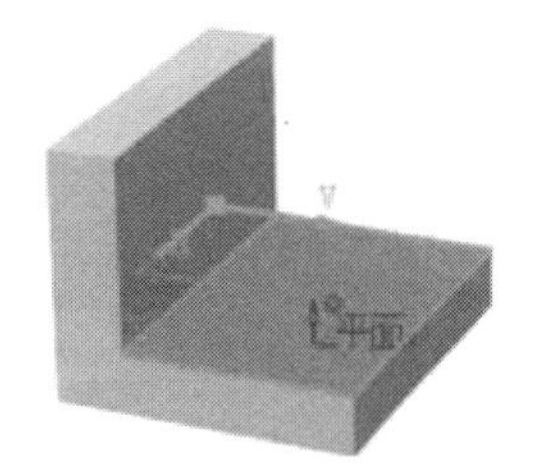

图 4.11.30 定义参考点

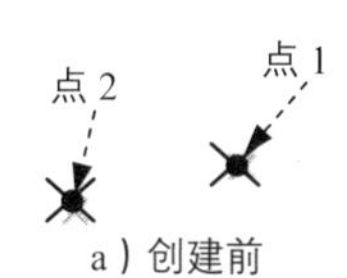

a）创建前

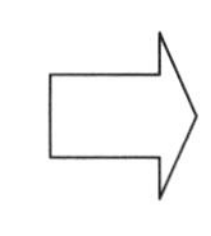

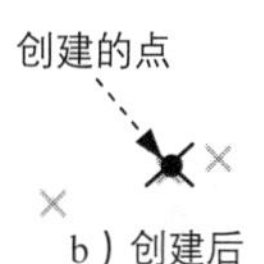

b）创建后

图 4.11.31 在两点之间创建点

步骤 01 打开文件 D:\catxc2014\work\ch04.11.03\point_between.CATPart。

步骤 02 选择命令。单击“参考元素（扩展）”工具栏中的 按钮，系统弹出“点定义”对话框。

步骤 03 定义点类型。在 点类型： 下拉列表中选择 之间 选项。

步骤 04 选取参考点。单击 点 1： 后的文本框，选取图 4.11.31a 所示的点 1；单击 点 2： 后的文本框，选取图 4.11.31a 所示的点 2。

步骤 05 确定点位置。在 比率： 文本框中输入数值 0.3。

步骤 06 完成点的创建。其他设置保持系统默认值，单击 确定 按钮，完成点的创建。

4.11.4 轴系

CATIA V5-6R2014 系统中的轴系即通常所说的坐标系，默认设置下系统不显示轴系。在创建复杂模型或装配体时，建立必要的轴系可以用来定位平面、方向等。下面以图 4.11.32 为例，说明创建轴系的一般操作过程。

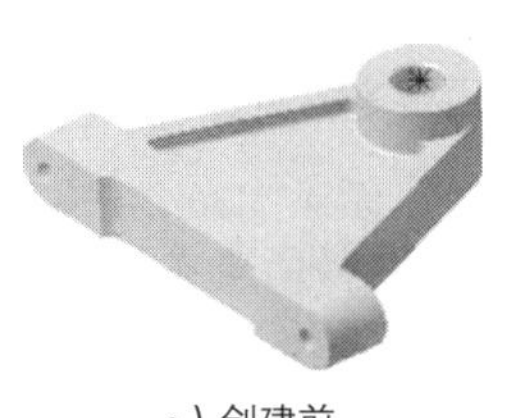

a）创建前

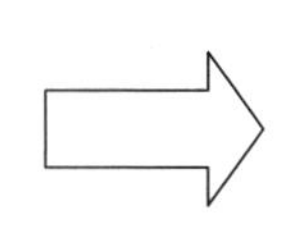

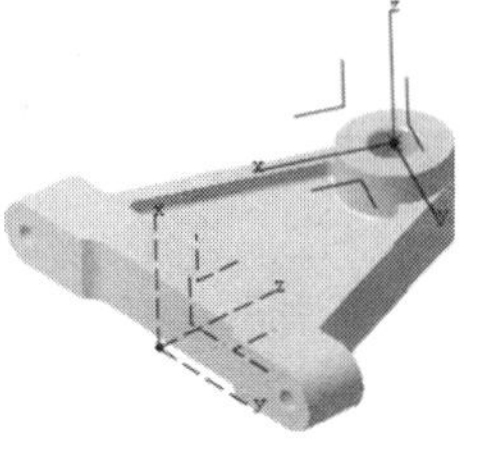

b）创建后

图 4.11.32 创建轴系

步骤 01 打开文件 D:\catxc2014\work\ch04.11.04\ axis-system.CATPart。

步骤 02 选择命令。选择下拉菜单 插入 → 轴系... 命令，系统弹出图 4.11.33 所示的“轴系定义”对话框。

步骤 03 创建绝对轴系。此时图形区显示如图 4.11.34 所示，采用默认的参数设置，单击对话框中的 确定 按钮，完成轴系的创建。

步骤 04 创建自定义轴系。

（1）选择下拉菜单 插入 → 轴系... 命令，系统弹出“轴系定义”对话框。

（2）在图形区选取图 4.11.35 所示的原点参考、X 轴参考和 Y 轴参考，其余参数采用默认设置，单击对话框中的 确定 按钮，完成轴系的创建，结果如图 4.11.36 所示。

在“轴系定义”对话框 轴系类型： 下拉列表中包含 3 种类型。

- 标准 选项：用 X 轴、Y 轴和 Z 轴来创建一个标准的轴系统。
- 轴旋转 选项：通过在标准选项的基础上，增加一个点来定义旋转轴和旋转角度来创建轴系统。
- 欧拉角 选项：通过指定原点和 3 个角度来定义轴系统。

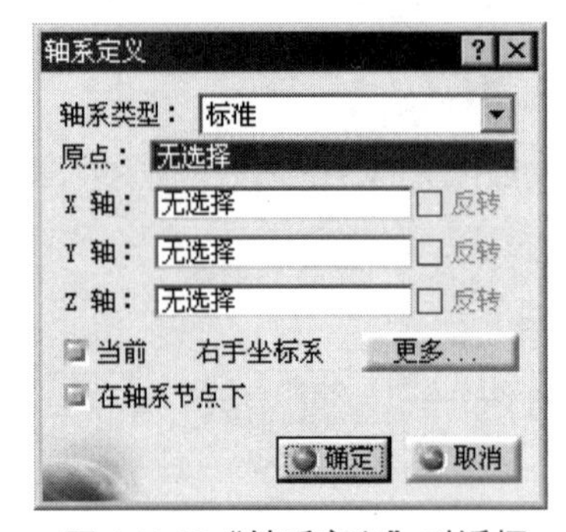

图 4.11.33 “轴系定义”对话框

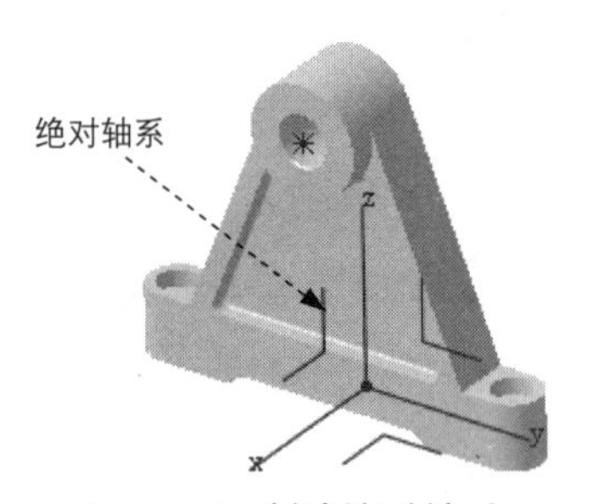

图 4.11.34 创建绝对轴系

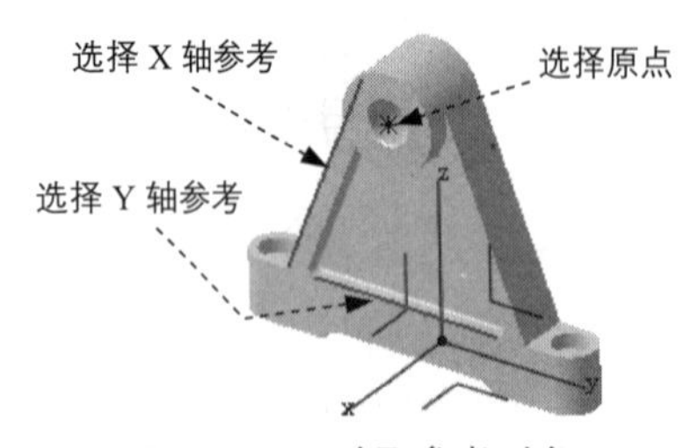

图 4.11.35 选取参考对象

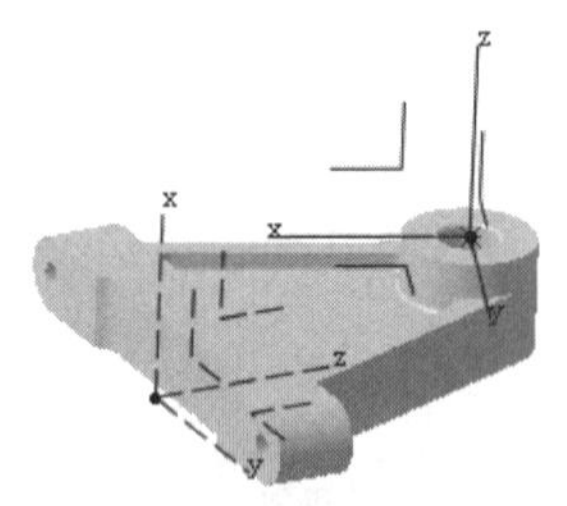

图 4.11.36 创建轴系

4.12 孔特征

CATIA V5-6R2014 系统中提供了专门的孔特征（Hole）命令，用户可以方便快速地创建各种要求的孔。

孔特征（Hole）命令的功能是在实体上钻孔。在 CATIA V5-6R2014 中，可以创建 3 种类型的孔特征。

- 直孔：具有圆截面的切口，它始于放置曲面并延伸到指定的终止曲面或用户定义的深度。
- 草绘孔：由截面草图定义的旋转特征。锥形孔可作为草绘孔进行创建。
- 标准孔：具有基本形状的螺孔。它是基于相关的工业标准的，可带有不同的末端形状、标准沉头孔和埋头孔。对选定的紧固件，既可计算攻螺纹，也可计算间隙直径；用户既可利用系统提供的标准查找表，也可创建自己的查找表来查找这些直径。

1. 直孔的创建

下面以图 4.12.1 所示的简单模型为例，说明在模型上添加直孔特征的操作过程。

图 4.12.1 孔特征

步骤 01 打开文件 D:\catxc2014\work\ch04.12\hole01.CATPart。

步骤 02 选择命令。选择下拉菜单 插入 → 基于草图的特征 → 孔... 命令。

步骤 03 定义孔的放置面。选取图 4.12.1a 所示的模型表面 1 为孔的放置面，此时系统弹出“定义孔”对话框。

- “定义孔”对话框中有 3 个选项卡：扩展 选项卡、类型 选项卡、定义螺纹 选项卡。扩展 选项卡主要定义孔的直径和深度及延伸类型；类型 选项卡用来设置孔的类型以及直径、深度等参数；定义螺纹 选项卡用于创建标准孔。
- 本例是添加直孔，由于直孔为系统默认类型，所以选取孔类型的步骤可省略。

步骤 04 定义孔的位置。

（1）进入定位草图。单击对话框 扩展 选项卡中的 按钮，系统进入草绘工作台。

（2）定义必要的几何约束，结果如图 4.12.2 所示。

（3）完成几何约束后，单击 按钮，退出草绘工作台。

当用户在模型表面单击以选取草图平面时，系统将在用户单击的位置自动建立 V－H 轴，并且 V－H 轴不随孔中心线移动，因此，V－H 轴不可作为几何约束的参照。

步骤 05 定义孔的延伸参数。

（1）定义孔的深度。在“定义孔”对话框 扩展 选项卡的下拉列表中选择 直到下一个 选项。

（2）定义孔的直径。在对话框 扩展 选项卡的 直径： 文本框中输入数值 60.0。

步骤 06 单击对话框中的 确定 按钮，完成直孔的创建。

2. 沉头螺纹孔

下面以图 4.12.3 所示的简单模型为例，说明创建螺纹孔（标准孔）的一般过程。

步骤 01 打开文件 D:\catxc2014\work\ch04.12\hole_thread.CATPart。

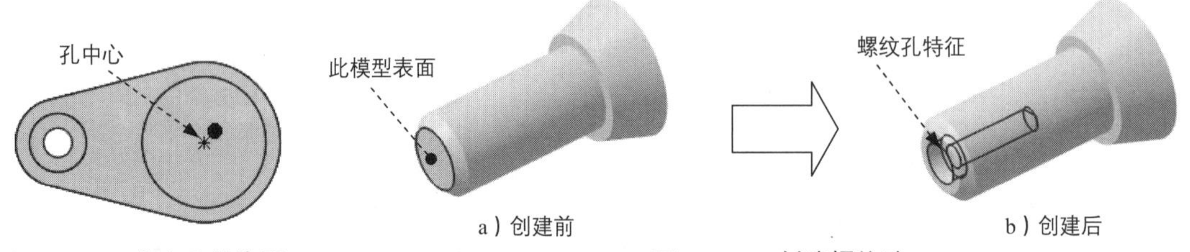

图 4.12.2　定义孔的位置

图 4.12.3　创建螺纹孔

在“定义孔”对话框中，单击 直到下一个 选项后的小三角形，可选择五种深度选项，各深度选项功能如下。

- 盲孔 选项：创建一个平底孔。如果选中此深度选项，则必须指定“深度值”。
- 直到下一个 选项：创建一个一直延伸到零件的下一个面的孔。
- 直到最后 选项：创建一个穿过所有曲面的孔。
- 直到平面 选项：创建一个穿过所有曲面直到指定平面的孔。必须选择一平面来确定孔的深度。
- 直到曲面 选项：创建一个穿过所有曲面直到指定曲面的孔。必须选择一平面来确定孔的深度。

步骤02 选择命令。选择下拉菜单 插入 → 基于草图的特征 ▸ → 孔... 命令。

步骤03 选取孔的定位元素。在图形区中选取图 4.12.3a 所示的模型表面为孔的定位平面，系统弹出“定义孔”对话框。

步骤04 定义孔的位置。

（1）进入定位草图。单击对话框 扩展 选项卡中的 按钮，系统进入草绘工作台。

（2）定义几何约束。如图 4.12.4 所示，约束孔的中心与 xy 平面、yz 平面相重合。

（3）完成几何约束后，单击 按钮，退出草绘工作台。

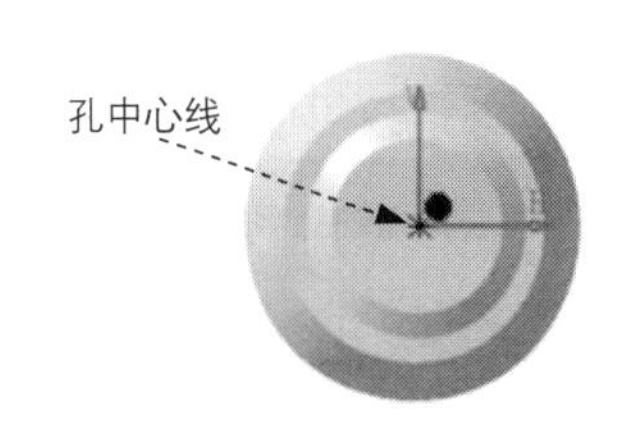

图 4.12.4 定义孔位置

步骤05 定义孔的类型。

（1）选取孔的类型。单击 类型 选项卡，在下拉列表中选择 沉头孔 单选项。

（2）输入类型参数。在 参数 区域的 直径：和 深度：文本框中分别输入数值 8.0、3.0。

（3）确定定位点。在 定位点 区域选中 末端 单选项。

在“孔定义”对话框中，孔的五种类型如图 4.12.5 所示。

简单

锥形

沉头

埋头

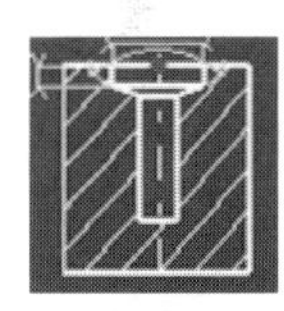
倒钻

图 4.12.5 孔的类型

步骤06 定义孔的螺纹。单击 定义螺纹 选项卡，选中 螺纹孔 复选框激活“定义螺纹”区域。

（1）选取螺纹类型。在 定义螺纹 区域的 类型：下拉列表中选取 公制细牙螺纹 选项。

（2）定义螺纹描述。在 螺纹描述：下拉列表中选取 M8x1 选项。

（3）定义螺纹参数。在 螺纹深度：和 孔深度：文本框中分别输入数值 10.0、20.0。

步骤07 定义孔的延伸参数。

（1）选取底部类型。单击 扩展 选项卡，在 底部 区域的下拉菜单中选取 V 形底 选项。

（2）输入角度值。在 角度：文本框中输入数值 120。

（3）输入深度值。在 深度: 文本框中输入数值 20.0。

步骤 08 单击对话框中的 确定 按钮，完成孔的创建。

4.13 修饰螺纹

修饰螺纹可以是外螺纹或内螺纹，也可以是不通的或贯通的。可通过指定螺纹内径或螺纹外径（分别对于外螺纹和内螺纹）、起始曲面和螺纹长度或终止边，来创建修饰螺纹。

这里以 thread_feature.CATPart 零件模型为例，说明如何在模型的圆柱面上创建图 4.13.1 所示的（外）螺纹修饰。

修饰螺纹是表示螺纹直径的修饰特征，与其他修饰特征不同，螺纹的线型是不能修改的。

步骤 01 打开文件 D:\catxc2014\work\ch04.13\thread_feature.CATPart。

步骤 02 选择命令。选择下拉菜单 插入 → 修饰特征 ▸ → 内螺纹/外螺纹... 命令，系统弹出"定义外螺纹/内螺纹"对话框。

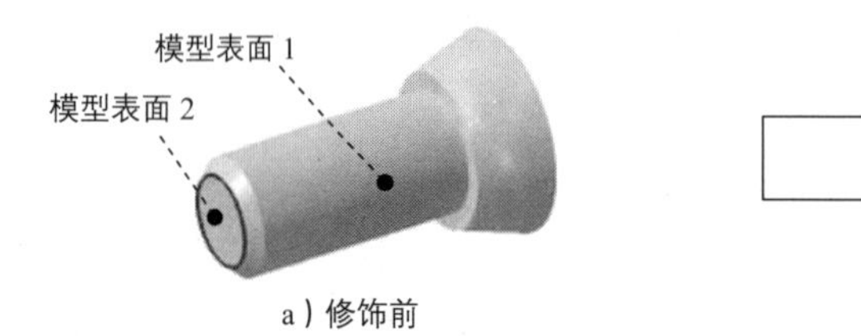

图 4.13.1　螺纹修饰特征

步骤 03 定义螺纹修饰类型。在对话框中选中 外螺纹 单选项。

步骤 04 定义螺纹几何属性。

（1）定义螺纹支持面。在系统 选择支持面 提示下，选取图 4.13.1a 所示的模型表面 1 为螺纹支持面。

（2）定义螺纹限制面。选取模型表面 2 为螺纹限制面。

（3）定义螺纹方向。采用系统默认方向。

螺纹支持面必须是圆柱面，而限制面必须是平面。

步骤 05 定义螺纹参数。

（1）定义螺纹类型。在 数值定义 区域的 类型： 下拉列表中选取 公制粗牙螺纹 选项。

（2）定义螺纹直径。在 外螺纹描述： 下拉列表中选取 M16 选项。

（3）定义螺纹深度。在 外螺纹深度： 文本框中输入数值 30.0。

步骤 06 单击对话框中的 确定 按钮，完成螺纹修饰特征的创建。

- 对话框 标准 区域中的 添加 和 移除 按钮用于导入或移除标准数据，用户如有自己的标准，可将其以文件的形式导入。
- 数值定义 区域的 右旋螺纹 和 左旋螺纹 单选项可以控制螺纹旋向。

4.14 加强筋特征

加强筋特征的创建过程与凸台特征基本相似，不同的是加强筋特征的截面草图是不封闭的，其截面只是一条直线。

加强筋截面两端必须与接触面对齐。

下面以图 4.14.1 所示的模型为例，说明加强筋特征创建的一般过程。

步骤 01 打开文件 D:\catxc2014\work\ch04.14\rib.CATPart。

步骤 02 选择命令。选择下拉菜单 插入 → 基于草图的特征 → 加强肋... 命令，系统弹出图 4.14.2 所示的“定义加强筋”对话框。

步骤 03 定义截面草图。

（1）选择草绘平面。在“定义加强筋”对话框的 轮廓 区域单击 按钮，选取 xz 平面为草绘平面，进入草绘工作台。

（2）绘制截面的几何图形（如图 4.14.3 所示）。

（3）建立几何约束和尺寸约束，并将尺寸修改为设计要求的尺寸，如图 4.14.3 所示。

（4）单击“工作台”工具栏中的 按钮，退出草绘工作台。

步骤 04 定义加强筋的参数。

（1）定义加强筋的模式。在对话框的 模式 区域选中 从侧面 单选项。

（2）定义加强筋的生成方向。加强筋的正生成方向如图 4.14.4 所示，若方向与之相反，可单击对话框 深度 区域的 反转方向 按钮使之反向。

（3）定义加强筋的厚度。在 线宽 区域的 厚度 1： 文本框中输入数值 2.0。

步骤 05 单击对话框中的 确定 按钮，完成加强筋的创建。

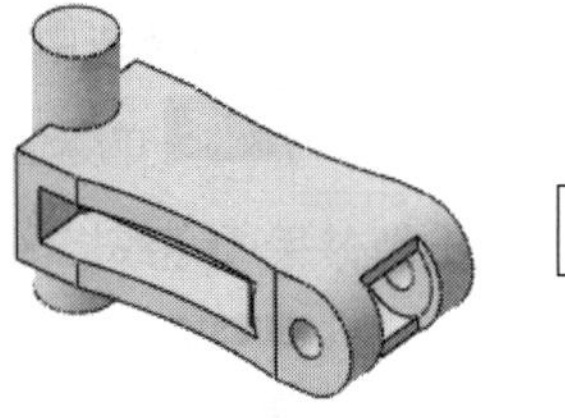

a）生成加强筋前

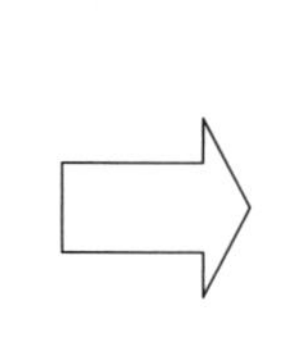

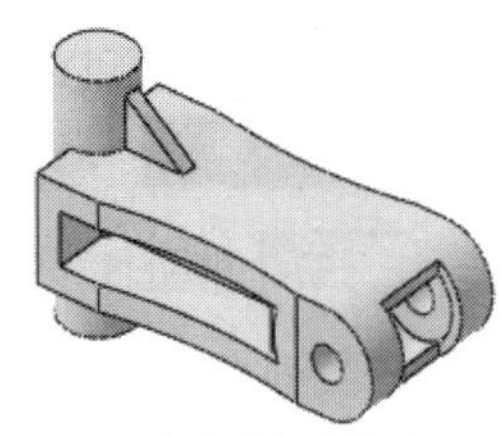

b）生成加强筋后

图 4.14.1 加强筋特征

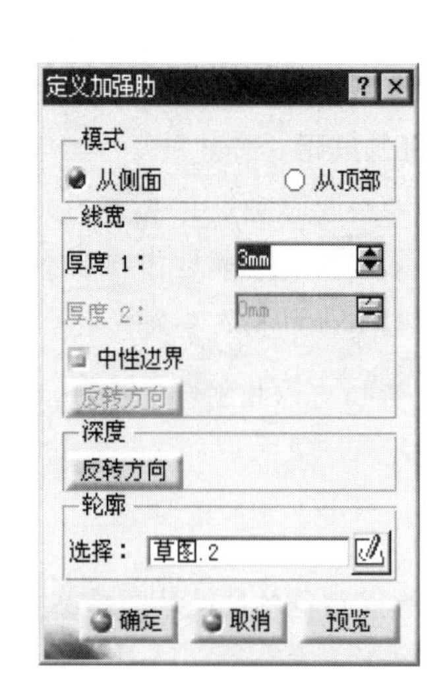

图 4.14.2 “定义加强筋”对话框

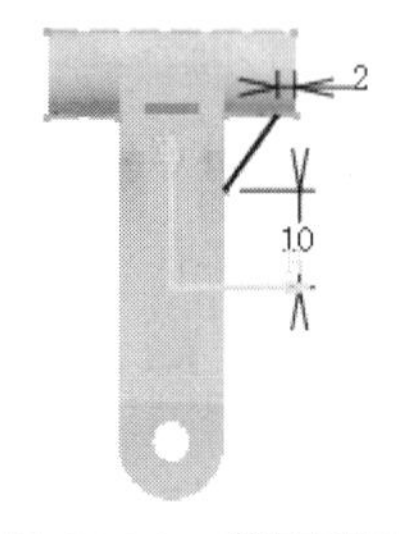

图 4.14.3 截面草图

- 定义加强筋的生成方向时，若未指示正确的方向，预览时系统将弹出图 4.14.5 所示的“特征定义错误”对话框，此时需将生成方向重新定义。
- 加强筋的模式 从侧面 表示输入的厚度沿图 4.14.4 所示的箭头方向生成。

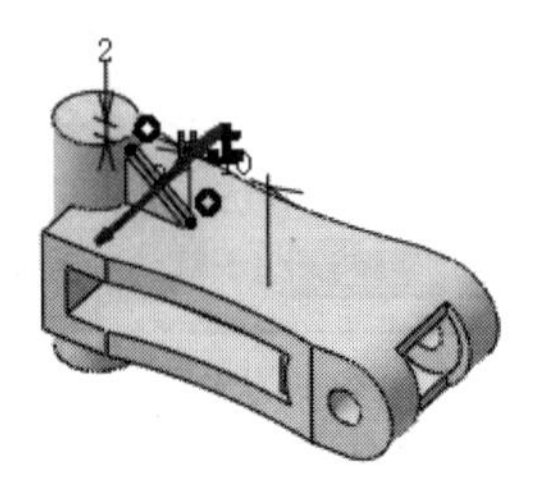

图 4.14.4 指示厚度生成方向

图 4.14.5 “特征定义错误”对话框

4.15 拔模特征

注射件和铸件往往需要一个拔模斜面，才能顺利脱模，CATIA V5-6R2014 的拔模(Draft)特征就是用来创建模型的拔模斜面。拔模特征共有 3 种：角度拔模（Draft Angle）、可变半径拔模（Draft Reflect Line）、反射线拔模（Variable Draft）。下面分别举例介绍。

1. 角度拔模

角度拔模的功能是通过指定要拔模的面、拔模方向、中性元素等参数创建拔模斜面。下面以图 4.15.1 所示的简单模型为例，说明创建角度拔模特征的一般过程。

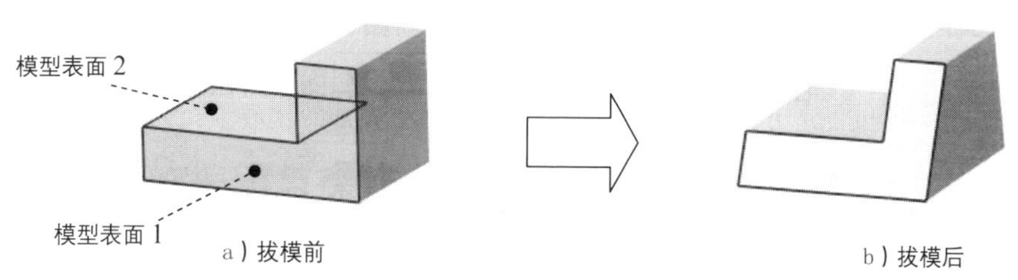

图 4.15.1 拔模特征

步骤 01 打开文件 D:\catxc2014\work\ch04.15\draft_angle.CATPart。

步骤 02 选择命令。选择下拉菜单 插入 → 修饰特征 → 拔模... 命令（或单击“修饰特征”工具栏中的按钮），系统弹出图 4.15.2 所示的“定义拔模”对话框。

步骤 03 定义要拔模的面。在系统 选择要拔模的面 提示下，选择图 4.15.1a 所示的模型表面 1 为要拔模的面。

步骤 04 定义拔模的中性元素。单击以激活 中性元素 区域的 选择: 文本框，选择模型表面 2 为中性元素。

步骤 05 定义拔模属性。

（1）定义拔模方向。单击以激活 拔模方向 区域的 选择: 文本框，选择 ZX 平面为拔模方向面。

（2）输入角度值。在对话框的 角度: 文本框中输入角度值 30。

在系统弹出“定义拔模”对话框的同时，模型表面将出现一个指示箭头，箭头表明的是拔模方向（即所选拔模方向面的法向），如图 4.15.3 所示。

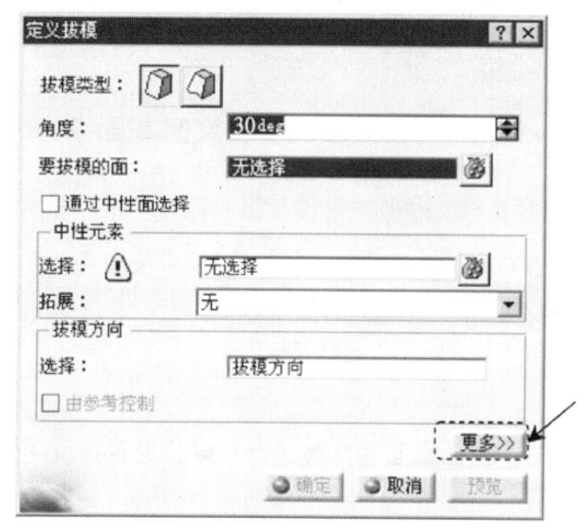

图 4.15.2 “定义拔模”对话框

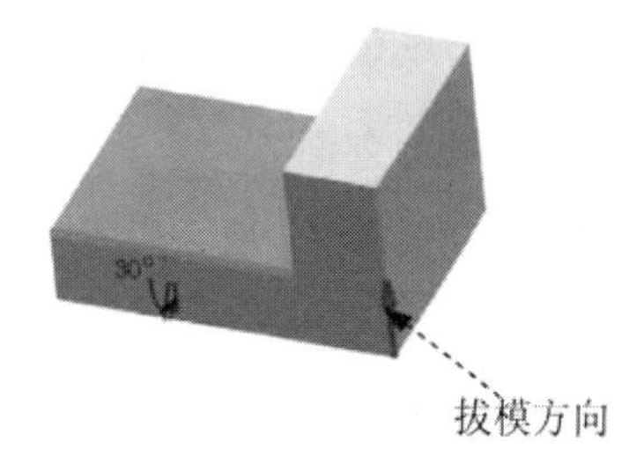

图 4.15.3 拔模方向

步骤 06 单击对话框中的 确定 按钮，完成角度拔模的创建。

- 拔模角度可以是正值也可以是负值，正值是沿拔模方向的逆时针方向拔模，负值则相反。
- 单击“定义拔模”对话框中的 更多>> 按钮，展开对话框隐藏的部分，用户可以根据需要在对话框中设置不同的拔模形式和限制元素。

2. 创建可变角度拔模

“可变角度拔模”命令的功能是通过在某拔模面上指定多个拔模角度，从而生成角度以一定规律变化的拔模斜面。

下面以图 4.15.4 所示的简单模型为例，说明创建可变角度拔模特征的一般过程。

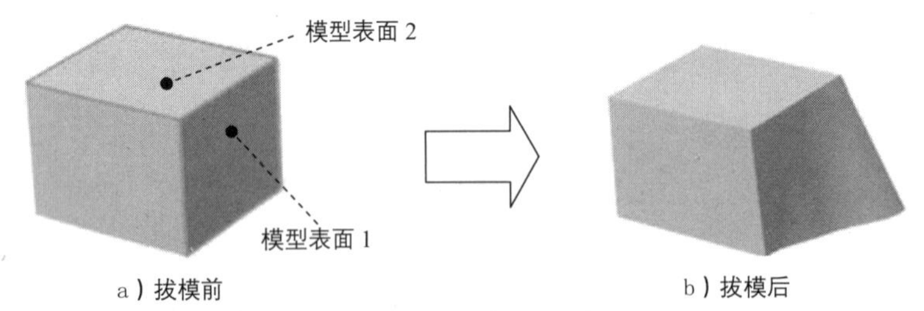

图 4.15.4 可变角度拔模特征

步骤 01 打开文件 D:\catxc2014\work\ ch04.15\variable_draft.CATPart。

步骤 02 选择命令。选择下拉菜单 插入 → 修饰特征 → 可变角度拔模... 命令，系统弹出 “定义拔模”对话框。

步骤 03 定义要拔模的面。在系统 选择要拔模的面 提示下，选取图 4.15.4a 所示的模型表面 1 为要拔模的面。

步骤 04 定义拔模的中性元素。单击以激活 中性元素 区域的 选择： 文本框，选取模型表面 2 为中性元素。

步骤 05 定义拔模属性。

（1）定义拔模方向。激活 拔模方向 区域的 选择： 文本框，选取图 4.15.4a 所示的模型表面 2 为拔模方向面。

（2）定义拔模角度。

① 单击以激活 点： 文本框（拔模面与中性元素面的交线端点是默认设置角度的位置），在模型指定边线的端点处双击预览的尺寸线，在系统弹出的“参数定义”对话框中更改半径

值，将左侧的数值设为 5，右侧数值设为 30，如图 4.15.5 所示。

② 完成上步操作后，在边线需要指定拔模角度值的位置单击（直到出现尺寸线，才表明该点已加入 点： 文本框中），然后在“定义拔模”对话框的 角度： 文本框中输入数值 15。

步骤 06 单击对话框中的 确定 按钮，完成可变拔模角度特征的创建。

3. 创建反射线拔模

反射线拔模的功能是通过指定模型表面上的一个曲面作为基准，生成与实体相切的拔模面。

下面以图 4.15.6 所示的简单模型为例，说明创建反射线拔模特征的一般过程。

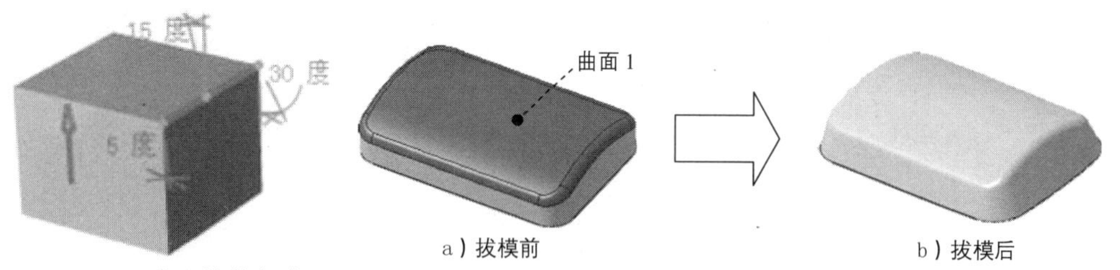

图 4.15.5 定义拔模角度

图 4.15.6 反射线拔模

步骤 01 打开文件 D:\catxc2014\work\ch04.15\draft_03.CATPart。

步骤 02 选择命令。选择下拉菜单 插入 → 修饰特征 ▸ → 拔模反射线... 命令，系统弹出图 4.15.7 所示的“定义拔模反射线”对话框。

步骤 03 定义要拔模的面。选择图 4.15.6a 所示的曲面 1 为要拔模的面。

步骤 04 定义拔模属性。

（1）定义拔模方向。激活 拔模方向 区域的 选择： 文本框，选取 xy 平面为拔模方向面。

（2）定义拔模角度。在对话框的 角度： 文本框中输入角度值 20，如图 4.15.8 所示。

步骤 05 单击对话框中的 确定 按钮，完成反射线拔模特征的创建。

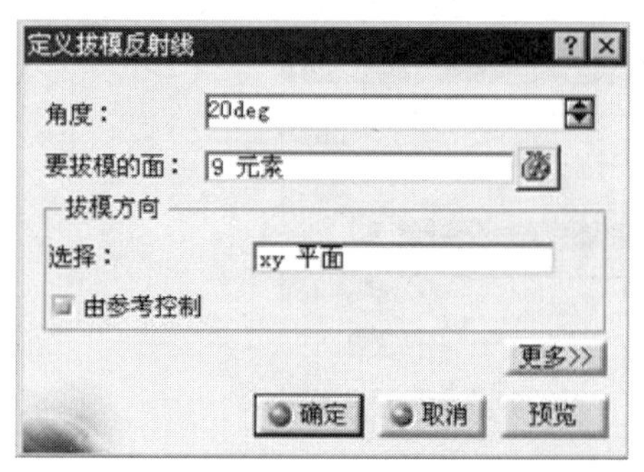

图 4.15.7 “定义拔模反射线”对话框

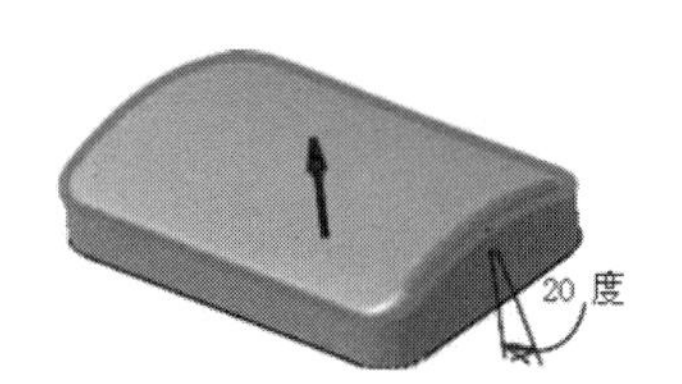

图 4.15.8 定义拔模角度

4.16 抽壳特征

抽壳特征是将实体的一个或几个表面去除，然后掏空实体的内部，留下一定壁厚的壳。

下面以图 4.16.1 所示的简单模型为例，说明创建抽壳特征的一般过程。

步骤 01 打开文件 D:\catxc2014\work\ch04.16\shell_feature.CATPart。

步骤 02 选择命令。选择下拉菜单 插入 ➞ 修饰特征 ▸ ➞ 抽壳... 命令，系统弹出图 4.16.2 所示的“定义盒体”对话框。

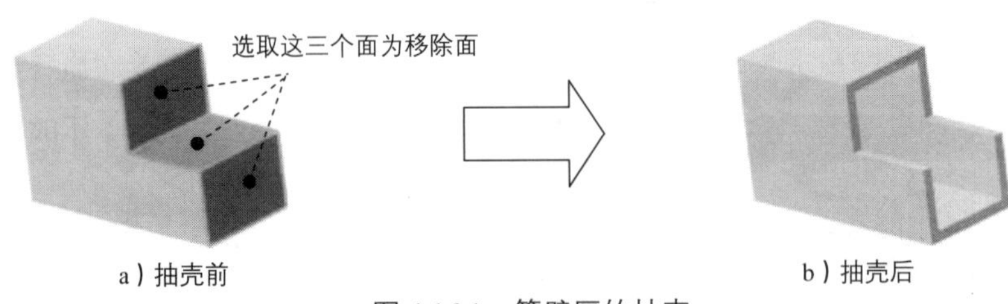

图 4.16.1　等壁厚的抽壳

步骤 03 选取要移除的面。在系统 选择要移除的面。 提示下，选取图 4.16.1a 所示的三个面作为要移除的面。

步骤 04 定义抽壳厚度。在对话框的 默认内侧厚度： 文本框中输入数值 3。

步骤 05 单击对话框中的 确定 按钮，完成抽壳特征的创建。

- 默认内侧厚度：是指实体表面向内的厚度， 默认外侧厚度：是指实体表面向外的厚度。
- 其他厚度面：用于选择与默认壁厚不同的面，并需设定目标壁厚值，设定方法是双击模型表面的壁厚尺寸线，在弹出的对话框中输入相应的数值。

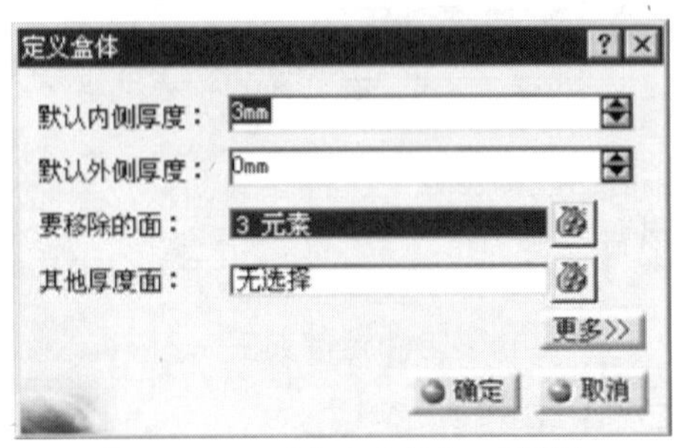

图 4.16.2　“定义盒体”对话框

4.17 肋特征

肋特征是将一个轮廓沿着给定的中心曲线"扫掠"而生成的，如图 4.17.1 所示，所以也叫"扫描"特征。要创建或重新定义一个肋特征，必须给定两个要素（中心曲线和轮廓）。

下面以图 4.17.1 为例，说明创建肋特征的一般过程。

步骤 01 打开文件 D:\catxc2014\work\ch04.17\sweep.CATPart。

步骤 02 选取命令。选择下拉菜单 插入 → 基于草图的特征 ▸ → 肋... 命令，系统弹出"定义肋"对话框。

步骤 03 选择中心曲线和轮廓线。单击以激活 轮廓 后的文本框，选取图 4.17.1 所示的草图为轮廓；单击以激活 中心曲线 后的文本框，选取图 4.17.1 所示的中心曲线。

步骤 04 在"定义肋"对话框 控制轮廓 区域的下拉列表中选择 保持角度 选项，单击对话框中的 确定 按钮，完成肋特征的定义。

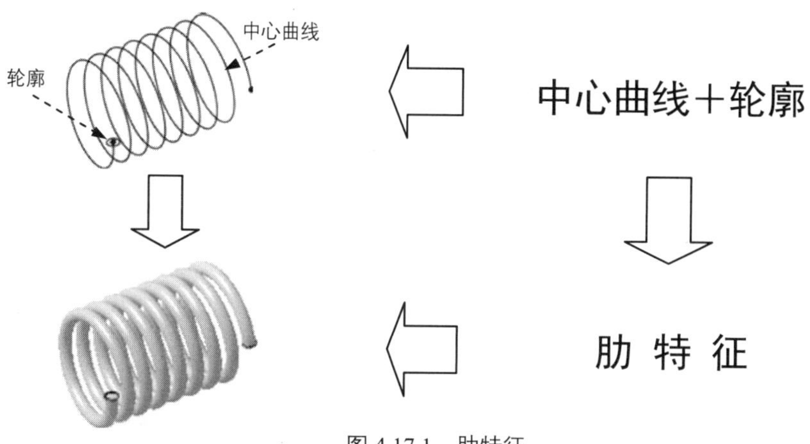

图 4.17.1 肋特征

在"定义肋"对话框中选择 厚轮廓 选项，在 薄肋 区域的 厚度 1: 文本框中输入厚度值 0.5，然后单击对话框中的 确定 按钮，模型将变为图 4.17.2 所示的薄壁特征。

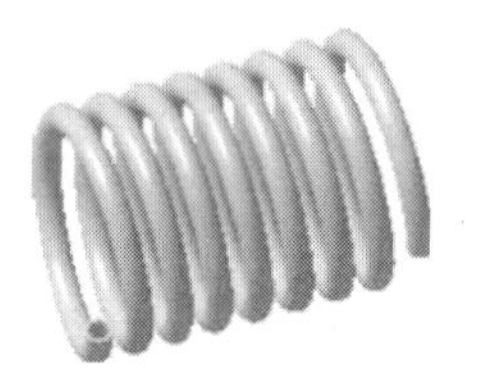

图 4.17.2 薄壁特征

4.18　开槽特征

开槽特征实际上与肋特征的性质相同，也是将一个轮廓沿着给定的中心曲线“扫掠”而成。二者的区别在于肋特征的功能是生成实体（加材料特征），而开槽特征则是用于切除实体（去材料特征）。

下面以图 4.18.1 为例，说明创建开槽特征的一般过程。

步骤 01 打开文件 D:\catxc2014\work \ch04.18\solt.CATPart。

步骤 02 选取命令。选择下拉菜单 插入 → 基于草图的特征 ▸ → 开槽... 命令，系统弹出“定义开槽”对话框。

步骤 03 定义开槽特征的轮廓。在系统 定义轮廓。的提示下，选取图 4.18.1a 所示的草图 3 作为开槽特征的轮廓。

步骤 04 定义开槽特征的中心曲线。在系统 定义中心曲线。的提示下，选取草图 2 作为中心曲线。

步骤 05 单击“定义开槽”对话框中的 确定 按钮，完成开槽特征的创建。

一般情况下，用户可以定义开槽特征的轮廓控制方式，默认在“定义开槽”对话框 控制轮廓 区域的下拉列表中选中的是 保持角度 选项。

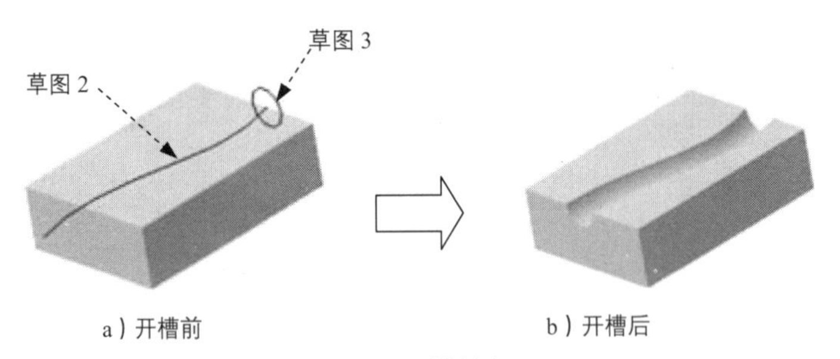

图 4.18.1　开槽特征

4.19　多截面实体特征

将一组不同的截面沿其边线用过渡曲面连接形成一个连续的特征，就是多截面实体特征。多截面实体特征至少需要两个截面。图 4.19.1 所示的多截面实体特征是由三个截面混合而成的。注意：这三个截面是在不同的草图平面上绘制的。

步骤 01 打开文件 D:\catxc2014\work \ch04.19\loft.CATPart。

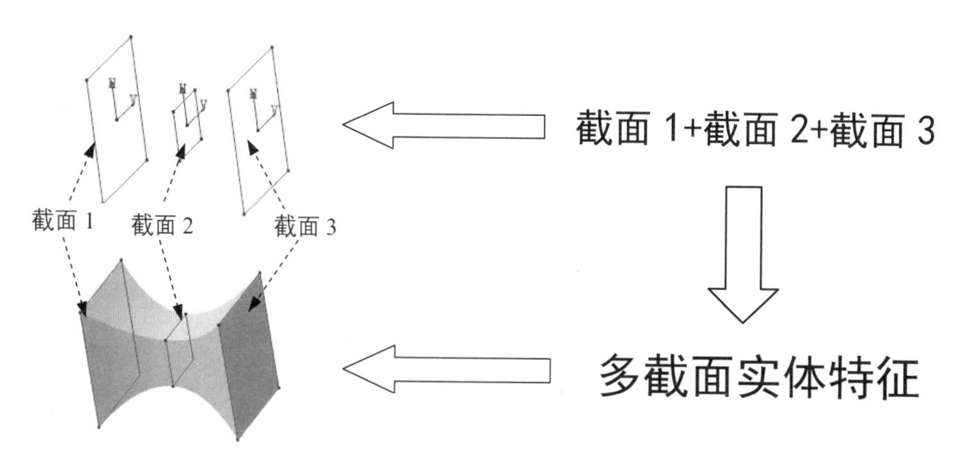

图 4.19.1 多截面实体特征

步骤 02 选取命令。选择下拉菜单 插入 → 基于草图的特征 → 多截面实体... 命令（或单击“基于草图的特征”工具栏中的 按钮），系统弹出图 4.19.2 所示的“多截面实体定义”对话框。

步骤 03 选择截面轮廓。在系统 选择曲线 提示下，分别选择草图 1、草图 2、草图 3 作为多截面实体特征的截面轮廓，闭合点和闭合方向如图 4.19.3 所示。

步骤 04 选择引导线。本例中未使用引导线。

多截面实体，实际上是利用截面轮廓以渐变的方式生成，所以在选择的时候要注意截面轮廓的先后顺序，否则实体无法正确生成。

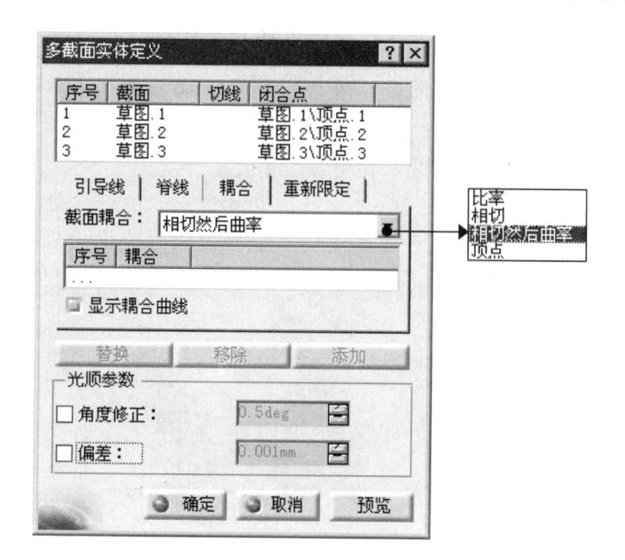

图 4.19.2 “多截面实体定义”对话框

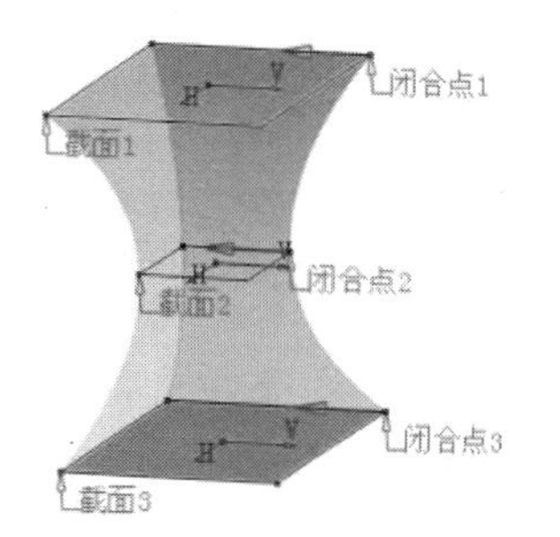

图 4.19.3 选择截面轮廓

步骤 05 选择连接方式。在对话框中单击 耦合 选项卡，在 截面耦合： 下拉列表中选择 相切然后曲率 选项。

步骤 06 单击“多截面实体定义”对话框中的 确定 按钮，完成多截面实体特征的创建。

◆ 耦合 选项卡的 截面耦合： 下拉列表中有四个选项，分别代表四种不同的图形连接方式。

- 比率方式：将截面轮廓以比例方式连接，其具体操作方法是先将两个截面间的轮廓线沿闭合点的方向等分，再将等分线段依次连接。这种连接方式通常用在不同几何图形的连接上，如圆和四边形的连接。
- 相切方式：将截面轮廓上的斜率不连续点（即截面的非光滑过渡点）作为连接点，此时，各截面轮廓的顶点数必须相同。
- 相切然后曲率方式：将截面轮廓上的相切连续而曲率不连续点作为连接点，此时，各截面轮廓的顶点数必须相同。
- 顶点方式：将截面轮廓的所有顶点作为连接点，此时，各截面轮廓的顶点数必须相同。

◆ 多截面实体特征的截面轮廓一般使用闭合轮廓，每个截面轮廓都应有一个闭合点和闭合方向，各截面的闭合点和闭合方向都应处于相对应的位置，否则会发生扭曲（如图 4.19.4 所示）或生成失败。

◆ 闭合点和闭合方向均可修改。修改闭合点的方法是：在闭合点图标处右击，从弹出的快捷菜单中选择 替换 命令，然后在正确的闭合点位置单击，即可修改闭合点。修改闭合方向的方法是：在表示闭合方向的箭头上单击，即可使之反向。

◆ 多截面实体特征可以指定脊线或者引导线来完成（若用户没有指定时，系统采用默认的脊线引导实体生成），它的生成实际上也是截面轮廓沿脊线或者引导线的扫掠过程，图 4.19.5 所示即选定了脊线所生成的多截面实体特征。

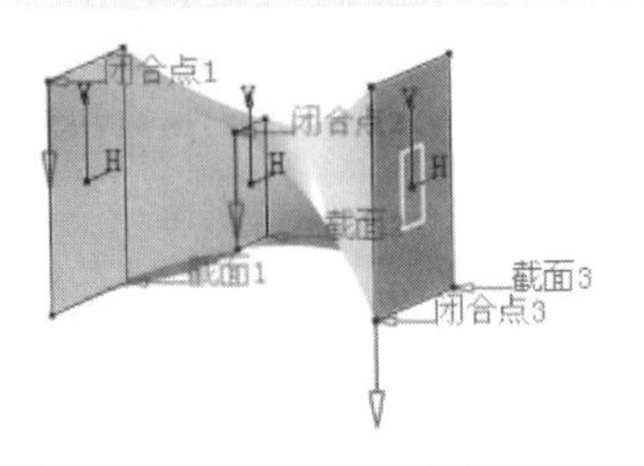

图 4.19.4 选择截面轮廓

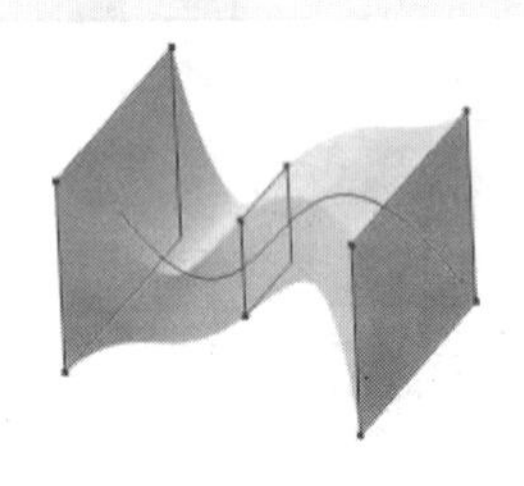

图 4.19.5 多截面实体特征

4.20 已移除的多截面实体特征

已移除的多截面实体特征（如图 4.20.1 所示）实际上是多截面特征的相反操作，即多截面特征是截面轮廓沿脊线扫掠形成实体，而已移除的多截面实体特征则是截面轮廓沿脊线扫掠除去实体，其一般操作过程如下。

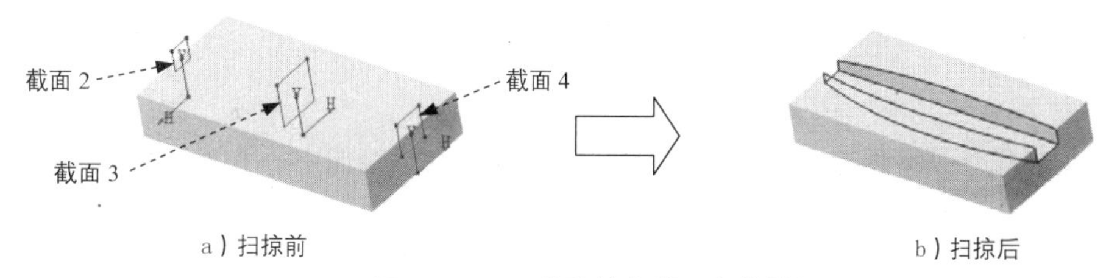

图 4.20.1 已移除的多截面实体特征

步骤 01 打开文件 D:\catxc2014\work\ch04.20\loft_cut.CATPart。

步骤 02 选取命令。选择下拉菜单 插入 → 基于草图的特征 → 已移除的多截面实体 命令（或单击“基于草图的特征”工具栏中的 按钮），系统弹出图 4.20.2 所示的“已移除的多截面实体定义”对话框。

步骤 03 选择截面轮廓。在系统 选择曲线 提示下，分别选择草图 2、草图 3 和草图 4 作为已移除的多截面实体特征的截面轮廓，截面轮廓的闭合点和闭合方向如图 4.20.3 所示。

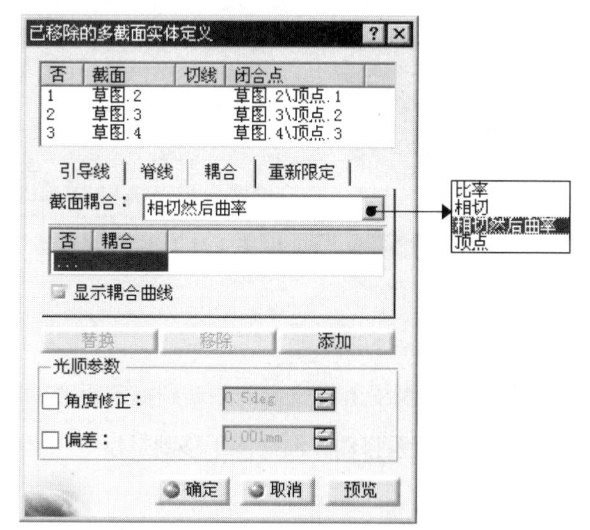

图 4.20.2 “已移除的多截面实体定义”对话框

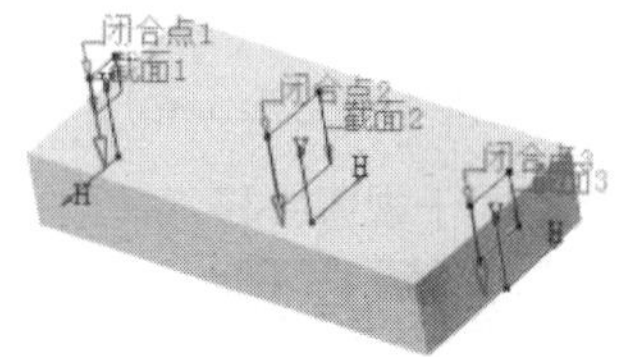

图 4.20.3 选择截面轮廓

注意：各截面的闭合点和闭合方向都应处于正确的位置，若需修改闭合点或闭合方向，参见上一节的说明。

步骤 04 选择连接方式。在对话框中选择 耦合 选项卡，在 截面耦合： 下拉列表中选择 相切然后曲率 选项。

步骤 05 单击“已移除的多截面实体定义”对话框中的 确定 按钮，完成特征的创建。

4.21 变换操作

4.21.1 镜像

镜像特征就是将源特征相对一个平面（这个平面称为镜像中心平面）进行镜像，从而得到源特征的一个副本。如图 4.21.1 所示，对这个凸台特征进行镜像复制的操作过程如下：

步骤 01 打开文件 D:\catxc2014\work\ch04.21.01\mirror.CATPart。

步骤 02 选择命令。选择下拉菜单 插入 → 变换特征 ▸ → 镜像... 命令。

步骤 03 选择特征。在特征树中选取“凸台.2”作为需要镜像的特征，系统弹出图 4.21.2 所示的“定义镜像”对话框。

步骤 04 选择镜像平面。选取 xy 平面作为镜像中心平面。

步骤 05 单击对话框中的 确定 按钮，完成特征的镜像操作。

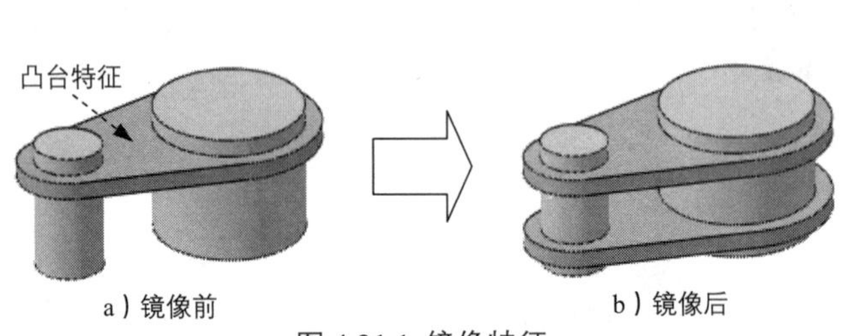

图 4.21.1 镜像特征

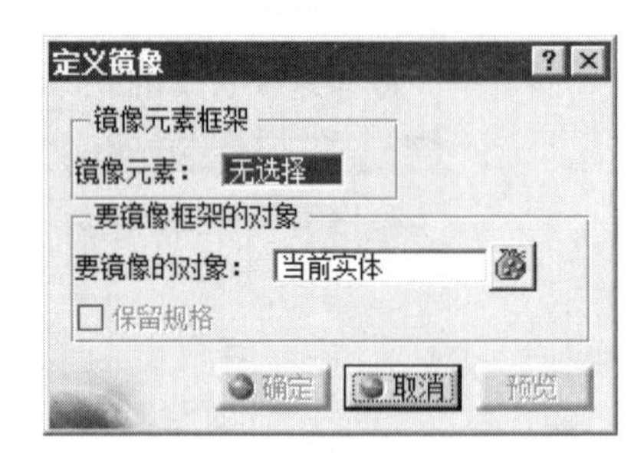

图 4.21.2 “定义镜像”对话框

4.21.2 平移

“平移（Translation）”命令的功能是将模型沿着指定方向移动到指定距离的新位置。此功能不同于视图平移，模型平移是相对于坐标系移动，而视图平移则是模型和坐标系同时移动，模型的坐标没有改变。

下面对图 4.21.3 所示的模型进行平移，操作步骤如下。

步骤 01 打开文件 D:\catxc2014\work \ch04.21.02\ translate.CATPart。

步骤 02 选择命令。选择下拉菜单 插入 → 变换特征 ▸ → 平移... 命令，系统弹出“问题”对话框。

步骤 03 定义是否保留变换规格。单击对话框中的 是(Y) 按钮，保留变换规格，此时系统弹出“平移定义”对话框。

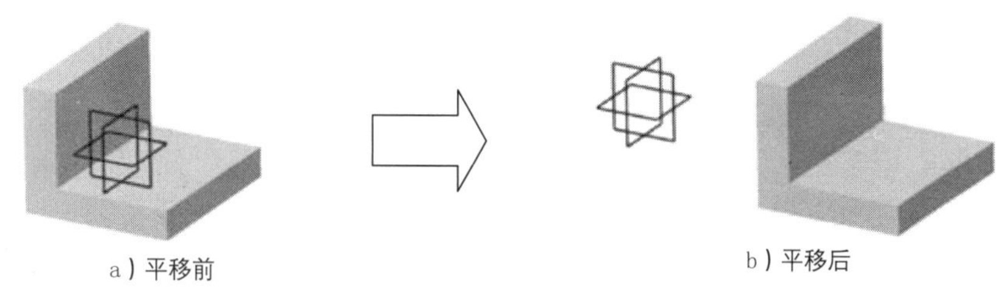

a）平移前　　b）平移后

图 4.21.3　模型的平移

步骤 04 定义平移类型和参数。

（1）选择平移类型。在“平移定义”对话框的 向量定义： 下拉列表中选择 方向、距离 选项。

（2）定义平移方向。选取 zx 平面作为平移的方向平面（模型将平行于 zx 平面进行平移）。

（3）定义平移距离。在对话框的 距离： 文本框中输入数值 100.0。

步骤 05 单击对话框中的 确定 按钮，完成模型的平移操作。

4.21.3 旋转

“旋转（Rotation）”命令的功能是将模型绕轴线旋转到新位置。

下面对图 4.21.4 中的模型进行旋转，操作步骤如下。

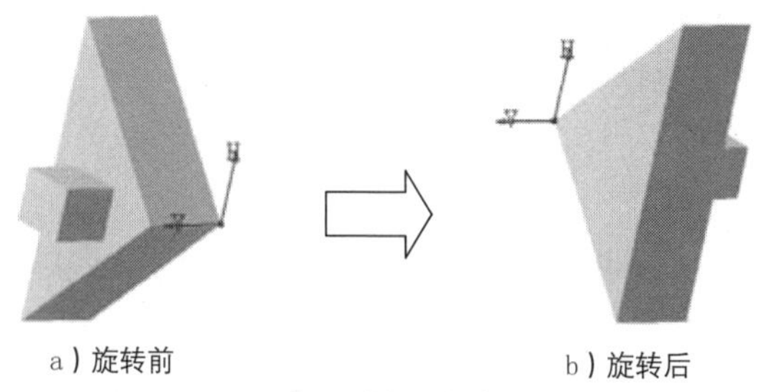

a）旋转前　　b）旋转后

图 4.21.4　模型的旋转

步骤 01 打开文件 D:\catxc2014\work\ch04.21.03\rotate.CATPart。

步骤 02 选择命令。选择下拉菜单 插入 → 变换特征 → 旋转... 命令（或单击“变换特征”工具栏中的 按钮），系统弹出“问题”对话框和图 4.21.5 所示的“旋转定义”对话框。

步骤 03 定义变换规格。单击对话框中的 是(Y) 按钮，保留变换规格。

步骤 04 选择中心轴线。在“旋转定义”对话框的 定义模式： 下拉列表中选择 轴线-角度 选项，在图形区中选择 H 轴作为旋转模型的中心轴线（即模型将绕 H 轴进行中心旋转，如图

4.21.6 所示)。

步骤 05 定义旋转角度。在对话框的 角度: 文本框中输入数值 180.0。

步骤 06 单击对话框中的 确定 按钮，完成模型的旋转操作。

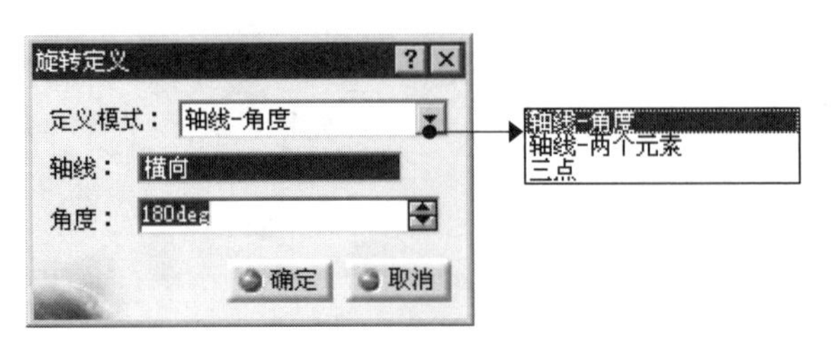

图 4.21.5 “旋转定义”对话框

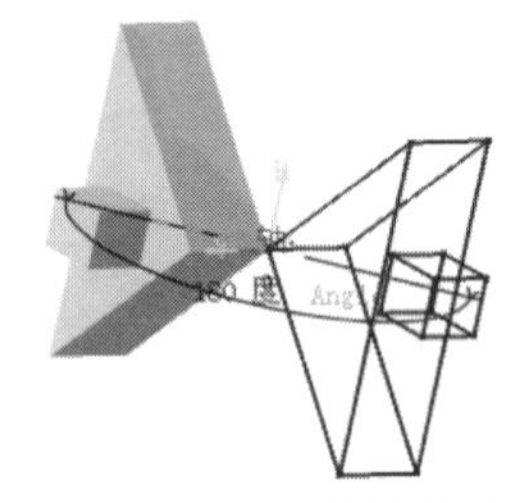

图 4.21.6 定义旋转参数

4.21.4 对称

“对称(Symmerty)”命令的功能是将模型关于某个选定平面移动到与原位置对称的位置，即其相对于坐标系的位置发生了变化，操作的结果就是移动。

下面对图 4.21.7 中的模型进行对称操作，操作步骤如下。

步骤 01 打开文件 D:\catxc20\work\ch04.21.04\symmetry.CATPart。

步骤 02 选择命令。选择下拉菜单 插入 ➡ 变换特征 ➡ 对称... 命令(或单击“变换特征”工具栏中的 按钮)，系统弹出“问题”对话框。

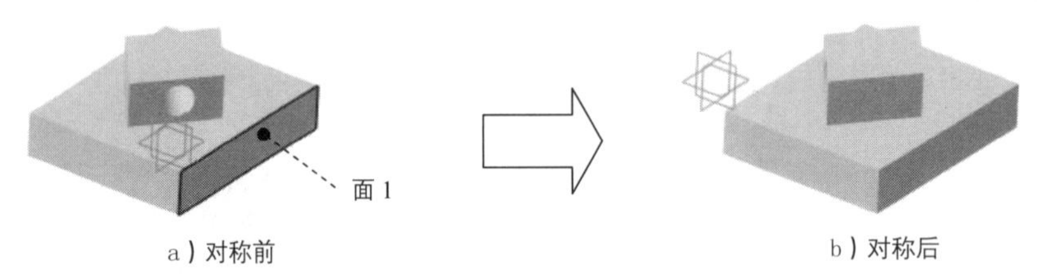

a)对称前　　b)对称后

图 4.21.7 模型的对称

步骤 03 定义变换规格。单击对话框中的 是(Y) 按钮，保留变换规格，此时系统弹出图 4.21.8 所示的“对称定义”对话框。

步骤 04 选择对称平面。选取图 4.21.7a 所示的面 1 作为对称操作平面，如图 4.21.9 所示。

步骤 05 单击“对称定义”对话框中的 确定 按钮，完成模型的对称操作。

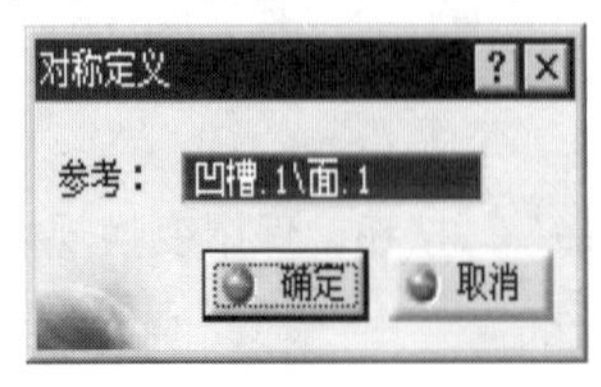

图 4.21.8 “对称定义”对话框

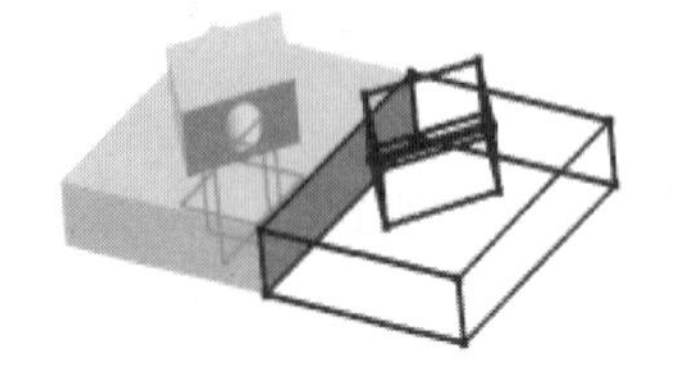

图 4.21.9 选择对称平面

4.21.5　定位

"定位"命令是将模型从某一个轴系统移动到另一个轴系统，移动后的模型与目标轴系统之间的相对位置，保持了原始模型与参考轴系统之间的相同位置关系。

下面对图 4.21.10 中的模型进行定位操作，操作步骤如下。

步骤 01 打开文件 D:\catxc2014\work\ch04.21.05\ location.CATPart。

步骤 02 选择命令。选择下拉菜单 插入 → 变换特征 ▸ → 定位变换... 命令，系统弹出"问题"对话框。

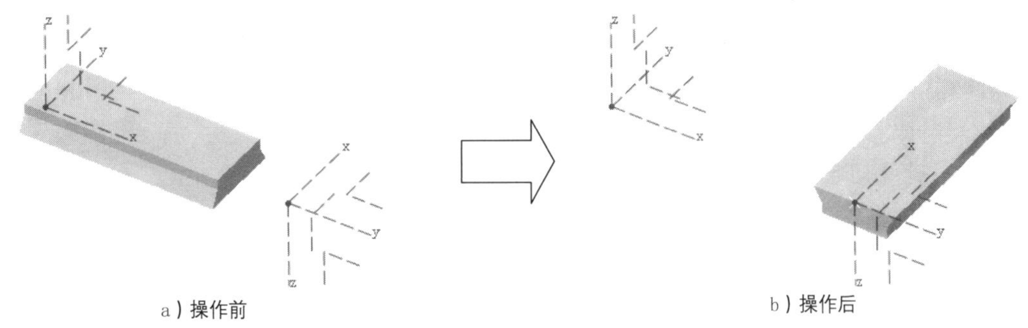

a）操作前　　b）操作后

图 4.21.10　模型的定位

步骤 03 定义变换规格。单击"问题"对话框中的 是(Y) 按钮，保留变换规格，此时系统弹出图 4.21.11 所示的"定位变换定义"对话框。

步骤 04 选择参考和目标。在特征树中选取 轴系.1 作为参考，选取 轴系.2 作为目标，此时图形区显示如图 4.21.12 所示。

步骤 05 单击对话框中的 确定 按钮，完成操作。

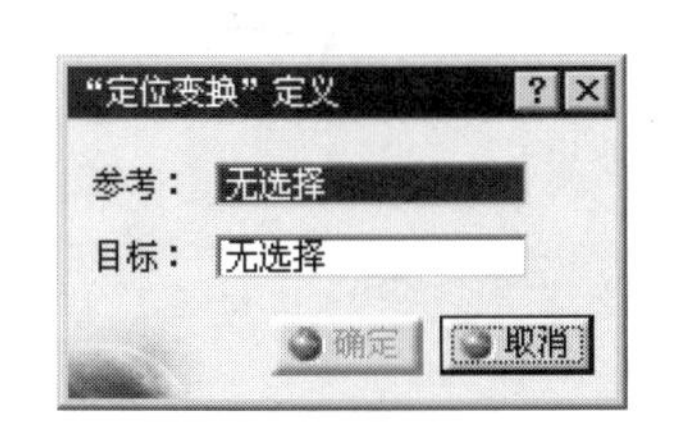

图 4.21.11　"定位变换定义"对话框

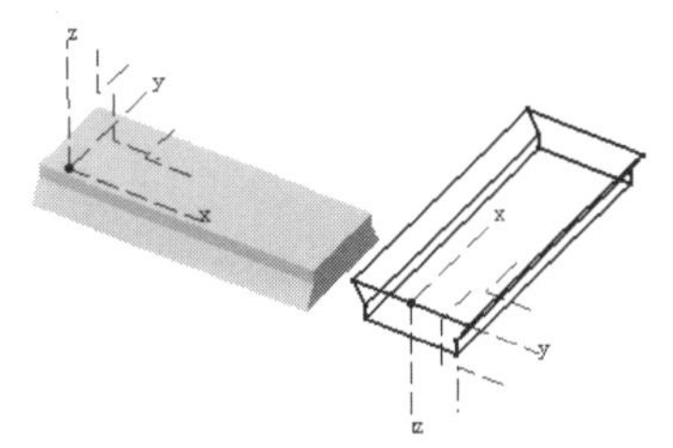

图 4.21.12　选择对称平面

4.21.6　矩形阵列

矩形阵列的特征就是将源特征以矩形排列方式进行复制，使源特征产生多个副本。如图 4.21.13 所示，对这个凹槽特征进行阵列的操作过程如下。

步骤 01 打开文件 D:\catxc2014\work\ch04.21.06\pattern_rectanglar.CATPart。

步骤 02 选择要阵列的源特征。在特征树中选中特征 孔.1 作为矩形阵列的源特征。

步骤 03 选择命令。选择下拉菜单 插入 → 变换特征 ▸ → 矩形阵列... 命令，系统弹出“定义矩形阵列”对话框。

步骤 04 定义阵列参数。

（1）选择第一方向参考元素。单击以激活 参考元素： 文本框，选取图 4.21.13a 所示的边线 1 为第一方向参考元素。

（2）定义第一方向参数。在对话框中单击 第一方向 选项卡，在 参数： 下拉列表中选择 实例和间距 选项，在 实例： 和 间距： 文本框中分别输入数值 2、47。

参数： 下拉列表中的选项用于定义源特征在第一方向上副本的分布数目和间距（或总长度），选择不同的列表项，则可输入不同的参数定义副本的位置。

（3）选择第二方向参考元素。在对话框中单击 第二方向 选项卡，在 参考方向 区域单击以激活 参考元素： 文本框，选取图 4.21.13a 所示的边线 2 为第二方向参考元素。

（4）定义第二方向参数。在 参数： 下拉菜单中选择 实例和间距 选项，在 实例： 和 间距： 文本框中分别输入数值 2、72。

步骤 05 单击对话框中的 确定 按钮，完成矩形阵列的创建。

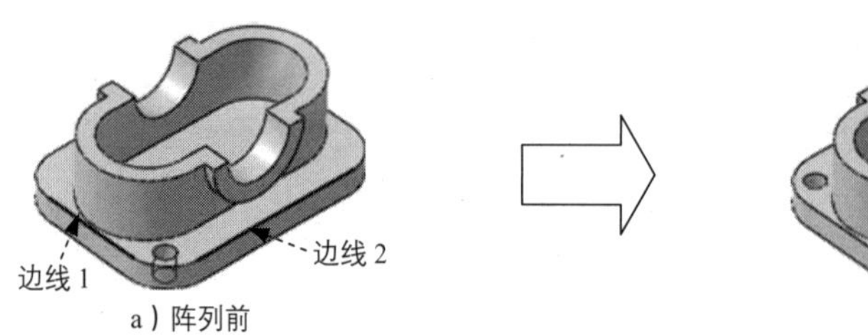

图 4.21.13　矩形阵列

- 如果先单击 按钮，不选择任何特征，那么系统将对当前整个实体进行阵列操作。
- 如果已经选中某个要阵列的特征，在进行阵列操作的过程中又想将阵列的对象改为整个实体，可以在对话框 要阵列的对象 区域的 对象： 文本框中右击，选择 获取当前实体 选项。
- 单击“定义矩形阵列”对话框中的 更多>> 按钮，展开对话框隐藏的部分，在对话框中可以设置要阵列的特征在图样中的位置。

4.21.7　圆形阵列

特征的圆形阵列就是将源特征通过轴向旋转和（或）径向偏移，以圆周排列方式进行复制，使源特征产生多个副本。下面以图 4.21.14 所示模型为例来说明阵列的一般操作步骤。

a）阵列前　　b）阵列后

图 4.21.14　圆形阵列

步骤 01　打开文件 D:\catxc2014\work \ch04.21.07\pattern_circle.CATPart。

步骤 02　选择特征。在特征树中选中特征 填充器.2 作为圆形阵列的源特征。

步骤 03　选择命令。选择下拉菜单 插入 → 变换特征 ▸ → 圆形阵列... 命令，系统弹出“定义圆形阵列”对话框。

步骤 04　定义阵列参数。

（1）选择参考元素。激活 参考元素: 文本框，选取图 4.21.14a 所示的模型表面作为参考面。

（2）定义轴向阵列参数。在对话框中单击 轴向参考 选项卡，在 参数: 下拉菜单中选择 实例和角度间距 选项，在 实例: 和 角度间距: 文本框中分别输入数值 8.0、45.0。

步骤 05　单击对话框中的 确定 按钮，完成圆形阵列的创建。

参数: 下拉列表中的选项用于定义源特征在轴向的副本分布数目和角度间距，选择不同的列表项，则可输入不同的参数定义副本的位置。

（3）定义径向阵列参数。在对话框中单击 定义径向 选项卡，在 参数: 下拉列表中选择 圆和圆间距 选项，在 圆: 和 圆间距: 文本框中分别输入数值 1.0、20.0。

4.21.8　用户阵列

用户阵列就是将源特征按用户指定的排布方式复制（指定位置一般以草绘点的形式表示），使源特征产生多个副本。如图 4.21.15 所示，对这个凸台特征进行阵列的操作过程如下：

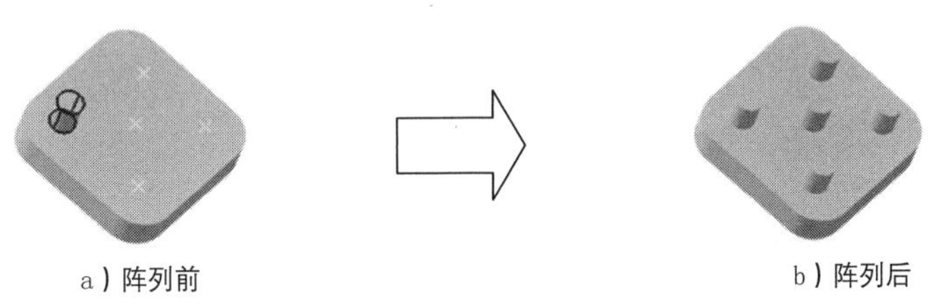

a）阵列前　　b）阵列后

图 4.21.15　用户阵列

步骤 01 打开文件 D:\catxc2014\work\ ch04.21.08\pattern_user.CATPart。

步骤 02 选择特征。在特征树中选中特征 凸台.2 作为用户阵列的源特征。

步骤 03 选择命令。选择下拉菜单 插入 → 变换特征 → 用户阵列... 命令（或单击“变换特征”工具栏中的 按钮），系统弹出“定义用户阵列”对话框。

步骤 04 定义阵列的位置。在系统 选择草图。 的提示下，选择 草图.3 作为阵列位置。

步骤 05 单击对话框中的 确定 按钮，完成用户阵列的定义。

“定义用户阵列”对话框中的 定位： 文本框用于指定特征阵列的对齐方式，默认的对齐方式是实体特征的中心与指定放置位置重合。

4.21.9 缩放

模型的缩放就是将源模型相对一个点或平面（称为参考点和参考平面）进行缩放，从而改变源模型的大小。采用参考点缩放时，模型的角度尺寸不发生变化，线性尺寸进行缩放（图 4.21.16a）；而选用参考平面缩放时，参考平面的所有尺寸不变，模型的其余尺寸进行缩放（图 4.21.16c）。

下面对图 4.21.16 中的模型进行缩放操作，操作步骤如下。

a）缩放后（参考点） b）缩放前 c）缩放后（参考平面）

图 4.21.16 模型的缩放

步骤 01 打开文件 D:\catxc2014\work\ch04.21.09\scaling.CATPart。

步骤 02 选择命令。选择下拉菜单 插入 → 变换特征 → 缩放... 命令，系统弹出“缩放定义”对话框。

步骤 03 定义参考平面。选取图 4.21.17a 所示的模型表面 1 作为缩放的参考平面，特征定义如图 4.21.17b 所示。

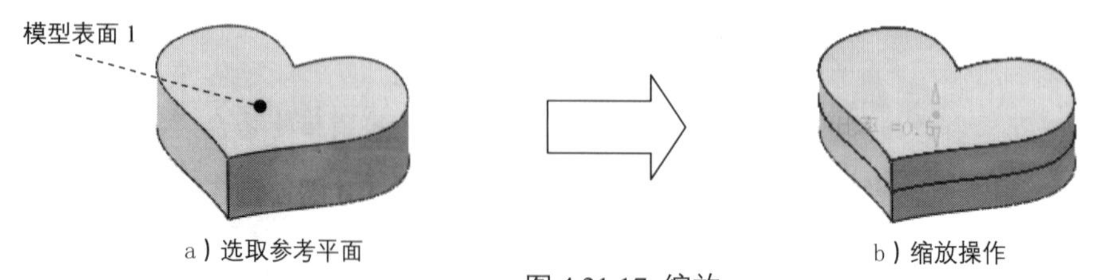

a）选取参考平面 b）缩放操作

图 4.21.17 缩放

步骤 04 定义比率值。在对话框的 比率: 文本框中输入数值 0.5。

步骤 05 单击对话框中的 确定 按钮，完成模型的缩放操作。

4.22 特征的编辑与操作

4.22.1 编辑参数

特征参数的编辑是指对特征的尺寸和相关修饰元素进行修改（如图 4.22.1 所示），以下举例说明其操作方法。

步骤 01 打开文件 D:\catxc2014\work\ch04.22.01\edit-parametric.CATPart。

步骤 02 在特征树中右击要编辑的特征 开孔.2，在系统弹出的快捷菜单中选择 开孔.2 对象 → 编辑参数 命令，此时该特征的所有尺寸都显示出来，以便进行编辑。

通过上述方法进入尺寸的编辑状态后，如果要修改特征的某个尺寸值，方法如下：

步骤 01 在模型中双击要修改的某个尺寸，系统弹出“参数定义”对话框。

步骤 02 在对话框的 值 文本框中输入新的尺寸值 20，并单击对话框中的 确定 按钮。

步骤 03 编辑特征的尺寸后，必须进行“更新”操作，重新生成模型，这样修改后的尺寸才会重新驱动模型。方法是选择下拉菜单 编辑 → 更新 命令。

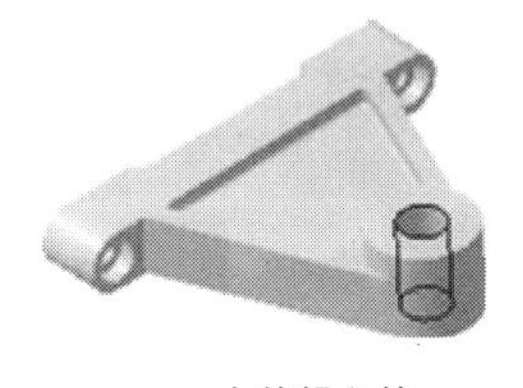

a）编辑之前

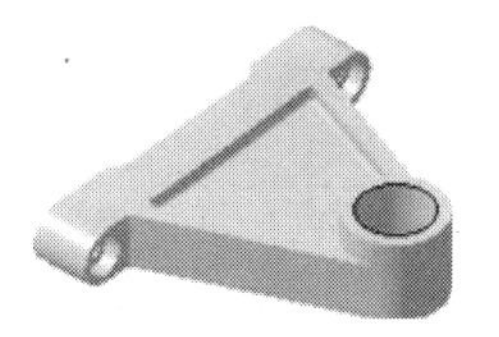

b）编辑之后

图 4.22.1 编辑参数

4.22.2 特征重定义

当特征创建完毕后，如果需要重新定义特征的属性、草绘平面、截面的形状或特征的深度选项类型，就必须对特征进行“重定义”，也叫“编辑定义”。特征的重定义有两种方法，下面以模型（edit-parametric）的凸台特征为例说明其操作方法。

方法一：从快捷菜单中选择“定义”命令，然后进行尺寸的编辑。

在特征树中右击凸台特征（特征名为 凸台.2），在弹出的快捷菜单中选择 凸台.2 对象 ▸ → 定义... 命令，此时该特征的所有尺寸和“定义凸台”对话框都将显示出来，以便进行编辑。

方法二：双击模型中的特征，然后进行尺寸的编辑。

这种方法是直接在图形区的模型上双击要编辑的特征，此时该特征的所有尺寸和“定义凸台”对话框也都会显示出来。对于简单的模型，这是重定义特征的一种常用方法。

1. 重定义特征的属性

在操控板中重新选定特征的深度类型和深度值及拉伸方向等属性。

2. 重定义特征的截面草绘

步骤01 打开文件 D:\catxc2014\work\ch04.22.02\edit-parametric02.CATPart。

步骤02 双击凸台 2 特征，在“定义凸台”对话框中单击按钮，进入草绘工作台。

步骤03 在草绘环境中修改特征截面草图的尺寸、约束关系、形状等。修改完成后，单击按钮，退出草绘工作台。

步骤04 单击“定义凸台”对话框中的 确定 按钮，完成特征的修改。

在重定义特征的过程中可能需要修改草绘的基准平面，其方法是在特征树中右击 草图.2，从弹出的快捷菜单中选择 草图.2 对象 → 更改草图支持面... 命令，系统将弹出“警告”对话框（此对话框的含义是草图基准面基于其他特征，不可更改约束），单击对话框中的 确定 按钮，系统将弹出“草图定位”对话框，在对话框 草图定位 区域的 参考: 文本框中可以选择草图平面。

4.22.3 特征撤销与重做

CATIA V5-6R2014 提供了多级撤销/重做（Undo/Redo）功能，这意味着，在所有对特征、组件和制图的操作中，如果错误地删除、重定义或修改了某些内容，只需一个简单的“撤销”操作就能恢复原状。下面以一个例子进行说明。

步骤01 新建一个零件模型，将其命名为 undo_operation。

步骤02 创建图 4.22.2 所示的凸台特征。

步骤03 创建图 4.22.3 所示的凹槽特征。

步骤04 删除上步创建的凹槽特征，然后单击工具栏中的按钮，则刚刚被删除的凹槽特征就会又恢复回来。

图 4.22.2　凸台特征

图 4.22.3　凹槽特征

4.22.4　特征重排序

下面以塑件壳体（cup.CATPart）为例，说明特征重新排序（Reorder）的操作方法。

步骤 01　打开文件 D:\catxc2014\work\ ch04.22.04\cup.CATPart。

步骤 02　在图 4.22.4 所示的特征树中右击 抽壳.1 特征，在系统弹出的快捷菜单中选择 抽壳.1 对象 ▶ → 重新排序... 命令，系统弹出图 4.22.5 所示的“重新排序特征”对话框。

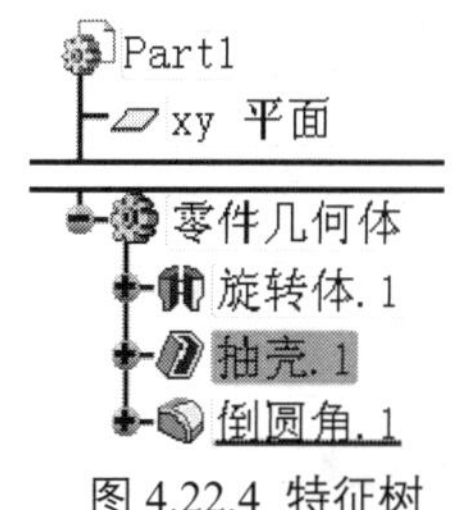

图 4.22.4　特征树

图 4.22.5　“重新排序特征”对话框

步骤 03　在特征树中选择特征 倒圆角.1，在“重新排序特征”对话框的下拉列表中选择 之后 选项，单击 确定 按钮，这样抽壳特征就会调整到倒圆角特征之后。

步骤 04　右击抽壳特征，从快捷菜单中选择 定义工作对象 命令，模型将重新生成抽壳特征。此时再修改倒圆角数值，将不会出现多余的实体区域。

- 特征的重新排序（Reorder）是有条件的，条件是不能将一个子特征拖至其父特征的前面。例如，在这个茶杯的例子中，不能把杯口的抽壳特征 抽壳.1 移到凸台特征 旋转体.1 的前面，因为它们存在父子关系，抽壳特征是凸台特征的子特征。为什么存在这种父子关系呢？这要从该抽壳特征的创建过程说起，抽壳特征中要移除的抽壳面就是凸台特征的表面，也就是说抽壳特征是建立在凸台特征表面的基础上，这样就在抽壳特征与凸台特征之间建立了父子关系。
- 如果要调整有父子关系的特征的顺序，必须先解除特征间的父子关系。

4.23 层操作

CATIA V5-6R2014 中提供了一种有效组织管理零件要素的工具，这就是“层（Layer）”。通过层，可以对所有共同的要素进行显示、隐藏等操作。在模型中，可以创建 0 ~ 999 层。通过组织层中的模型要素并用层来简化显示，可以使很多任务流水线化，并可提高可视化程度，极大地提高工作效率。

在学习本节时，请先打开文件 D:\catxc2014\work\ch04.23\layer.CATPart。

4.23.1 设置图层

层的操作界面位于图 4.23.1 所示的“图形属性”工具栏中，进入层的操作界面和创建新层的操作方法如下。

“图形属性”工具栏最初在用户界面中是不显示的，要使之显示，只需在工具栏区右击，从系统弹出的快捷菜单中选中 图形属性 复选框即可。

步骤 01 单击工具栏“层” 无 下拉列表中的按钮，在“层”列表中选择 其他层... 选项，系统弹出图 4.23.2 所示的“已命名的层”对话框。

图 4.23.1 “图形属性”工具栏

图 4.23.2 “已命名的层”对话框

步骤 02 单击“已命名的层”对话框中的 新建 按钮，系统将在列表中创建一个编号为 2 的新层，在新层的名称处单击，将其修改为 my layer（如图 4.23.2 所示）。单击“已命名的层”对话框中的 确定 按钮，完成新层的创建。

4.23.2 添加对象至图层

层中的内容，如特征、零部件、参考元素等，称为层的“项目”。本例中需将三个基准平面添加到层 1 Basic geometry 中，同时将模型添加到层 2 my layer 中，具体操作如下。

步骤 01 打开“图形属性”工具栏。

步骤 02 按住 Ctrl 键，在特征树中选取三个基准平面为需要添加到层 1 Basic geometry 中的项目。

步骤 03 单击“图形属性”工具栏“层” 无 下拉列表中的 按钮，在“层”列表中选择 1 Basic geometry 为项目所要放置的层。

步骤 04 在特征树中选中 零件几何体 为需要添加到层 2 my layer 中的项目。

步骤 05 单击“图形属性”工具栏“层” 无 下拉列表中的 按钮，在“层”列表中选择 2 my layer 为项目所要放置的层。

4.23.3 图层可视性设置

将某个层设置为“过滤”状态，则其层中的项目（如特征、零部件、参考元素等）在模型中将被隐藏。设置的一般方法如下。

步骤 01 选择下拉菜单 工具 → 可视化过滤器... 命令，系统弹出“可视化过滤器”对话框。

步骤 02 单击对话框中的 新建 按钮，系统将弹出“可视化过滤器编辑器”对话框。

步骤 03 在“可视化过滤器编辑器”对话框的 条件： 图层 下拉列表中选择 2 my layer 选项加入过滤器，操作完成后，单击对话框中的 确定 按钮，新的过滤器将被命名为 过滤器001 并加入过滤器列表中。

步骤 04 单击“图形属性”工具栏“层” 无 下拉列表中的 按钮，在“层”列表中选择 0 General 选项，在“可视化过滤器”对话框的过滤器列表中选中 只有当前层可视 选项，单击“可视化过滤器”对话框中的 应用 按钮，使当前不显示任何项目。

步骤 05 在过滤器列表中选中 过滤器001 选项，单击“可视化过滤器”对话框中的 应用 按钮，则图形区中仅模型可见，而三个基准平面则被隐藏。

步骤 06 单击对话框中的 确定 按钮，完成其他层的隐藏。

在“可视化过滤器编辑器”对话框的 条件： 图层 栏中可进行层的 And 和 Or 操作，此操作的目的是将需要显示的层加入过滤器中。

第 5 章　零件设计综合实例

5.1　零件设计综合实例一

实例概述:

本实例介绍了支撑座的设计过程。通过对本应用的学习，读者可以对拉伸、圆角等特征有更为深入的理解。零件模型如图 5.1.1 所示。

本实例的详细操作过程请参见随书光盘中 video\ch05.01 文件下的语音视频讲解文件。模型文件为 D:\catxc2014\work\ch05.01\support-base。

5.2　零件设计综合实例二

实例概述:

本实例主要讲解了一款简单的塑料旋钮的设计过程，在该零件的设计过程中运用了凸台、旋转、阵列等命令，需要读者注意的是创建凸台特征草绘时的方法和技巧。零件模型如图 5.2.1 所示。

本实例的详细操作过程请参见随书光盘中 video\ch05.02 文件下的语音视频讲解文件。模型文件为 D:\catxc2014\work\ch05.02\LAMINA01。

5.3　零件设计综合实例三

实例概述:

本实例介绍了一个简单塑料垫片的设计过程，主要是讲解旋转体、凹槽、阵列等命令的应用。其零件模型如图 5.3.1 所示。

本实例的详细操作过程请参见随书光盘中 video\ch05.03\文件下的语音视频讲解文件。模型文件为 D:\catxc2014\work\ch05.03\piece。

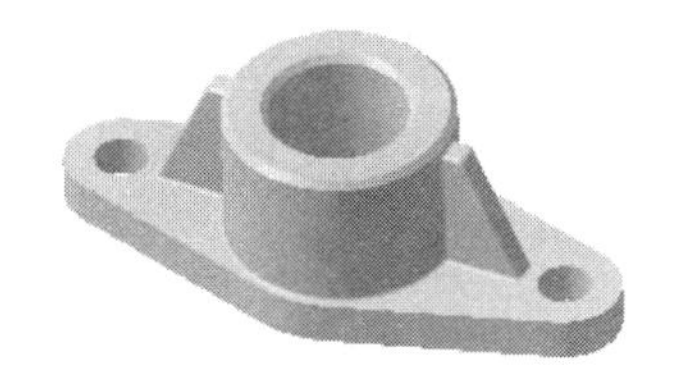

图 5.1.1　零件模型 1

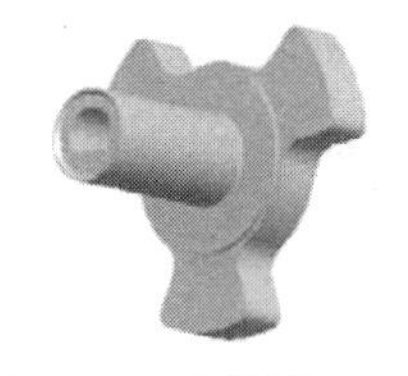

图 5.2.1　零件模型 2

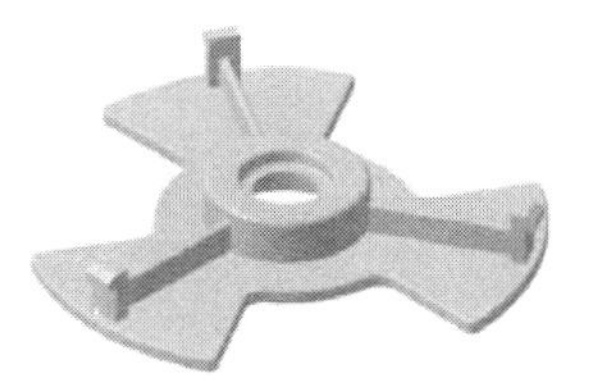

图 5.3.1　零件模型 3

5.4　零件设计综合实例四

实例概述:

本实例介绍了玩具外壳的设计过程。通过练习本例，读者可以掌握实体的凸台、凹槽、旋转体、抽壳和倒圆角等特征的应用。在创建特征的过程中，需要注意在特征的定位过程中用到的技巧。零件模型如图 5.4.1 所示。

本实例的详细操作过程请参见随书光盘中 video\ch05.04\文件下的语音视频讲解文件。模型文件为 D:\catxc2014\work\ch05.04\ toy_cover_ok.CATPart。

5.5　零件设计综合实例五

实例概述:

该实例的创建方法是一种典型的“搭积木”式的方法，大部分命令也都是一些基本命令，如凸台、旋转、孔和倒圆角等，但要提醒读者注意其中“加强肋（筋）”特征创建的方法和技巧。零件模型如图 5.5.1 所示。

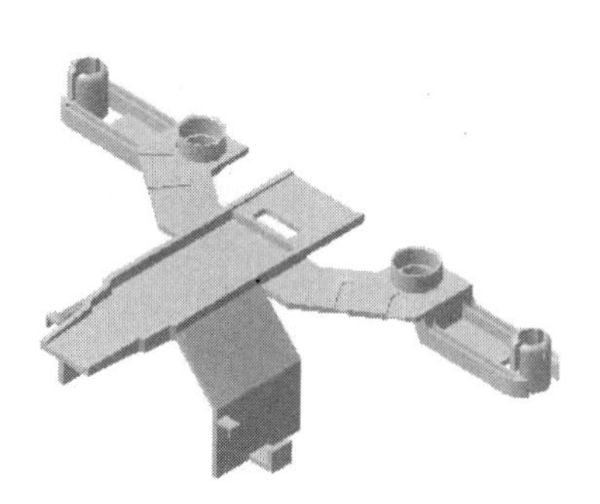

图 5.4.1　零件模型 4

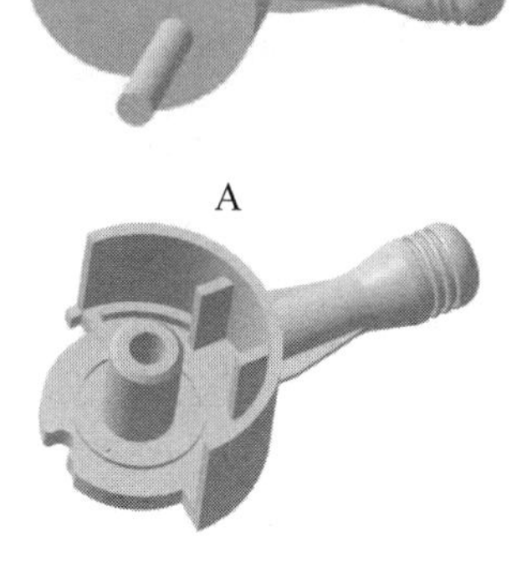

图 5.5.1　零件模型 5

本实例的详细操作过程请参见随书光盘中 video\ch05.05\文件下的语音视频讲解文件。模型文件为 D:\catxc2014\work\ch05.05\handle_body-ok。

5.6 零件设计综合实例六

实例概述：

本实例运用了巧妙的构思，通过简单的几个特征就创建出图 5.6.1 所示的较为复杂的模型，通过对本应用的学习，可以使读者进一步掌握凸台、盒体和旋转体等命令。

本实例的详细操作过程请参见随书光盘中 video\ch05.06\文件下的语音视频讲解文件。模型文件为 D:\catxc2014\work\ch05.06\PLASTIC_SHEATH.CATPart。

5.7 零件设计综合实例七

实例概述:

本实例介绍了齿轮泵体的设计过程，其设计过程稍有复杂，特征较多，但都用到了凸台、凹槽、孔及倒圆角等特征命令。需要注意在选取草图平面、定义凹槽的切削方向、倒圆角顺序等过程中用到的技巧及注意事项。齿轮泵体模型如图 5.7.1 所示。

本实例的详细操作过程请参见随书光盘中 video\ch05.07\文件下的语音视频讲解文件。模型文件为 D:\catxc2014\work\ch05.07\pump_body。

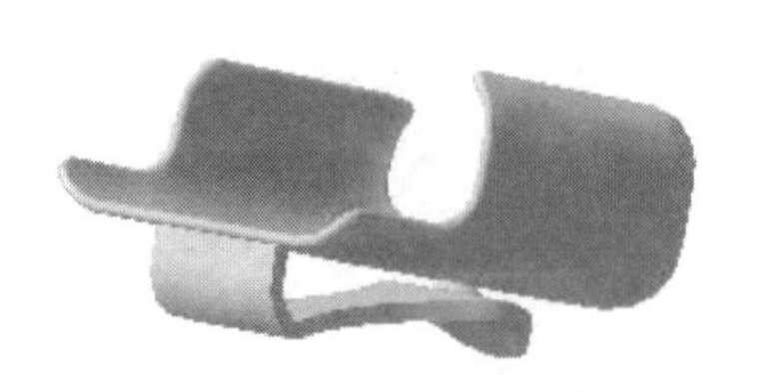

图 5.6.1　零件模型 6

图 5.7.1　齿轮泵体模型

5.8 零件设计综合实例八

实例概述：

本实例讲解了一个蝶形螺母的设计过程，主要运用了旋转体、倒圆角、螺旋线和开槽等命令。需要注意在选取草图平面及倒圆角等过程中用到的技巧和注意事项。零件模型如图 5.8.1 所示。

本实例的详细操作过程请参见随书光盘中 video\ch05.08\文件下的语音视频讲解文件。模型文件为 D:\catxc2014\work\ch05.08\bfbolt.CATPart。

5.9 零件设计综合实例九

实例概述

本实例是茶杯的设计过程，主要运用了多截面实体、三切线内圆角、肋和倒圆角等特征创建命令。需要注意把手的创建过程。零件模型如图 5.9.1 所示。

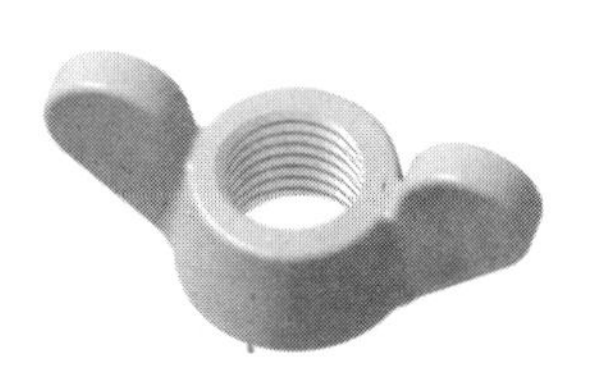

图 5.8.1 零件模型 7

图 5.9.1 零件模型 8

本实例的详细操作过程请参见随书光盘中 video\ch05.09\文件下的语音视频讲解文件。模型文件为 D:\catxc2014\work\ch05.09\tea_cup_ok.CATPart。

第 6 章 曲面设计

6.1 曲面设计基础入门

6.1.1 创成式曲面设计工作台介绍

1. 进入创成式外形设计工作台

进入 CATIA V5-6R2014 软件环境后，系统默认创建了一个装配文件，名称为 Product1，关闭此窗口，然后选择下拉菜单 开始 → 形状 → 创成式外形设计命令，系统弹出“新建零件”对话框，在对话框中输入零件名称，单击 确定 按钮，即可进入创成式外形设计工作台。

2. 用户界面简介

打开文件 D:\ catxc2014\work\ch06.01.01\handle.CATPart。

CATIA V5-6R2014 “创成式外形设计”工作台包括下拉菜单区、工具栏区、信息区（命令联机帮助区）、特征树区、图形区及功能输入区等，如图 6.1.1 所示。

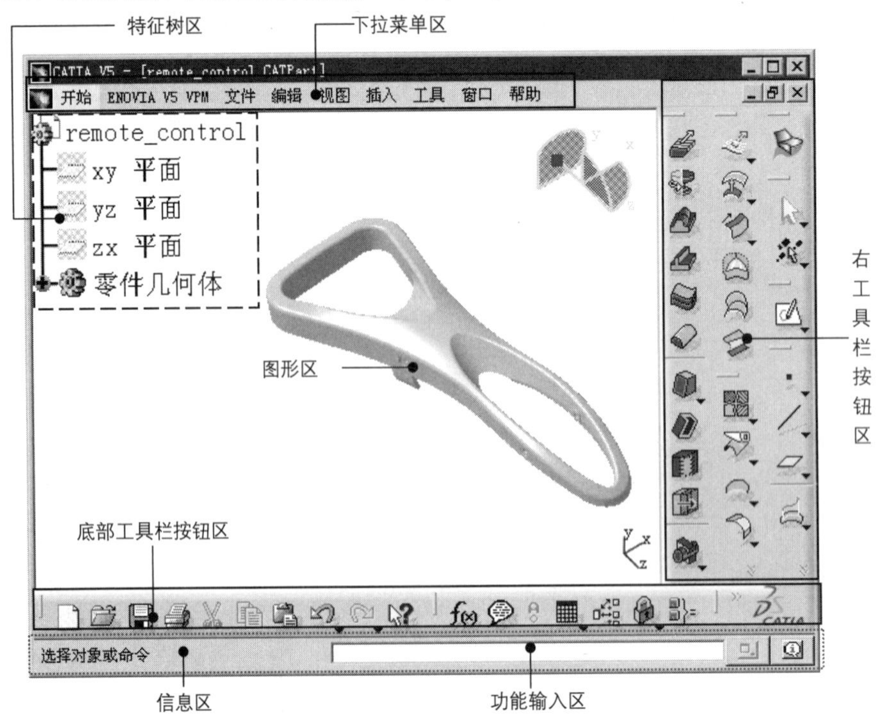

图 6.1.1 CATIA V5-6R2014 “创成式外形设计”工

6.1.2 曲面设计命令菜单及工具条介绍

工具条中的命令按钮为快速进入命令及设置工作环境提供了极大方便，用户根据实际情况可以定制工具条。

以下是线框和曲面工作台相应的工具条中快捷按钮的功能介绍。

1. “线框”工具条

使用图 6.1.2 所示的“线框”工具条中的命令，可以创建点、线、平面及各种空间曲线。

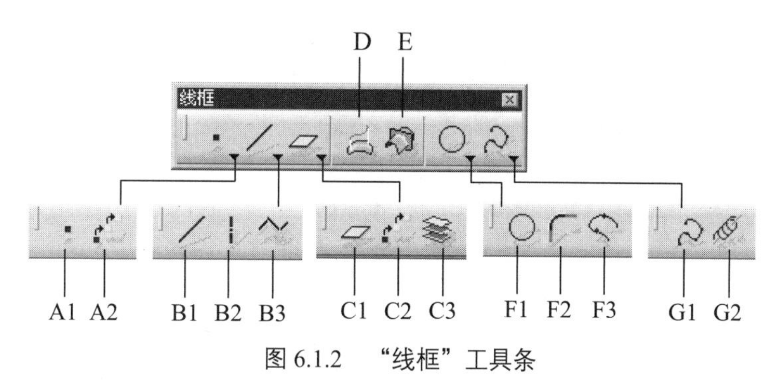

图 6.1.2 “线框”工具条

图 6.1.2 所示的“线框”工具条的说明如下。

A1：创建点。
A2：创建点面复制。
B1：创建直线。
B2：创建轴线。
B3：创建折线。
C1：创建平面。
C2：创建点面复制。
C3：创建面间复制。
D：创建投影曲线。
E：创建相交曲线。
F1：创建圆形曲线。
F2：创建圆角曲线。
F3：连接曲线。
G1：创建样条线。
G2：创建螺旋线。

2. “曲面”工具条

使用图 6.1.3 所示的“曲面”工具条中的命令，可以创建基本曲面、球面及圆柱面。

图 6.1.3 所示的“曲面”工具条的说明如下。

A：创建拉伸曲面。
B：创建旋转曲面。
C：创建球面。
D：创建圆柱面。
E：创建偏移曲面。
F：创建扫掠曲面。

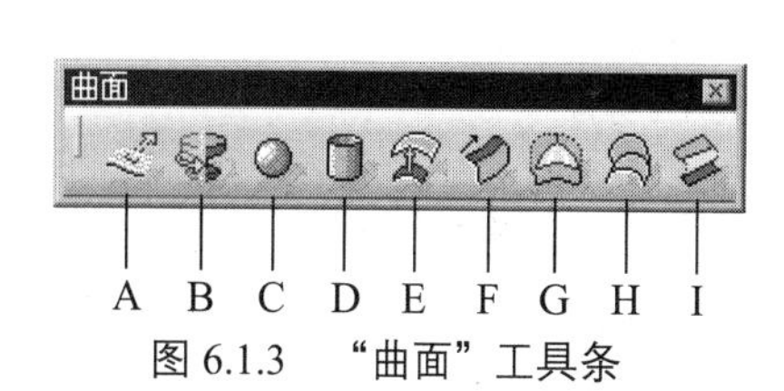

图 6.1.3 “曲面”工具条

G：创建填充曲面。　　H：创建多截面曲面。

I：创建桥接曲面。

3. “操作”工具条

使用图 6.1.4 所示的“操作”工具条中的命令，可以对建立的曲线或曲面进行编辑及变换操作。

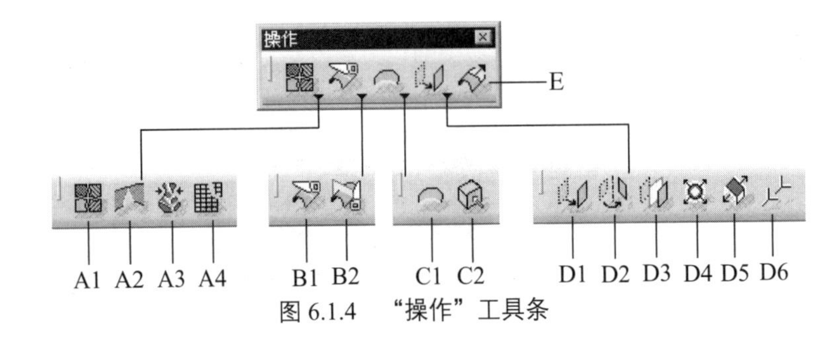

图 6.1.4　“操作”工具条

图 6.1.4 所示的“操作”工具条的说明如下。

A1：接合曲线或曲面。　　A2：修复曲面。

A3：取消修剪曲线或曲面。　　A4：拆解多单元几何体。

B1：分割元素。　　B2：修剪元素。

C1：从曲面创建边界。　　C2：提取面或曲线。

D1：沿某一方向平移元素。　　D2：绕轴旋转元素。

D3：通过对称变换元素。　　D4：通过缩放变换元素。

D5：通过仿射变换元素。　　D6：将元素从一个轴系统变换到另一个轴系统。

E：通过外插延伸创建曲面或曲线。

6.2　曲线线框设计

所谓线框是指在空间中创建的点、线（直线和各种曲线）和平面，可利用这些点、线和平面作为辅助元素来创建曲面或实体特征。

6.2.1　圆

圆是一种重要的几何元素，在设计过程中得到广泛使用，它可以直接在实体或曲面上创建。下面以图 6.2.1 所示为例，来说明创建圆的一般操作过程。

步骤 01　打开文件 D:\ catxc2014\work\ch06.02.01\Circle.CATPart。

图 6.2.1　创建圆

步骤 02 选择命令。选择下拉菜单 插入 → 线框 ▸ → ◯ 圆... 命令，系统弹出“圆定义”对话框。

步骤 03 定义圆类型。在“圆定义”对话框的 圆类型: 下拉列表中选择 三切线 选项，然后单击 圆限制 区域下的 ⊙ 按钮。

步骤 04 定义圆相切元素。依次选取图 6.2.1a 所示的三条直线。

步骤 05 单击 确定 按钮，完成圆的创建。

6.2.2　圆角

使用下拉菜单 插入 → 线框 ▸ → 圆角... 命令，可以在空间或一个平面上建立圆角，如果选择的两条线在同一个平面内，则在此面上建立圆角，否则只能建立空间圆角。下面以图 6.2.2 所示的实例，来说明创建线圆角的一般操作过程。

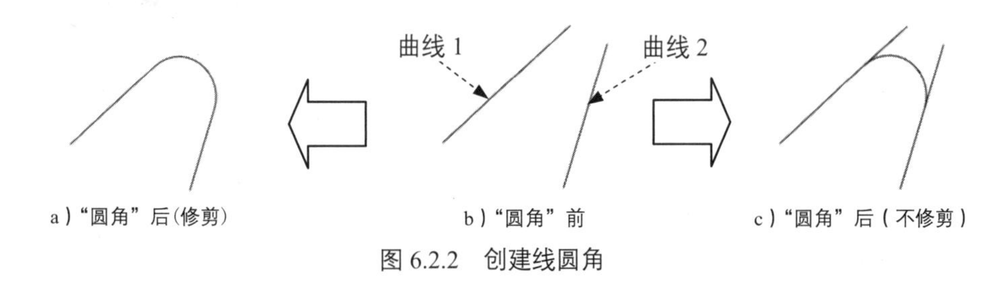

图 6.2.2　创建线圆角

步骤 01 打开文件 D:\catxc2014\work\ch06.02.02\Corner.CATPart。

步骤 02 选择命令。选择下拉菜单 插入 → 线框 ▸ → 圆角... 命令，系统弹出 “圆角定义”对话框。

步骤 03 定义圆角类型。在“圆角定义”对话框的 圆角类型: 下拉列表中选择 支持面上的圆角 选项。

步骤 04 定义圆角边线。选择图 6.2.2b 所示的曲线 1 和曲线 2 为圆角边线。

步骤 05 定义圆角半径。在“圆角定义”对话框的 半径: 文本框中输入数值 1。

步骤 06 单击 确定 按钮，完成线圆角的创建。

6.2.3 连接曲线

使用下拉菜单 插入 → 线框 ▸ → 连接曲线... 命令，可以把空间的多个点或线段用空间曲线进行连接。下面以图 6.2.3 所示的实例为例，来说明创建连接曲线的一般操作过程。

步骤 01 打开文件 D:\ catxc2014\work\ch06.02.03\Connect_Curve.CATPart。

步骤 02 选择命令。选择下拉菜单 插入 → 线框 ▸ → 连接曲线... 命令，系统弹出图 6.2.5 所示的“连接曲线定义”对话框。

步骤 03 定义连接类型。在对话框的 连接类型： 下拉列表中选择 法线 选项。

步骤 04 定义第一条曲线。选取图 6.2.4 所示的点 1 为连接点，直线 1 为连接曲线，在 连续： 下拉列表中选择 相切 选项，在 张度： 文本框中输入数值 2。

步骤 05 定义第二条曲线。选取图 6.2.4 所示的点 2 为连接点，直线 2 为连接曲线，在 连续： 下拉列表中选择 相切 选项，在 张度： 文本框中输入数值 2，并单击 反转方向 按钮（图 6.2.5）。

步骤 06 单击 确定 按钮，完成曲线的连接。

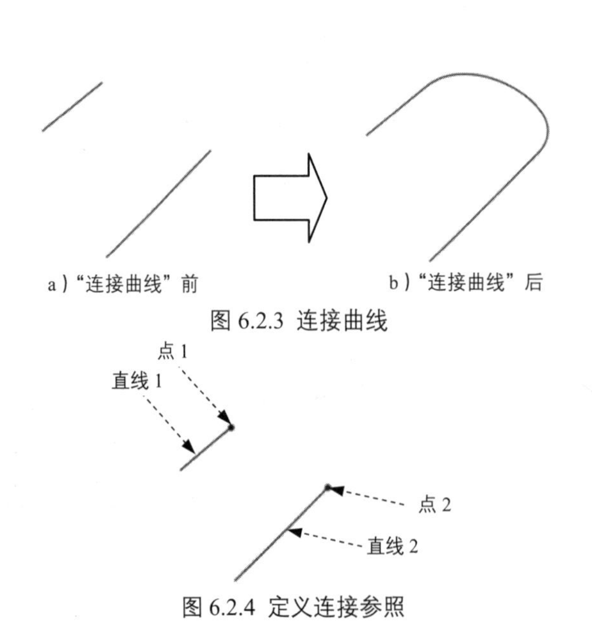

a）“连接曲线”前　b）“连接曲线”后

图 6.2.3 连接曲线

图 6.2.4 定义连接参照

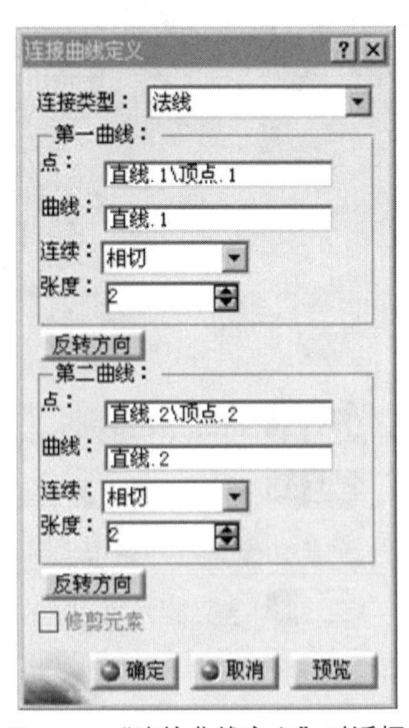

图 6.2.5 “连接曲线定义”对话框

6.2.4 二次曲线

使用“二次曲线”命令，可以在空间的两点之间建立一条二次曲线，通过输入不同的参数可以定义二次曲线为椭圆、抛物线和双曲线。下面以图 6.2.6 所示的模型为例，来说明通过空间两点创建二次曲线的一般过程。

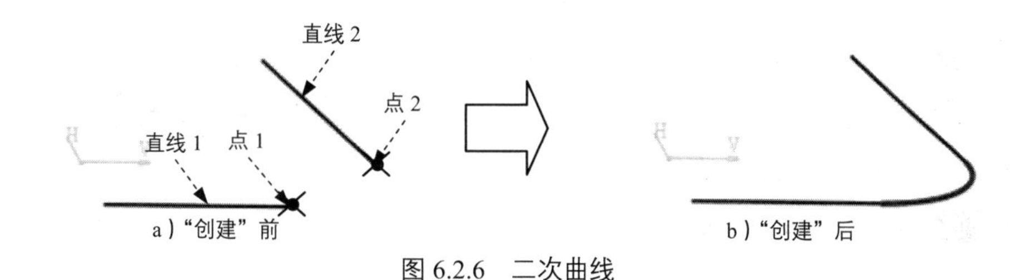

图 6.2.6 二次曲线

步骤 01 打开文件 D:\ catxc2014\work\ch06.02.04\conic.CATPart。

步骤 02 选择命令。选择下拉菜单 插入 → 线框 ▸ → 二次曲线... 命令，系统弹出“二次曲线定义”对话框。

步骤 03 定义支持面。激活对话框 支持面 后的文本框，在特征树中选取 xy 平面作为支持面。

步骤 04 定义约束限制。选取图 6.2.6 所示的点 1 为开始点，选取点 2 为结束点，选取直线 1 为开始切线，选取直线 2 为结束切线。

步骤 05 定义中间约束。在对话框 中间约束 区域 参数 后的文本框中输入数值 0.4，其他参数采用系统默认设置值。

二次曲线参数有三种类型。

类型 1：当二次曲线参数值大于 0 小于 0.5 时，曲线形状为椭圆。

类型 2：当二次曲线参数值等于 0.5 时，曲线形状为抛物线。

类型 3：当二次曲线参数值大于 0.5 小于 1 时，曲线形状为双曲线。

步骤 06 单击 确定 按钮，完成二次曲线的创建。

6.2.5 样条曲线

选择下拉菜单 插入 → 线框 ▸ → 样条线... 命令，利用空间的一系列点可以创建图 6.2.7 所示的样条曲线。其创建的方法与在草图中建立样条曲线类似，只是需要在空间先建立一些控制点，然后依次选择这些控制点。下面以图 6.2.7 为例，来说明创建空间样条曲线的一般操作过程。

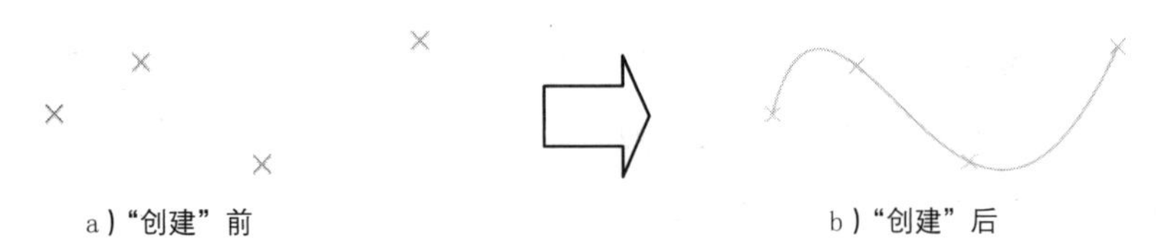

a）“创建”前　　　　b）“创建”后

图 6.2.7　创建空间样条曲线

步骤 01 打开文件 D:\ catxc2014\work\ ch06.02.05\Spline.CATPart。

步骤 02 选择命令。选择下拉菜单 插入 → 线框 → 样条线... 命令，系统弹出图 6.2.8 所示的“样条线定义”对话框。

步骤 03 定义样条曲线。依次选择图 6.2.9 所示的点 1、点 2、点 3 和点 4 为空间样条线的定义点。

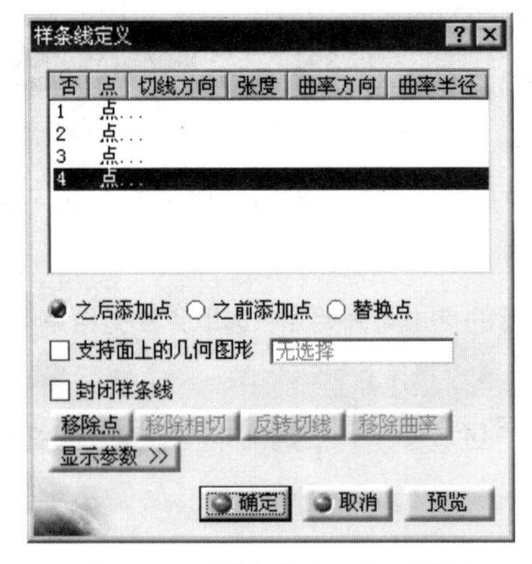

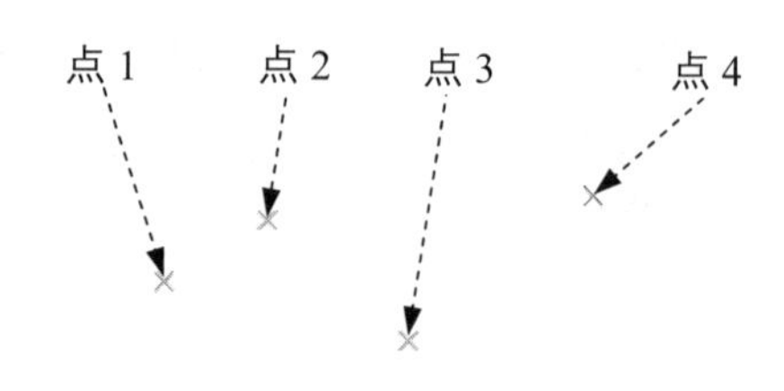

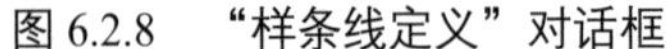

图 6.2.8　“样条线定义”对话框　　　　图 6.2.9　选择点

在图 6.2.8 所示的“样条线定义”对话框中，若选中 支持面上的几何图形 复选框，可将完成后的样条曲线投影在一选定的曲面上；当选中 封闭样条线 复选框后，完成的样条曲线自动封闭。

步骤 04 单击 确定 按钮，完成空间样条曲线的创建。

6.2.6 螺旋线

使用“螺旋线”命令，可以通过定义起点、轴线、间距和高度等参数在空间建立等螺距或变螺距的螺旋线。下面以图 6.2.10 为例来说明创建螺旋线的一般操作过程。

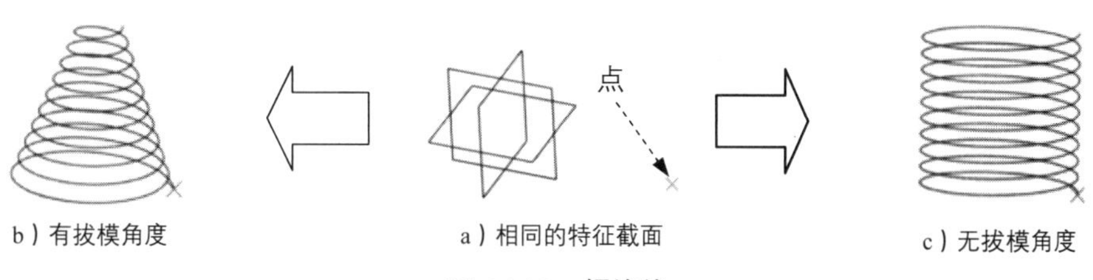

图 6.2.10 螺旋线

步骤 01 打开文件 D: \ catxc2014\work\ch06.02.06\Helix.CATPart。

步骤 02 选择命令。选择下拉菜单 插入 → 线框 ▸ → 螺旋线... 命令，系统弹出 “螺旋曲线定义”对话框。

步骤 03 定义起点。选取图 6.2.10a 所示的点为螺旋线的起点。

步骤 04 定义旋转轴。在对话框的 轴： 文本框中右击，选取 Z 轴作为螺旋线的旋转轴。

步骤 05 定义螺旋线间距及高度。在对话框的 类型 区域 螺距： 文本框中输入数值 5，在 高度： 文本框中输入数值 80。

在“螺旋曲线定义”对话框的 半径变化 区域中选中 拔模角度： 单选项并在其后的文本框中输入数值 0，结果如图 6.2.10b 所示。

步骤 06 单击 确定 按钮，完成图 6.2.10c 所示的螺旋线创建。

6.2.7 螺线

使用下拉菜单 插入 → 线框 ▸ → 螺线... 命令，可以通过已知的点创建螺线。下面以图 6.2.11 所示的例子说明通过已知的点创建螺线的操作过程。

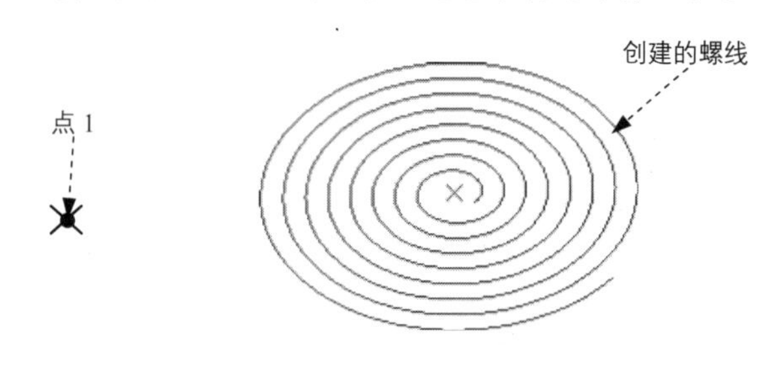

图 6.2.11 利用点创建螺线

步骤 01 打开文件 D:\ catxc2014\work\ch06.02.07\spiral.CATPart。

步骤 02 选择命令。选择下拉菜单 插入 → 线框 ▸ → 螺线... 命令，系统弹出图 6.2.12 所示的“螺线曲线定义”对话框。

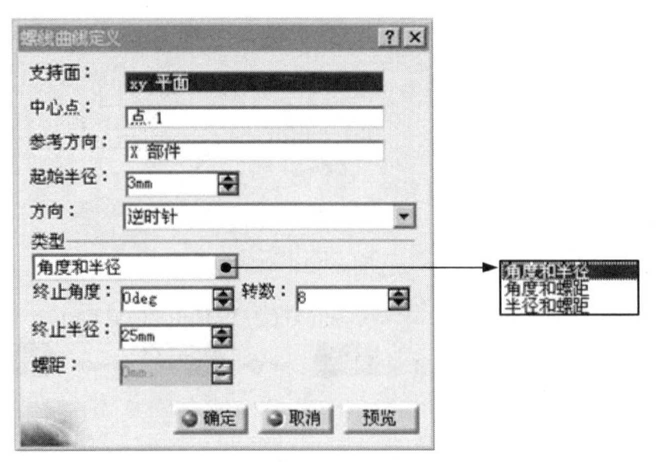

图 6.2.12 “螺线曲线定义”对话框

步骤 03 定义支持面。在 支持面： 右侧的文本框中右击，在弹出的快捷菜单中选择 XY 平面 选项。

步骤 04 定义中心点。选取图 6.2.11a 所示的点 1 为中心点。

步骤 05 定义参考方向。在 参考方向： 右侧的文本框中右击，在弹出的快捷菜单中选择 X 部件 选项。

步骤 06 定义起始半径。在 起始半径： 文本框中输入数值 3。

步骤 07 定义旋转方向。在 方向： 下拉列表中选择 逆时针 选项。

步骤 08 定义参考类型。在 类型 区域的下拉列表中选择 角度和半径 选项，在 终止角度： 文本框中输入数值 0，在 转数： 文本框中输入数值 8，在 终止半径： 文本框中输入数值 25。

步骤 09 单击 确定 按钮，完成螺线的创建。

6.2.8 脊线

脊线是指一条穿越一系列平面（或平面曲线）并在和各平面的交点处保持和平面垂直的曲线。创建脊线主要包括两种方法：通过平面创建脊线和通过曲线创建脊线。

1. 通过平面创建脊线

使用下拉菜单 插入 ➡ 线框 ➡ 脊线... 命令，可以通过空间一系列的平面创建脊线。下面以图 6.2.13 所示的例子说明创建脊线的操作过程。

步骤 01 打开文件 D:\ catxc2014\work\ch06.02.08\ Spine01.CATPart。

步骤 02 选择命令。选择下拉菜单 插入 ➡ 线框 ➡ 脊线... 命令，系统弹出图 6.2.14 所示的“脊线定义”对话框。

平面 3
平面 1
平面 2
创建的脊线
a）创建前
b）创建后

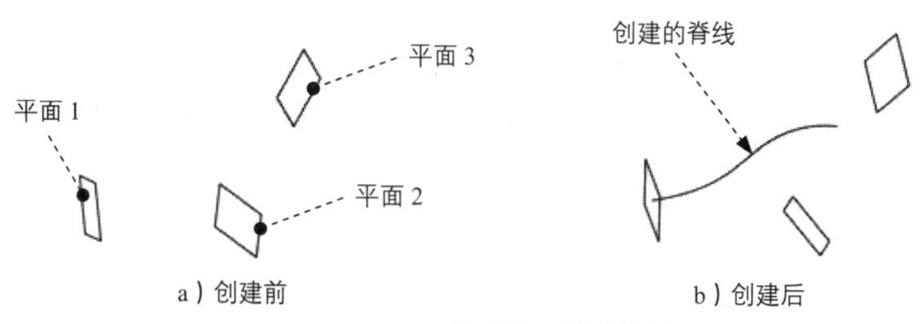

图 6.2.13 通过平面创建脊线

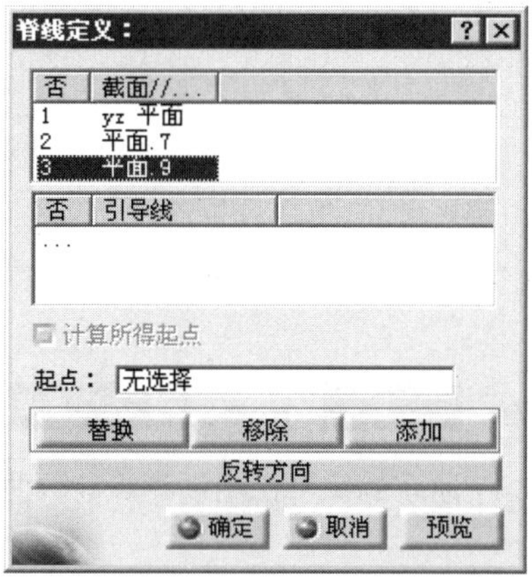

脊线定义：
否 截面//...
1 yz 平面
2 平面.7
3 平面.9
否 引导线
...
计算所得起点
起点： 无选择
替换
移除
添加
反转方向
确定
取消
预览

图 6.2.14 “脊线定义”对话框

步骤 03 定义截面。在图形区依次选取图 6.2.13a 所示的平面 1、平面 2 和平面 3 作为参考截面，单击“脊线定义”对话框中的 反转方向 按钮，其他设置采用默认设置。

步骤 04 单击 确定 按钮，完成脊线的创建。

2. 通过曲线创建脊线

使用下拉菜单 插入 ➡ 线框 ▸ ➡ 脊线... 命令，可以通过空间一系列的曲线创建脊线。下面以图 6.2.15 所示的例子说明通过曲线创建脊线的操作过程。

曲线 1
曲线 2
曲线 3
创建的脊线
a）创建前
b）创建后

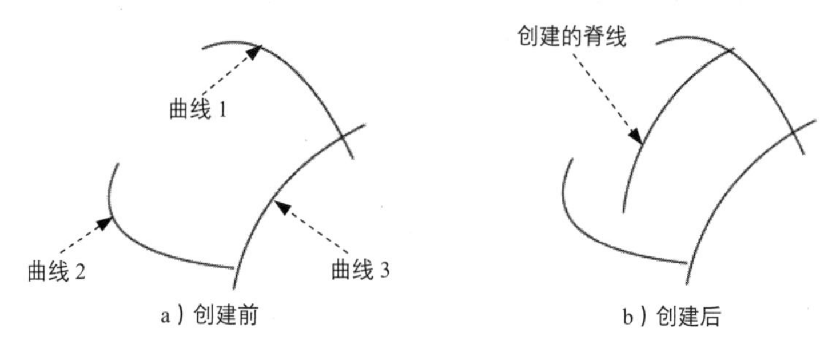

图 6.2.15 通过曲线创建脊线

步骤 01 打开文件 D:\ catxc2014\work\ch06.02.08\ Spine02.CATPart。

步骤 02 选择命令。选择下拉菜单 插入 → 线框 → 脊线... 命令，系统弹出图 6.2.16 所示的“脊线定义”对话框。

步骤 03 定义截面。在图形区依次选取图 6.2.15a 所示的曲线 1 和曲线 2 为截面曲线，激活引导线区域，选取图 6.2.15a 所示的曲线 3 为引导线，其他设置采用默认设置。

步骤 04 单击 确定 按钮，完成脊线的创建。

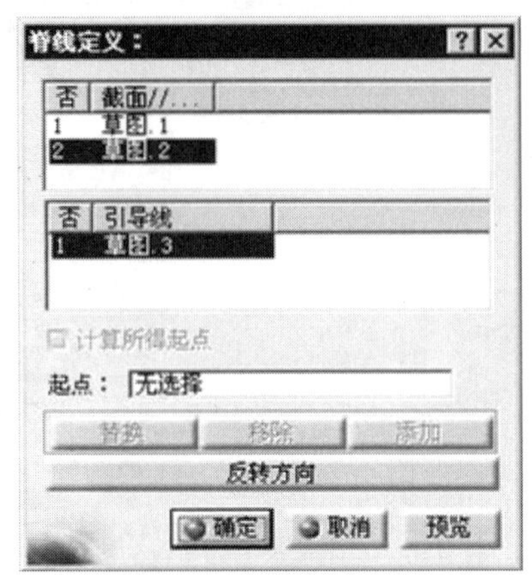

图 6.2.16 “脊线定义”对话框

6.2.9 等参数曲线

等参数曲线就是在曲面上指定一点，可以提取曲面中通过该点的 U 向或 V 向参数相等且与原曲面相关联的曲线。

使用下拉菜单 插入 → 线框 → 等参数曲线 命令，可以在已有的曲面上提取等参数曲线。下面以图 6.2.17 所示的例子说明创建等参数曲线的操作过程。

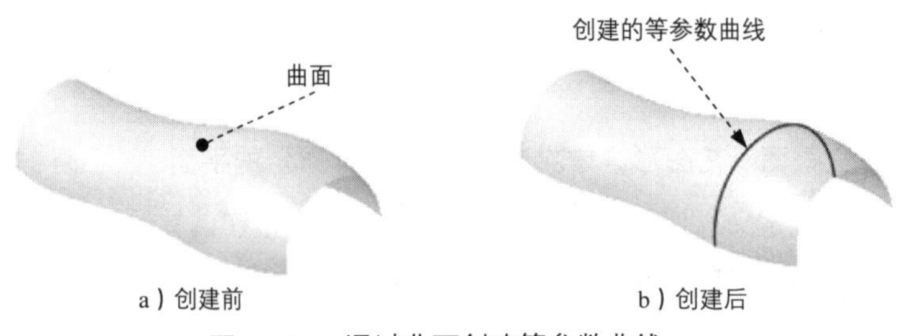

图 6.2.17 通过曲面创建等参数曲线

步骤 01 打开文件 D:\catxc2014\work\ ch06.02.09\ Isoparametric Curve.CATPart。

步骤 02 选择命令。选择下拉菜单 插入 → 线框 → 等参数曲线 命令，系统弹出图 6.2.18 所示的“等参数曲线”对话框。

图 6.2.18 所示“等参数曲线”对话框中部分选项的说明如下。

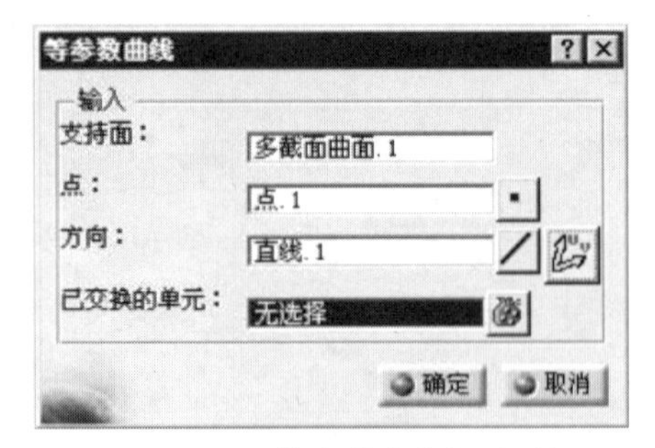

图 6.2.18 “等参数曲线”对话框

- **支持面：** 文本框：单击此文本框，用户可以在绘图区指定等参数曲线的支持面。
- **点：** 文本框：单击此文本框，用户可以在绘图区指定等参数曲线的参考点。

- 方向：文本框：单击此文本框，用户可以在绘图区指定等参数曲线的方向。
- 按钮：用于在支持面的 U/V 方向交换曲线方向。
- 已交换的单元：文本框：单击此文本框，用户可以在绘图区指定等参数曲线的已交换的单元。

步骤 03 定义支持面。在图形区选取图 6.2.17a 所示的曲面为支持面。

步骤 04 定义点和方向。在图 6.2.19 所示曲面位置单击选取一点，系统自动确定方向，同时系统弹出“工具控制板”工具栏（图 6.2.20）。

此处可以单击“等参数曲线”对话框中的“交换曲线方向”按钮来切换曲线的 UV 方向。

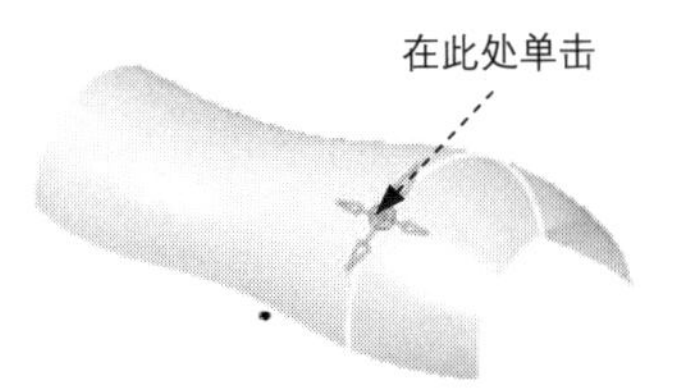

图 6.2.19 定义点和方向

图 6.2.20 “工具控制板”工具栏

步骤 05 定义点的位置。在图形区右击步骤 04中选取的点，在弹出的快捷菜单（图 6.2.21）中选择编辑命令，系统弹出图 6.2.22 所示的“调谐器”对话框，在对话框中输入图 6.2.22 所示的参数，单击关闭按钮。

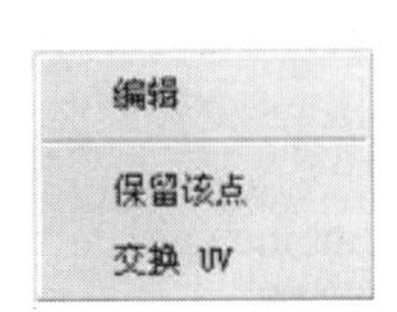

图 6.2.21 快捷菜单

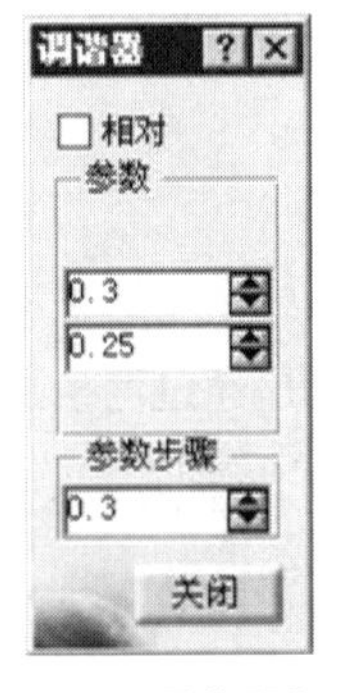

图 6.2.22 “调谐器”对话框

步骤 06 单击“等参数曲线”对话框中的确定按钮，完成等参数曲线的创建。

等参数是指系统在用户指定的剖面线串上等参数分布连接点。如果剖面线串是直线，则等距离分布连接点，如果剖面线串是曲线，则等弧长在曲线上分布连接点。

6.2.10 投影曲线

使用“投影”命令，可以将空间的点向曲线或曲面上投影，也可以将曲线向一个曲面上投影，投影时可以选择法向投影或沿一个给定的方向进行投影。下面以图 6.2.23 所示的模型为例，来说明沿某一方向创建投影曲线的一般过程。

步骤 01 打开文件 D:\ catxc2014\work\ch06.02.10\Projection.CATPart。

步骤 02 选择命令。选择下拉菜单 插入 → 线框 ▸ → 投影... 命令，系统弹出“投影定义”对话框。

步骤 03 确定投影类型。在对话框的 投影类型： 下拉列表中选择 沿某一方向 选项。

步骤 04 定义投影曲线。选取图 6.2.24 所示的曲线为投影曲线。

步骤 05 确定支持面。选取图 6.2.24 所示的曲面为投影支持面。

步骤 06 定义投影方向。选取平面 1（在特征树中），系统会沿平面 1 的法线方向作为投影方向。

步骤 07 单击 确定 按钮，完成曲线的投影。

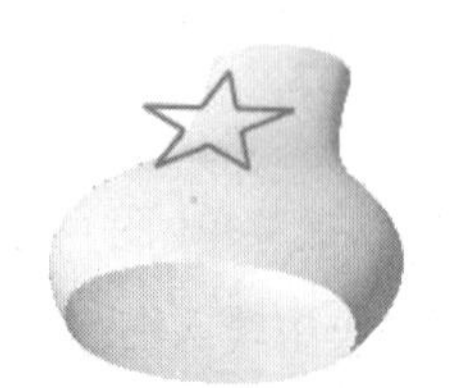

a）“投影曲线”前

b）“投影曲线”后

图 6.2.23 投影曲线

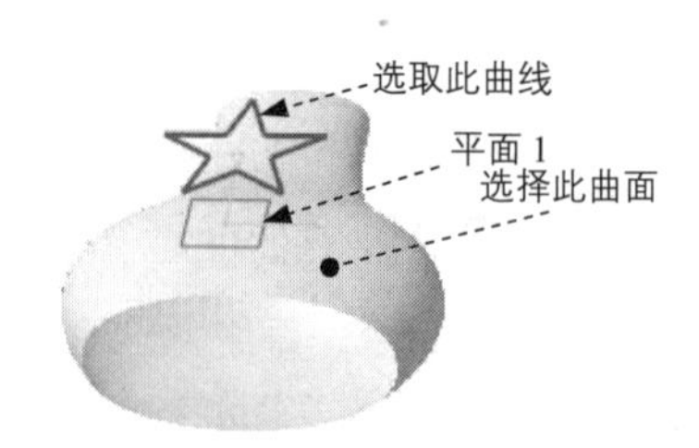

图 6.2.24 定义投影曲线

6.2.11 混合曲线

使用“混合”命令，可以通过不平行的草图平面上的两条曲线创建出一条空间曲线，新创建的曲线实质上是通过两条原始曲线按指定的方向拉伸所得曲面的交线。下面以图 6.2.25 为例，来说明创建混合曲线的一般操作过程。

步骤 01 打开文件 D: \ catxc2014\work\ch06.02.11\Combine.CATPart。

步骤 02 选择命令。选择下拉菜单 插入 → 线框 ▸ → 混合... 命令，系统弹出“混合定义”对话框。

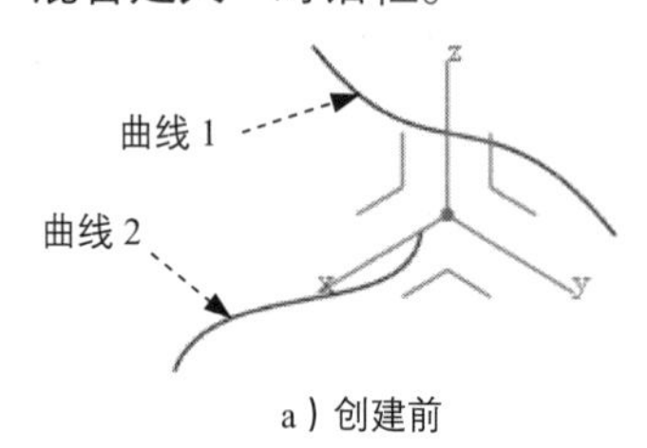

a）创建前

b）创建后

图 6.2.25 混合曲线

步骤 03 定义混合类型。在对话框 混合类型：后的下拉列表中选择 法线 选项。

步骤 04 定义混合元素。选取图 6.2.25a 所示的曲线 1 和曲线 2 为混合元素。

步骤 05 单击 确定 按钮，完成混合曲线的创建。

6.2.12 相交曲线

使用“相交”命令，可以通过选取两个或多个相交的元素来创建相交曲线或交点。下面以图 6.2.26 所示的实例，来说明创建相交曲线的一般过程。

步骤 01 打开文件 D:\ catxc2014\work\ch06.02.12\Cut.CATPart。

步骤 02 选择命令。选择下拉菜单 插入 → 线框 ▸ → 相交... 命令，系统弹出图 6.2.27 所示的“相交定义”对话框。

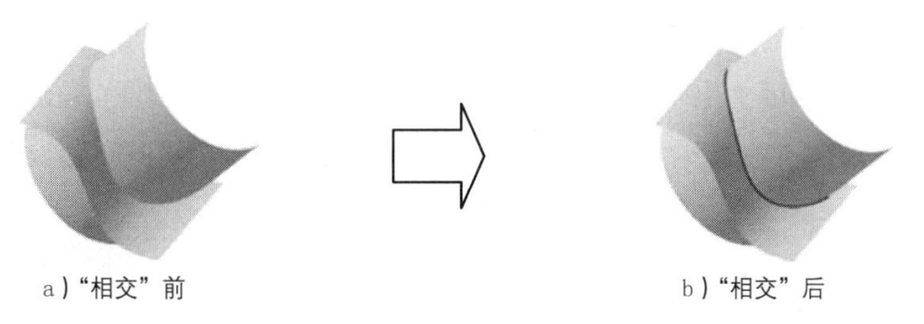

图 6.2.26 创建相交曲线

步骤 03 定义相交曲面。选择图 6.2.28 所示的曲面 1 为第一元素，选择曲面 2 为第二元素。

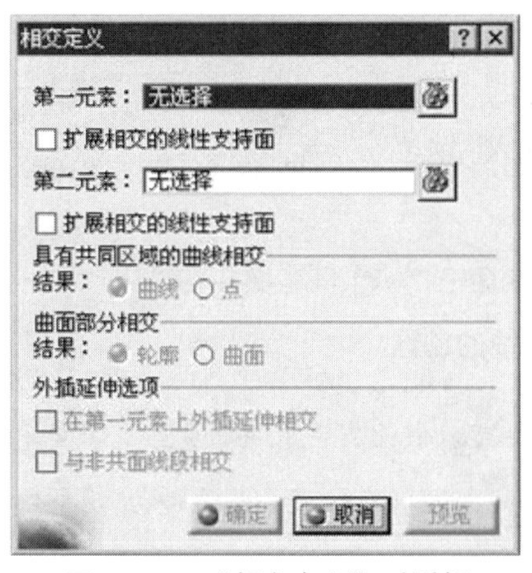

图 6.2.27 “相交定义”对话框

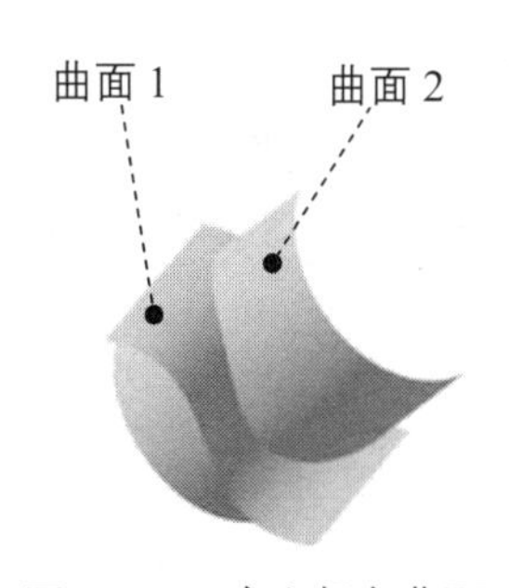

图 6.2.28 定义相交曲面

步骤 04 单击 确定 按钮，完成相交曲线的创建。

6.2.13 反射线

使用“反射线”命令，可以在已知的曲面上面创建一条曲线，该曲线所在曲面上的每个点处的法线（或切线）都与指定方向呈相同角度。下面以图 6.2.29 所示的例子说明创建反射线的操作过程。

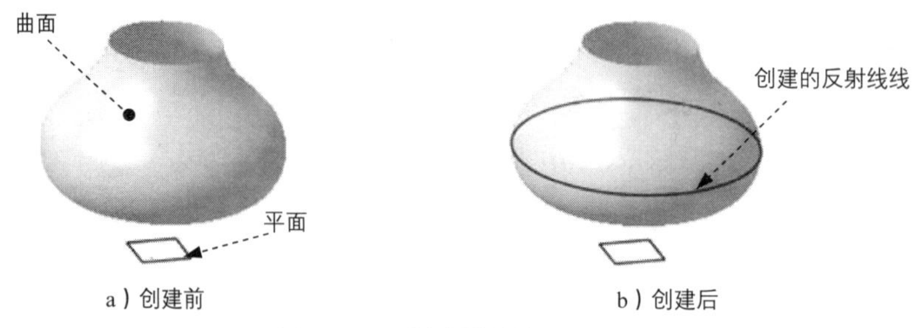

图 6.2.29 创建反射线

步骤 01 打开文件 D:\ catxc2014\work\ch06.02.13\ reflect_lines.CATPart。

步骤 02 选择命令。选择下拉菜单 插入 ➡ 线框 ▶ ➡ 反射线... 命令，系统弹出图 6.2.30 所示的“反射线定义”对话框。

图 6.2.30 “反射线定义”对话框

步骤 03 定义反射类型。在“反射线定义”对话框的 类型： 区域选中 圆柱 单选项。

步骤 04 定义支持面。单击 支持面： 后的文本框，然后选取图 6.2.29a 所示的曲面为支持面。

步骤 05 定义方向。单击 方向： 后的文本框，然后选取图 6.2.29a 所示的平面为方向参考。

步骤 06 定义角度。在 角度： 文本框中输入角度值 90。

步骤 07 定义角度参考。在 角度参考： 区域选中 法线 单选项。

步骤 08 单击 确定 按钮，完成反射线的创建。

对于 圆柱 类型的反射线，可以假设有一束平行光线沿指定的方向照射到曲面表面并发生反射，入射角相同的入射点组成的曲线即为“反射线”。

图 6.2.30 所示“反射线定义”对话框中部分选项的说明如下。

- 类型： 区域：用于定义反射类型，包括以下两个选项。
  - 圆柱：假设入射光线为平行光源。

- 二次曲线：假设入射光线为点光源。

◆ 支持面：文本框：用于定义反射的支持面。

◆ 方向：文本框：用于定义反射的参考方向。

◆ 角度：文本框：用于定义反射角度。

◆ 角度参考：区域：用于定义反射的角度参考类型，包括以下两个选项。

- 法线：指定角度为入射光线与入射点法线的夹角，即入射角。
- 切线：指定角度为入射光线与入射点切线的夹角，即入射角的余角。

6.2.14 平行曲线

使用“平行曲线”命令，可以对空间中的曲线进行平移缩放。下面以图 6.2.31 所示的例子说明创建平行曲线的操作过程。

图 6.2.31 创建平行曲线

步骤 01 打开文件 D:\ catxc2014\work \ch06.02.14 \parallel_curves.CATPart。

步骤 02 选择命令。选择下拉菜单 插入 → 线框 → 平行曲线... 命令，系统弹出图 6.2.32 所示的“平行曲线定义”对话框。

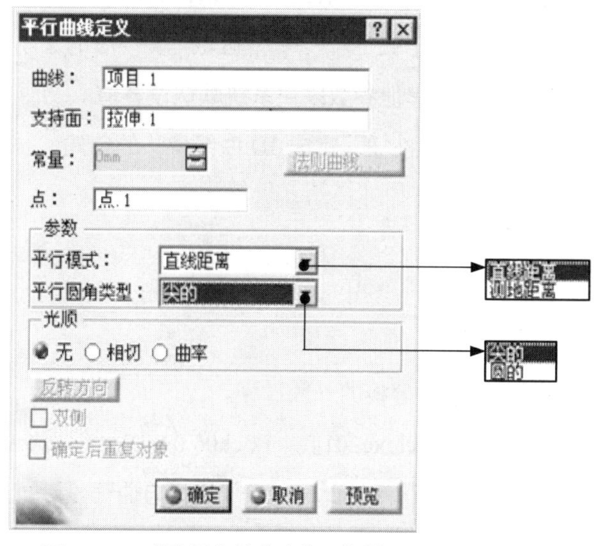

图 6.2.32 “平行曲线定义”对话框

步骤 03 定义平移曲线。在图形区选取图 6.2.31a 所示的曲线。

步骤 04 定义支持面。在图形区选取图 6.2.31a 所示的曲面为支持面。

步骤 05 定义通过点。在图形区选取图 6.2.31a 所示的点为通过点。

步骤 06 定义参数。在“平行曲线定义”对话框 参数 区域的 平行模式: 下拉列表中选择 直线距离 选项；在 平行圆角类型: 下拉列表中选择 尖的 选项，其他选项接受系统默认设置。

步骤 07 单击 确定 按钮，完成平行曲线的创建。

6.2.15 偏移 3D 曲线

使用“3D 曲线偏移”命令，可以将 3D 曲线偏移，创建出新的 3D 曲线。下面以图 6.2.33 为例，来说明创建 3D 曲线偏移的一般操作过程。

图 6.2.33 3D 曲线偏移

步骤 01 打开文件 D:\ catxc2014\work\ch06.02.15\3DCurveOffset.CATPart。

步骤 02 选择命令。选择下拉菜单 插入 → 线框 ▸ → 偏移 3D 曲线... 命令，系统弹出“3D 曲线偏移定义”对话框。

步骤 03 定义偏移曲线。选取图 6.2.33a 所示的曲线作为偏移曲线。

步骤 04 定义拔模方向。在对话框 拔模方向: 后的文本框中右击，选择 Y 部件选项。

步骤 05 定义偏移距离。在对话框 偏移: 后的文本框中输入数值 20。

步骤 06 定义偏移参数。在 3D 圆角参数 区域 半径: 后的文本框中输入数值 1，在 张度: 后的文本框中输入数值 0.5，其他参数采用系统默认设置值。

步骤 07 单击 确定 按钮，完成 3D 曲线偏移的创建。

6.3 曲线的分析

6.3.1 曲线的曲率分析

下面简要说明曲线曲率分析的一般过程。

步骤 01 打开文件 D: \ catxc2014\work\ch06.03.01\curve_curvature_analysis.CATPart。

步骤 02 选择命令。确认系统此时处于“线框与曲面设计”工作台。选择下拉菜单 插入

→ 分析 → 箭状曲率分析命令（或单击“分析”工具栏中的按钮），系统弹出图 6.3.1 所示的“箭状曲率”对话框（一）。

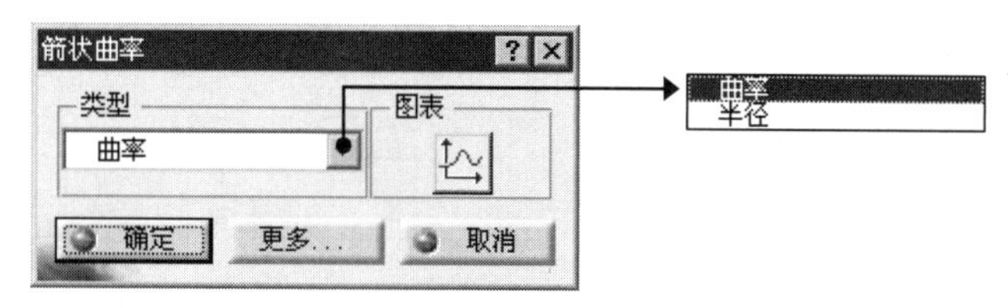

图 6.3.1 “箭状曲率”对话框（一）

步骤 03 选择分析类型。在“箭状曲率”对话框(一)的 类型 区域的下拉列表中选择 曲率 选项。

步骤 04 选取要分析的项。在系统 选择要显示/移除曲率分析的曲线 的提示下，选取图 6.3.2 所示模型中的曲线 1 为要显示曲率分析的曲线。

步骤 05 查看分析结果。完成上步操作后，曲线 1 上出现曲率分布图，将鼠标移至曲率分析图的任意曲率线上，系统将自动显示该曲率线对应曲线位置的曲率数值，如图 6.3.3 所示。

步骤 06 单击“箭状曲率”对话框（一）中的 确定 按钮，完成曲线曲率分析。

- 在“箭状曲率”对话框（一）中单击 更多... 按钮，对话框变为图 6.3.4 所示的“箭状曲率”对话框（二），在该对话框中，用户可以根据实际情况调整曲率图的密度和振幅。
- 在“箭状曲率”对话框（二）中单击“图表”区域的按钮，并旋转要分析的曲线，系统将弹出图 6.3.5 所示的“2D 图表”对话框，在该对话框中可以选择不同的模式，查看曲线的曲率分布。

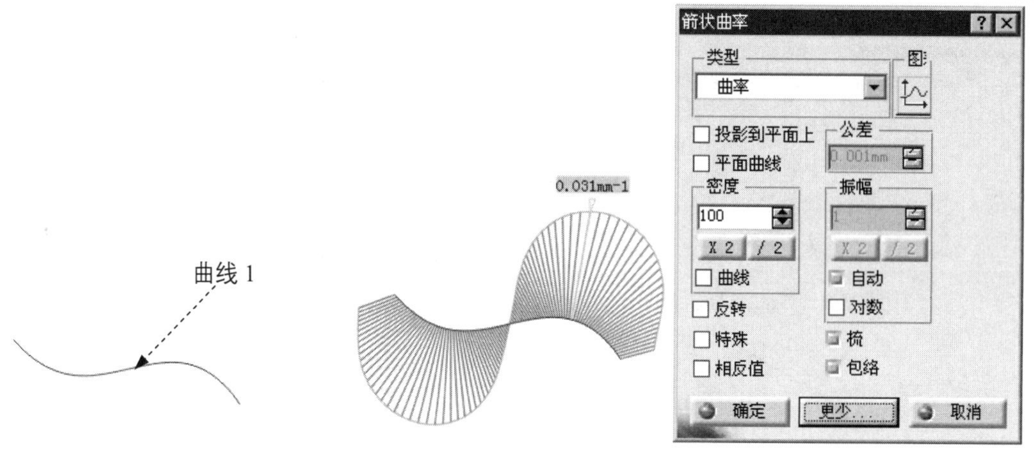

图 6.3.2 选取要显示曲率分析的曲线　图 6.3.3 曲率分析图　图 6.3.4 “箭状曲率”对话框（二）

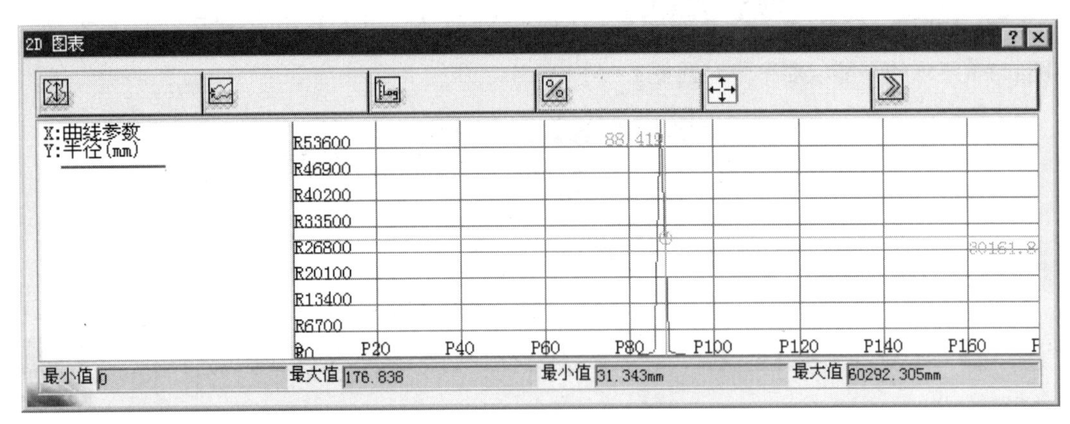

图 6.3.5 “2D 图表”对话框

6.3.2 曲线的连续性分析

使用 分析连接检查器... 命令可以分析曲线的连续性。下面通过图 6.3.6 所示的实例，说明连续性分析的操作过程。

步骤 01 打开文件 D:\ catxc2014\work\ch06.03.02\Curve_Connect_Checker.CAT Part。

步骤 02 选择命令。选择下拉菜单 插入 → 分析 ▸ → 分析连接检查器... 命令，系统弹出图 6.3.7 所示的“连接检查器”对话框。

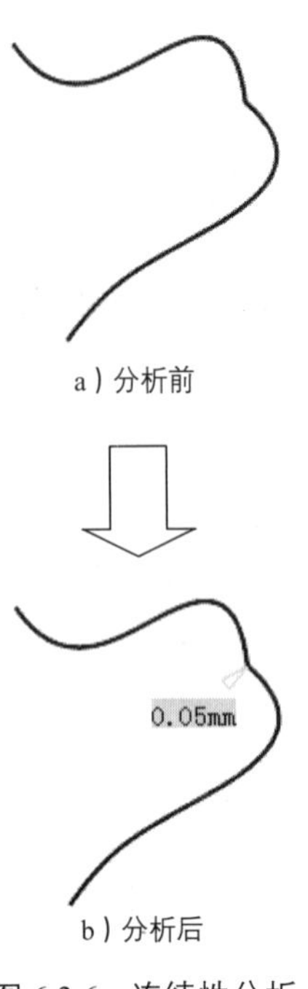

图 6.3.6 连续性分析

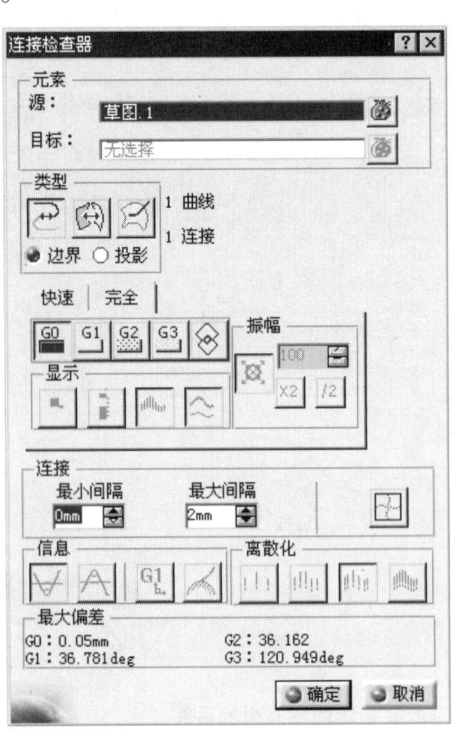

图 6.3.7 “连接检查器”对话框

步骤 03 定义分析类型。在 类型 区域中单击“曲线-曲线连接”按钮 ，并选中 边界 单选项。

步骤 04 选择分析对象。选择图 6.3.6a 所示的曲线为分析对象。

步骤 05 单击 确定 按钮，完成曲线连接的分析，如图 6.3.6b 所示。

在 完全 选项卡中分别单击 G1、G2、G3 和 按钮的情况分别如图 6.3.8~图 6.3.11 所示。

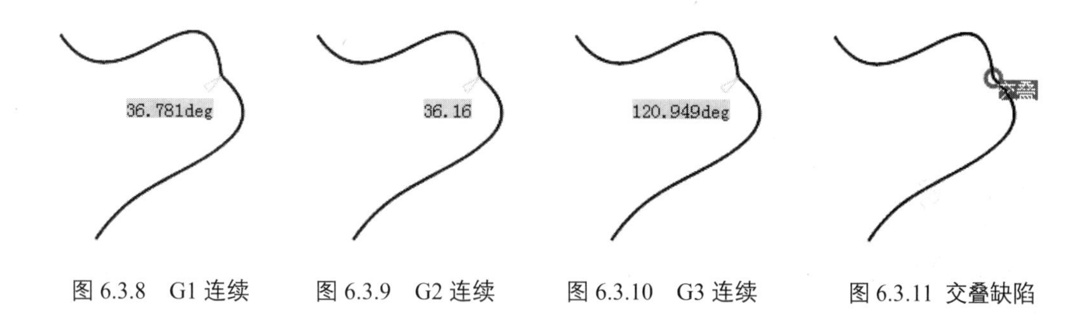

图 6.3.8　G1 连续　　图 6.3.9　G2 连续　　图 6.3.10　G3 连续　　图 6.3.11　交叠缺陷

6.4　简单曲面

6.4.1　拉伸曲面

拉伸曲面是将曲线、直线、曲面边线沿着指定方向进行拉伸而形成的曲面。下面以图 6.4.1 所示的实例来说明创建拉伸曲面的一般操作过程。

步骤 01 打开文件 D:\ catxc2014\work\ch06.04.01\Extrude.CATPart。

步骤 02 选择命令。选择下拉菜单 插入 → 曲面 ▸ → 拉伸... 命令，系统弹出图 6.4.2 所示的“拉伸曲面定义”对话框。

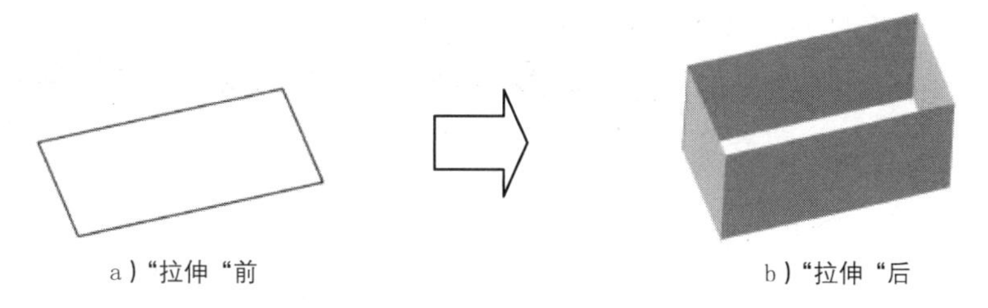

a）“拉伸“前　　b）“拉伸“后

图 6.4.1　创建拉伸曲面

步骤 03 选择拉伸轮廓。选取图 6.4.3 所示的曲线为拉伸轮廓。

步骤 04 定义拉伸方向。选择 xy 平面，系统会以 xy 平面的法线方向作为拉伸方向。

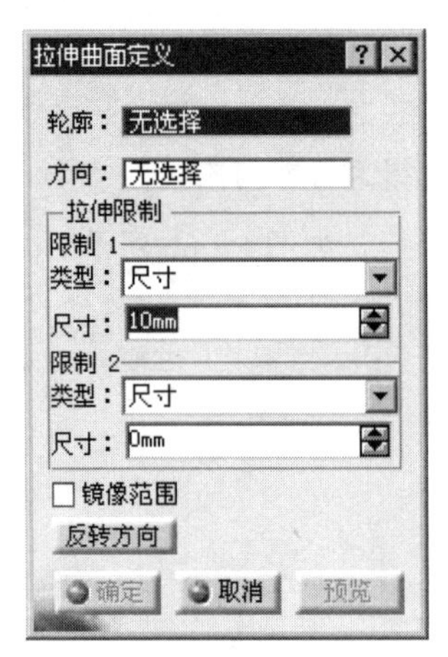

图 6.4.2 “拉伸曲面定义”对话框

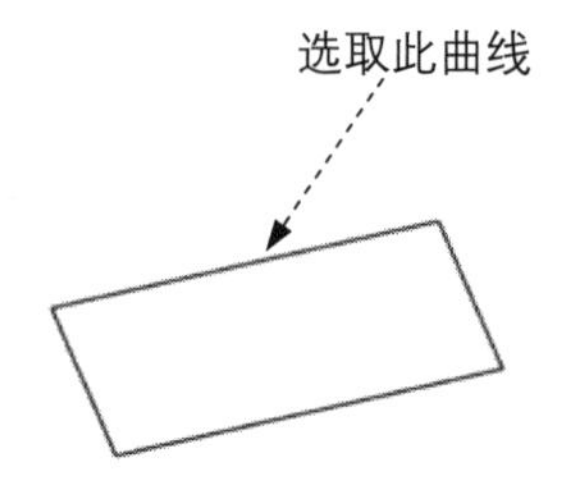

图 6.4.3 选择拉伸轮廓线

步骤 05 定义拉伸类型。在“拉伸曲面定义”对话框的 限制 1 区域的 类型: 下拉列表中选择 尺寸 选项。

步骤 06 确定拉伸高度。在“拉伸曲面定义”对话框的 限制 1 区域的 尺寸: 文本框中输入拉伸高度值 10。

“拉伸曲面定义”对话框中的 限制 2 区域用来设置与 限制 1 方向相反的拉伸参数。

步骤 07 单击 确定 按钮，完成曲面的拉伸。

6.4.2 旋转曲面

旋转曲面是将曲线绕一根轴线进行旋转，从而形成的曲面。下面以图 6.4.4 为例来说明创建旋转曲面的一般操作过程。

步骤 01 打开文件 D:\ catxc2014\work\ch06.04.02\Revolve.CATPart。

步骤 02 选择命令。选择下拉菜单 插入 → 曲面 ▸ → 旋转... 命令，系统弹出对话框。

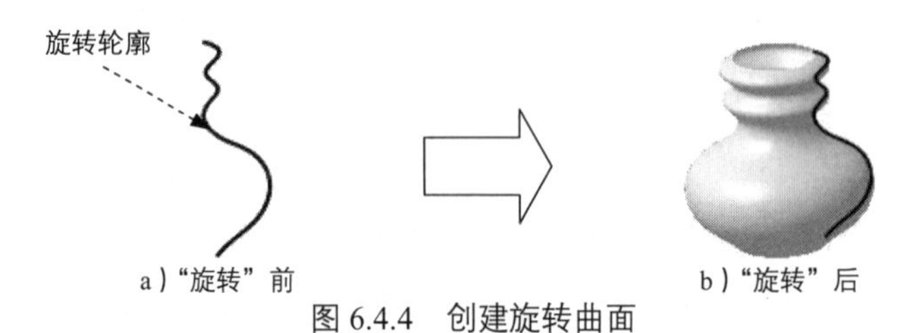

图 6.4.4 创建旋转曲面

步骤 03 选择旋转轮廓。选取图 6.4.4a 所示的曲线为旋转轮廓。

步骤 04 定义旋转轴。在对话框的 旋转轴: 文本框中右击，选取 Z 轴作为旋转轴。

步骤 05 定义旋转角度。在对话框 角限制 区域的 角度 1: 文本框中输入旋转角度值 360。

步骤 06 单击 确定 按钮，完成旋转曲面的创建。

6.4.3 球面

下面以图 6.4.5 为例来说明创建球面的一般操作过程。

a）创建球面前

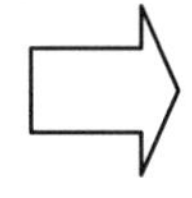

b）创建球面后

图 6.4.5 创建球面

步骤 01 打开文件 D: \ catxc2014\work\ch06.04.03\Sphere.CATPart。

步骤 02 选择命令。选择 插入 → 曲面 → 球面... 命令，系统弹出图 6.4.6 所示的“球面曲面定义”对话框。

步骤 03 定义球面中心。选择图 6.4.7 所示的点为球面中心。

步骤 04 定义球面半径。在“球面曲面定义”对话框的 球面半径: 文本框中输入球面半径值 20。

步骤 05 定义球面角度。在对话框的 纬线起始角度: 文本框中输入数值-90；在 纬线终止角度: 文本框中输入数值 90，在 经线起始角度: 文本框中输数入值 0，在 经线终止角度: 文本框中输入数值 270。

- 单击对话框中的按钮（图 6.4.6），形成一个完整的球面，如图 6.4.8 所示。
- 球面轴线决定经线和纬线的方向，因此也决定球面的方向。如果没有选取球面轴线，则系统将 xyz 轴系定义为当前的轴系，并自动采用默认的轴线。

步骤 06 单击 确定 按钮，得到图 6.4.5b 所示的球面。

6.4.4 柱面

使用下拉菜单 插入 → 曲面 → 圆柱面... 命令，可以通过空间一点及一个方向生成圆柱曲面。下面以图 6.4.9 所示的实例来说明创建圆柱面的一般操作过程。

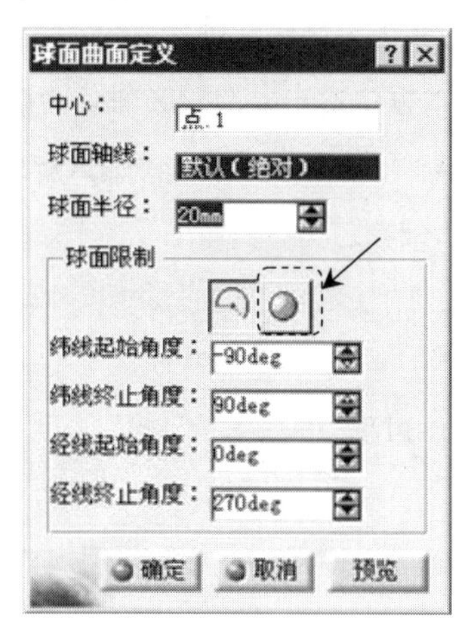

图 6.4.6 “球面曲面定义”对话框

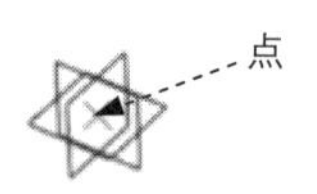

图 6.4.7 选择球面中点

图 6.4.8 完整球面

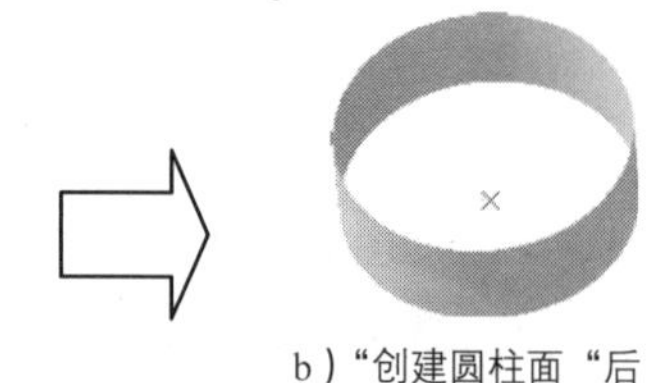

a）“创建圆柱面“前　　b）“创建圆柱面“后

图 6.4.9 创建圆柱面

步骤 01 打开文件 D:\ catxc2014\work\ch06.04.04\Cylinder.CATPart。

步骤 02 选择命令。选择下拉菜单 插入 → 曲面 → 圆柱面... 命令，系统弹出 “圆柱曲面定义”对话框。

步骤 03 定义中心点。选取图 6.4.10 所示的点为圆柱面的中心点。

步骤 04 定义方向。在 方向： 选项中右击选择 Z 部件 作为生成圆柱面的方向。

步骤 05 确定圆柱面的半径和长度。在对话框的 参数： 区域的 半径： 文本框中输入数值 30，在 长度 1： 文本框中输入数值 20，如图 6.4.11 所示。

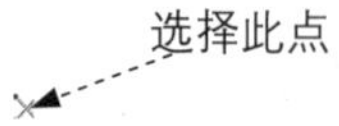

选择此点

图 6.4.10 定义圆柱面点

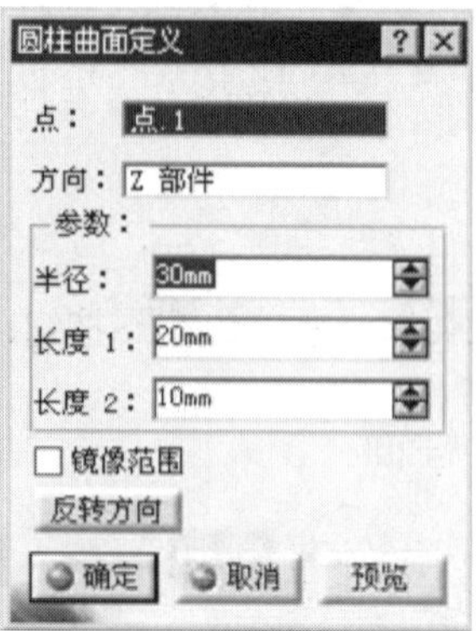

图 6.4.11 “圆柱曲面定义”对话框

在“圆柱曲面定义”对话框 参数: 区域的 长度 2: 文本框中输入相应的值可沿 长度 1: 相反的方向生成圆柱面。

步骤 06 单击 确定 按钮，完成圆柱曲面的创建。

6.5 高级曲面

6.5.1 偏移曲面

曲面的偏移用于创建一个或多个现有面的偏移曲面，偏移曲面包括一般偏移曲面、可变偏移曲面和粗略偏移曲面。

1. 一般偏移曲面

一般偏移曲面是指将选定曲面按指定方向偏移指定距离后生成的曲面。下面以图 6.5.1 所示的模型为例介绍一般偏移曲面的创建方法。

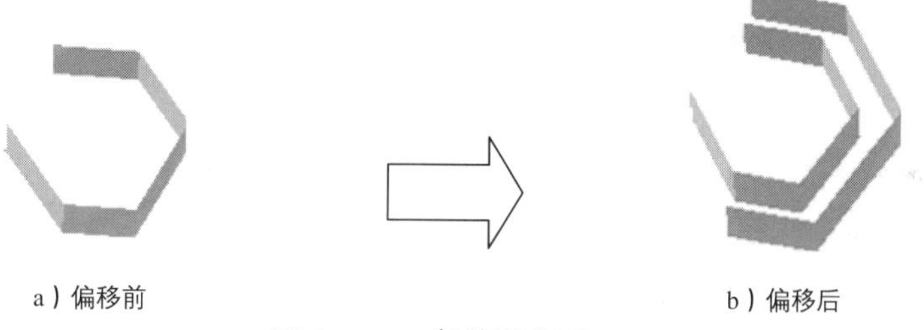

图 6.5.1 一般偏移曲面

步骤 01 打开文件 D:\ catxc2014\work\ch06.05.01\general_offset.CATPart。

步骤 02 选择命令。选择下拉菜单 插入 → 曲面 → 偏移... 命令，系统弹出图 6.5.2 所示的“偏移曲面定义”对话框。

步骤 03 定义偏移曲面和偏移距离。选取图 6.5.3 所示的曲面作为偏移曲面，在对话框 偏移: 后的文本框中输入数值 10。

步骤 04 定义偏移曲面参数和偏移元素。采用系统默认的偏移参数，在对话框中单击 要移除的子元素 选项，然后在图形区选取图 6.5.4 所示的曲面为要移除的子元素。

步骤 05 单击 确定 按钮，完成一般偏移曲面的创建。

2. 可变偏移曲面

可变偏移曲面是指在创建偏移曲面时，曲面中的一个或几个子元素偏移值是可变的。下面以图 6.5.5 所示的模型为例介绍可变偏移曲面的创建方法。

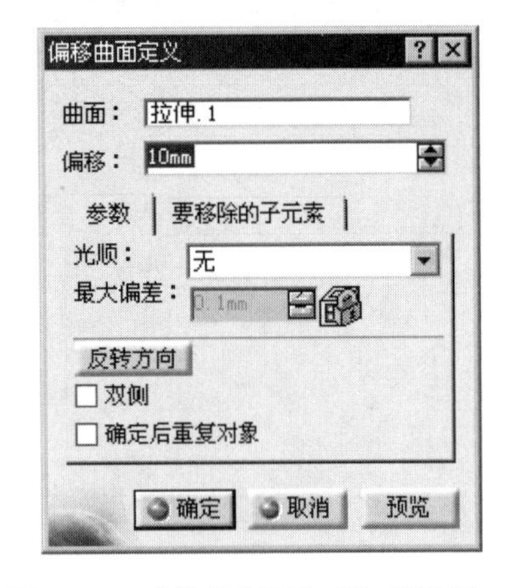

图 6.5.2 “偏移曲面定义”对话框

图 6.5.3 选取偏移曲面

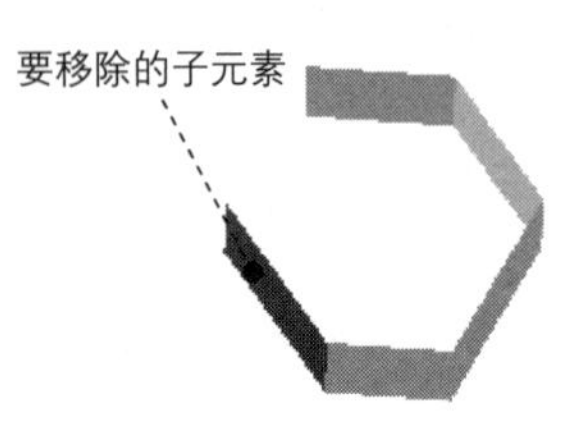

图 6.5.4 定义要移除的子元素

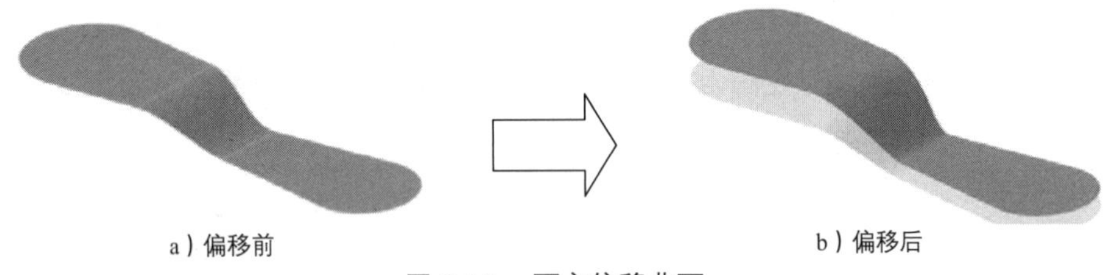

a）偏移前 b）偏移后

图 6.5.5. 可变偏移曲面

步骤 01 打开文件 D: \ catxc2014\work\ch06.05.01\variable_offset.CATPart。

步骤 02 选择命令。选择下拉菜单 插入 → 曲面 → 可变偏移... 命令，系统弹出“可变偏移定义”对话框。

步骤 03 定义基曲面。在特征树中选取“接合 1”为基曲面。

步骤 04 定义偏移参数。

（1）在对话框 参数 选项卡中单击，激活参数文本框。

（2）在图形区依次选取图 6.5.6 所示的填充曲面 1、桥接曲面 1 和填充曲面 2 为要偏移的曲面。

（3）在 参数 选项卡中单击选取“填充 1”，然后在参数值文本框中输入数值 5.0；单击选取“桥接 1”，然后在 偏移: 下拉列表中选择 变量 选项；单击选取“填充 2”，然后在参数值文本框中输入数值 10.0。

（4）此时“可变偏移定义”对话框如图 6.5.7 所示。

步骤 05 单击 确定 按钮，完成可变偏移曲面的创建。

在定义桥接曲面时，在 偏移: 下拉列表中选择 变量 选项，即定义桥接曲面的偏移值是根据填充曲面 1 和填充曲面 2 的偏移值变化的。注意在定义填充曲面 1 和填充曲面 2 的偏移值时，不要让两曲面偏移值相差太大，否则桥接曲面无法偏移成功。

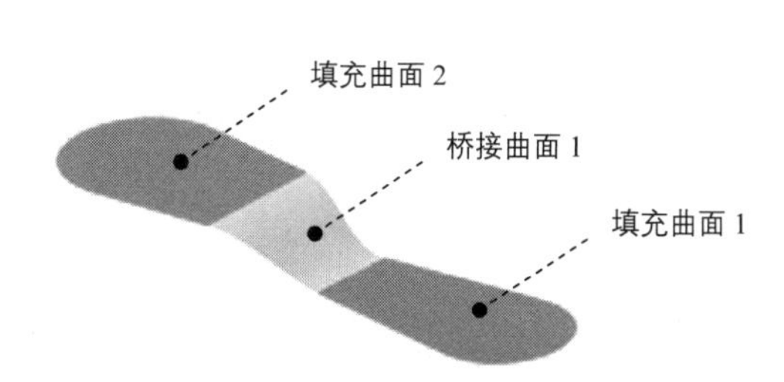

图 6.5.6 选取偏移曲面

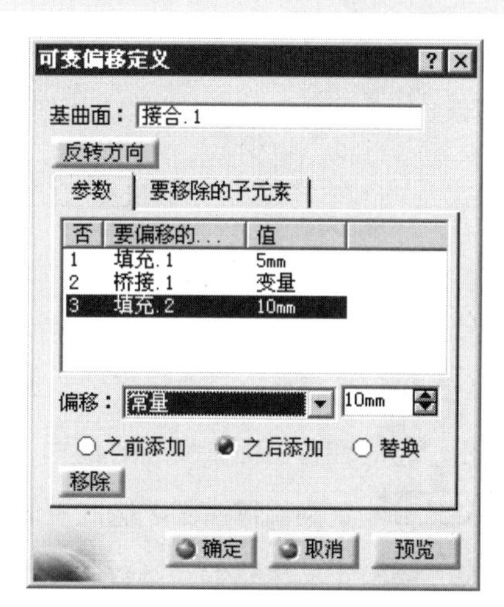

图 6.5.7 “可变偏移定义”对话框

本例中，在创建可变偏移曲面之前需对已完成的填充曲面 1、填充曲面 2 和桥接曲面 1 进行提取并接合成一个曲面，否则无法进行偏移。

图 6.5.7 所示的“可变偏移定义”对话框中各选项说明如下。

- 基曲面: 文本框：用于定义整体要偏移的曲面。
- 偏移: 下拉列表：用于定义选定元素的偏移类型，包括以下两个选项。
  - 变量 选项：选择此选项后，选定元素的偏移距离是可变的，其具体的偏移距离要根据与其相连元素的偏移距离来确定。
  - 常量 选项：选择此选项后，选定元素的偏移距离是一个固定值，此时可以在其后的文本框中输入偏移距离值。
- 之前添加 单选项：在选定元素之前添加其他元素。
- 之后添加 单选项：在选定元素之后添加其他元素。
- 替换 单选项：替换选定元素。
- 移除 按钮：单击此按钮，移除选定元素。

3. 粗略偏移曲面

粗略偏移曲面主要用于完成曲面的大致偏移，并且在偏移时给定的偏差值（偏差值必须大于零小于曲面的偏移值）越大，其曲面变形也越大。下面以图 6.5.8 所示的模型为例介绍粗略偏移曲面的创建方法。

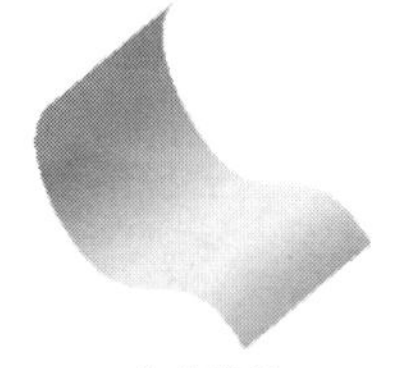
a）偏移前

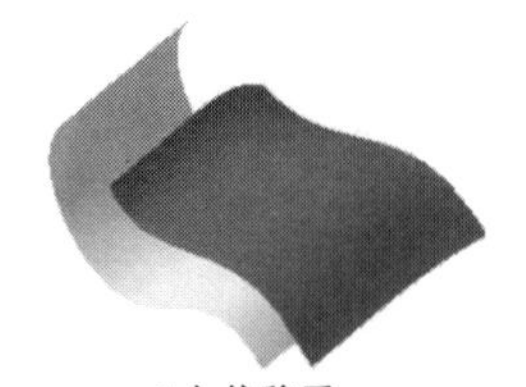
b）偏移后

c）偏移后（右视图）

图 6.5.8 粗略偏移曲面

步骤 01 打开文件 D:\ catxc2014\work\ch06.05.01\rough_offset.CATPart。

步骤 02 选择命令。选择下拉菜单 插入 → 曲面 ▸ → 粗略偏移... 命令，系统弹出“粗略偏移曲面定义”对话框。

步骤 03 定义偏移曲面。选取拉伸 1 为偏移曲面。

步骤 04 定义粗略偏移参数。在对话框 偏移: 后的文本框中输入数值 15.0，在 偏差: 后的文本框中输入数值 8，然后单击 反转方向 按钮。

本例中设置偏差值为 8，是为了让读者能更清楚地看到粗略偏移曲面和一般偏移曲面的区别，通常情况下不会设置如此大的偏差。通过观察偏移后的右视图，可以发现偏移后的曲面比偏移前的曲面窄了，并且窄了的距离值就粗略等于前面设定的偏差值。

步骤 05 单击 确定 按钮，完成粗略偏移曲面的创建。

6.5.2 扫掠曲面

1. 显式扫掠

使用显式扫掠方式创建曲面，需要定义一条轮廓线、一条或两条引导线，还可以使用一条脊线。用此方式创建扫掠曲面时有三种方式，分别为使用参考曲面、使用两条引导曲线和使用拔模方向。

方法一：使用参考曲面。

在创建显式扫掠曲面时，可以定义轮廓线与某一参考曲面始终保持一定的角度。下面以

图 6.5.9 所示的实例来说明创建使用参考曲面的显式扫掠曲面的一般过程。

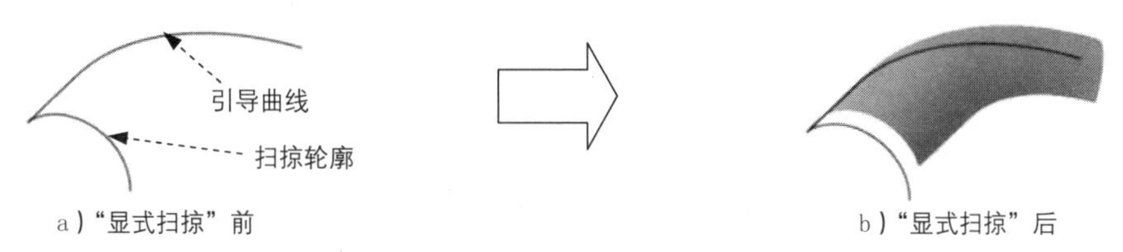

图 6.5.9　使用参考曲面的显式扫掠

步骤 01　打开文件 D:\catxc2014\work\ch06.05.02\explicit_sweep_01.CATPart。

步骤 02　选择命令。选择下拉菜单 插入 → 曲面 ▸ → 扫掠... 命令，此时系统弹出“扫掠曲面定义”对话框。

步骤 03　定义扫掠类型。在对话框的 轮廓类型： 中单击按钮，在 子类型： 下拉列表中选择 使用参考曲面 选项，如图 6.5.10 所示。

步骤 04　定义扫掠轮廓和引导曲线。选取图 6.5.11 所示的曲线 1 为扫掠轮廓，选取图 6.5.11 所示的曲线 2 为引导曲线。

图 6.5.10　“扫掠曲面定义”对话框

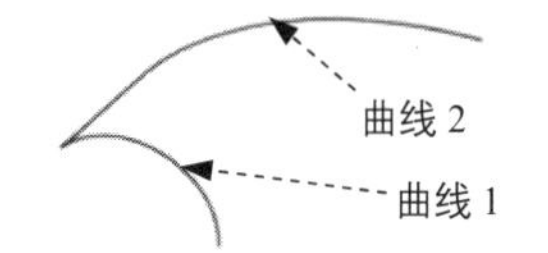

图 6.5.11　定义轮廓与引导曲线

步骤 05　定义参考平面和角度。选取 xy 平面为参考平面，在 角度： 后的文本框中输入数值 20，其他参数采用系统默认设置值。

步骤 06 单击 确定 按钮，完成扫掠曲面的创建。

图 6.5.10 所示的“扫掠曲面定义”对话框中各选项说明如下。

- 轮廓类型：用于定义扫掠轮廓类型，包括、、和四种类型。
- 子类型：用于定义指定轮廓类型下的子类型，此处指的是类型下的子类型，包括 使用参考曲面、使用两条引导曲线 和 使用拔模方向 三种类型。
- 脊线：系统默认脊线是第一条引导曲线，当然用户也可根据需要来重新定义脊线。
- 光顺扫掠：该区域包括 □角度修正：和 □与引导线偏差：两个选项。
  - □角度修正：选中该复选框，则允许按照给定角度值移除不连续部分，以执行光顺扫掠操作。
  - □与引导线偏差：选中该复选框，则允许按照给定偏差值来执行光顺扫掠操作。
- 自交区域管理：该区域主要用于设置扫掠曲面的扭曲区域。
  - 移除预览中的刀具：选中该复选框，则允许自动移除由扭曲区域管理添加的刀具，系统默认是将此复选框选中。
- 定位参数：该区域主要用于设置定位轮廓参数。
  - □定位轮廓：系统默认情况下使用定位轮廓。若选中该复选框，则可以自定义的方式来定义定位轮廓的参数。

方法二：使用两条引导曲线。

下面以图 6.5.12 所示的实例来说明创建使用两条引导曲线的显式扫掠曲面的一般过程。

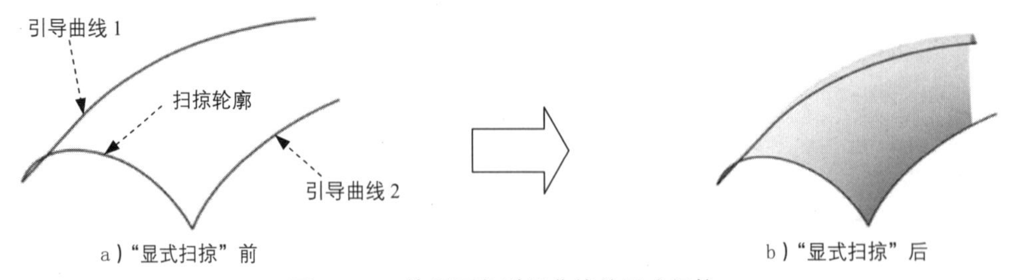

图 6.5.12　使用两条引导曲线的显式扫掠

步骤 01 打开文件 D: \ catxc2014\work\ch06.05.02\explicit_sweep_02.CATPart。

步骤 02 选择命令。选择下拉菜单 插入 ➡ 曲面 ▸ ➡ 扫掠... 命令，此时系统弹出“扫掠曲面定义”对话框。

步骤 03 定义扫掠类型。在对话框的 轮廓类型： 中单击 按钮，在 子类型： 下拉列表中选择 使用两条引导曲线 选项，如图 6.5.13 所示。

步骤 04 定义扫掠轮廓和引导曲线。选取图 6.5.14 所示的曲线 1 为扫掠轮廓，选取图 6.5.14 所示的曲线 2 和曲线 3 为引导曲线。

步骤 05 定义定位类型和参考。在 定位类型： 下拉列表中选择 两个点 选项，此时系统自动计算得到图 6.5.15 所示的两个点，其他参数采用系统默认设置值。

定位类型包括“两个点”和“点和方向”两种类型。当选择“两个点”类型时，需要在图形区选取两个点来定义曲面形状，此时生成的曲面沿第一个点的法线方向。当选择“点和方向”类型时，需要在图形区选取一个点和一个方向参考（通常选取一个平面），此时生成的曲面通过点并沿平面的法线方向。

步骤 06 单击 确定 按钮，完成扫掠曲面的创建。

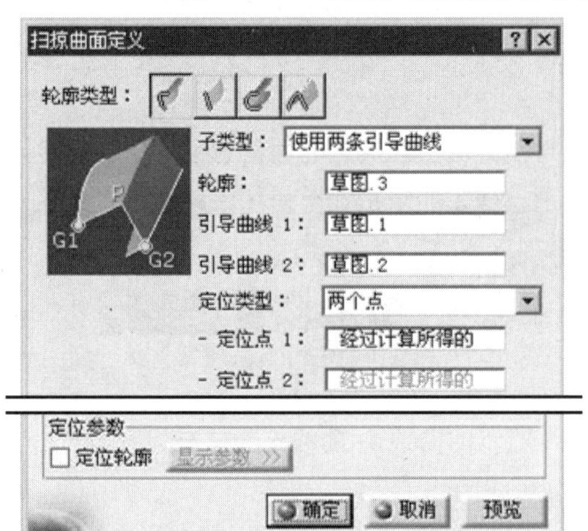

图 6.5.13 “扫掠曲面定义”对话框

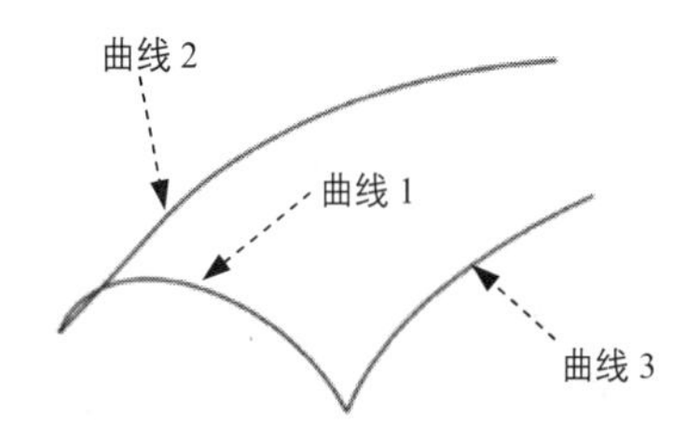

图 6.5.14 定义轮廓与引导曲线

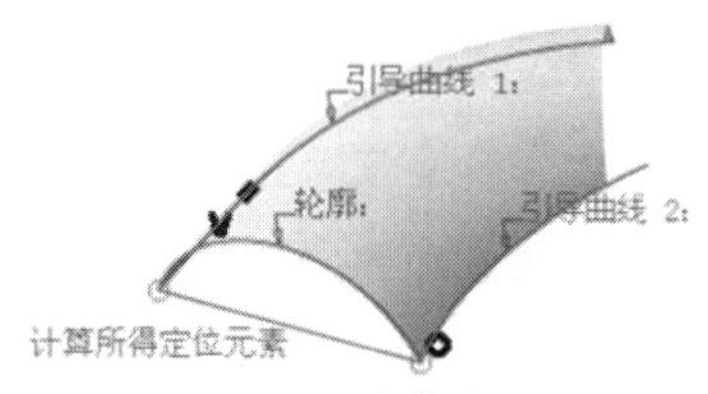

图 6.5.15 定位点

2. 直线式扫掠

使用直线扫掠方式创建曲面时，系统自动以直线作为轮廓线，所以只需要定义两条引导线。用此方式创建扫掠曲面时有七种方式。下面以图 6.5.16 所示的模型为例，介绍创建两极限类型的直线式扫掠曲面的一般过程。

步骤 01 打开文件 D:\ catxc2014\work\ch06.05.02\two_limits.CATPart。

步骤 02 选择命令。选择下拉菜单 插入 → 曲面 ▸ → 扫掠... 命令，此时系统弹出“扫掠曲面定义”对话框。

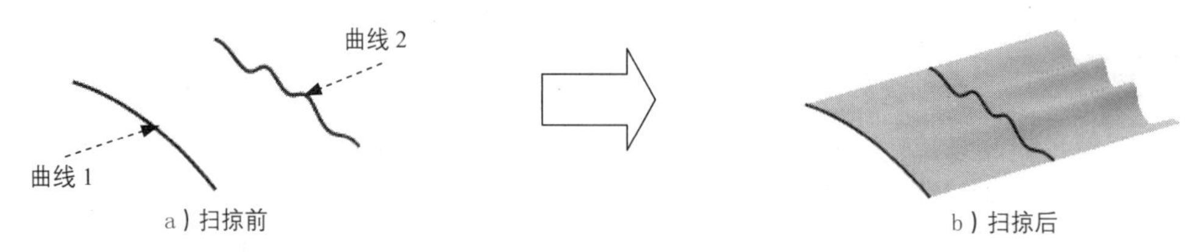

图 6.5.16　两极限类型的直线式扫掠

步骤 03 定义扫掠类型。在对话框的 轮廓类型：中单击按钮，在 子类型：下拉列表中选择两极限选项。

步骤 04 定义引导曲线。选取图 6.5.16 所示的曲线 2 为引导曲线 1，选图 6.5.16 所示的曲线 1 为引导曲线 2。

步骤 05 定义曲面边界。在对话框 长度 1：后的文本框中输入数值 65.0，在 长度 2：后的文本框中输入数值 0，其他参数采用系统默认设置值。

步骤 06 单击 确定 按钮，完成扫掠曲面的创建。

6.5.3　填充曲面

填充曲面是由一组曲线或曲面的边线围成封闭区域中形成的曲面，它也可以通过空间中的一个点。下面以图 6.5.17 所示的实例来说明创建填充曲面的一般操作过程。

步骤 01 打开文件 D:\ catxc2014\work\ ch06.05.03\fill_surfaces.CATPart。

步骤 02 选择命令。选择下拉菜单 插入 → 曲面 ▸ → 填充... 命令，此时系统弹出“填充曲面定义”对话框。

步骤 03 定义填充边界。依次选取图 6.5.18 所示的曲线 1~曲线 5 为填充边界。

步骤 04 单击 确定 按钮，完成填充曲面的创建。

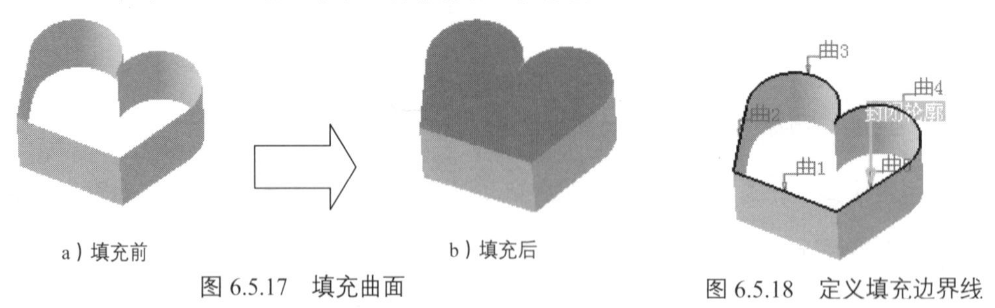

图 6.5.17　填充曲面　　图 6.5.18　定义填充边界线

6.5.4　多截面曲面

“多截面曲面”就是通过多个截面轮廓线混合生成的曲面，截面可以是不同的。创建多截面曲面时，可以使用引导线、脊线，也可以设置各种耦合方式。下面以图 6.5.19 所示的实例来说明创建多截面曲面的一般操作过程。

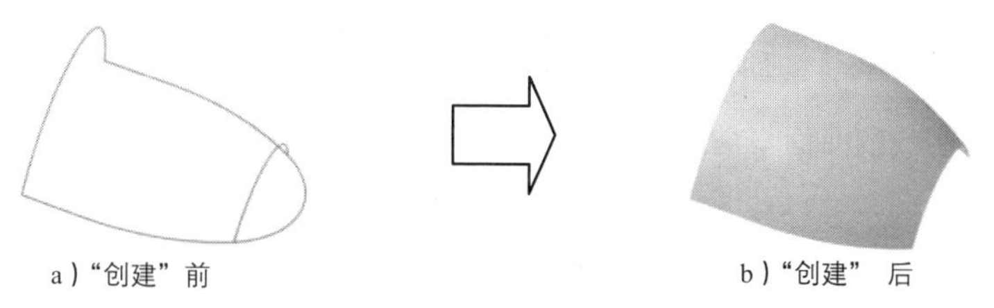

a)“创建”前　　b)“创建” 后

图 6.5.19 创建多截面曲面

步骤 01 打开文件 D:\ catxc2014\work \ch06.05.04\Multi_sections_Surface.CATPart。

步骤 02 选择命令。选择下拉菜单 插入 → 曲面 ▸ → 多截面曲面... 命令，此时系统弹出图 6.5.20 所示的“多截面曲面定义”对话框。

步骤 03 定义截面曲线。分别选取图 6.5.21 所示的曲线 1 和曲线 2 作为截面曲线。

步骤 04 定义引导曲线。单击“多截面曲面定义”对话框中的 引导线 列表框，分别选取图 6.5.22 所示的曲线 3 和曲线 4 为引导线。

步骤 05 单击 确定 按钮，完成多截面曲面的创建。

如果需要添加截面或引导线，只需激活相应的列表框后单击“多截面曲面定义”对话框中的 添加 按钮；在选取截面曲线时要保证其方向保持一致。

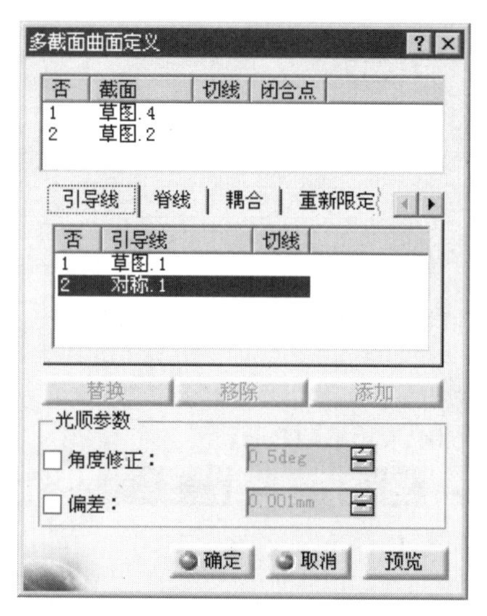

图 6.5.20 “多截面曲面定义”对话框

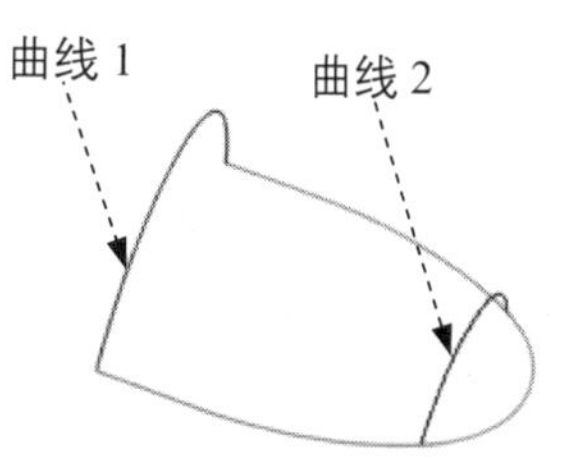

图 6.5.21 定义截面曲线

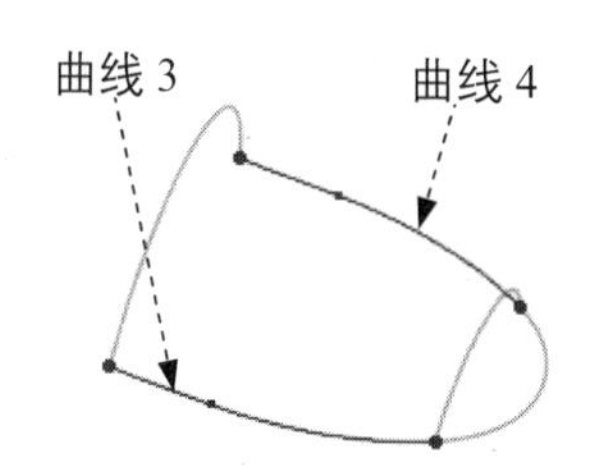

图 6.5.22 定义引导曲线

6.5.5 桥接曲面

使用 插入 → 曲面 ▸ → 桥接曲面... 命令，可以用一个曲面连接两个曲面或曲线，并可以使生成的曲面与被连接的曲面具有某种连续性。下面以图 6.5.23 所示的实例来说明创建桥接曲面的一般过程。

步骤 01 打开文件 D:\ catxc2014\work\ch06.05.05\Blend.CATPart。

步骤 02 选择命令。选择下拉菜单 插入 → 曲面 ▸ → 桥接... 命令，系统弹出“桥接曲面定义”对话框。

步骤 03 定义桥接曲线和支持面。选取图 6.5.23a 所示的曲线 1 和曲线 2 分别为第一曲线和第二曲线，选取图 6.5.23a 所示的曲面 1 和曲面 2 分别为第一支持面和第二支持面。

步骤 04 定义桥接方式。单击对话框中的 基本 选项卡，在 第一连续： 下拉列表中选择 相切 选项，在 第一相切边框： 下拉列表中选择 双末端 选项，在 第二连续： 下拉列表中选择 相切 选项，在 第二相切边框： 下拉列表中选择 双末端 选项。

步骤 05 单击 确定 按钮，完成桥接曲面的创建。

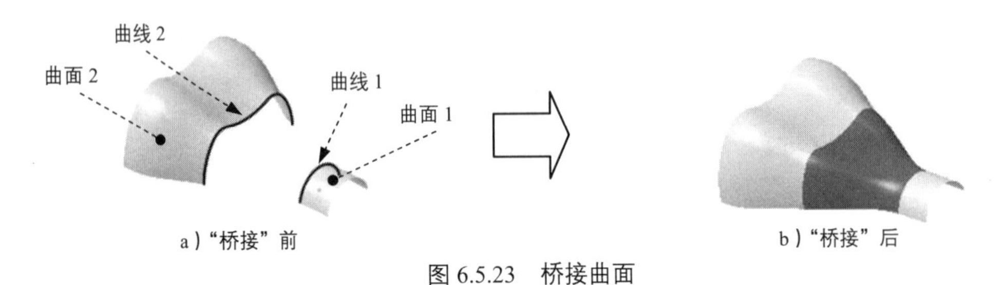

图 6.5.23 桥接曲面

6.6 曲线与曲面编辑

6.6.1 接合

使用“接合”命令可以将多个独立的元素（曲线或曲面）连接成为一个元素。下面以图 6.6.1 所示的实例来说明曲面接合的一般操作过程。

步骤 01 打开文件 D: \ catxc2014\work\ch06.06.01\ join.CATPart。

步骤 02 选择命令。选择下拉菜单 插入 → 操作 ▸ → 接合... 命令，系统弹出 “接合定义”对话框，如图 6.6.2 所示。

步骤 03 定义要接合的元素。在图形区选取图 6.6.3 所示的曲面 1 和曲面 2 作为要接合的曲面。

步骤 04 单击 确定 按钮，完成接合曲面的创建。

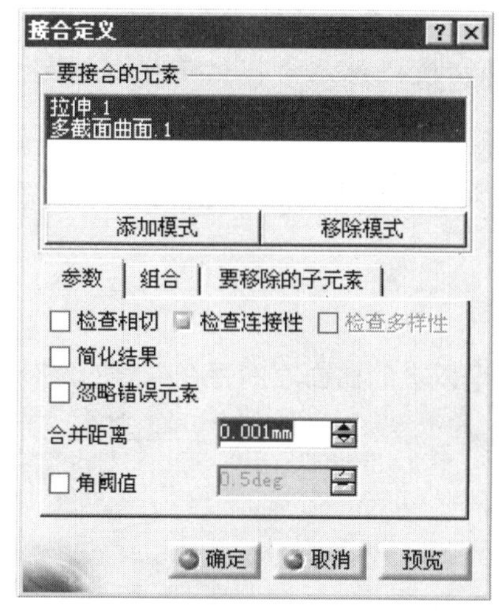

图 6.6.2 “接合定义”对话框

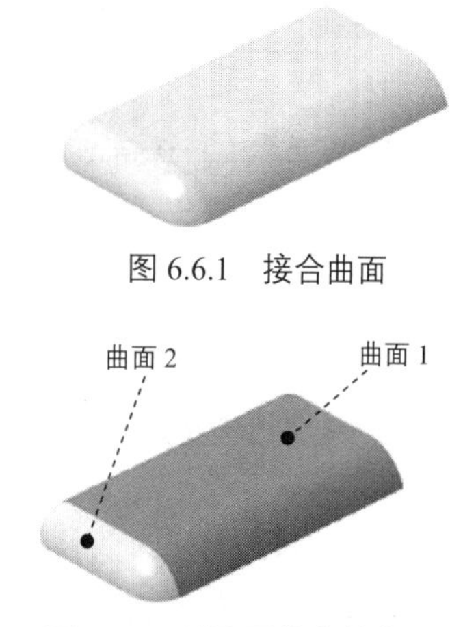

图 6.6.1 接合曲面

图 6.6.3 选取要接合的曲面

图 6.6.2 所示的“接合定义”对话框中各选项说明如下。

◆ 添加模式：单击此按钮，可以在图形区选取要接合的元素，默认情况下此按钮被按下。

◆ 移除模式：单击此按钮，可以在图形区选取已被选取的元素作为要移除的项目。

◆ 参数：此选项卡用于定义接合的参数。

- 检查相切：用于检查要接合元素是否相切。选中此复选框，然后单击 预览 按钮，如果要接合的元素没有相切，系统会给出提示。
- 检查连接性：用于检查要接合元素是否相连接。
- 检查多样性：用于检查要接合元素接合后是否有多种选择。此选项只用于定义曲线。
- 简化结果：选中此复选框，系统自动尽可能地减少接合结果中的元素数量。
- 忽略错误元素：选中此复选框，系统自动忽略不允许创建接合的曲面和边线。
- 合并距离：用于定义合并距离的公差值，系统默认公差值为 0.001mm。
- 角阈值：选中此复选框并指定角度值，则只能接合小于此角度值的元素。

◆ 组合：此选项卡主要用于定义组合曲面的类型。

- 无组合：选择此选项，则不能选取任何元素。
- 全部：选择此选项，则系统默认选取所有元素。
- 点连续：选择此选项后，可以在图形区选取与选定元素存在点连续关系的元素。

- 切线连续：选择此选项后，可以在图形区选取与选定元素相切的元素。
- 无拓展：选择此选项，则不自动拓展任何元素，但是可以指定要组合的元素。

◆ 要移除的子元素：此选项卡用于定义在接合过程中要从某元素中移除的子元素。

6.6.2 修复

通过“修复曲面”命令可以完成两个或两个以上的曲面之间存在缝隙的修补。下面以图6.6.4所示的实例来说明修复曲面的一般操作过程。

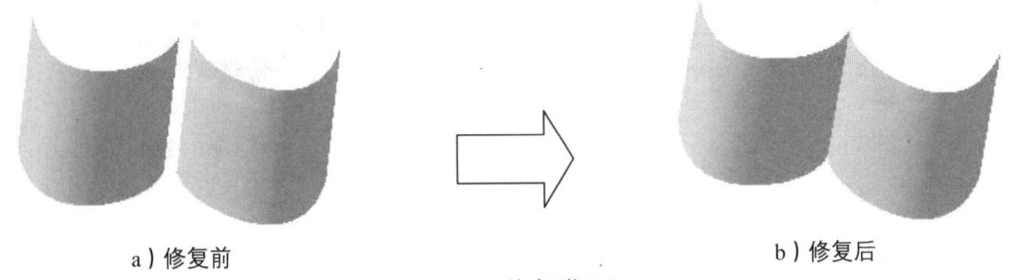

a）修复前　　b）修复后

图 6.6.4　修复曲面

步骤 01 打开文件 D:\ catxc2014\work\ch06.06.02\Healing.CATPart。

步骤 02 选择命令。选择下拉菜单 插入(I) → 操作 ▸ → 修复... 命令，系统弹出图 6.6.5 所示的“修复定义”对话框。

步骤 03 定义要修复的元素。在图形区选取拉伸 1 和对称 3 为要修复的元素，如图 6.6.6 所示。

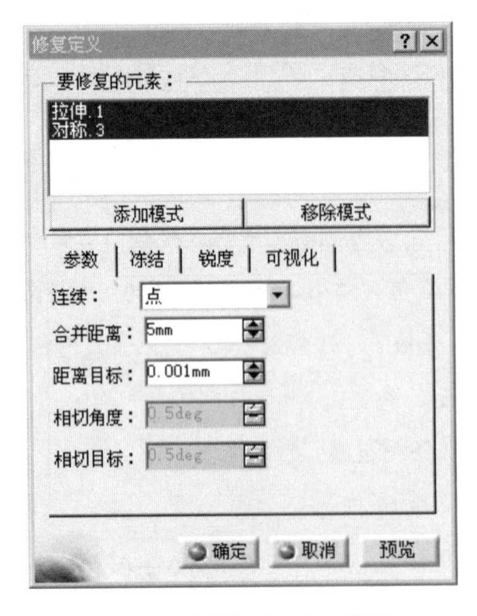

图 6.6.5　“修复定义”对话框

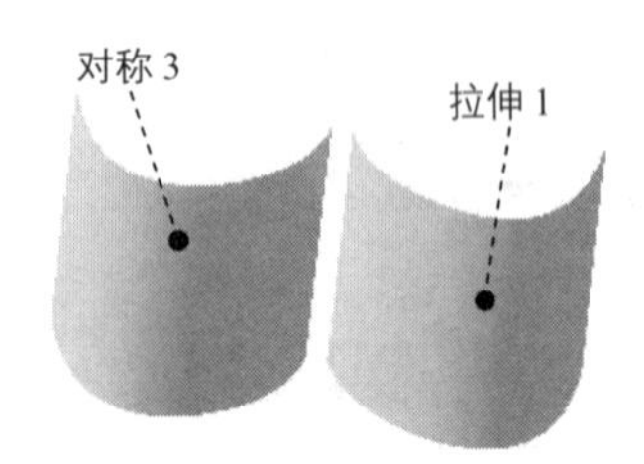

图 6.6.6　选取修复曲面

步骤 04 定义修复参数。在 参数 选项卡的 连续： 下拉列表中选取 点 选项，在 合并距离 后的文本框中输入数值 5，其他参数接受系统默认设置值。

图 6.6.5 所示“修复定义”对话框中各选项的说明如下。

- 参数：该选项卡主要用于定义修复曲面基本参数。
  - 连续：：该下拉列表用于定义修复曲面的连接类型；包括 点 连续和 切线 连续两种。
  - 合并距离：用于定义修复曲面间的最大距离，若小于此最大距离，则将这两个修复曲面视为一个元素。
  - 距离目标：：用于定义点连续的修复过程的目标距离。
  - 相切角度：：用于定义修复曲面间的最大角度，若小于此最大角度，则将这两个修复曲面视为按相切连续。注意：只有在 连续： 下拉列表中选择 切线 选项时，此文本框才可用。
  - 相切目标：：用于定义相切连续的修复过程的目标角度。注意：只有在 连续： 下拉列表中选择 切线 选项时，此文本框才可用。
- 冻结：该选项卡主要用于定义不受修复影响的边线或面。
- 锐度：该选项卡主要用于定义需要保持锐化的边线。
- 可视化：该选项卡主要用于定义显示修复曲面的解法。

步骤 05 单击 确定 按钮，完成修复曲面的创建，结果如图 6.6.4b 所示。

6.6.3 取消修剪

取消修剪曲面功能用于还原被修剪或者被分割的曲面。下面以图 6.6.7 所示的模型为例，来讲解创建取消修剪曲面的一般过程。

a）取消修剪前

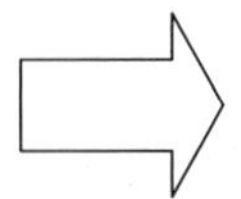

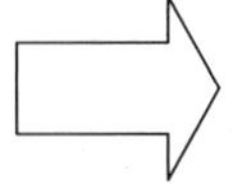

b）取消修剪后

图 6.6.7 取消修剪曲面

步骤 01 打开文件 D:\ catxc2014\work\ch06.06.03\untrim.CATPart。

步骤 02 选择命令。选择下拉菜单 插入 → 操作 ▸ → 取消修剪... 命令，系统弹出“取消修剪”对话框。

步骤 03 定义取消修剪元素。选取图 6.6.7a 所示的曲面作为取消修剪的元素。

步骤 04 单击 确定 按钮，完成取消修剪曲面的创建。

6.6.4 拆解

拆解功能用于将包含多个元素的曲线或曲面分解成独立的单元。下面以图 6.6.8 所示的模型为例，来讲解创建拆解元素的一般过程。元素拆解前后特征树如图 6.6.9 所示。

步骤 01 打开文件 D: \ catxc2014\work\ch06.06.04\freestyle.CATPart。

步骤 02 选择命令。选择下拉菜单 插入 ➡ 操作 ▸ ➡ 拆解... 命令，系统弹出“拆解”对话框，如图 6.6.10 所示。

图 6.6.8 拆解元素

图 6.6.9 特征树

在“拆解”对话框中包括两种拆解模式，并且系统会自动统计出完全拆解和部分拆解后的元素数。

步骤 03 定义拆解模式和拆解元素。在“拆解”对话框中单击“仅限域”选项，在图形区选取图 6.6.11 所示的草图为拆解元素。

步骤 04 单击 确定 按钮，完成拆解元素的创建。

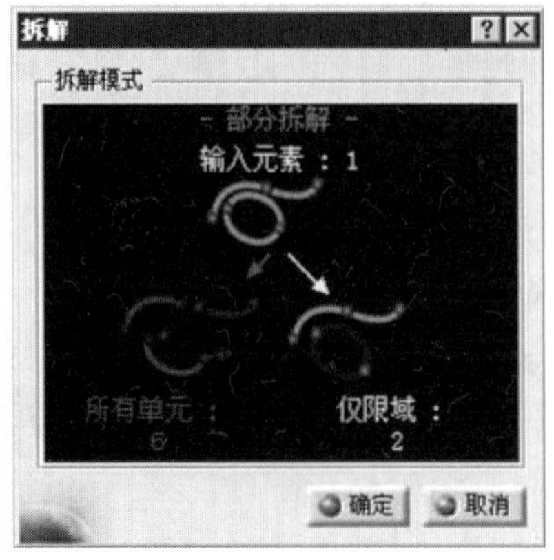

图 6.6.10 “拆解”对话框

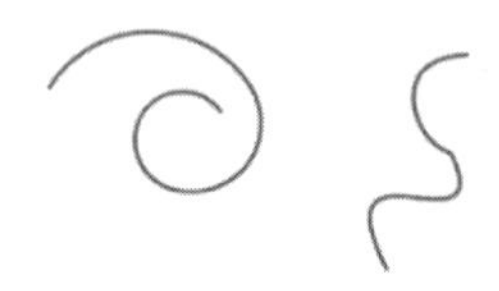

图 6.6.11 拆解元素

6.6.5 分割

“分割”是利用点、线元素对线元素进行分割，或者用线、面元素对面元素进行分割，是用其他元素对一个元素进行分割。下面以图 6.6.12 所示的模型为例，介绍创建分割元素的一般过程。

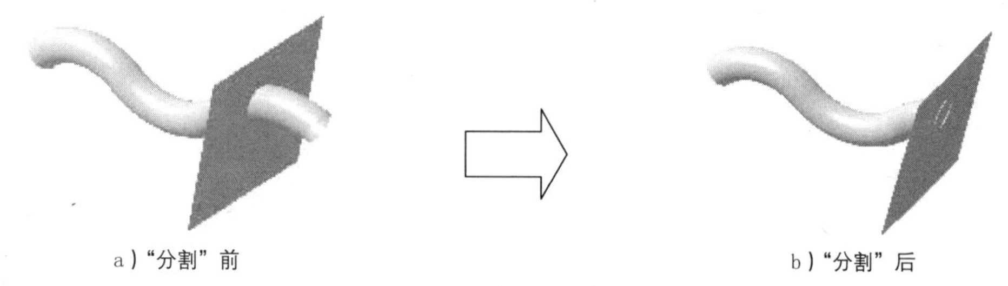

图 6.6.12 分割元素

步骤 01 打开文件 D:\ catxc2014\work\ch06.06.05\split.CATPart。

步骤 02 选择命令。选择下拉菜单 插入 → 操作 ▸ → 分割... 命令，此时系统弹出“分割定义”对话框，如图 6.6.13 所示。

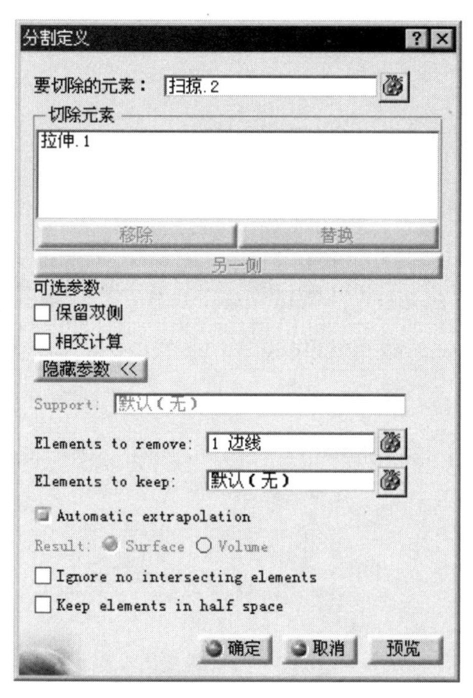

图 6.6.13 “分割定义”对话框

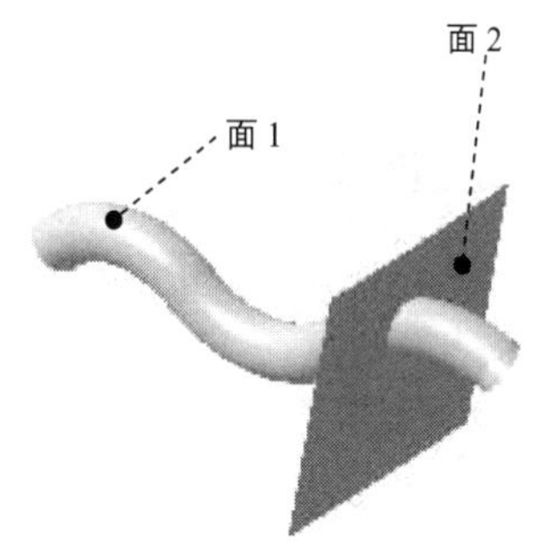

图 6.6.14 定义分割元素

步骤 03 定义要切除的元素。在图形区选取图 6.6.14 所示的面 1 为要切除的元素。

步骤 04 定义切除元素。选取图 6.6.14 所示的面 2 为切除元素。

步骤 05 单击 确定 按钮，完成分割元素的创建。

6.6.6 修剪

"修剪"就是利用点、线等元素对线进行裁剪，或者用线、面等元素对曲面进行裁剪。下面以图 6.6.15 所示的实例来说明曲面修剪的一般操作过程。

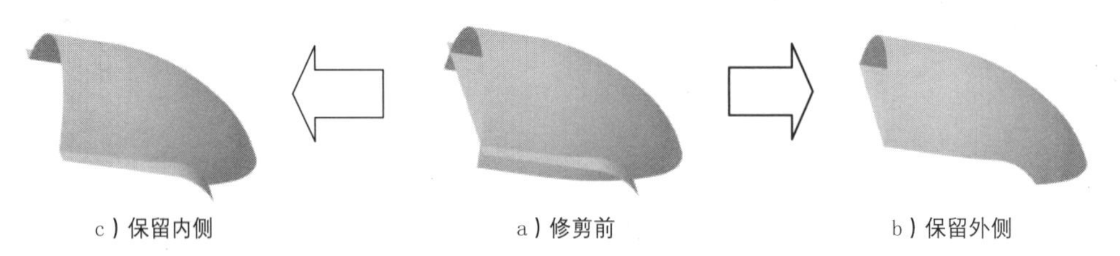

图 6.6.15 曲面的修剪

步骤 01 打开文件 D:\ catxc2014\work\ch06.06.06\Prune.CATPart。

步骤 02 选择命令。选择下拉菜单 插入 → 操作 → 修剪... 命令，系统弹出图 6.6.16 所示的"修剪定义"对话框。

步骤 03 定义修剪类型。在"修剪定义"对话框的 模式: 下拉列表中选择 标准 选项，如图 6.6.16 所示。

步骤 04 定义修剪元素。选择图 6.6.17 所示的曲面 1 和曲面 2 为修剪元素。

步骤 05 单击 确定 按钮，完成曲面的修剪操作。

在选取曲面后，单击"修剪定义"对话框中的 另一侧/下一元素、另一侧/上一元素 按钮可以改变修剪方向，结果如图 6.6.15c 所示。

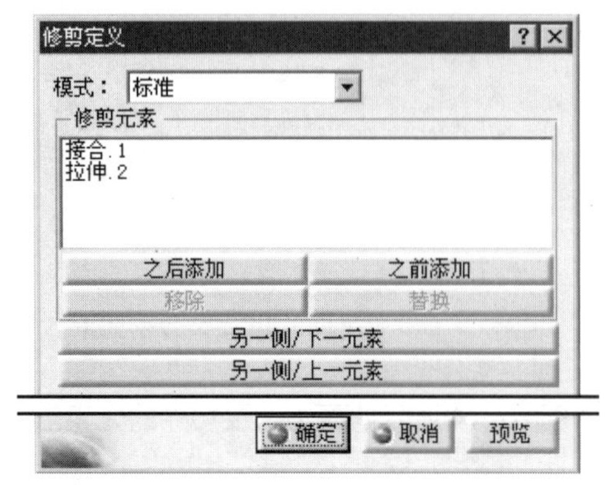

图 6.6.16 "修剪定义"对话框

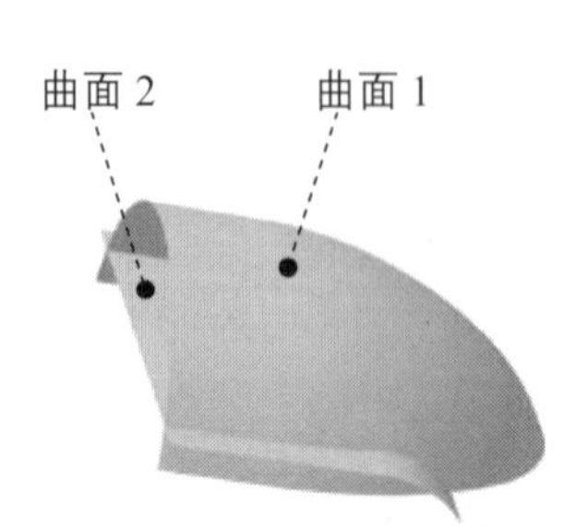

图 6.6.17 定义修剪元素

6.6.7 提取

本节主要讲解在实体模型中提取边界和曲面的方法，包括提取边界、提取曲面和多重提取，下面逐一进行介绍。

1. 提取边界

下面以图 6.6.18 所示的模型为例，介绍从实体中提取边界的一般过程。

步骤 01 打开文件 D:\catxc2014\work\ch06.06.07\Boundary.CATPart。

步骤 02 选择命令。选择下拉菜单 插入(I) → 操作 → 边界... 命令，系统弹出图 6.6.19 所示的“边界定义”对话框。

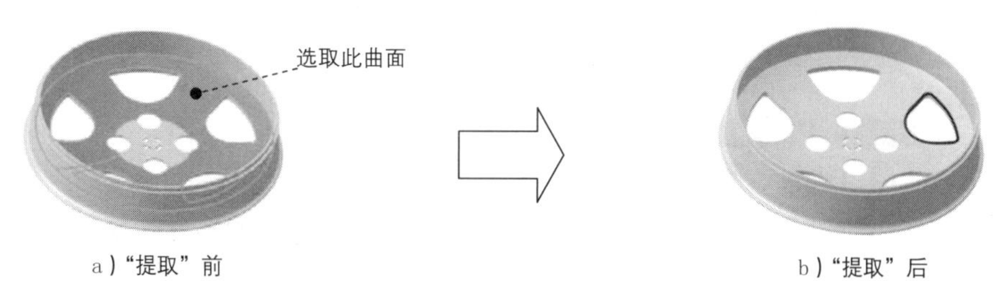

a）“提取”前　　b）“提取”后

图 6.6.18　提取边界

步骤 03 定义要提取的边界曲面。在对话框的 拓展类型： 下拉列表中选择 无拓展 类型，然后在图形区选取图 6.6.18a 所示的曲面为要提取边界的曲面，此时系统默认提取曲面的多个边界，如图 6.6.20 所示。

步骤 04 定义限制。在图形区选取图 6.6.21 所示的点 1 作为限制 1，其他参数采用系统默认设置值。

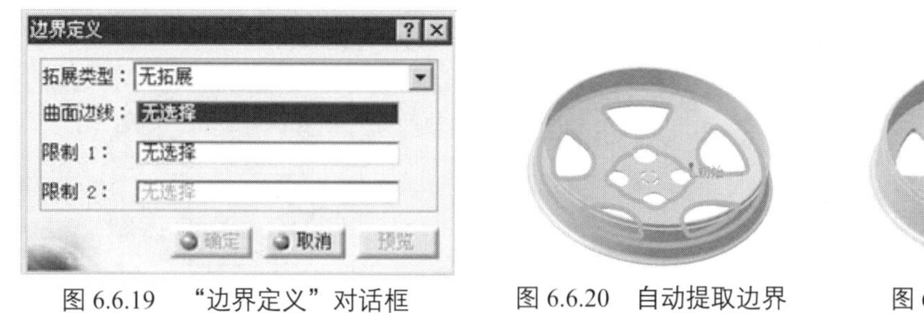

图 6.6.19　“边界定义”对话框　　图 6.6.20　自动提取边界　　图 6.6.21　定义限制

步骤 05 单击 确定 按钮，完成曲面边界的提取。

2. 提取曲面

下面以图 6.6.22 所示的模型为例，介绍从实体中提取曲面的一般过程。

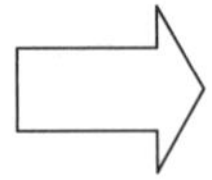

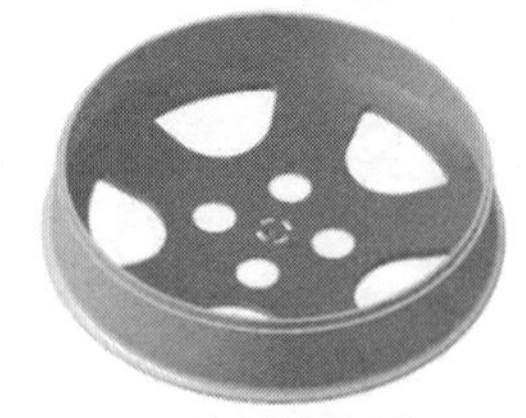
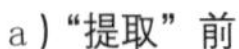

a)“提取”前　　b)“提取”后

图 6.6.22　提取曲面

步骤 01 打开文件 D: \ catxc2014\work\ch06.06.07\Extract.CATPart。

步骤 02 选择命令。选择下拉菜单 插入 → 操作 ▸ → 提取... 命令，系统弹出图 6.6.23 所示的“提取定义”对话框。

步骤 03 定义拓展类型。在对话框的 拓展类型：下拉列表中选择 切线连续 选项。

步骤 04 选取要提取的元素。在模型中选取图 6.6.24 所示的面 1 为要提取的元素。

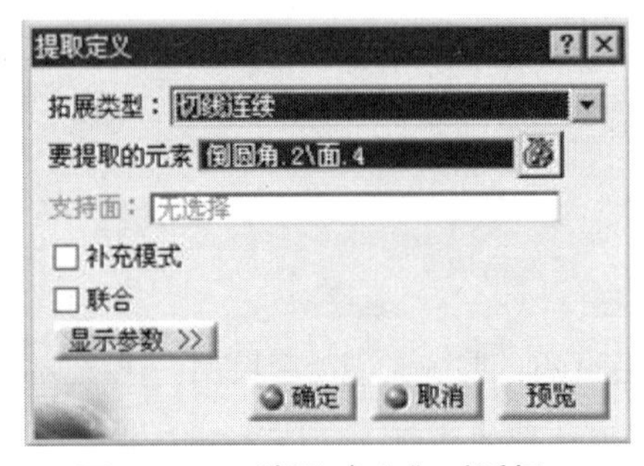

图 6.6.23　“提取定义”对话框

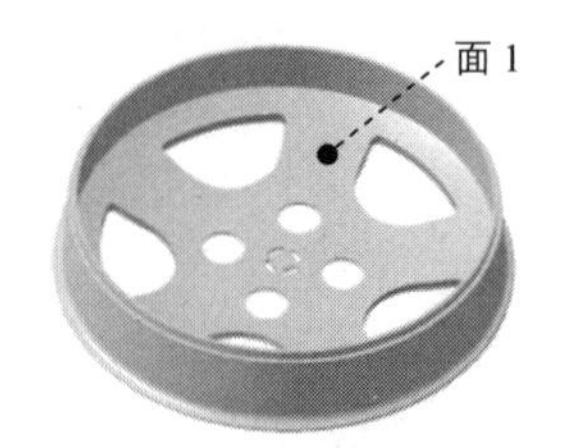

图 6.6.24　选取要提取的元素

步骤 05 单击 确定 按钮，完成曲面的提取。

3. 多重提取

下面以图 6.6.25 所示的模型为例，介绍创建多重提取的一般过程。

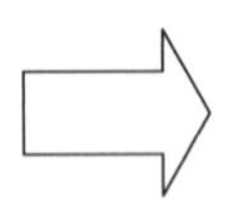

a)“提取”前　　b)“提取”后

图 6.6.25　多重提取

步骤 01 打开文件 D: \ catxc2014\work\ch06.06.07\Multiple Extract.CATPart。

步骤 02 选择命令。选择下拉菜单 插入 → 操作 ▸ → 多重提取... 命令，系统弹出图 6.6.26 所示的“多重提取定义”对话框。

步骤 03 选取要提取的元素。在模型中选取图 6.6.27 所示的面 1、面 2 和面 3 为要提取的元素。

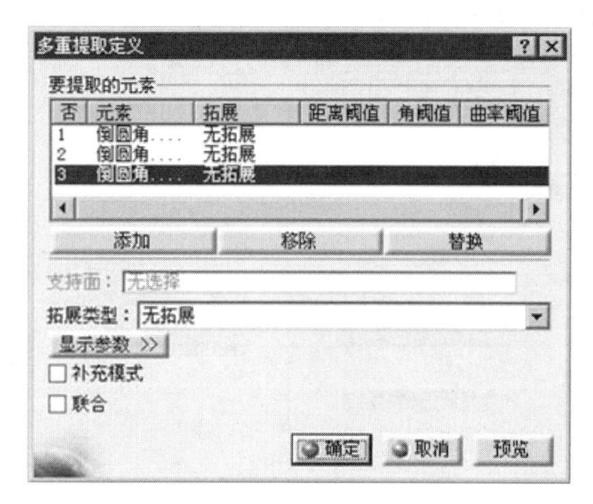

图 6.6.26 “多重提取定义”对话框

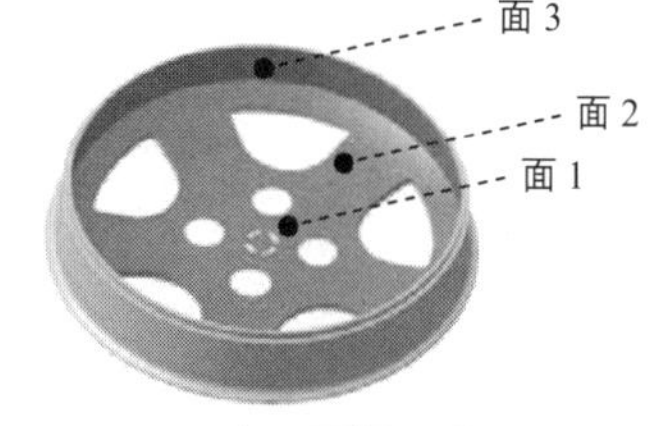

图 6.6.27 选取要提取的元素

步骤 04 单击 确定 按钮，完成多重提取，此时在特征树中显示为一个提取特征。

6.6.8 曲面圆角

1. 简单圆角

使用“简单圆角”命令可以在两个曲面上直接生成圆角。该命令在“创成式外形设计”工作台中进行操作。下面以图 6.6.28 所示的实例来说明创建简单圆角的一般过程。

步骤 01 打开文件 D:\ catxc2014\work\ch06.06.08\Simple_Fillet.CATPart。

步骤 02 选择命令。选择下拉菜单 插入 → 操作 ▸ → 简单圆角... 命令，系统弹出图 6.6.29 所示的“圆角定义”对话框。

步骤 03 定义圆角类型。在对话框的 圆角类型： 下拉列表中选择 双切线圆角 选项。

步骤 04 定义支持面。选取图 6.6.28 所示的支持面 1 和支持面 2。

步骤 05 确定圆角半径。在对话框的 半径： 文本框中输入数值 5。

步骤 06 定义圆角方向。将图形中的箭头方向调整至图 6.6.28 所示（单击箭头即可改变方向）。

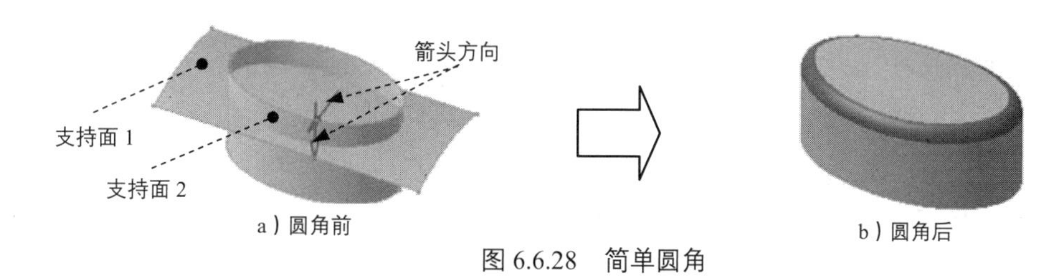

a）圆角前　　b）圆角后

图 6.6.28 简单圆角

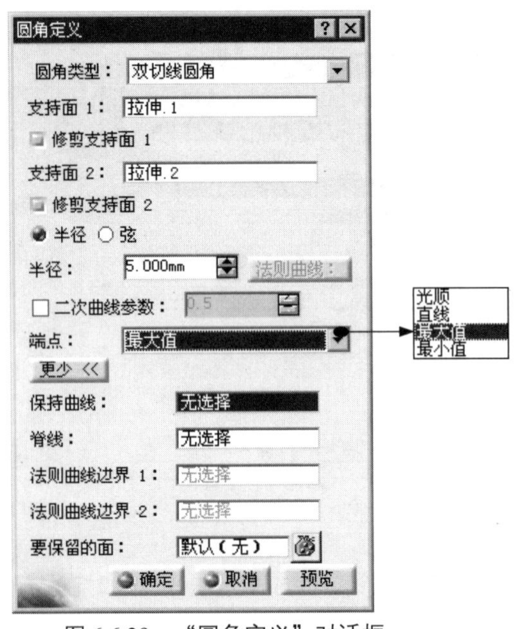

图 6.6.29 “圆角定义”对话框

步骤 07 单击 确定 按钮，完成简单圆角的创建。

- 图 6.6.30~6.6.33 所示为 端点： 下拉列表的四个选项。
- 如果需要创建异形圆角，则可以给圆角加上控制曲线或脊线和法向曲线，如图 6.6.34 所示。

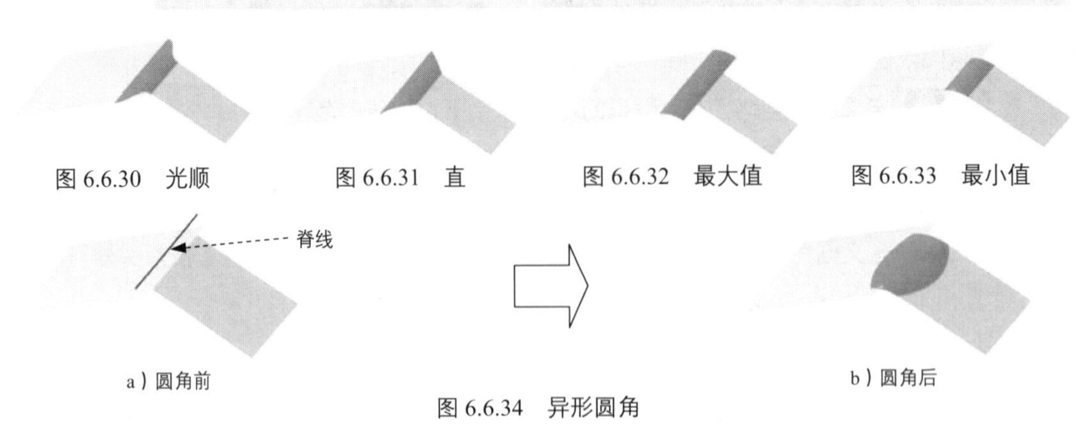

图 6.6.30 光顺　图 6.6.31 直　图 6.6.32 最大值　图 6.6.33 最小值

a）圆角前　b）圆角后

图 6.6.34 异形圆角

2. 倒圆角

使用“倒圆角”命令可以在某个曲面的边线上创建圆角。下面以图 6.6.35 所示的实例来说明创建倒圆角的一般过程。

步骤 01 打开文件 D:\ catxc2014\work\ch06.06.08\Shape_Fillet.CATPart。

步骤 02 选择命令。选择下拉菜单 插入 → 操作 ▸ → 倒圆角... 命令，此时系统弹出“倒圆角定义”对话框，如图 6.6.36 所示。

步骤 03 定义圆角边线。选取图 6.6.35 所示要圆化的对象。

步骤 04 定义圆角半径。在对话框 半径： 后的文本框中输入数值 30。

步骤 05 定义拓展类型。在对话框的 选择模式： 下拉列表中选择 相切 选项。

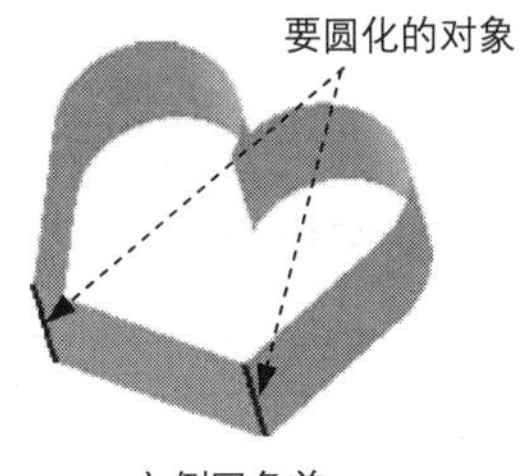

a）倒圆角前

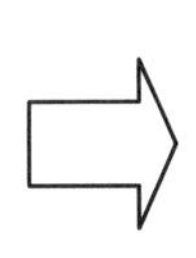

b）倒圆角后

图 6.6.35 创建倒圆角

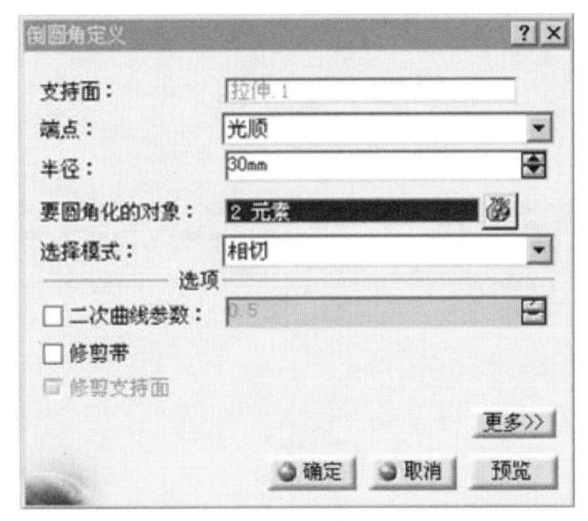

图 6.6.36 “倒圆角定义”对话框

步骤 06 单击 确定 按钮，完成倒圆角的创建。

3. 可变圆角

使用 可变圆角... 命令可以在某个曲面的边线上创建半径不相同的圆角。下面以图 6.6.37 所示的实例来说明创建可变圆角的一般过程。

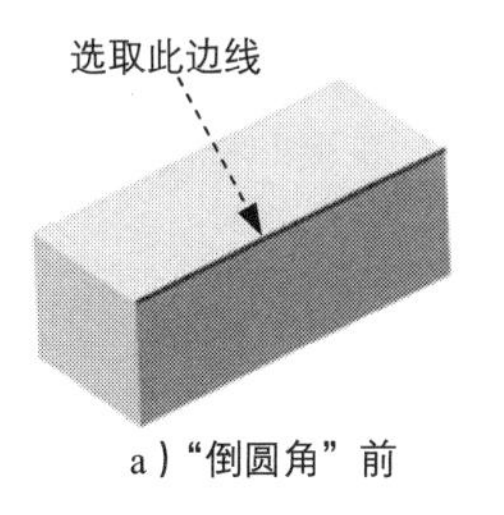

a）“倒圆角”前

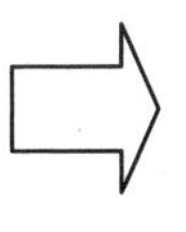

b）“倒圆角”后

图 6.6.37 创建可变圆角

步骤 01 打开文件 D: \ catxc2014\work\ch06.06.08\Variable_Fillet.CATPart。

步骤 02 选择命令。选择下拉菜单 插入 → 操作 ▸ → 可变圆角... 命令，此时系统弹出“可变半径圆角定义”对话框。

步骤 03 定义圆角边线。选取图 6.6.37a 所示的曲面边线为圆角边线。

步骤 04 定义倒圆角半径。

（1）在 点: 后的文本框中右击，从弹出的快捷菜单中选择 创建中点 命令，此时系统弹出“运行命令”对话框。

（2）将鼠标指针放到圆角边线上，此时边线中点高亮显示，如图 6.6.38 所示，单击选择此中点，返回到“可变半径圆角定义”对话框，此时可以看到要圆角的边线上有三个点显示半径值。

（3）双击中点上的半径值，在系统弹出的“参数定义”对话框中输入数值 20，单击 确定 按钮。

（4）参照（3），将两端点的半径值均设置为 10。

步骤 05 单击对话框中的 确定 按钮，完成可变半径圆角特征的创建。

4. 面与面的圆角

使用“面与面的圆角”命令可以在相邻两个面的交线上创建半圆角，也可以在不相交的两个面间创建圆角。下面以图 6.6.39 所示的模型为例，说明在不相交的两个面间创建圆角的一般过程。

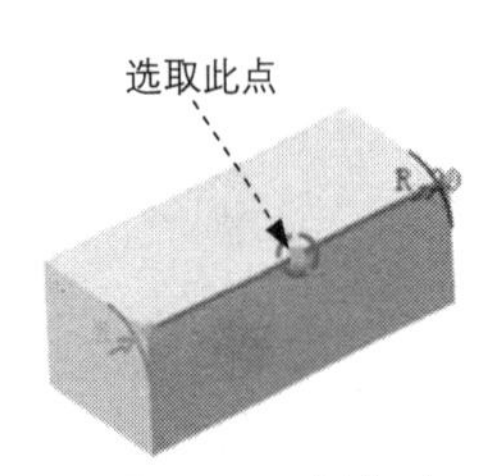

图 6.6.38 添加点

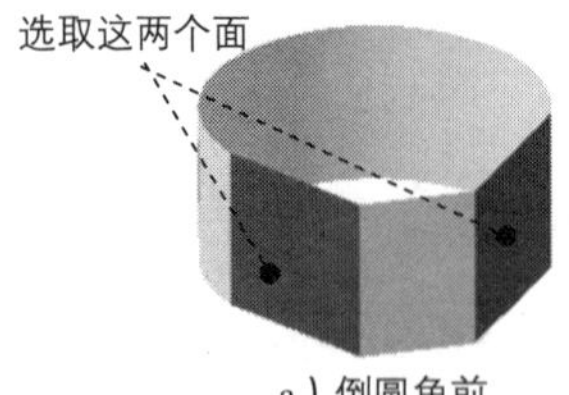

a）倒圆角前

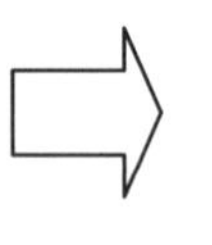

b）倒圆角后

图 6.6.39 创建面与面的圆角

步骤 01 打开文件 D:\cat201\work\ch06.06.08\Face-Face_Fillet.CATPart。

步骤 02 选择命令。选择下拉菜单 插入 → 操作 ▸ → 面与面的圆角... 命令，此时系统弹出“定义面与面的圆角”对话框。

步骤 03 定义圆角面。选取图 6.6.40a 所示的两个曲面为要圆角面。

步骤 04 定义圆角半径。在 半径: 文本框中输入数值 20。

步骤 05 单击 确定 按钮，完成面与面圆角的创建。

◆ 如果需要创建不规则的面与面圆角，则可以给面与面圆角指定一条保持曲线和一条脊线，如图 6.6.40 所示。

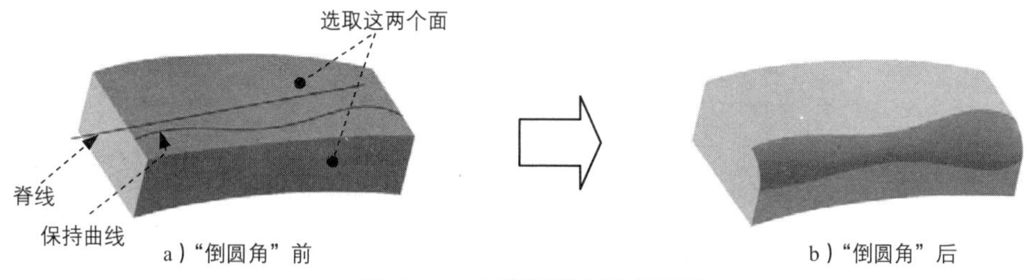

a）“倒圆角”前　　b）“倒圆角”后

图 6.6.40　不规则的面与面圆角

5. 三切线内圆角

下面以图 6.6.41 所示的模型为例，介绍创建三切线内圆角的一般过程。

步骤 01 打开文件 D:\catzx20\work\ch06.06.08\Tritangent Fillet.CATPart。

步骤 02 选择命令。选择下拉菜单 插入 → 操作 ▸ → 三切线内圆角... 命令，系统弹出“定义三切线内圆角”对话框。

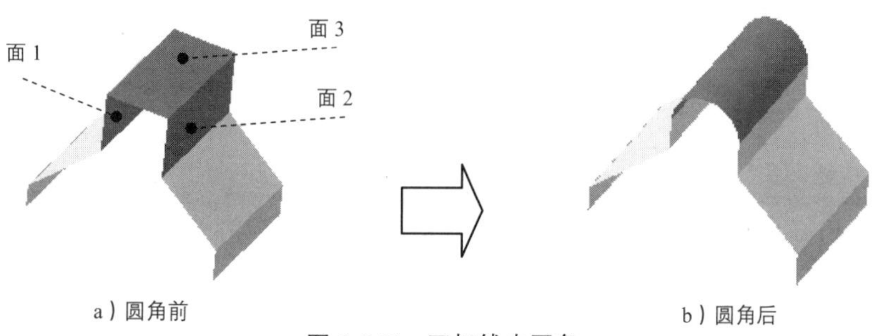

a）圆角前　　b）圆角后

图 6.6.41　三切线内圆角

步骤 03 定义要圆角化的面。在图形区选取图 6.6.41 所示的面 1 和面 2 为要圆角化的面。

步骤 04 定义要移除的面。在图形区选取图 6.6.41 所示的面 3 为要移除的面。

步骤 05 单击 确定 按钮，完成三切线内圆角的创建。

6.6.9　平移

使用平移命令可以将一个或多个元素平移。下面以图 6.6.42 所示的模型为例，介绍创建平移曲面的一般过程。

步骤 01 打开文件 D: \ catxc2014\work\ch06.06.09\Translate.CATPart。

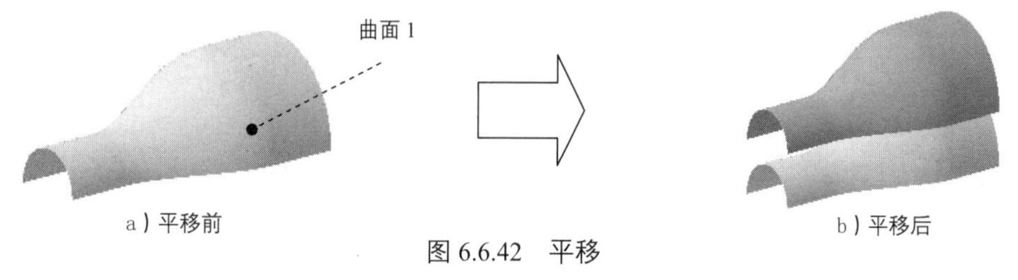

a）平移前　　b）平移后

图 6.6.42　平移

步骤 02 选择命令。选择下拉菜单 插入 ➡ 操作 ▸ ➡ 平移... 命令，系统弹出 “平移定义”对话框。

步骤 03 定义平移类型。在对话框的 向量定义： 下拉列表中选择 方向、距离 选项。

步骤 04 定义平移元素。选取图 6.6.42a 所示的曲面 1 为要平移的元素。

步骤 05 定义平移参数。在 方向： 文本框中右击，选择 Y 部件 为平移方向参考，在 距离： 后的文本框中输入数值 12，其他参数采用系统默认设置值。

步骤 06 单击 确定 按钮，完成曲面的平移。

6.6.10 旋转

使用旋转命令可以将一个或多个元素复制并绕一根轴旋转。下面以图 6.6.43 所示的模型为例，介绍创建旋转曲面的一般过程。

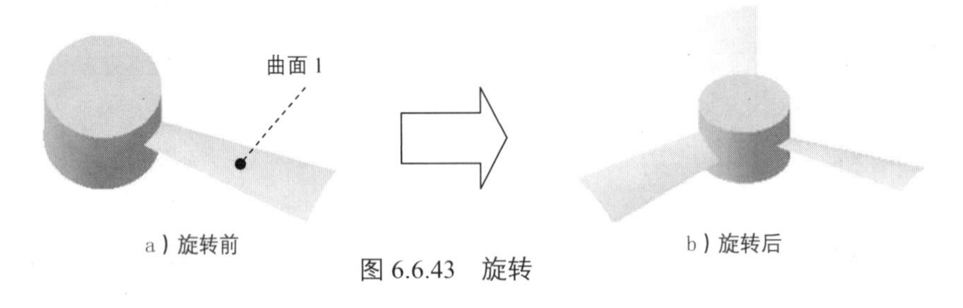

a）旋转前　　b）旋转后

图 6.6.43 旋转

步骤 01 打开文件 D:\ catxc2014\work\ch06.06.10\Rotate.CATPart。

步骤 02 选择命令。选择下拉菜单 插入 ➡ 操作 ▸ ➡ 旋转... 命令，系统弹出 “旋转定义”对话框。

步骤 03 定义旋转类型。在对话框的 定义模式： 下拉列表中选择 轴线-角度 选项。

步骤 04 定义旋转元素。选取图 6.6.43a 所示的曲面 1 为要旋转的元素。

步骤 05 定义旋转参数。在 轴线： 后的文本框中右击，选择 Z 轴 选项，在 角度： 后的文本框中输入数值 120，选中 确定后重复对象 复选框。

步骤 06 单击 确定 按钮，系统弹出“复制对象”对话框，在 实例： 后的文本框中输入数值 2，取消选中 □ 在新几何体中创建 复选框，单击 确定 按钮，完成曲面的旋转。

6.6.11 对称

使用对称命令可以将一个或多个元素复制并与选定的参考元素对称放置。下面以图 6.6.44 所示的模型为例，介绍创建对称曲面的一般过程。

步骤 01 打开文件 D:\ catxc2014\work\ch06.06.11\Symmetry.CATPart。

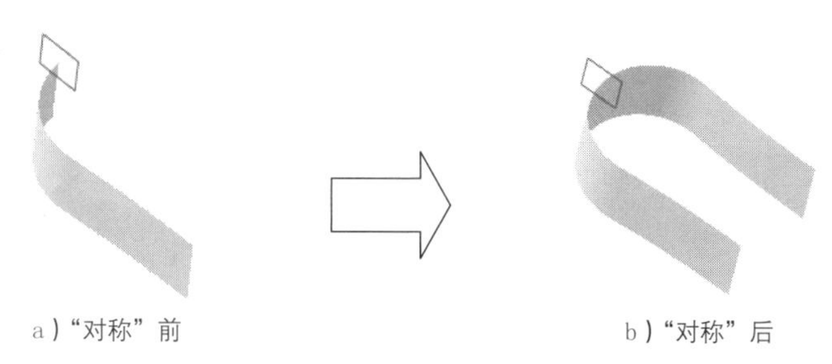

图 6.6.44 对称

步骤 02 选择命令。选择下拉菜单 插入 → 操作 ▸ → 对称... 命令，系统弹出图 6.6.45 所示的“对称定义”对话框。

步骤 03 定义对称元素。在图形区选取图 6.6.46 所示的曲面 1 作为对称元素。

步骤 04 定义对称参考。选取图 6.6.46 所示 zx 平面作为对称参考。

步骤 05 单击 确定 按钮，完成曲面的对称。

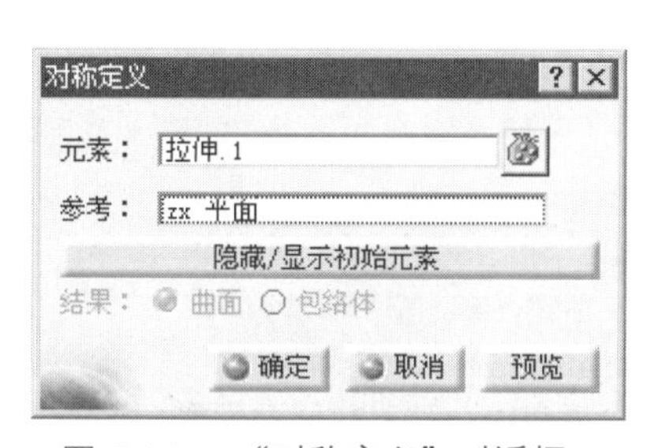

图 6.6.45 “对称定义”对话框

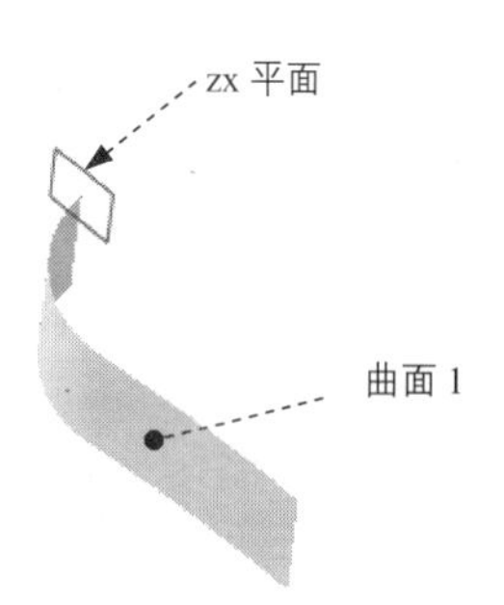

图 6.6.46 定义参考

6.6.12 缩放

“缩放”命令是将一个或多个元素复制，并以某参考元素为基准，在某个方向上进行缩小或者放大。下面以图 6.6.47 所示的模型为例，介绍创建缩放曲面的一般过程。

图 6.6.47 缩放

步骤 01 打开文件 D:\catxc2014\work\ch06.06.12\scaling.CATPart。

步骤 02 选择命令。选择下拉菜单 插入 → 操作 ▸ → 缩放... 命令，系统弹出图 6.6.48 所示的“缩放定义”对话框。

步骤 03 定义缩放元素。在图形区选取图 6.6.49 所示的面 1 作为缩放元素。

步骤 04 定义缩放参考。选取 zx 平面为缩放参考。

缩放参考也可以是一个点，且此点可以是现有的点，也可以创建新点。

步骤 05 定义缩放比率。在对话框的 比率： 后的文本框中输入数值 2。

步骤 06 单击 确定 按钮，完成曲面的缩放。

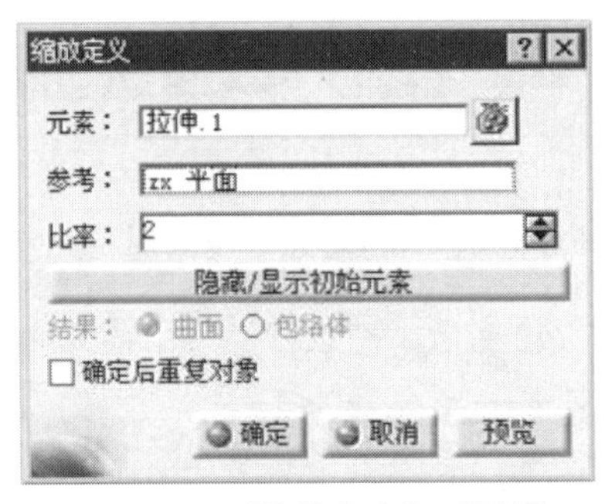

图 6.6.48 “缩放定义”对话框

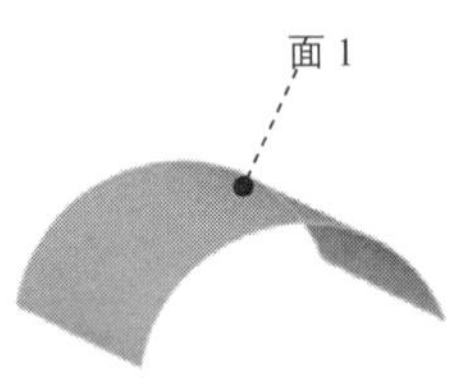

图 6.6.49 定义参考

6.7 曲面实体化操作

1. 使用“封闭曲面”命令创建实体

通过“封闭曲面”命令可以将封闭的曲面转化为实体，若非封闭曲面则自动以线性的方式转化为实体。此命令在零部件设计工作台中。下面以图 6.7.1 所示的实例来说明创建封闭曲面的一般过程。

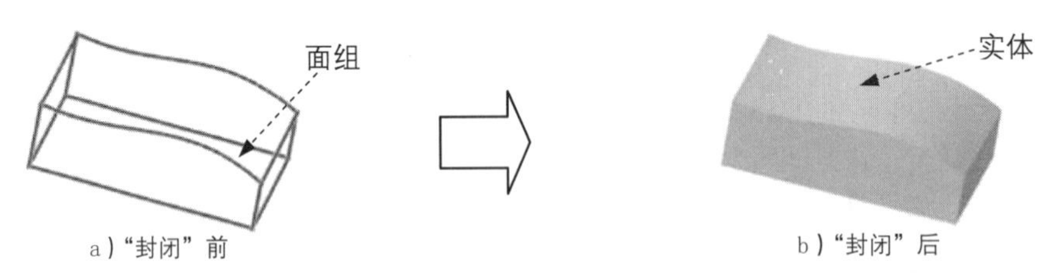

图 6.7.1 用封闭的面组创建实体

步骤 01 打开文件 D:\ catxc2014\work \ch06.07\Close_surface.CATPart。

如果当前打开的模型是在线框和曲面设计工作台，则需要将当前的工作台切换到零件设计工作台。

步骤 02 选择命令。选择下拉菜单 插入 → 基于曲面的特征 → 封闭曲面... 命令，此时系统弹出图 6.7.2 所示的“定义封闭曲面”对话框。

步骤 03 定义封闭曲面。选取图 6.7.3 所示的面组为要封闭的对象。

- 封闭对象是指需要进行封闭的曲面（实体化）。
- 利用 封闭曲面... 命令可以将非封闭的曲面转化为实体（图 6.7.4）。

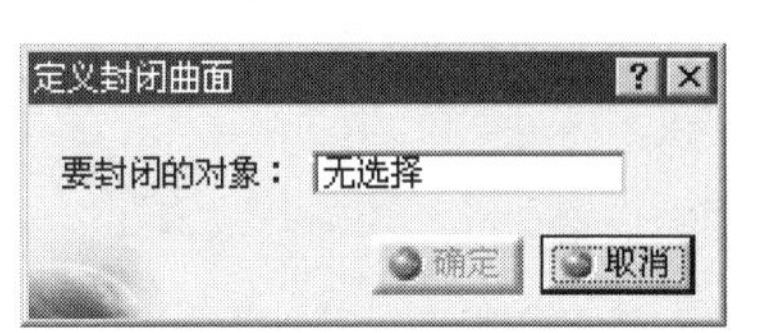

图 6.7.2 “定义封闭曲面”对话框

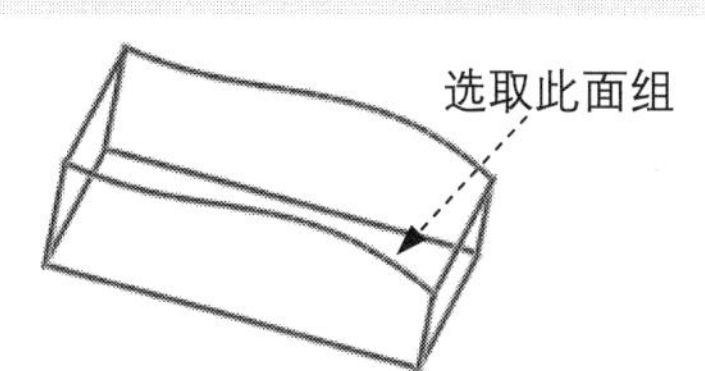

图 6.7.3 选择面组

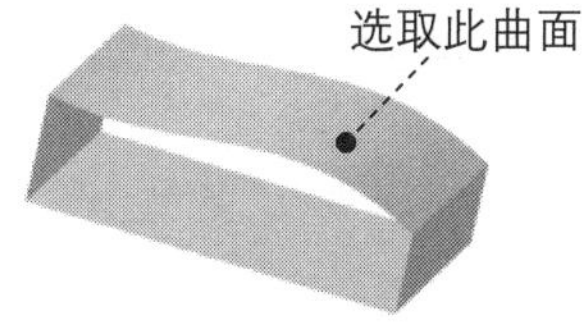

a）“封闭”前

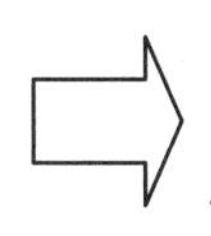

b）“封闭”后

图 6.7.4 用非封闭的面组创建实体

步骤 04 单击 确定 按钮，完成封闭曲面的创建。

2. 使用“分割”命令创建实体

“分割”命令通过与实体相交的平面或曲面切除实体的某一部分，此命令在“零件设计”工作台中。下面以图 6.7.5 所示的实例来说明使用分割命令创建实体的一般操作过程。

步骤 01 打开文件 D:\ catxc2014\work\ch06.07\Split.CATPart。

步骤 02 选择命令。选择下拉菜单 插入 → 基于曲面的特征 → 分割... 命令，系统弹出“定义分割”对话框。

步骤 03 定义分割元素。选取图 6.7.6 所示的曲面为分割元素，然后单击图 6.7.6 所示的箭头方向。

图中的箭头所指方向代表着需要保留的实体方向，单击箭头可以改变箭头方向。

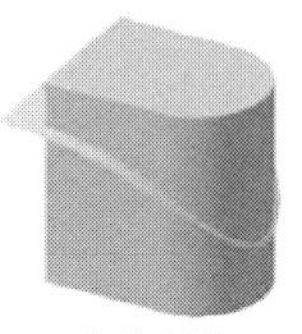

a）分割前

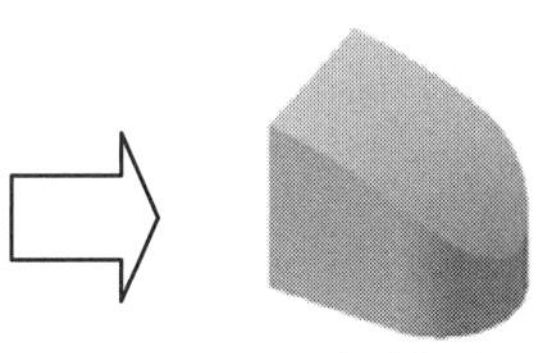

b）分割后

图 6.7.5 用“分割”命令创建实体

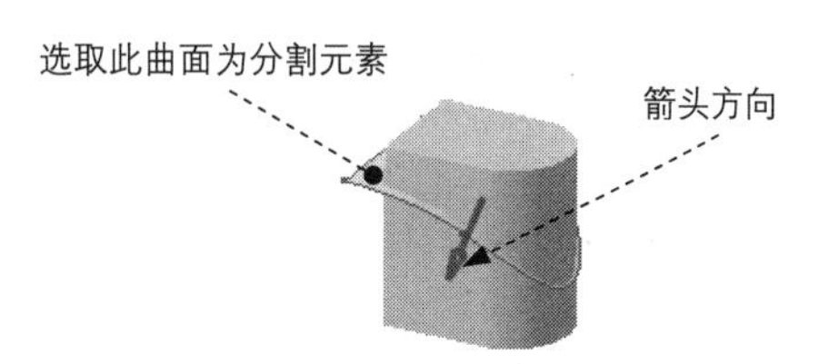

图 6.7.6 定义分割元素

步骤 04 单击 确定 按钮，完成分割的操作。

3. “厚曲面”实体化

厚曲面是将曲面（或面组）转化为薄板实体特征，此命令在“零件设计”工作台中。下面以图 6.7.7 所示的实例来说明使用“厚曲面”命令创建实体的一般操作过程。

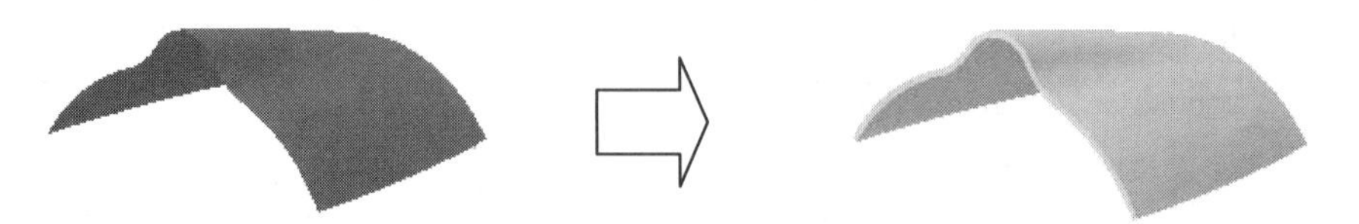

图 6.7.7 用“厚曲面”创建实体

步骤 01 打开文件 D: \ catxc2014\work\ch06.07 \Thick_surface.CATPart。

步骤 02 选择命令。选择下拉菜单 插入 → 基于曲面的特征 ▸ → 厚曲面... 命令，系统弹出图 6.7.8 所示的“定义厚曲面”对话框。

步骤 03 定义加厚对象。选择图 6.7.9 所示的面组为加厚对象。

步骤 04 定义加厚值。在对话框的 第一偏移: 文本框中输入数值 1。

步骤 05 单击 确定 按钮，完成加厚操作。

单击图 6.7.10 所示的箭头或者单击“定义厚曲面”对话框中的 反转方向 按钮，可以调整曲面加厚方向。

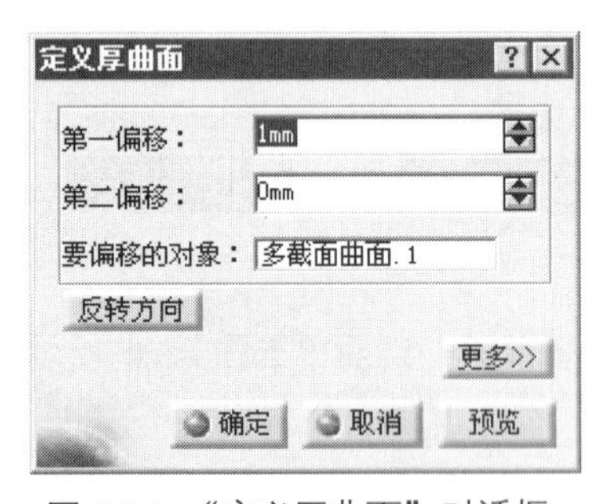

图 6.7.8 “定义厚曲面”对话框

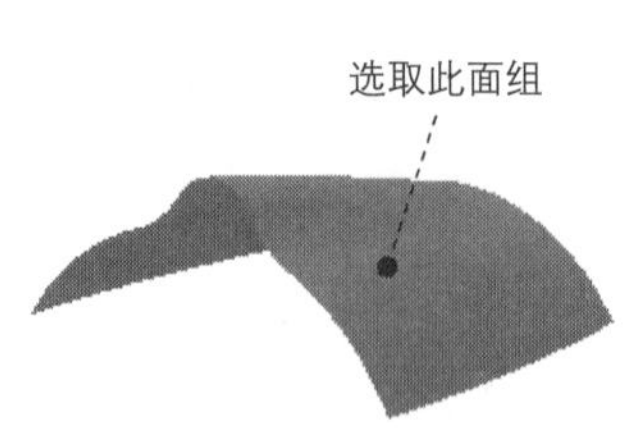

图 6.7.9 选取加厚面组

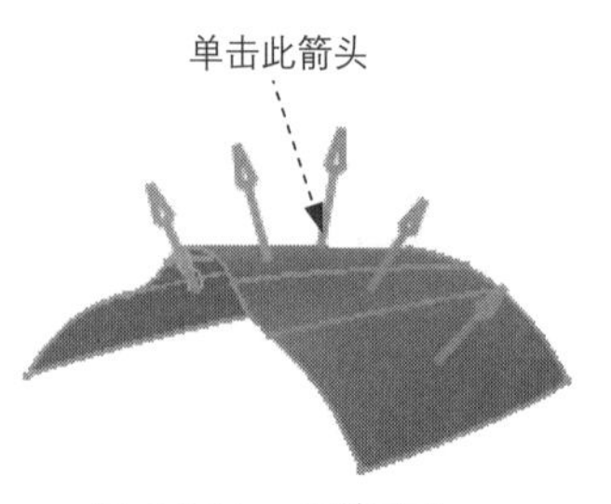

图 6.7.10 切换方向

6.8 曲面的分析

6.8.1 连续性分析

使用 分析连接检查器... 命令可以对已知曲面进行连续性分析。下面以图 6.8.1 所示的实例来说明进行曲面连续性分析的一般过程。

步骤 01 打开文件 D:\ catxc2014\work\ch06.08.01\ connect_analysis.CATPart。

步骤 02 选择命令。选择下拉菜单 插入 → 分析 → 分析连接检查器... 命令，系统弹出图 6.8.2 所示的“连接检查器”对话框。

步骤 03 定义分析类型。在“连接检查器”对话框的 类型 区域中单击“曲面-曲面连接“按钮。

步骤 04 选取分析元素。按住 Ctrl 键，在图形区选取图 6.8.1a 所示的曲面 1 和曲面 2 为分析元素。

步骤 05 定义分析。在对话框 连接 区域的 最大间隔 文本框中输入数值 0.1；在 完全 选项卡中单击“G0 连续”按钮；在 显示 区域中单击“梳”按钮；在 振幅 区域取消选中“自动缩放”按钮（使其弹起），然后在其后的文本框中输入振幅值 1200；在 信息 区域单击“最小值”按钮；在 离散化 区域中单击“中度离散化”按钮；其他参数接受系统默认设置值（图 6.8.2）。

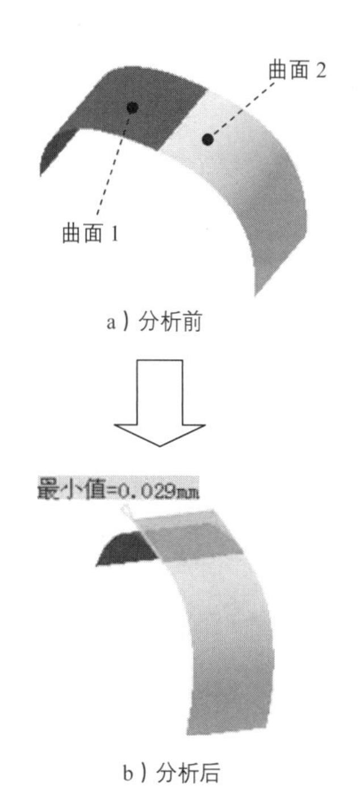

图 6.8.1 曲面连续性分析

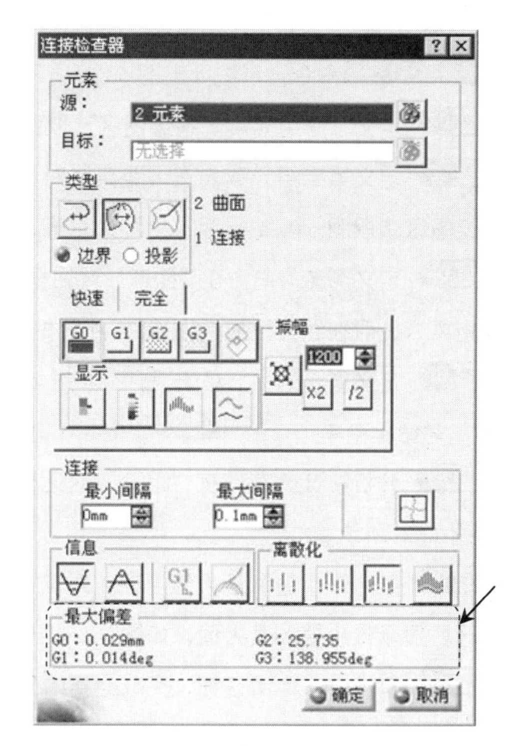

图 6.8.2 “连接检查器”对话框

步骤 06 观察分析结果。完成上步操作后，曲面上显示分析结果，同时，在“连接检查器”对话框的 最大偏差 区域中显示全部分析结果（图 6.8.2）。

6.8.2 距离分析

使用 Distance Analysis... 命令可以对已知元素间进行距离分析。下面通过图 6.8.3 所示的实例，说明距离分析的操作过程。

步骤 01 打开文件 D:\ catxc2014\work\ch06.08.02\Distance Analysis.CATPart。

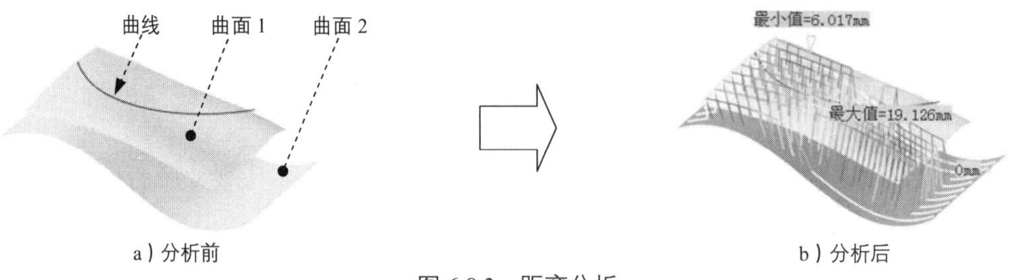

a）分析前　　b）分析后

图 6.8.3　距离分析

步骤 02 确认当前工作环境处于“自由曲面设计”工作台，如不是，则切换到该工作台。

步骤 03 选择命令。选择下拉菜单 插入 → Shape Analysis ▸ → Distance Analysis... 命令，系统弹出图 6.8.4 所示的“距离”对话框。

步骤 04 定义第一组元素。在绘图区选取图 6.8.3a 所示的曲面 1 为第一组元素。

步骤 05 定义第二组元素。在“距离”对话框的 选择状态 区域选中 第二組 (0) 单选项，然后在绘图区选取图 6.8.3a 所示的曲面 2 为第二组元素。

步骤 06 定义测量方向。在“距离”对话框的 测量方向 区域单击 按钮，将测量方向改为法向距离，此时在绘图区显示图 6.8.5 所示的分析距离。

步骤 07 定义显示选项。单击 显示选项 区域的 按钮，系统弹出“距离.1”对话框。在“距离.1”对话框中单击 使用最小值和最大值 按钮。

步骤 08 分析统计分布。在“距离”对话框中选中 统计分布 复选框，此时“距离”对话框如图 6.8.6 所示。

步骤 09 显示最小值和最大值。在“距离”对话框中选中 最小值/最大值 复选框，此时在绘图区域显示最小值和最大值，如图 6.8.7 所示。

步骤 10 单击 确定 按钮，完成距离的分析，如图 6.8.3b 所示，并关闭“距离”对话框。

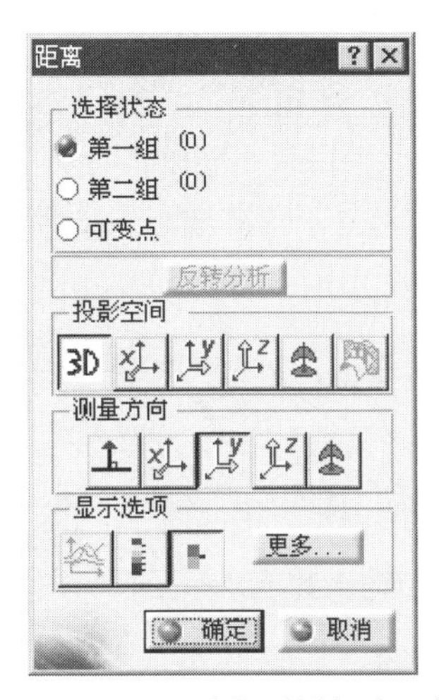

图 6.8.4 “距离”对话框（一）

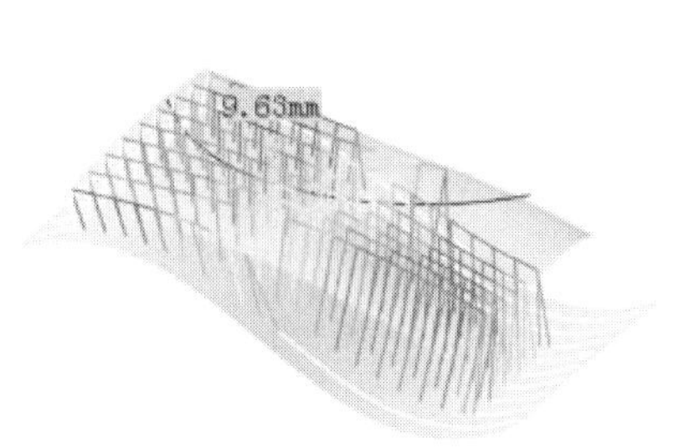

图 6.8.5 方向距离分析

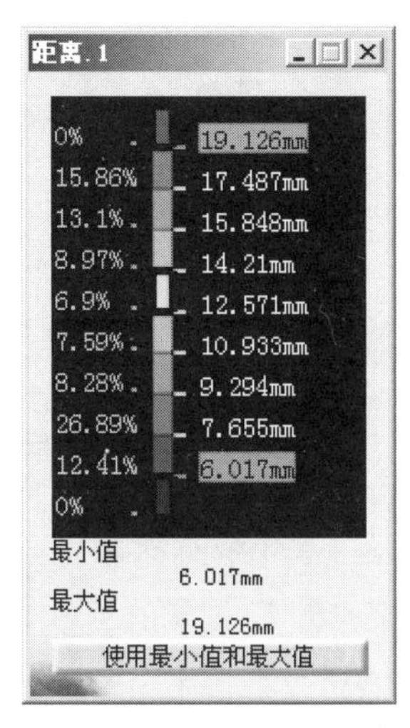

图 6.8.6 “距离”对话框（二）

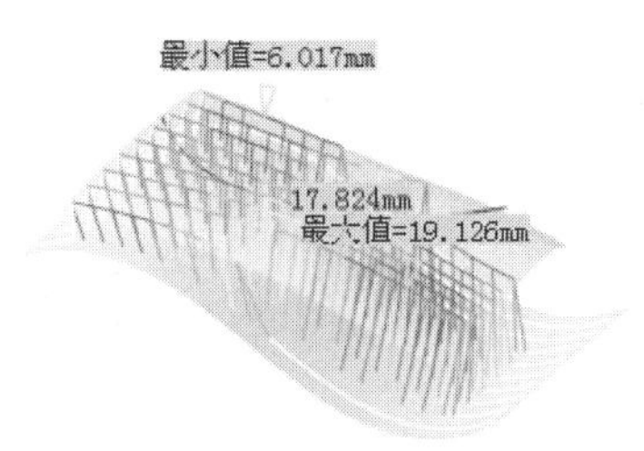

图 6.8.7 最小值和最大值

6.8.3 反射线分析

使用 Reflection Lines... 命令可以利用反射线对已知曲面进行分析。下面通过图 6.8.8 所示的实例说明反射线分析的操作过程。

图 6.8.8 反射线分析

步骤 01 打开文件 D:\ catxc2014\work\ch06.08.03\Analyzing Reflect Curves.CATPart。

步骤 02 确认当前工作环境处于“自由曲面设计”工作台。

步骤 03 选择命令。选择下拉菜单 插入 → Shape Analysis ▸ → Reflection Lines... 命令，系统弹出图 6.8.9 所示的“反射线”对话框。

步骤 04 定义要分析的对象。在绘图区选取图 6.8.8a 所示的曲面为要分析的对象。

步骤 05 定义霓虹参数。在对话框的 霓虹 区域的 N 文本框中输入数值 10，在 ID 文本框中输入数值 8。

步骤 06 定义视角。在“视图”工具栏的 下拉列表中选择 命令，调整视角为“等轴视图”，并在 视角 区域单击 按钮。

步骤 07 定义指南针位置。在图 6.8.10 所示的指南针的原点位置右击，然后在系统弹出的快捷菜单中选择 编辑... 命令，系统弹出“用于指南针操作的参数”对话框。在 沿X 的 位置 文本框中输入数值 0，在 沿Y 的 位置 文本框中输入数值 0，在 沿Z 的 位置 文本框中输入数值 15，在 沿X 的 角度 文本框中输入数值 30，在 沿Y 的 角度 文本框中输入数值 0，在 沿Z 的 角度 文本框中输入数值 0；单击 应用 按钮，此时指南针方向如图 6.8.11 所示。单击 关闭 按钮，关闭“用于指南针操作的参数”对话框。

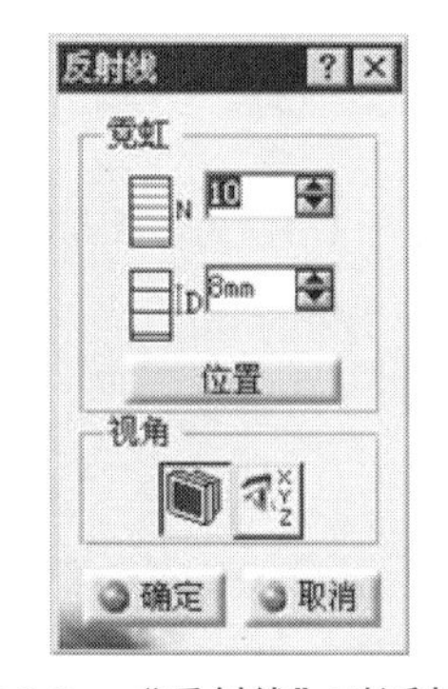

图 6.8.9 “反射线”对话框

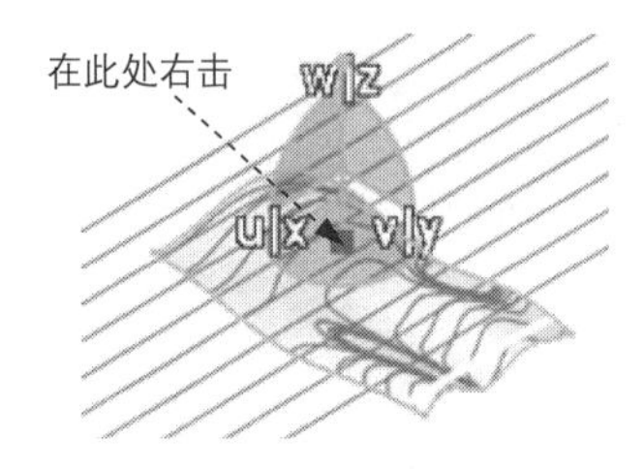

图 6.8.10 定义指南针位置

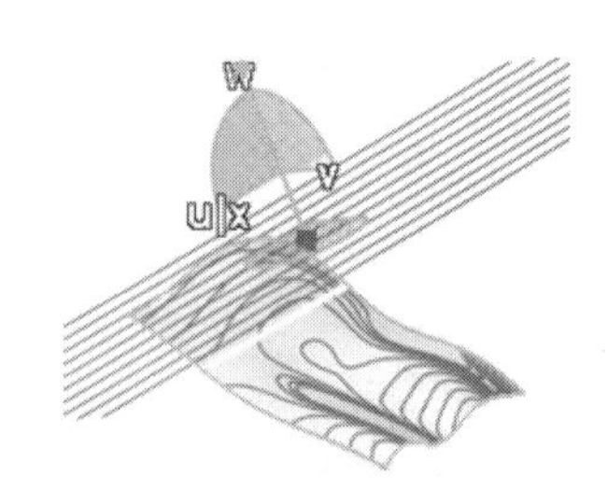

图 6.8.11 改变后的指南针位置

步骤 08 在“反射线”对话框中单击 确定 按钮，完成反射线分析，如图 6.8.8b 所示。

6.8.4 斑马线分析

使用 Isophotes Mapping... 命令可以对已知曲面进行斑马线分析。下面通过图 6.8.12 所示的实例说明斑马线分析的操作过程。

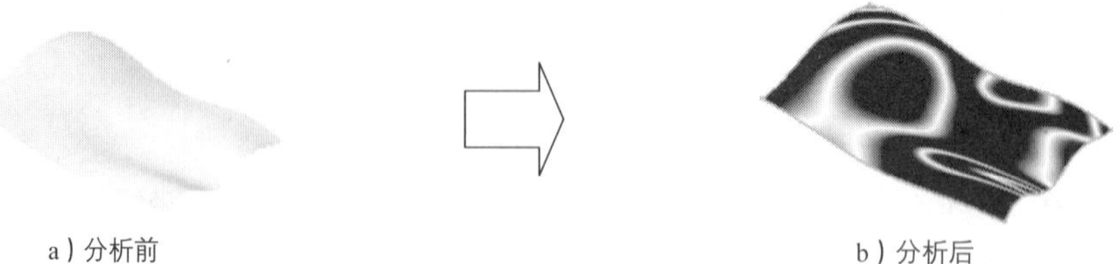

a）分析前　　b）分析后

图 6.8.12 斑马线分析

步骤 01 打开文件 D:\ catxc2014\work\ch06.08.04\Isophotes Mapping Analysis.CATPart。

在进行斑马线分析时，需将视图调整到“带材料着色”视图环境下。

步骤 02 选择命令。选择下拉菜单 插入 → Shape Analysis → Isophotes Mapping. 命令，系统弹出图 6.8.13 所示的“等照度线映射分析”对话框。

图 6.8.13 “等照度线映射分析”对话框

步骤 03 定义映射类型。在“等照度线映射分析”对话框 类型选项 区域的下拉列表中单击按钮。

步骤 04 定义要分析的对象。在绘图区选取图 6.8.12a 所示的曲面为要分析的对象。

步骤 05 单击 确定 按钮，完成映射分析，如图 6.8.12b 所示。

在分析完成后，用户可以转动模型观察映射。

第 7 章　曲面设计综合实例

7.1　曲面设计综合实例一

实例概述:

本实例介绍了一个水嘴旋钮的设计过程，主要讲述实体零件设计工作台与曲面设计工作台的交互结合使用、多截面曲面和填充曲面的基本应用以及封闭曲面转化为实体的操作方法。其零件模型如图 7.1.1 所示。

本实例的详细操作过程请参见随书光盘中 video\ch07.01 文件下的语音视频讲解文件。模型文件为 D: \catxc2014\work\ch07.01\ coffee_cup.CATPart。

7.2　曲面设计综合实例二

实例概述

本实例主要讲述勺子实体建模，建模过程中包括相交、多截面曲面、曲面接合、封闭曲面和盒体特征的创建。其中多截面曲面的操作技巧性较强，需要读者用心体会。勺子模型如图 7.2.1 所示。

本实例的详细操作过程请参见随书光盘中 video\ch07.02 文件下的语音视频讲解文件。模型文件为 D: \catxc2014\work\ch07.02\ SCOOP.CATPart。

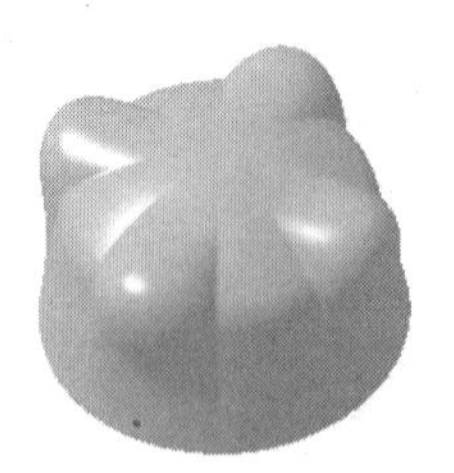

图 7.1.1　零件模型 1

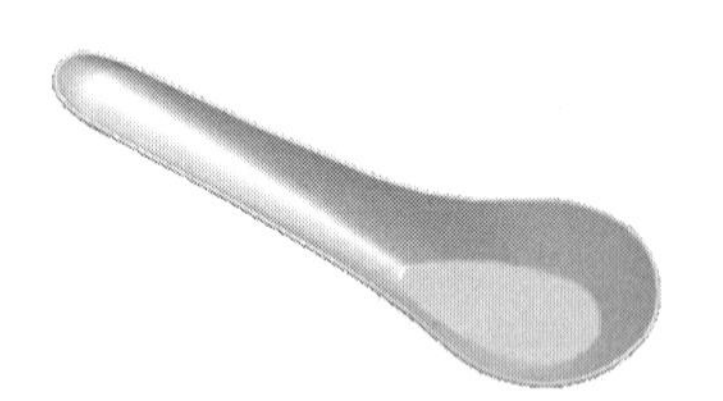

图 7.2.1　零件模型 2

7.3　曲面设计综合实例三

实例概述:

本实例介绍了充电器上盖的设计过程。这是一个典型的曲面设计范例，主要讲述了填充曲面、曲面修剪、曲面圆角以及曲面加厚等操作的应用。该零件模型如图 7.3.1 所示。

本实例的详细操作过程请参见随书光盘中 video\ch07.03 文件下的语音视频讲解文件。模型文件为 D: \catxc2014\work\ch07.03\upper_cover.CATPart。

7.4　曲面设计综合实例四

实例概述

本实例介绍了挂钩的设计过程。该模型设计过程中运用了实体和曲面相结合的设计方法，其灵活性和适用性很强，另外，本例主要介绍多截面曲面、桥接以及填充曲面等一些曲面的基本特征的应用。零件模型如图 7.4.1 所示。

本实例的详细操作过程请参见随书光盘中 video\ch07.04 文件下的语音视频讲解文件。模型文件为 D: \catxc2014\work\ch07.04\hook.CATPart。

图 7.3.1　零件模型 3

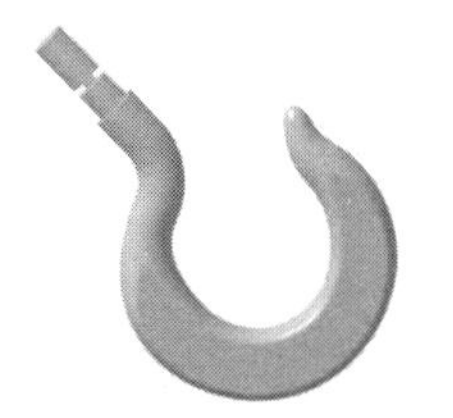

图 7.4.1　零件模型 4

7.5　曲面设计综合实例五

实例概述:

本实例介绍了电话机面板的设计过程，主要讲述了曲线光顺、桥接曲面、拔模凹面、曲面修剪和拼接的操作。值得注意的是，曲线光顺操作有助于改善曲线质量，移除曲线中的断点，减少曲面面片的生成。零件模型如图 7.5.1 所示。

图 7.5.1　零件模型 5

本实例的详细操作过程请参见随书光盘中 video\ch07.05 文件下的语音视频讲解文件。模型文件为 D: \catxc2014\work\ch07.05\faceplate.CATPart。

7.6　曲面设计综合实例六

实例概述:

本实例介绍了一个手柄的设计过程，主要运用了投影曲线、相交、填充、多截面曲面、多重提取、缝合曲面和分割等命令，读者在学习时要注意体会创建复杂曲面切除实体进行零件设计的思路。零件模型如图 7.6.1 所示。在后面的模具设计和数控加工与编程章节中会应用此模型。

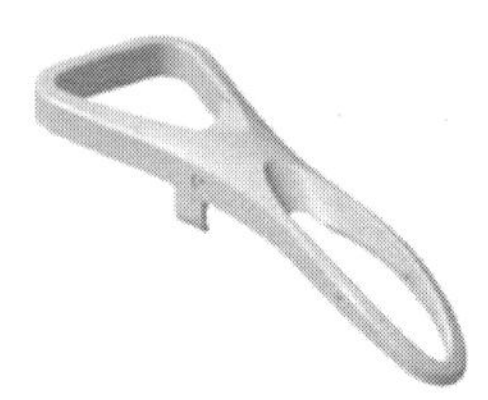
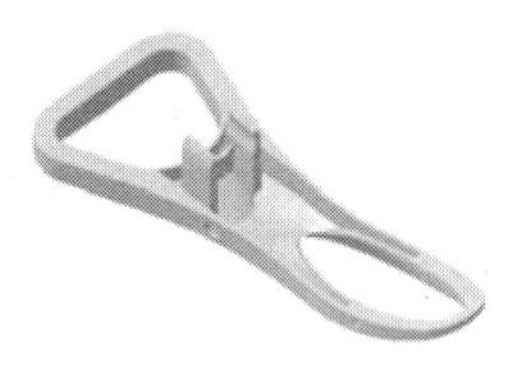

图 7.6.1　零件模型 6

本实例的详细操作过程请参见随书光盘中 video\ch07.06 文件下的语音视频讲解文件。模型文件为 D:\catxc2014\work\ch07.06\handle_ok.CATPart。

第 8 章 钣金设计

8.1 钣金设计基础入门

8.1.1 钣金设计工作台介绍

在学习本节时，请先打开目录 D:\ catxc2014\work\ch08.01.01，选中 sheet.CATPart 文件后，单击 打开(O) 按钮。打开文件 sheet.CATPart 后，系统显示图 8.1.1 所示的钣金工作界面，下面对该工作界面进行简要说明。

钣金工作界面包括特征树、下拉菜单区、右工具栏按钮区、消息区、功能输入区、下部工具栏按钮区及图形区。

进入钣金设计环境首先可创建一个零件模型，然后选择下拉菜单 开始 ➡ 机械设计 ▶ ➡ Generative Sheetmetal Design 命令，此时可进入“钣金设计”工作台。

图 8.1.1 CATIA V5-6R2014 钣金工作界面

8.1.2 钣金设计命令及工具条介绍

进入"钣金设计"工作台后，钣金设计的命令主要分布在 插入 下拉菜单中，如图 8.1.2 所示。

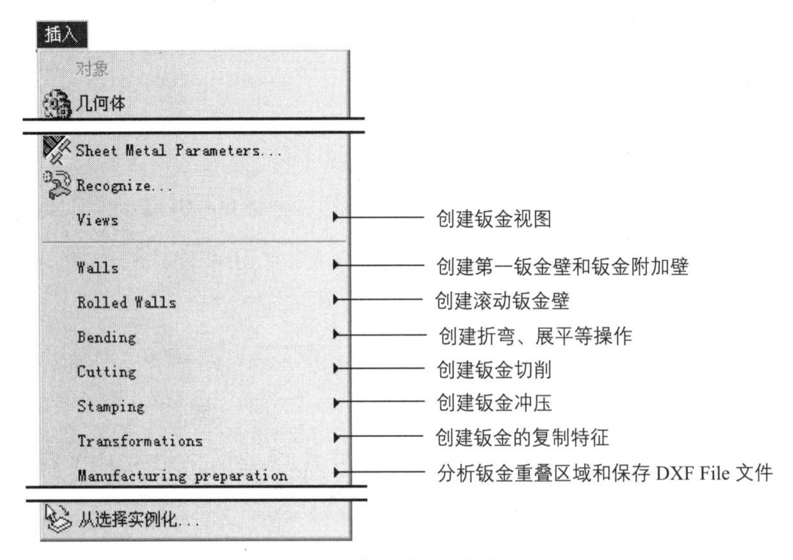

图 8.1.2 "插入"下拉菜单

8.1.3 钣金参数设置

在创建第一钣金壁之前首先需要对钣金的参数进行设置，否则钣金设计模块的相关钣金命令处于不可用状态。

选择下拉菜单 插入 → Sheet Metal Parameters... 命令（或者在"Walls"工具栏中单击 按钮），系统弹出图 8.1.3 所示的"Sheet Metal Parameters"对话框。

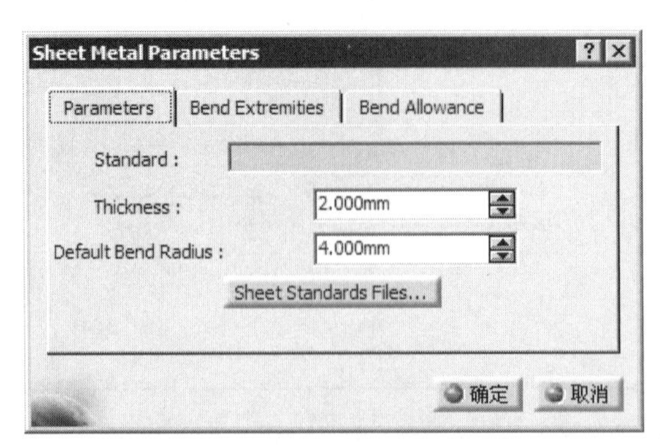

图 8.1.3 "Sheet Metal Parameters"对话框

图 8.1.3 所示的"Sheet Metal Parameters"对话框中的部分选项说明如下。

◆ Parameters 选项卡：用于设置钣金壁的厚度和折弯半径值，其包括 Standard : 文本框、Thickness : 文本框、Default Bend Radius : 文本框和 Sheet Standards Files... 按钮。

- Standard : 文本框：用于显示所使用的标准钣金文件名。
- Thickness : 文本框：用于定义钣金壁的厚度值。
- Default Bend Radius : 文本框：用于定义钣金壁的折弯钣金值。
- Sheet Standards Files... 按钮：用于调入钣金标准文件。单击此按钮，用户可以在相应的目录下载入钣金设计参数表。

◆ Bend Extremities 选项卡：用于设置折弯末端的形式，其包括 Minimum with no relief 下拉列表、下拉列表、L1: 文本框和 L2: 文本框。

- Minimum with no relief 下拉列表：用于定义折弯末端的形式，其包括 Minimum with no relief 选项、Square relief 选项、Round relief 选项、Linear 选项、Tangent 选项、Maximum 选项、Closed 选项和 Flat joint 选项。各个折弯末端形式如图 8.1.4~图 8.1.11 所示。
- 下拉列表：用于创建止裂槽，其包括“Minimum with no relief”选项、“Minimum with square relief”选项、“Minimum with round relief”选项、“Linear shape”选项、“Curved shape”选项、“Maximum bend”选项、“Closed”选项和“Flat joint”选项。此下拉列表与 Minimum with no relief 下拉列表是相对应的。
- L1: 文本框：用于定义折弯末端为 Square relief 选项和 Round relief 选项的宽度限制。
- L2: 文本框：用于定义折弯末端为 Square relief 选项和 Round relief 选项的长度限制。

◆ Bend Allowance 选项卡：用于设置钣金的折弯系数，其包括 K Factor : 文本框、f(x) 按钮和 Apply DIN 按钮。

- K Factor : 文本框：用于指定折弯系数 K 的值。
- f(x) 按钮：用于打开允许更改驱动方程的对话框。
- Apply DIN 按钮：用于根据 DIN 公式计算并应用折弯系数。

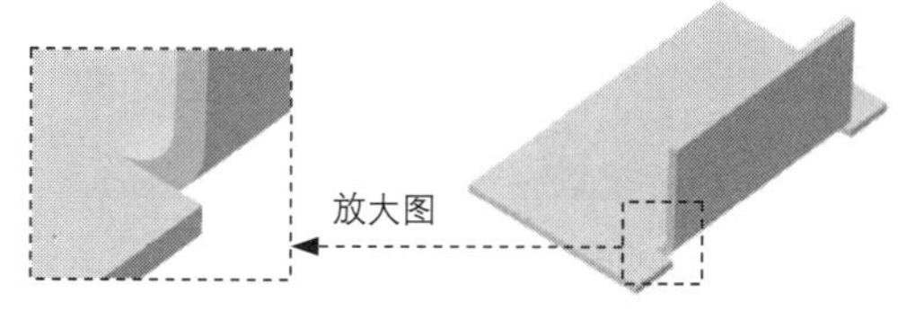

图 8.1.4 Minimum with no relief

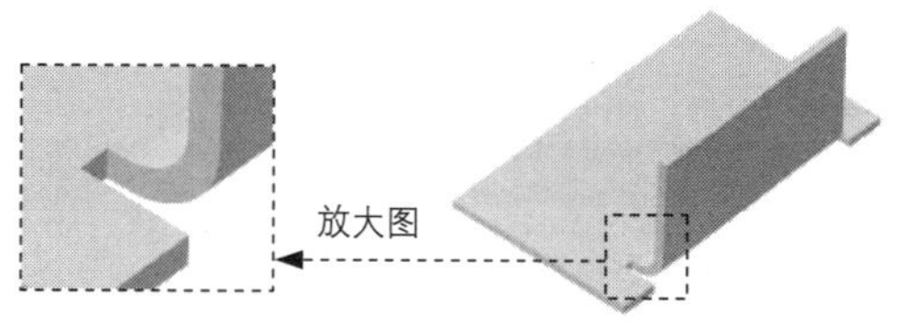

图 8.1.5 Square relief

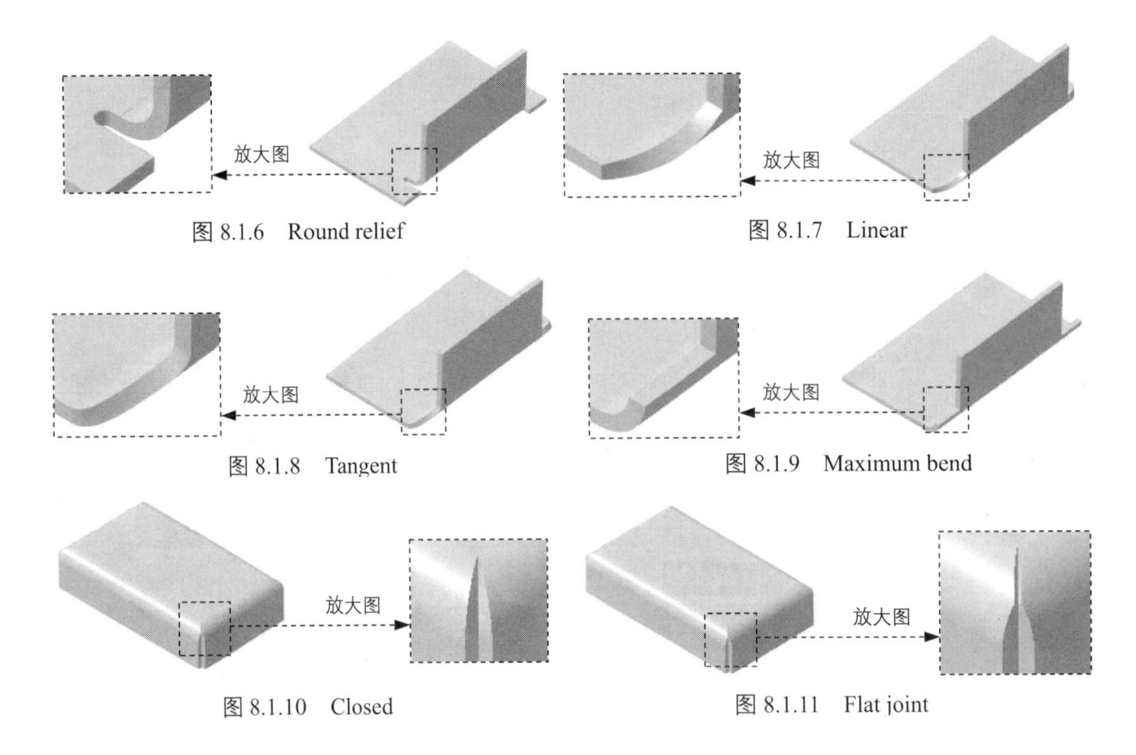

图 8.1.6　Round relief

图 8.1.7　Linear

图 8.1.8　Tangent

图 8.1.9　Maximum bend

图 8.1.10　Closed

图 8.1.11　Flat joint

8.2　基础钣金特征

钣金壁（Wall）是指厚度一致的薄板，它是一个钣金零件的"基础"，其他的钣金特征（如冲孔、成形、折弯和切割等）都要在这个"基础"上构建，因而钣金壁是钣金件最重要的部分。钣金壁操作的有关命令位于 插入 下拉菜单的 Walls ▸ 和 Rolled Walls ▸ 子菜单中（图 8.2.1）。

8.2.1　平面钣金

平整钣金壁是一个平整的薄板（图 8.2.2），在创建这类钣金壁时，需要先绘制钣金壁的正面轮廓草图（必须为封闭的线条），然后给定钣金厚度值即可。

详细操作步骤说明如下。

步骤 01　新建一个钣金件模型，将其命名为 Wall_Definition。

步骤 02　设置钣金参数。选择下拉菜单 插入 ➡ Sheet Metal Parameters... 命令，系统弹出"Sheet Metal Parameters"对话框。在 Thickness: 文本框中输入数值 3，在 Default Bend Radius: 文本框中输入数值 2；单击 Bend Extremities 选项卡，然后在 Minimum with no relief 下拉列表中选择 Minimum with no relief 选项。单击 确定 按钮完成钣金参数的设置。

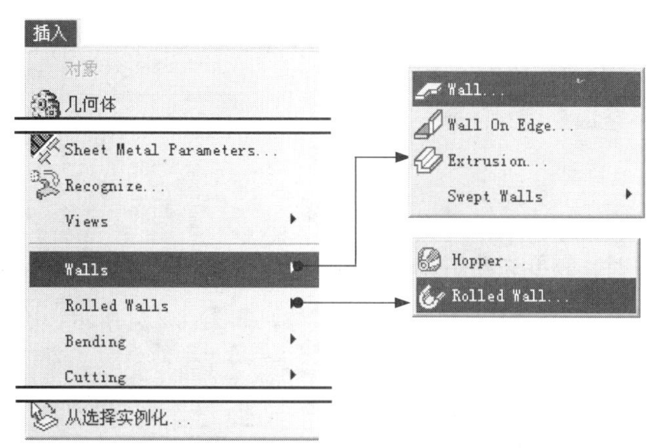

图 8.2.1 “Walls”子菜单和“Rollde Walls”子菜单

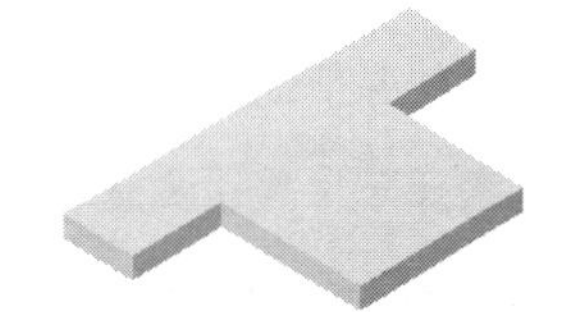

图 8.2.2 平整钣金壁

步骤 03 创建平整钣金壁。

（1）选择命令。选择下拉菜单 插入 → Walls ▸ → Wall... 命令，系统弹出图 8.2.3 所示的“Wall Definition”对话框。

图 8.2.3 “Wall Definition”对话框

图 8.2.3 所示“Wall Definition”对话框中的部分选项说明如下。

- Profile: 文本框：单击此文本框，用户可以在绘图区选取钣金壁的轮廓。
- 按钮：用于绘制平整钣金的截面草图。
- 按钮：用于定义钣金厚度的方向（单侧）。
- 按钮：用于定义钣金厚度的方向（对称）。
- Tangent to: 文本框：单击此文本框，用户可以在绘图区选取与平整钣金壁相切的金属壁特征。
- Invert Material Side 按钮：用于转换材料边，即钣金壁的创建方向。

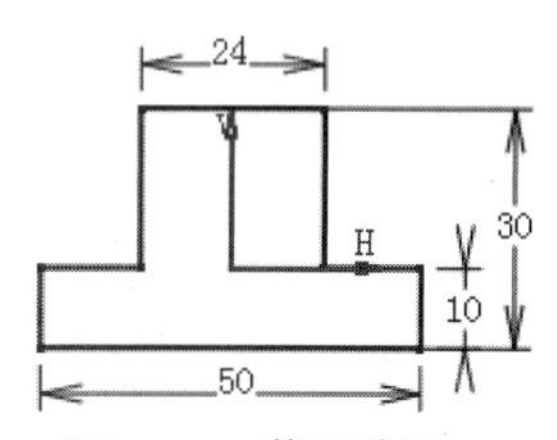

图 8.2.4 截面草图

（2）定义截面草图平面。在对话框中单击 按钮，在特征树中选取 xy 平面为草图平面。

（3）绘制截面草图。绘制图 8.2.4 所示的截面草图。

（4）在“工作台”工具栏中单击按钮退出草绘环境。

（5）单击 确定 按钮，完成平整钣金壁的创建。

8.2.2 拉伸钣金

在以拉伸的方式创建第一钣金壁时，需要先绘制钣金壁的侧面轮廓草图，然后给定钣金的拉伸深度值，系统将轮廓草图延伸至指定的深度，形成薄壁实体，如图 8.2.5 所示。拉伸钣金壁与平整钣金壁创建时最大的不同在于：拉伸（凸缘）钣金壁的轮廓草图不一定要封闭，而平整钣金壁的轮廓草图则必须封闭。创建拉伸钣金壁的一般操作步骤如下。

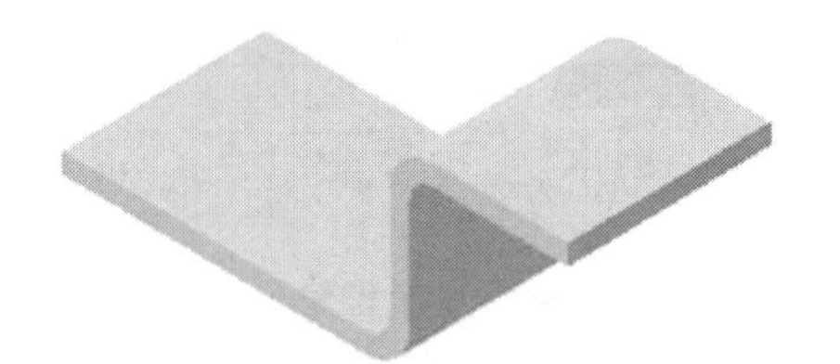

图 8.2.5 拉伸钣金壁

步骤 01 新建一个钣金件模型，将其命名为 Extrusion Definition。

步骤 02 设置钣金参数。选择下拉菜单 插入 → Sheet Metal Parameters... 命令（或者在“Walls”工具栏中单击按钮），系统弹出“Sheet Metal Parameters”对话框。在 Thickness : 文本框中输入数值 3，在 Default Bend Radius : 文本框中输入数值 2；单击 Bend Extremities 选项卡，然后在该选项卡的下拉列表中选择 Minimum with no relief 选项。单击 确定 按钮完成钣金参数的设置。

步骤 03 创建拉伸钣金壁。

（1）选择命令。选择下拉菜单 插入 → Walls ▸ → Extrusion... 命令，系统弹出图 8.2.6 所示的“Extrusion Definition”对话框。

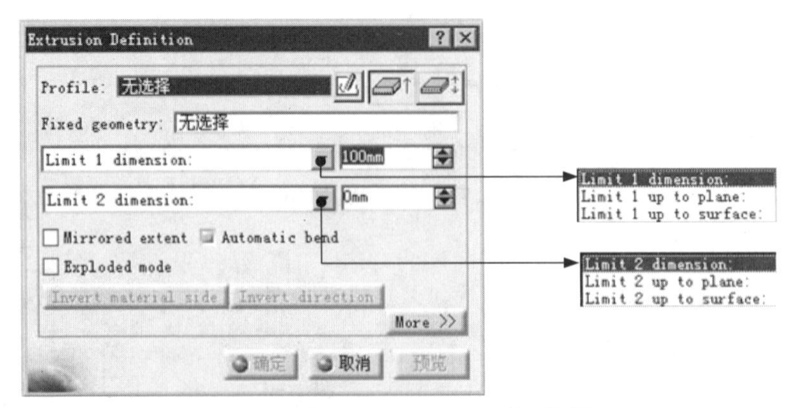

图 8.2.6 “Extrusion Definition”对话框

图 8.2.6 所示的“Extrusion Definition”对话框中的各选项说明如下。

◆ Profile 文本框：用于定义拉伸钣金壁的轮廓。

◆ Limit 1 dimension: 下拉列表：该下拉列表用于定义拉伸第一方向属性，其中包含 Limit 1 dimension:、Limit 1 up to plane: 和 Limit 1 up to surface: 三个选项。

● 选择 Limit 1 dimension: 选项时激活其后的文本框，可输入数值，以数值的方式定义第一方向限制。

● 选择 Limit 1 up to plane: 选项时激活其后的文本框，可选取一平面来定义第一方向限制。

● 选择 Limit 1 up to surface: 选项时激活其后的文本框，可选取一曲面来定义第一方向限制。

◆ Limit 2 dimension: 下拉列表：该下拉列表用于定义拉伸第二方向属性，其中包含 Limit 2 dimension:、Limit 2 up to plane: 和 Limit 2 up to surface: 三个选项。

● 选择 Limit 2 dimension: 选项时激活其后的文本框，可输入数值，以数值的方式定义第二方向限制。

● 选择 Limit 2 up to plane: 选项时激活其后的文本框，可选取一平面来定义第二方向限制。

● 选择 Limit 2 up to surface: 选项时激活其后的文本框，可选取一曲面来定义第二方向限制。

◆ 按钮：单击该按钮，使钣金壁在草图的一侧。

◆ 按钮：单击该按钮，使钣金壁在草图的两侧，并且关于草图实体对称。

◆ Mirrored Extent 复选框：当选中该复选框时，用于镜像当前的拉伸钣金壁。

◆ Automatic bend 复选框：选中该复选框，当草图中有尖角时，系统自动创建圆角。

◆ Exploded mode 复选框：选中该复选框，用于设置分解，依照草图实体的数量自动将钣金壁分解为多个单位。

◆ Invert Material Side 按钮：用于转换材料边，即钣金壁的创建方向。

◆ Invert direction 按钮：单击该按钮，可反转拉伸方向。

（2）定义截面草图平面。在“Extrusion Definition”对话框的 Profile 区域中单击 按钮，在特征树中选取 yz 平面为草图平面。

（3）绘制截面草图。绘制图 8.2.7 所示的截面

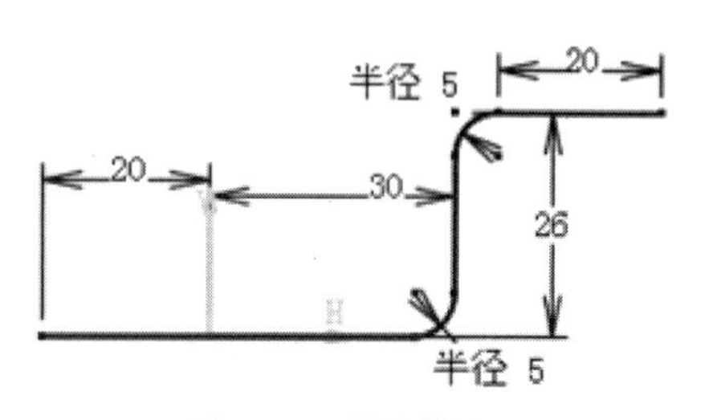

图 8.2.7 截面草图

草图。

（4）退出草绘环境。在“工作台”工具栏中单击按钮退出草绘环境。

（5）设置拉伸参数。在“Extrusion Definition”对话框的 Limit 1 dimension: 下拉列表中选择 Limit 1 dimension: 选项，然后在其后的文本框中输入数值 30;在 Limit 2 dimension: 下拉列表中选择 Limit 2 dimension: 选项，然后在其后的文本框中输入数值 0。

（6）在“Extrusion Definition”对话框中单击 确定 按钮，完成拉伸钣金壁的创建。

8.2.3 附加平面钣金

附加平面钣金是一种正面平整的钣金薄壁，其壁厚与主钣金壁相同。其主要是通过 插入 → Walls → Wall On Edge... 命令来创建的。

下面以图 8.2.8 所示的模型为例，来说明创建附加平面钣金的一般操作过程。

步骤 01 打开模型 D:\ catxc2014\work\ch08.02.03\Wall-On-Edge-Definition.CATPart，如图 8.2.8a 所示。

图 8.2.8 附加平面钣金

步骤 02 选择命令。选择下拉菜单 插入 → Walls → Wall On Edge... 命令，系统弹出图 8.2.9 所示的“Wall On Edge Definition”对话框。

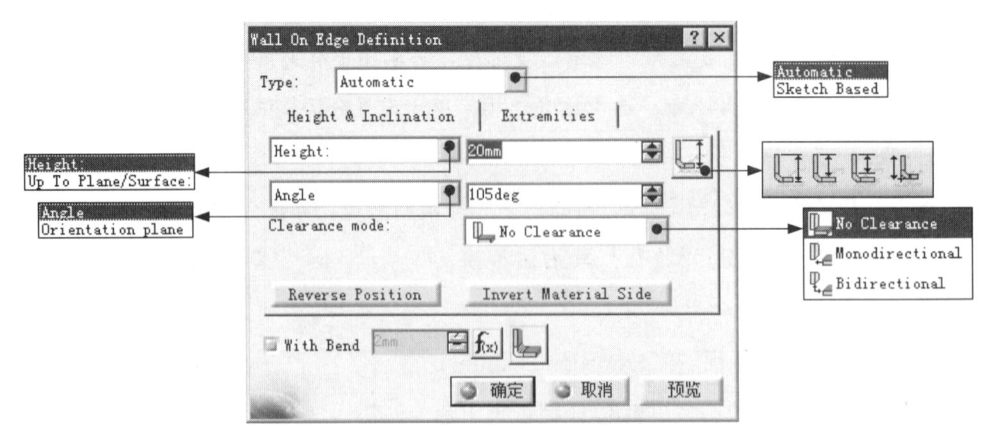

图 8.2.9 “Wall On Edge Definition”对话框

图 8.2.9 所示“Wall On Edge Definition”对话框中的部分选项说明如下。

◆ Type: 下拉列表：用于设置创建折弯的类型，其包括Automatic选项和Sketch Based选项。

- Automatic选项：使用自动方式创建钣金壁。
- Sketch Based选项：定义附着边，并使用绘制草图的方式创建钣金壁，如图8.2.10所示。

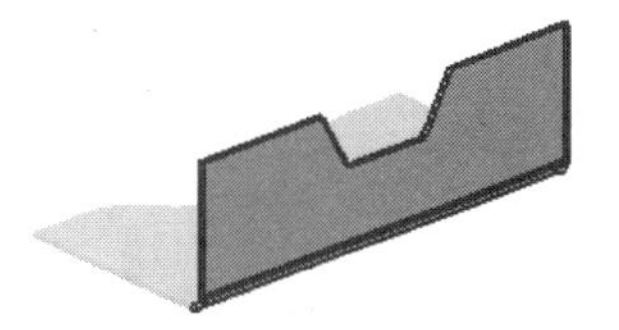

图 8.2.10 自定义附加平面钣金

◆ Height & Inclination 选项卡：用于设置创建的平整钣金壁的相关参数，如高度、角度、长度类型、间隙类型和位置等。其包括Height:下拉列表、Angle下拉列表、下拉列表、Clearance mode:下拉列表、Reverse Position按钮和Invert Material Side按钮。

- Height:下拉列表：用于设置限制平整钣金壁高度的类型，其包括Height:选项和Up To Plane/Surface:选项。Height:选项用于设置使用定义的高度值限制平整钣金壁高度，用户可以在其后的文本框中输入值来定义平整钣金壁高度。Up To Plane/Surface:选项用于设置使用指定的平面或者曲面限制平整钣金壁的高度。单击其后的文本框，用户可以在绘图区选取一个平面或者曲面限制平整钣金壁的高度。
- Angle下拉列表：用于设置限制平整钣金壁弯曲的形式，其包括Angle选项和Orientation plane选项。Angle选项用于使用指定的角度值限制平整钣金壁的弯曲。用户可以在其后的文本框中输入值来定义平整钣金壁的弯曲角度。Orientation plane选项用于使用方向平面的方式限制平整钣金壁的弯曲。
- 下拉列表：用于设置长度的类型，其包括选项、选项、选项和选项。选项用于设置平整钣金壁的开放端到第一钣金壁下端面的距离。选项用于设置平整钣金壁的开放端到第一钣金壁上端面的距离。选项用于设置平整钣金壁的开放端到平整平面下端面的距离。选项用于设置平整钣金壁的开放端到折弯圆心的距离。
- Clearance mode:下拉列表：用于设置平整钣金壁与第一钣金壁的位置关系，其包括No Clearance选项、Monodirectional选项和Bidirectional选项。No Clearance选项用于设置第一钣金壁与平整钣金壁之间无间隙。

Monodirectional选项用于设置以指定的距离限制第一钣金壁与平整钣金壁之间的水平距离。Bidirectional选项用于设置以指定的距离限制第一钣金壁与平整钣金壁之间的双向距离。

- Reverse Position按钮：用于改变平整钣金壁的位置，如图 8.2.11 所示。

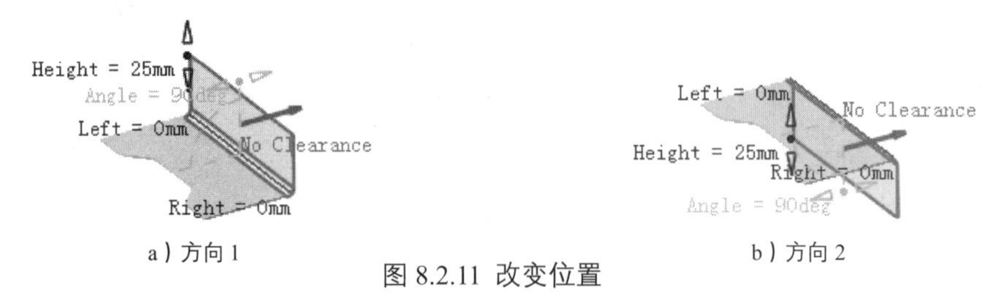

a）方向 1　　b）方向 2

图 8.2.11 改变位置

- Invert Material Side按钮：用于改变平整钣金壁的附着边，如图 8.2.12 所示。

◆ Extremities选项卡：用于设置平整钣金壁的边界限制，其包括Left limit:文本框、Left offset:文本框、Right limit:文本框、Right offset:文本框和两个下拉列表，如图 8.2.13 所示。

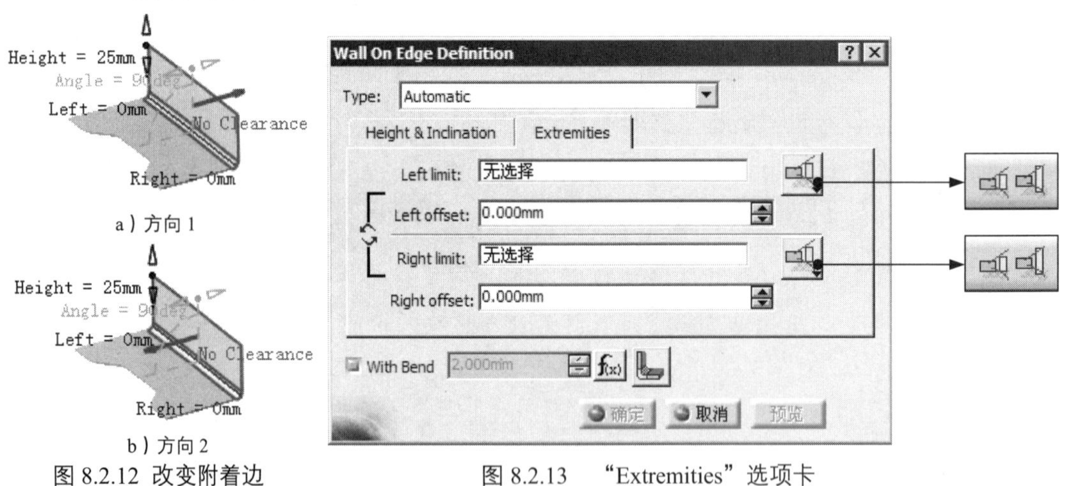

a）方向 1　　b）方向 2

图 8.2.12 改变附着边　　图 8.2.13 “Extremities”选项卡

- Left limit:文本框：单击此文本框，用户可以在绘图区选取平整钣金壁的左边界限制。
- Left offset:文本框：用于定义平整钣金壁左边界与第一钣金壁相应边的距离值。
- Right limit:文本框：单击此文本框，用户可以在绘图区选取平整钣金壁的右边界限制。

- Right offset: 文本框：用于定义平整钣金壁右边界与第一钣金壁相应边的距离值。
- 下拉列表：用于定义限制位置的类型，其包括选项和选项。

◆ With Bend 复选框：用于设置创建折弯半径。

◆ 2mm 文本框：用于定义弯曲半径值。

◆ f(x) 按钮：用于打开允许更改驱动方程式的对话框。

◆ 按钮：用于定义折弯参数。单击此按钮，系统弹出图 8.2.14 所示的“Bend Definition”对话框。用户可以通过此对话框对折弯参数进行设置。

步骤 03 设置创建折弯的类型。在对话框 Type: 下拉列表中选择 Automatic 选项。

步骤 04 定义附着边。在绘图区选取图 8.2.15 所示的边为附着边。

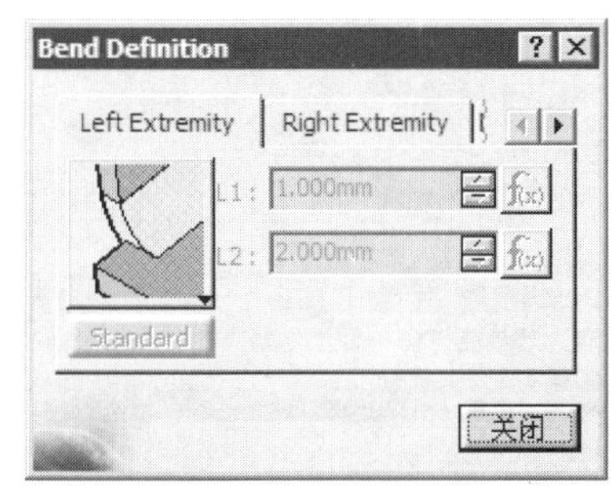

图 8.2.14 “Bend Definition”对话框

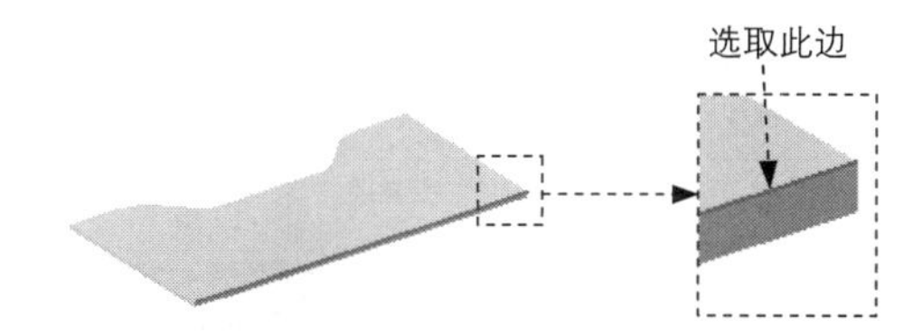

图 8.2.15 定义附着边

步骤 05 设置平整钣金壁的高度和折弯参数。在 Height: 下拉列表中选择 Height: 选项，并在其后的文本框中输入数值 25；在 Angle 下拉列表中选择 Angle 选项，并在其后的文本框中输入数值 90；在 Clearance mode: 下拉列表中选择 No Clearance 选项。

步骤 06 定义限制参数。单击 Extremities 选项卡，在 Left offset: 文本框中输入数值-10，在 Right offset: 文本框中输入数值-10。

步骤 07 设置折弯圆弧。在对话框中选中 With Bend 复选框。

步骤 08 单击 确定 按钮，完成附加平面钣金的创建，如图 8.2.8b 所示。

8.2.4 钣金切割

钣金切割是在成形后的钣金零件上创建去除材料的特征，如槽、孔和圆形切口等，其中钣金切割与实体切削有些不同。

当草图平面与钣金平面平行时，二者没有区别；当草图平面与钣金平面不平行时，钣金切割是将截面草图投影至模型的实体面，然后垂直于该表面去除材料，形成垂直孔，如图

8.2.16 所示。实体切削的孔是垂直于草图平面去除材料，形成斜孔，如图 8.2.17 所示。

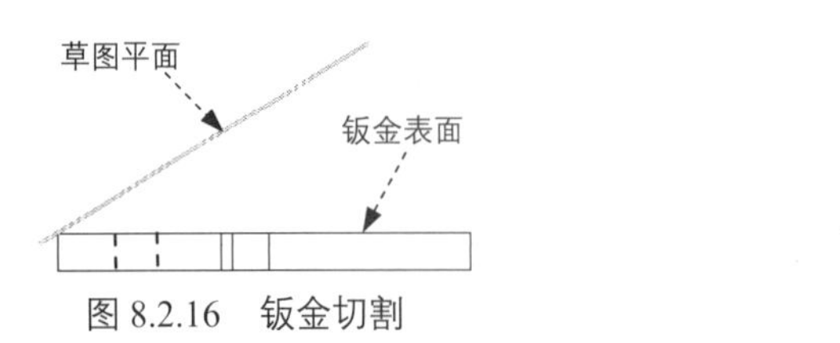

图 8.2.16　钣金切割

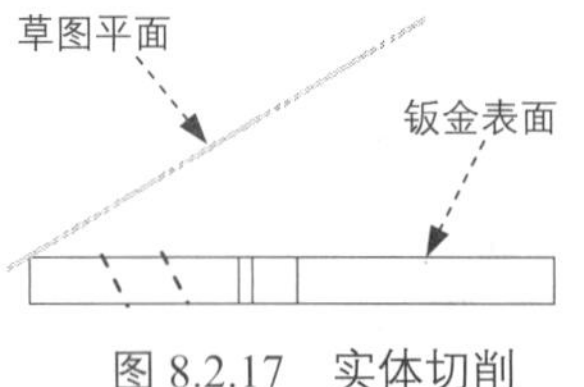

图 8.2.17　实体切削

钣金切割有槽切割、孔和圆形切口三种类型，如图 8.2.18 所示。

这里仅以槽切割为例，来讲解钣金切割的一般操作过程。

步骤 01 打开模型 D:\ catxc2014\work\ch08.02.04\Cutout.CATPart，模型如图 8.2.19a 所示。

步骤 02 选择命令。选择下拉菜单 插入 → Cutting ▸ → Cut Out... 命令，系统弹出图 8.2.20 所示的“Cutout Definition”对话框。

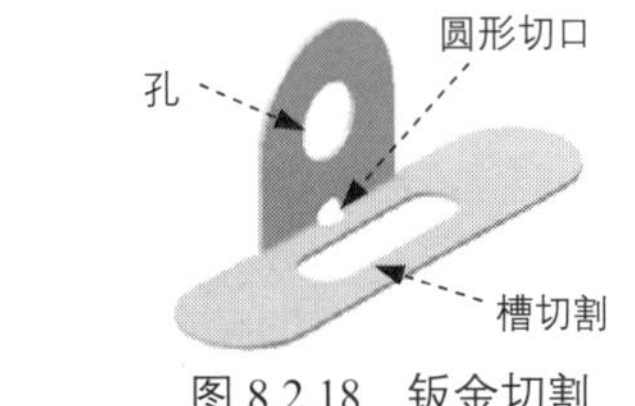

图 8.2.18　钣金切割

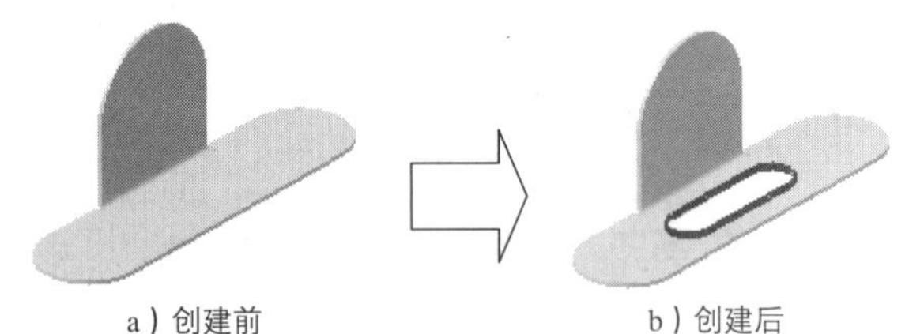
a）创建前　　b）创建后

图 8.2.19　槽切割

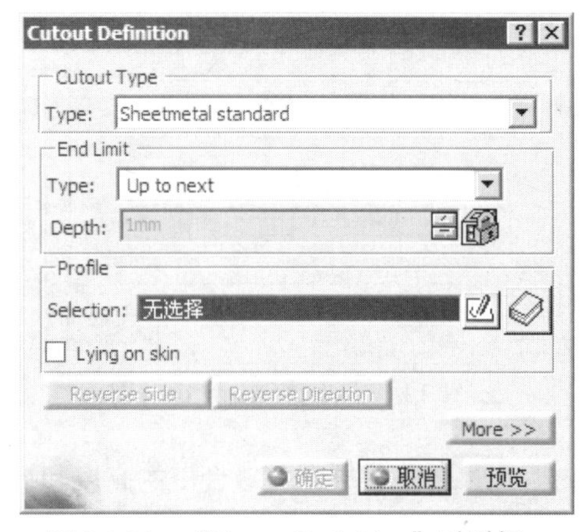

图 8.2.20　“Cutout Definition”对话框

步骤 03 设置对话框参数。在 Cutout Type 区域的 Type: 下拉列表中选择 Sheetmetal standard 选项，在 End Limit 区域的 Type: 下拉列表中选择 Up to next 选项。

步骤 04 定义轮廓参数。在“Cutout Definition”对话框的 Profile: 区域中单击按钮，选取图 8.2.21 所示平面为草图平面，绘制图 8.2.22 所示的截面草图；单击按钮退出草绘环境。

步骤 05 调整轮廓方向。单击 Reverse Direction 按钮调整轮廓方向，结果如图 8.2.23 所示。

步骤 06 单击 确定 按钮，完成钣金切割的创建，如图 8.2.19b 所示。

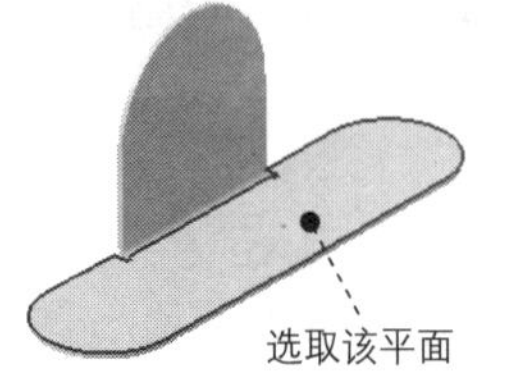

图 8.2.21 定义草图平面

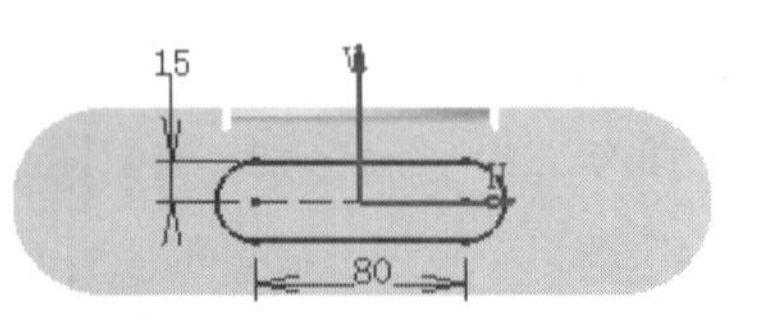

图 8.2.22　截面草图

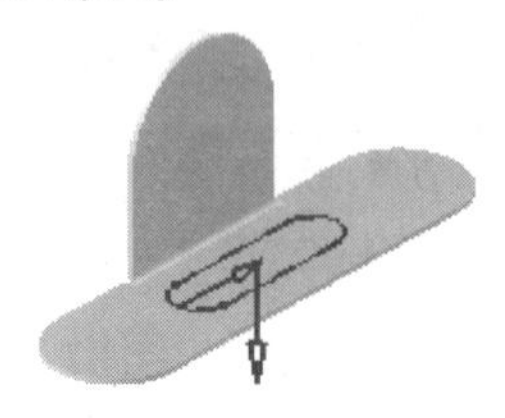
图 8.2.23 调整方向结果

8.2.5 钣金圆角

钣金设计工作台中的圆角命令是指在钣金件边角处创建圆弧过渡，对钣金件进行补充或切除。下面以图 8.2.24 所示的实例来讲解创建圆角的一般操作步骤。

步骤 01 打开模型 D:\ catxc2014\work\ch08.02.05\Corner_Rlief.CATPart，模型如图 8.2.24a 所示。

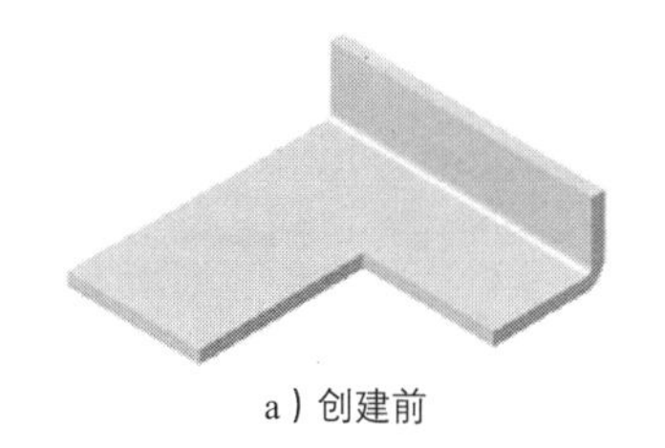

a）创建前

b）创建后

图 8.2.24 创建圆角

步骤 02 创建圆角。

（1）选择命令。选择下拉菜单 插入 → Cutting → Corner... 命令，系统弹出图 8.2.25 所示的“Corner”对话框。

（2）定义圆角半径。在 Radius: 文本框中输入圆角半径值 8。

（3）定义要圆角的边。选中 Convex Edge(s) 复选框，取消选中 Concave Edge(s) 复选框，单击 Select all 按钮，系统自动选取图 8.2.26 中模型上的全部凸边线。

（4）单击 确定 按钮，完成圆角的创建，如图 8.2.24b 所示。

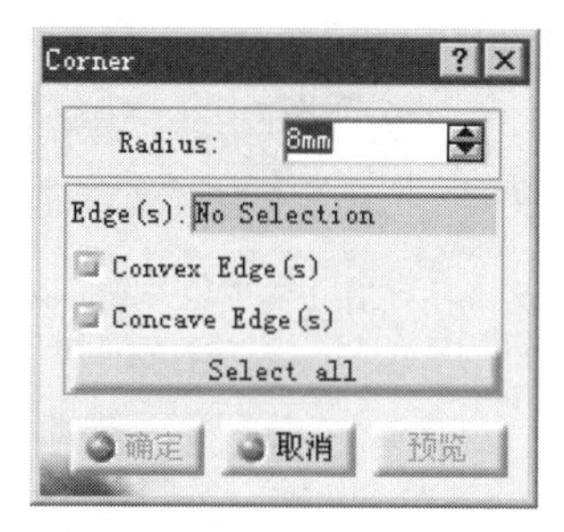

图 8.2.25 “Corner”对话框

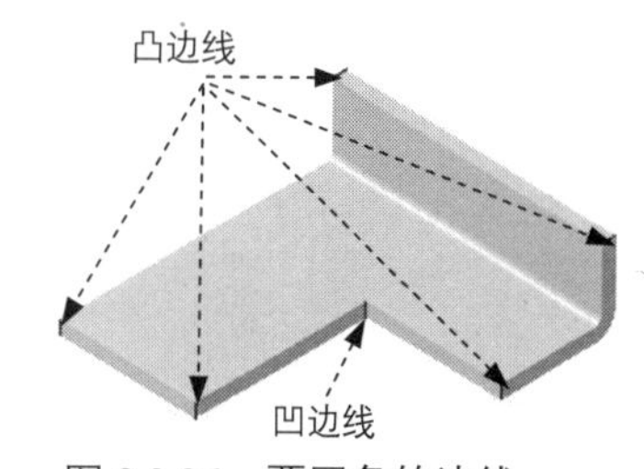

图 8.2.26 要圆角的边线

图 8.2.25 所示的“Corner”对话框中各选项说明如下。

- Radius: 文本框：可在该文本框中输入数值以定义圆角的半径值。
- Edge(s): 文本框：在该文本框中可显示选取的边线的数量。
- Convex Edge(s) 复选框：当选中该复选框时，单击“Corner”对话框中的 Select all 按钮，可自动选取钣金件上所有的凸边线。
- Concave Edge(s) 复选框：当选中该复选框时，单击“Corner”对话框中的

Select all 按钮，可自动选取钣金件上所有的凹边线。

◆ Select all 按钮：单击该按钮，用于选取所有可圆角的边线。当已经有可圆角的边线被选取后，该按钮变为 Cancel selection 按钮，当单击该按钮时，就会取消选取已选取的边线。

在钣金模型上，只有凸边线和凹边线可以进行圆角。除使用系统自动选取圆角边外，还可在要进行圆角的凸边线或凹边线上单击，手动选取要圆角的边线。

8.3 钣金的折弯与展开

8.3.1 钣金折弯

钣金折弯是将钣金的平面区域弯曲某个角度，图 8.3.1b 是一个典型的折弯特征。在进行折弯操作时，应注意折弯特征仅能在钣金的平面区域建立，不能跨越另一个折弯特征。

下面介绍创建图 8.3.1 所示的钣金折弯的一般过程。

步骤 01 打开模型 D:\catxc2014\work\ch08.03.01\Bend_From_Flat_Definition.CATPart，如图 8.3.1a 所示。

步骤 02 选择命令。选择下拉菜单 插入 → Bending ▸ → Bend From Flat... 命令，系统弹出图 8.3.2 所示的“Bend From Flat Definition”对话框。

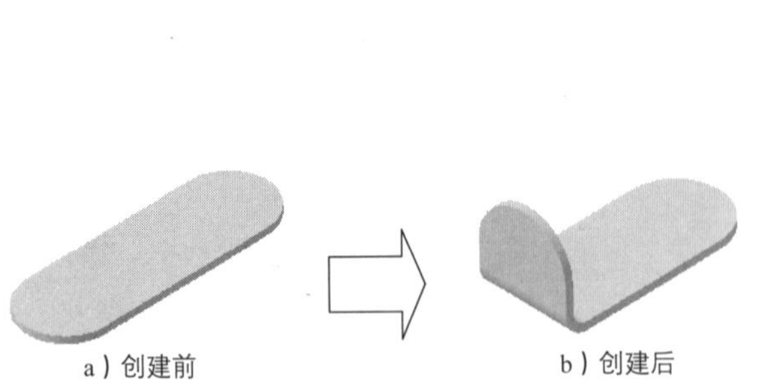

图 8.3.1 折弯

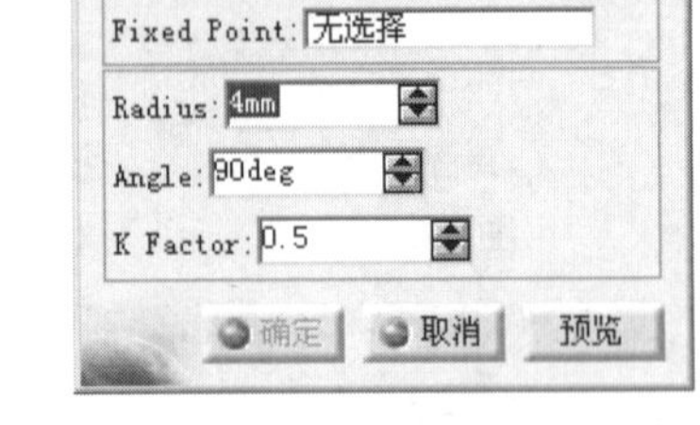

图 8.3.2 “Bend From Flat Definition”对话框

图 8.3.2 所示“Bend From Flat Definition”对话框中的部分选项说明如下。

◆ Lines: 下拉列表：用于选择折弯草图中的折弯线，以便于定义折弯线的类型。

◆ 下拉列表：用于定义折弯线的类型，其包括 选项、 选项、 选项、

选项和 选项。

- 选项：用于设置折弯半径对称分布于折弯线两侧，如图 8.3.3 所示。
- 选项：用于设置折弯半径与折弯线相切，如图 8.3.4 所示。
- 选项：用于设置折弯线为折弯后两个钣金壁板内表面的交叉线，如图 8.3.5 所示。

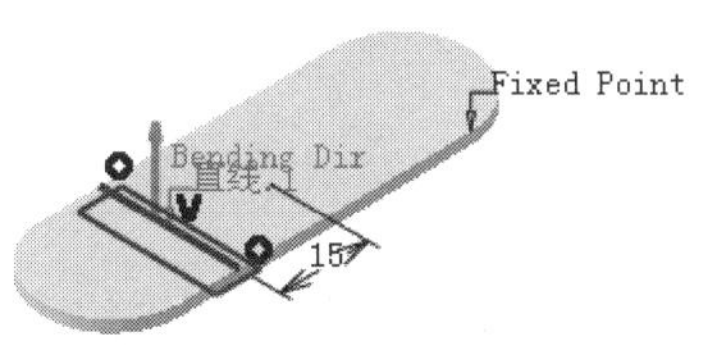

图 8.3.3 Axis

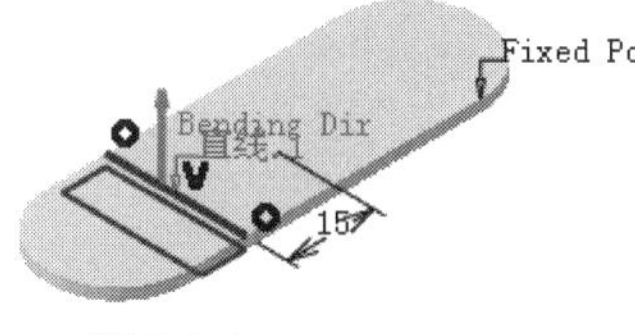

图 8.3.4 BTL Base Feature

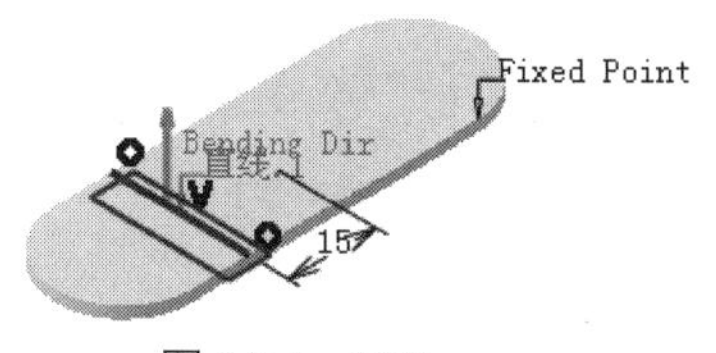

图 8.3.5 IML

- 选项：用于设置折弯线为折弯后两个钣金壁板外表面的交叉线，如图 8.3.6 所示。
- 选项：使折弯半径与折弯线相切，并且使折弯线在折弯侧平面内，如图 8.3.7 所示。

◆ K Factor：文本框：用于定义折弯系数。

步骤 03 绘制折弯草图。在“视图”工具栏的 下拉列表中选择 选项，然后在对话框中单击 按钮，之后选取图 8.3.8 所示的模型表面为草图平面，并绘制图 8.3.9 所示的折弯草图；单击 按钮退出草绘环境。

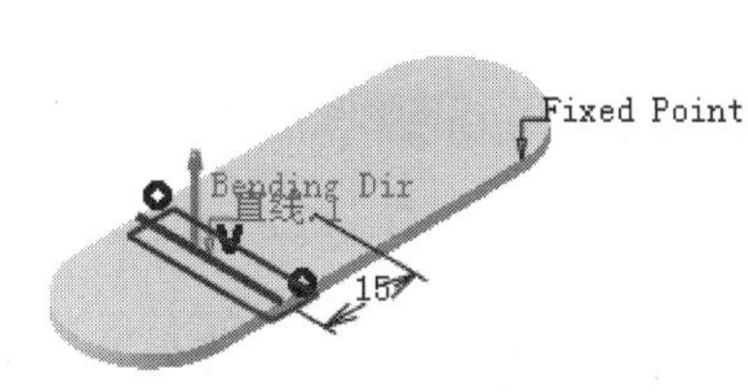

图 8.3.6 OML

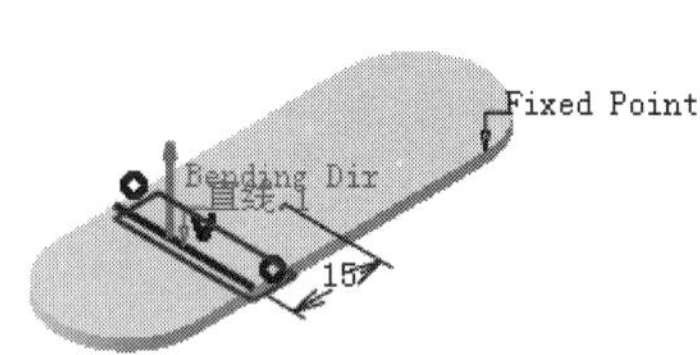

图 8.3.7 BTL Support

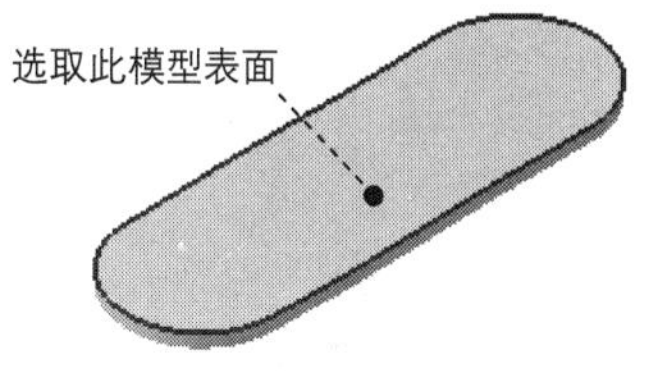

图 8.3.8 定义草图平面

步骤 04 定义折弯线的类型。在 下拉列表中选择“Axis”选项 。

步骤 05 定义固定侧。单击 Fixed Point: 文本框，选取图 8.3.10 所示的点为固定点以确定该点所在的一侧为折弯固定侧。

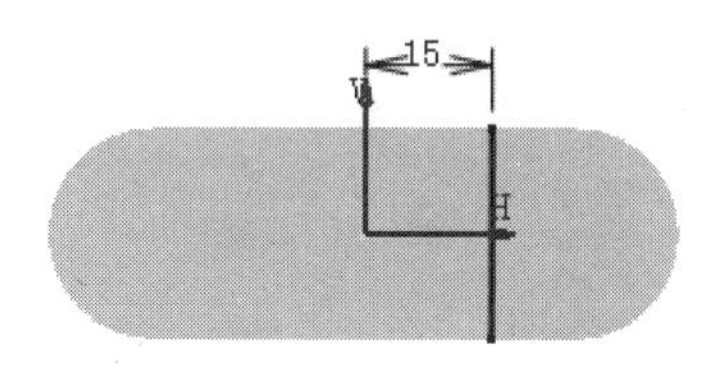

图 8.3.9 折弯草图

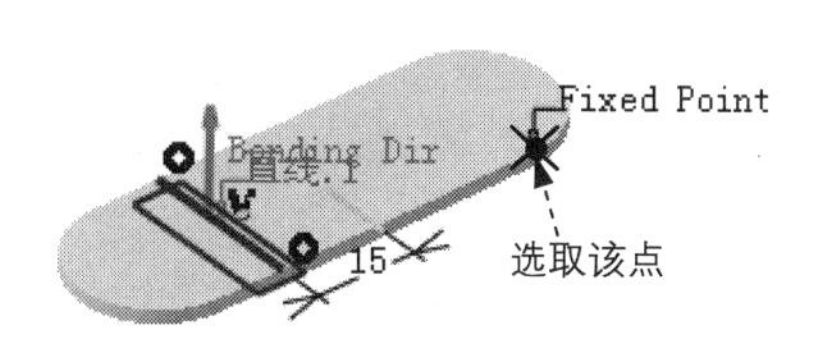

图 8.3.10 定义固定点

步骤 06 定义折弯参数。在 Radius: 文本框中输入数值 2，在 Angle: 文本框中输入数值 90，其他参数保持系统默认设置值。

步骤 07 单击 确定 按钮，完成折弯的创建，如图 8.3.1b 所示。

8.3.2 钣金伸直

在钣金设计中，可以使用伸直命令将三维的折弯钣金件展开为二维平面板，有些钣金特征如止裂槽需要在钣金展开后创建。

下面介绍创建图 8.3.11 所示的钣金伸直的一般过程。

a）展开前　　b）展开后

图 8.3.11　伸直

步骤 01 打开模型 D:\ catxc2014\work\ch08.03.02\Unfolding-Definition.CATPart，如图 8.3.12a 所示。

步骤 02 选择命令。选择下拉菜单 插入 → Bending ▸ → Unfolding... 命令，系统弹出图 8.3.13 所示的“Unfolding Definition”对话框。

步骤 03 定义固定几何平面。在绘图区选取图 8.3.14 所示的平面为固定几何平面。

步骤 04 定义展开面。选取图 8.3.15 所示的模型表面为展开面。

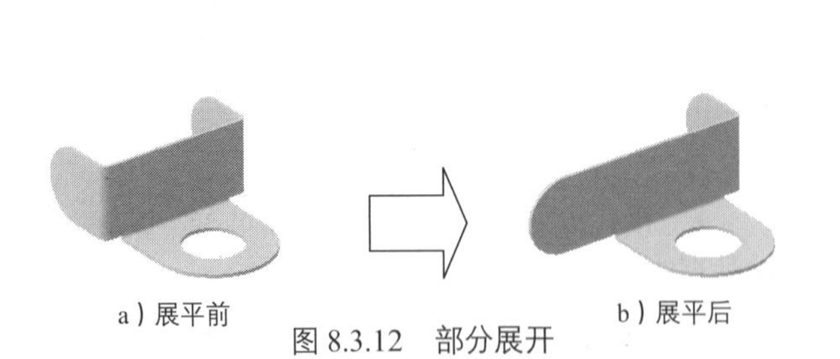

a）展平前　　b）展平后

图 8.3.12　部分展开

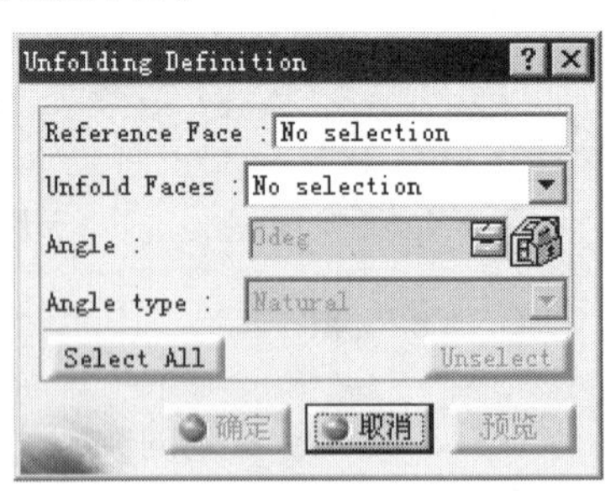

图 8.3.13　“Unfolding Definition”对话框

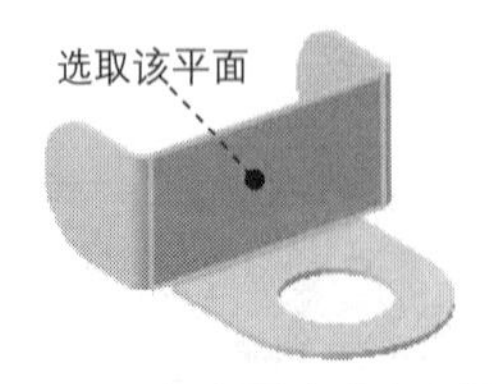

图 8.3.14　定义固定几何平面

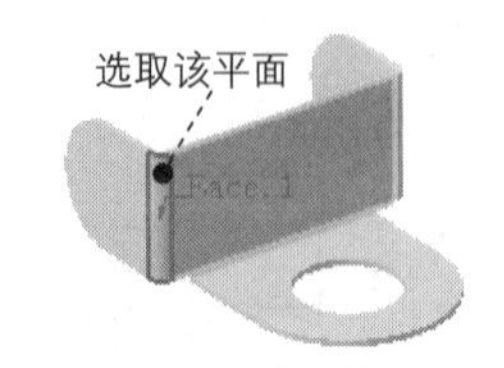

图 8.3.15　定义展开面

步骤 05 单击 确定 按钮，完成伸直的创建，如图 8.3.11b 所示。

8.3.3 钣金重新折弯

可以将展开钣金壁部分或全部重新折弯，使其还原至展开前的状态，这就是钣金的折叠，如图 8.3.16 所示。

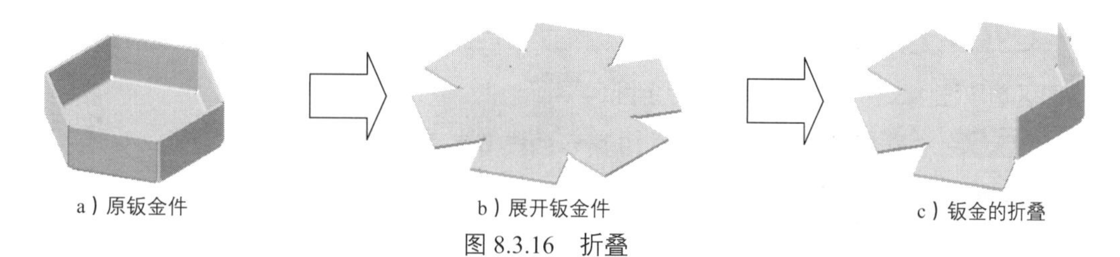

图 8.3.16 折叠

使用折叠的注意事项如下。

- 如果进行展开操作（增加一个展开特征），只是为了查看钣金件在一个二维（平面）平整状态下的外观，那么在执行下一个操作之前必须将之前创建的展开特征删除。
- 不要增加不必要的展开/折叠特征，否则会增大模型文件的大小，并且延长更新模型的时间或可能导致更新失败。
- 如果需要在二维平整状态下创建某些特征，则可以先增加一个展开特征，在二维平面状态下进行某些特征的创建，然后增加一个折叠特征来恢复钣金件原来的三维状态。注意：在此情况下，无需删除展开特征，否则会使参照其创建的其他特征更新失败。

下面介绍创建图 8.3.16 所示的钣金折叠的一般过程。

步骤 01 打开模型 D:\catxc2014\work\ch08.03.03\Folding_Definition.CATPart，如图 8.3.16b 所示。

步骤 02 选择命令。选择下拉菜单 插入 → Bending ▸ → Folding... 命令，系统弹出图 8.3.17 所示的“Folding Definition”对话框。

图 8.3.17 所示的“Folding Definition”对话框中的部分选项说明如下。

- Reference Face : 文本框：用于选取折弯固定几何平面。
- Fold Faces : 下拉列表：用于选择折弯面。
- 文本框：用于定义折弯角度值。
- Angle type : 下拉列表：用于定义折弯角度类型，包括 Natural 选项、Defined 选项和 Spring back 选项。

- Natural选项：用于设置使用展开前的折弯角度值。
- Defined选项：用于设置使用用户自定义的角度值。
- Spring back选项：用于设置使用用户自定义的角度值的补角值。

◆ Select All按钮：用于自动选取所有折弯面。

◆ Unselect按钮：用于自动取消选取所有折弯面。

步骤 03 定义固定几何平面。在“视图”工具栏的下拉列表中选择选项，然后在绘图区选取图 8.3.18 所示的平面为固定几何平面。

步骤 04 定义折弯面。选取图 8.3.19 所示的模型表面为折弯面。

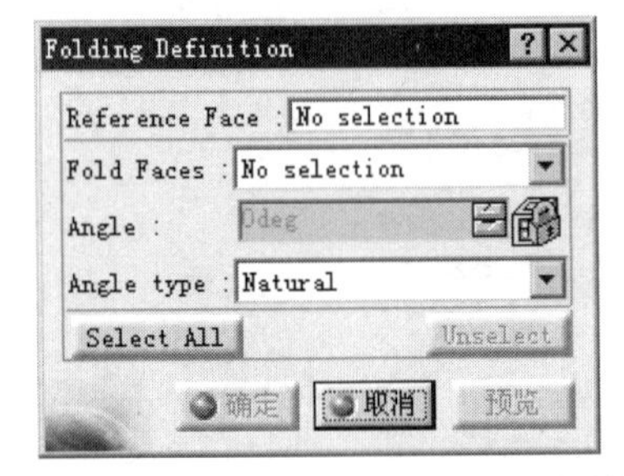

图 8.3.17 “Folding Definition”对话框

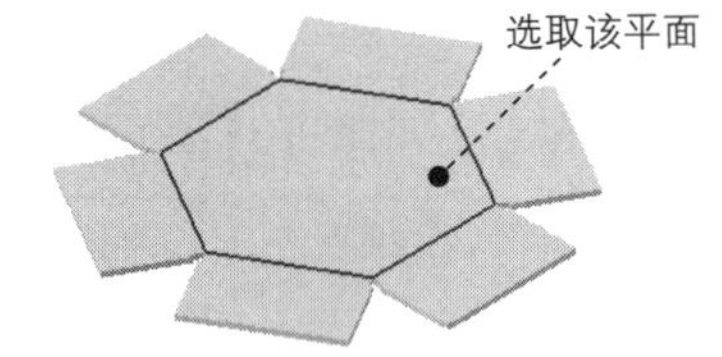

图 8.3.18 定义固定几何平面

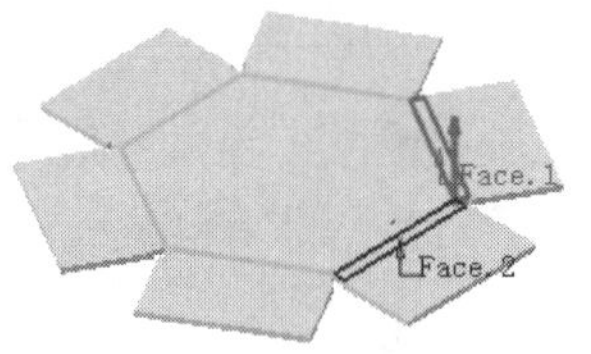

图 8.3.19 定义折弯面

步骤 05 单击 确定 按钮，完成折叠的创建，如图 8.3.16c 所示。

8.4 将实体转换成钣金件

创建钣金零件还有另外一种方式，就是先创建实体零件，然后将实体零件转化为钣金件。对于复杂钣金护罩的设计，使用这种方法可简化设计过程，提高工作效率。下面以图 8.4.1 为例说明将实体零件转化为第一钣金壁的一般操作步骤。

步骤 01 打开模型 D:\ catxc2014\work\ch08.04\Recognze-Definition.CATPart，如图 8.4.1a 所示。

步骤 02 选择命令。选择下拉菜单 插入 → Recognize... 命令，系统弹出图 8.4.2 所示的“Recognize Definition”对话框。

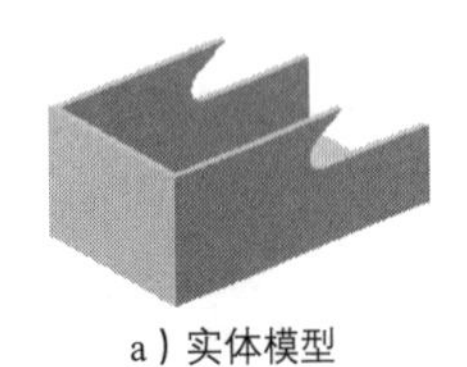

a）实体模型

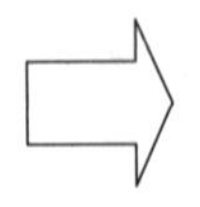

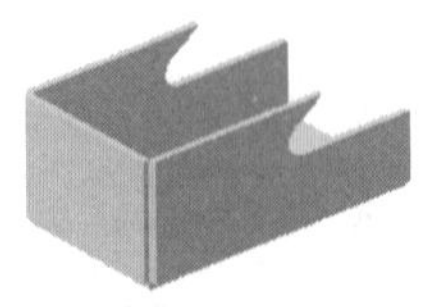

b）钣金模型

图 8.4.1 将实体零件转化为第一钣金壁

步骤 03 定义识别的参考平面。在对话框中单击 Reference face 文本框，然后在绘图区选取图 8.4.3 所示的面为识别参考平面。

步骤 04 设置识别选项。在“Recognize Definition”对话框中选中 Full recognition 复选框，其他参数采用系统默认设置值。

步骤 05 单击 确定 按钮，完成实体零件转化为第一钣金壁的操作（图 8.4.1b）。

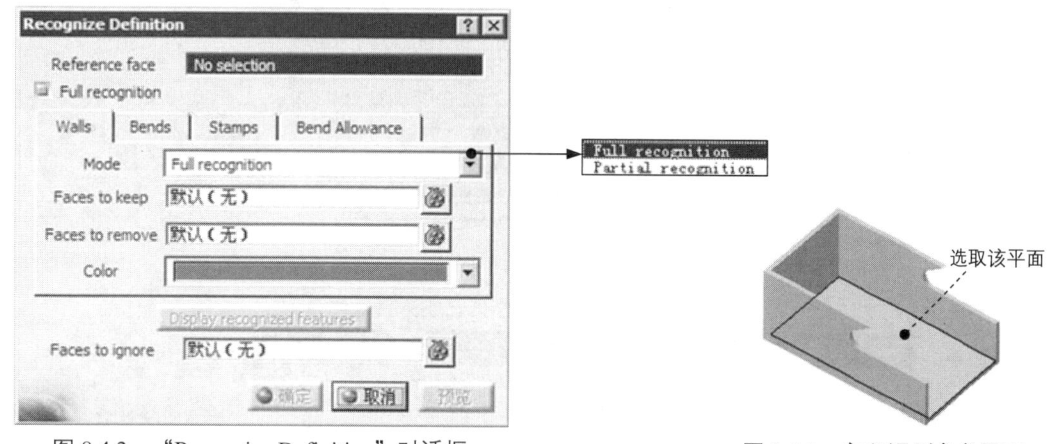

图 8.4.2 “Recognize Definition”对话框

图 8.4.3 定义识别参考平面

8.5 高级钣金特征

8.5.1 漏斗钣金

漏斗类型的第一钣金壁是指先定义两个截面，并指定两个截面的闭合点，系统便将这些截面混合形成薄壁实体，或创建放样曲面生成漏斗类型的钣金壁。下面讲解创建漏斗类型的钣金壁的一般操作步骤。

步骤 01 打开文件 D:\ catxc2014\work\ch08.05.01\Hopper.CATPart。

步骤 02 设置钣金参数。选择下拉菜单 插入 → Sheet Metal Parameters... 命令（或者在“Walls”工具栏中单击按钮），系统弹出“Sheet Metal Parameters”对话框。在 Thickness : 文本框中输入数值 2，在 Default Bend Radius : 文本框中输入数值 3；单击 Bend Extremities 选项卡，然后在该选项卡的下拉列表中选择 Minimum with no relief 选项。单击 确定 按钮完成钣金参数的设置。

步骤 03 创建漏斗形钣金壁。

（1）选择命令。选择下拉菜单 插入 → Rolled Walls ▸ → Hopper... 命令，系统弹出图 8.5.1 所示的“Hopper”对话框。

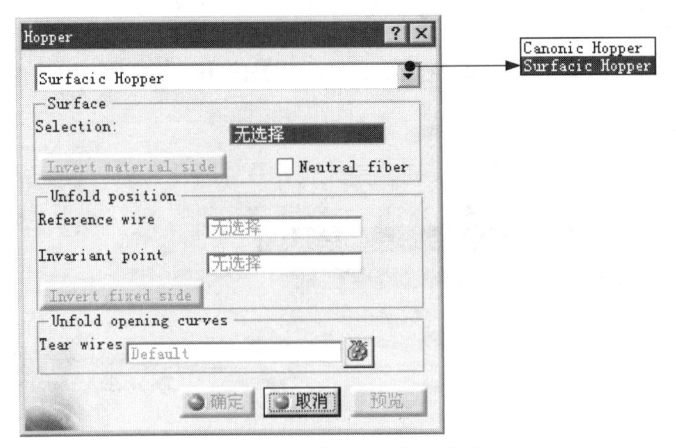

图 8.5.1 “Hopper”对话框

图 8.5.1 所示的“Hopper”对话框中的各选项说明如下。

◆ Surfacic Hopper 下拉列表：包含 Surfacic Hopper 和 Canonic Hopper 两个选项。
  - 选择 Surfacic Hopper 选项时，可创建多截面曲面来创建钣金壁或直接选取曲面创建钣金壁。
  - 选择 Canonic Hopper 选项时，可选取两个截面生成钣金壁。

◆ Surface 区域：该区域用来定义生成钣金壁的曲面。
  - Selection: 文本框：激活该文本框，可选取一个曲面或右击，在弹出的快捷菜单中选择 创建多截面曲面 命令来创建曲面生成钣金壁。
  - Invert Material Side 按钮：用于转换材料边，即钣金壁的创建方向。
  - Neutral fiber 复选框：选中该复选框，使生成的钣金壁在曲面的两侧，此时 Invert Material Side 按钮不可用；当取消选中时，使生成的钣金壁在曲面的一侧，且 Invert Material Side 按钮可用。

◆ Unfold position 区域：用于定义钣金在展平时的参考边和参考点。
  - Reference wire 文本框：用于定义钣金在展平时的参考边。
  - Invariant point 文本框：用于定义钣金在展平时的参考点。

◆ Unfold opening curves 区域：在该区域 Tear wires 文本框中可以选取或创建一条直线以定义钣金壁在展平时的起始边。

（2）定义漏斗类型钣金壁的创建方法。在“Hopper”对话框的下拉列表中选择 Surfacic Hopper 选项。

（3）创建多截面曲面。

① 在 Surface 区域的 Selection: 文本框中右击，在弹出的快捷菜单中选择 创建多截面曲面 命令，系统弹出“多截面曲面定义”对话框。

② 在图形区选取图 8.5.2 所示的截面 1 为第一个截面，选取点 1 为闭合点；选取截面 2 为第二个截面，选取点 2 为闭合点；单击 确定 按钮，完成图 8.5.3 所示的多截面曲面的创建。

（4）选中 Neutral fiber 复选框，清除 Reference wire 文本框中系统自动选取的参考边线，选取截面 2 为钣金展平时的参考边线；清除 Invariant point 文本框中系统自动选取的参考点，选取点 2 为钣金展平时的参考点。

（5）在 Unfold opening curves 区域的 Tear wires 文本框中右击，在弹出的快捷菜单中选择 创建直线 命令，过图 8.5.2 所示的点 1 和点 2 创建直线作为钣金展平时的起始边线，单击 确定 按钮，完成漏斗类型钣金壁的创建，结果如图 8.5.4 所示。

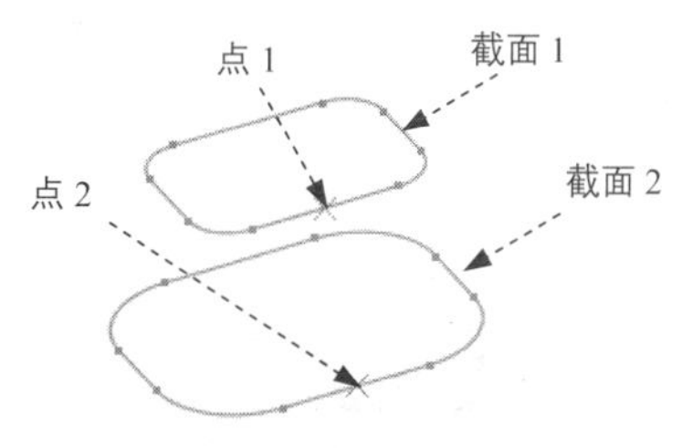

图 8.5.2 定义钣金壁

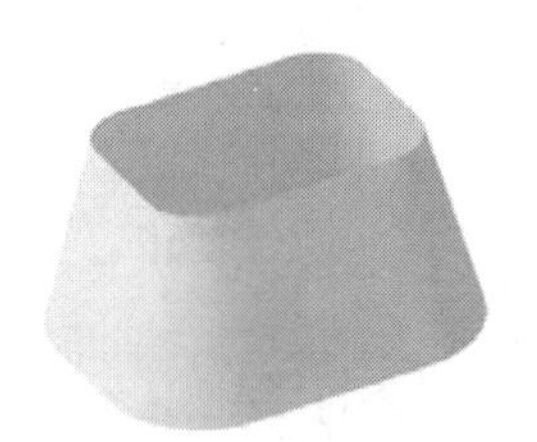
图 8.5.3 多截面曲面

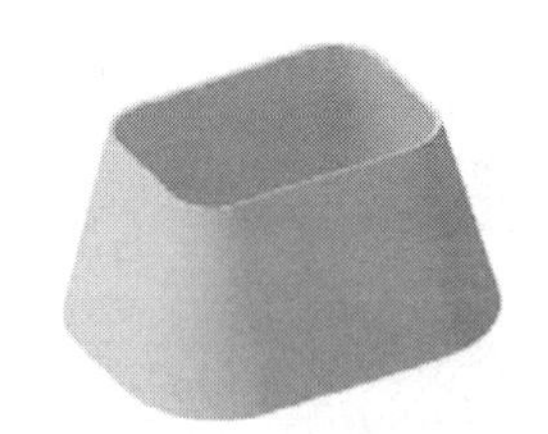
图 8.5.4 漏斗类型的钣金壁

8.5.2 钣金工艺孔

钣金工艺孔（止裂口）是指在展开钣金零件的内边角处切除材料，以去除钣金相邻两边在折弯时产生的材料淤积。下面以图 8.5.5 所示的实例来讲解创建止裂口的一般操作步骤。

步骤 01 打开模型 D:\ catxc2014\work\ch08.05.02\Corner-Rlief.CATPart，模型如图 8.5.5a 所示。

步骤 02 将钣金视图切换至平面视图。选择下拉菜单 插入 → Views → Fold/Unfold... 命令，将钣金视图切换至平面视图，如图 8.5.6 所示。

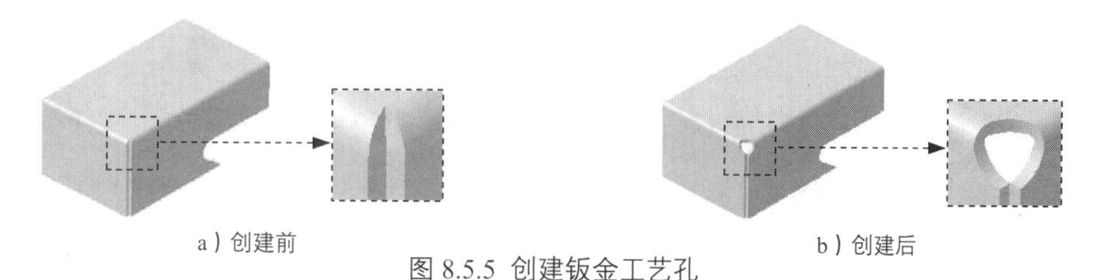

图 8.5.5 创建钣金工艺孔

步骤 03 创建止裂口。

（1）选择命令。选择下拉菜单 插入 → Cutting ▸ → CornerRelief... 命令，系统弹出图 8.5.7 所示的“Corner Relief Definition”对话框。

图 8.5.7 所示的“Corner Relief Definition”对话框中的部分选项说明如下。

◆ Type：下拉列表：在该下拉列表中可选择要创建的止裂口的类型，包含 用户配置文件、圆弧 和 正方形 三种类型。

- 选择 用户配置文件 选项后，可选择或创建一草图，使用草图中绘制的形状创建止裂口。
- 选择 圆弧 选项后，可指定圆弧半径，创建圆弧形的止裂口。
- 选择 正方形 选项后，可指定正方形的边长，创建正方形的止裂口。

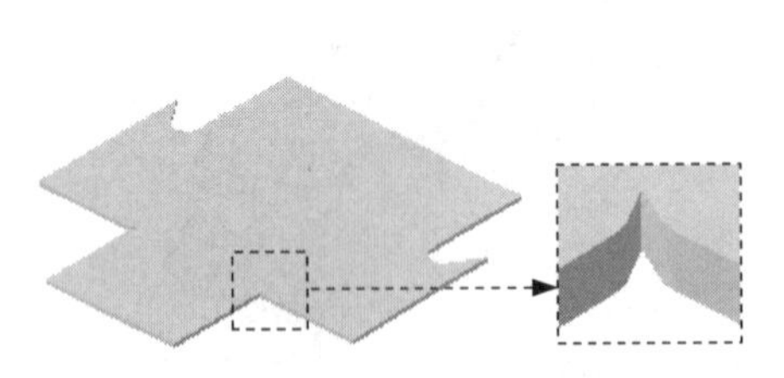

图 8.5.6 平面视图

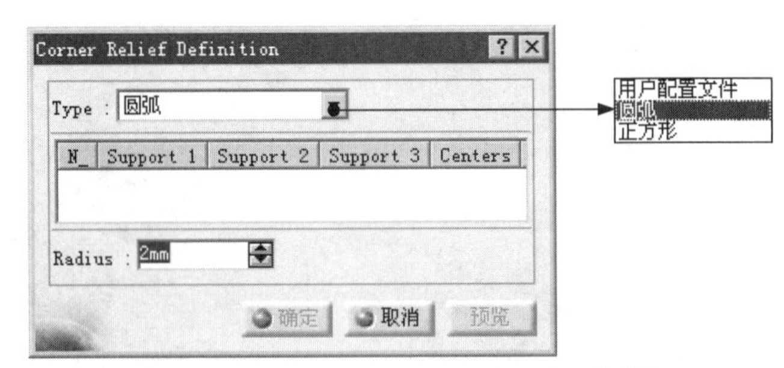

图 8.5.7 “Corner Relief Definition”对话框

（2）定义止裂口类型。在“Corner Relief Definition”对话框 Type： 下拉列表中选择 圆弧 选项。

（3）定义支持面。在平面视图中选取图 8.5.8 所示的两个面为支持面。

（4）定义圆弧半径。在 Radius： 文本框中输入数值 2。

（5）单击 确定 按钮，完成钣金工艺孔的创建，结果如图 8.5.9 所示。

步骤 04 将钣金视图切换至 3D 视图。选择下拉菜单 插入 → Views ▸ → Fold/Unfold... 命令，将钣金视图切换至 3D 视图，如图 8.5.5b 所示。

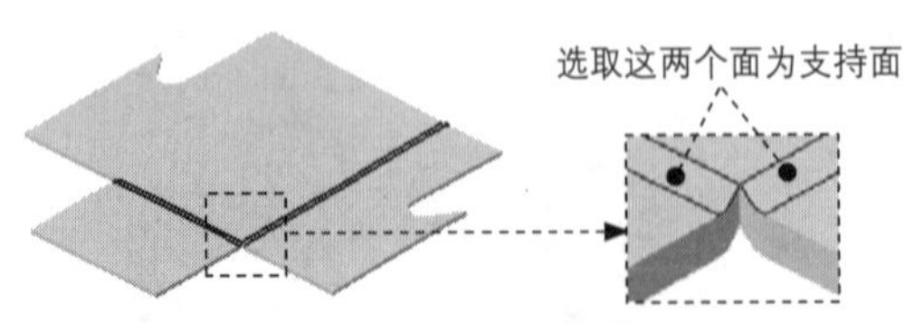

图 8.5.8 定义支持面

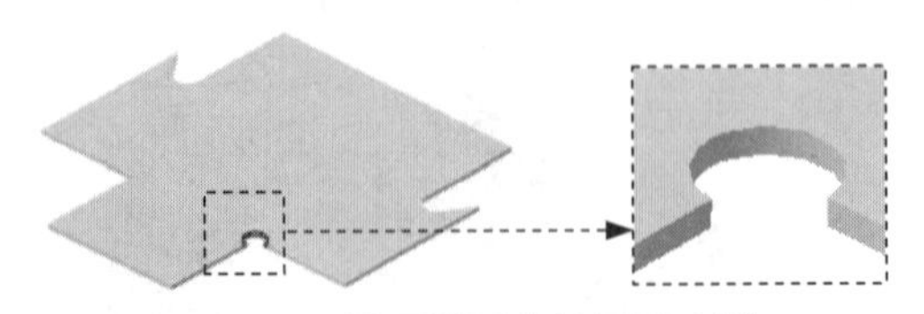

图 8.5.9 平面视图中的圆形止裂口

8.5.3 钣金成形特征

CATIA V5-6R2014 的“钣金设计”工作台为用户提供了多种模具来创建成形特征，如曲面冲压、圆缘槽冲压、曲线冲压、凸缘开口、散热孔冲压、桥形冲压、凸缘孔冲压、环状冲压、加强筋冲压和销子冲压。这里仅针对一些常见命令进行详细讲解。

1. 曲面冲压

步骤 01 打开模型 D:\ catxc2014\work\ch08.05.03\Surface_Stamp.CATPart，模型如图 8.5.10a 所示。

步骤 02 选择命令。选择下拉菜单 插入 → Stamping ▸ → Surface Stamp... 命令，系统弹出图 8.5.11 所示的“Surface Stamp Definition”对话框。

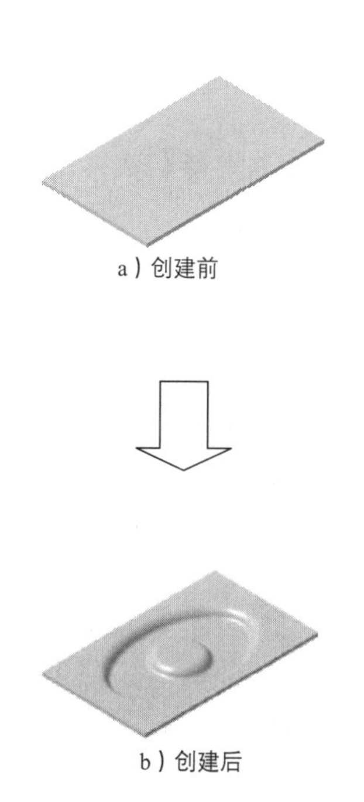

a）创建前

b）创建后

图 8.5.10 曲面冲压

图 8.5.11 “Surface Stamp Definition”对话框

图 8.5.11 所示“Surface Stamp Definition”对话框中的部分选项说明如下。

- Definition Type：区域：用于定义曲面冲压的类型，其包括 Parameters choice：下拉列表和 Half pierce 复选框。
  - Parameters choice：下拉列表：用于选择限制曲面冲压的参数类型，其包括 Angle 选项、Punch & Die 选项和 Two profiles 选项。Angle 选项用于使用角度和深度限制冲压曲面。Punch & Die 选项用于使用高度限制冲压曲面。

Two profiles 选项用于使用两个截面草图限制冲压曲面。

- Half pierce 复选框：用于设置使用半穿刺方式创建冲压曲面，如图 8.5.12 所示。

◆ Parameters 区域：用于设置限制冲压曲面的相关参数，其包括 Angle A：文本框、Height H：文本框、Limit：文本框、Radius R1：复选框、Radius R2：复选框和 Rounded die 复选框。

- Angle A：文本框：用于定义冲压后竖直内边与草图平面间的夹角值。
- Height H：文本框：用于定义冲压深度值。
- Limit：文本框：单击此文本框，用户可以在绘图区选取一个平面限制冲压深度。
- Radius R1：复选框：用于设置创建圆角 R1，用户可以在其后的文本框中定义圆角 R1 的值。
- Radius R2：复选框：用于设置创建圆角 R2，用户可以在其后的文本框中定义圆角 R2 的值。
- Rounded die 复选框：用于设置自动创建过渡圆角，如图 8.5.13 所示。

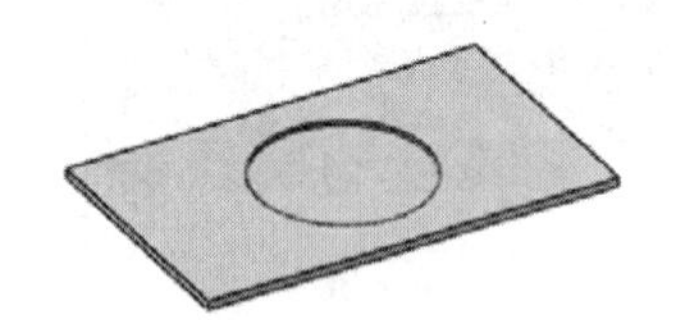

图 8.5.12　半穿刺

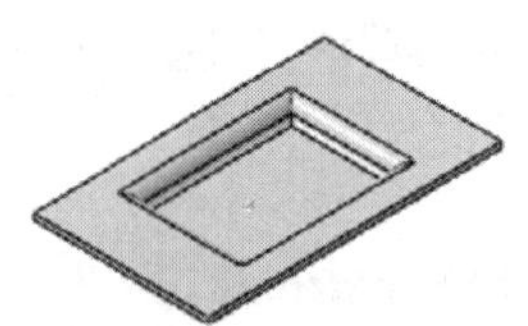

a）创建前

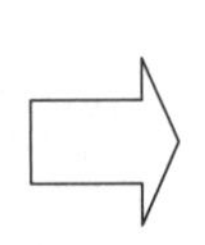

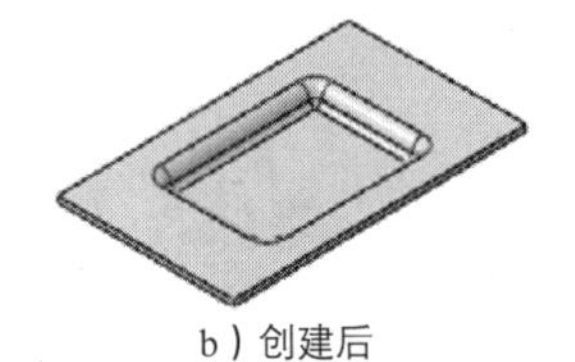

b）创建后

图 8.5.13　过渡圆角

◆ Type：按钮组：用于设置冲压轮廓的类型，其包括按钮和按钮。按钮用于设置使用所绘轮廓限制冲压曲面的上截面。按钮用于设置使用所绘轮廓限制冲压曲面的下截面。

◆ Opening Edges：文本框：单击此文本框，用户可以在绘图区选取开放边，如图 8.5.14 所示。

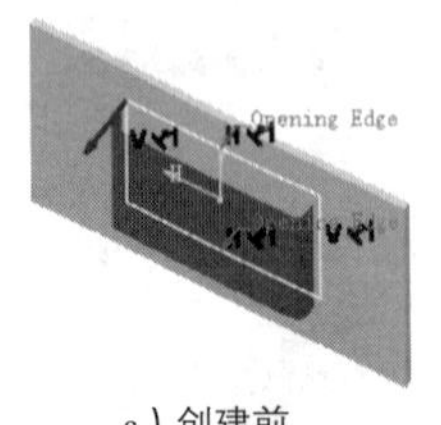

a）创建前

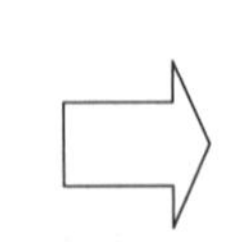

b）创建后

图 8.5.14　开放边

步骤 03 设置参数。在对话框 Definition Type : 区域的 Parameters choice : 下拉列表中选择 Angle 选项；在 Parameters 区域的 Angle A : 文本框中输入数值 90，在 Height H : 文本框中输入数值 4，选中 Radius R1 : 复选框和 Radius R2 : 复选框，并分别在其后的文本框中输入数值 2，选中 Rounded die 复选框。

步骤 04 绘制冲压曲面的轮廓。在对话框中单击按钮，选取图 8.5.15 所示的模型表面为草图平面，然后绘制图 8.5.16 所示的截面草图，单击按钮退出草绘环境。

步骤 05 单击 确定 按钮，完成曲面冲压的创建，如图 8.5.10b 所示。

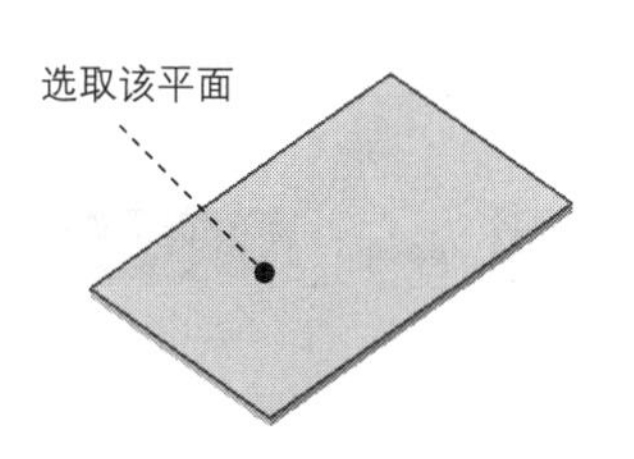

图 8.5.15 定义草图平面

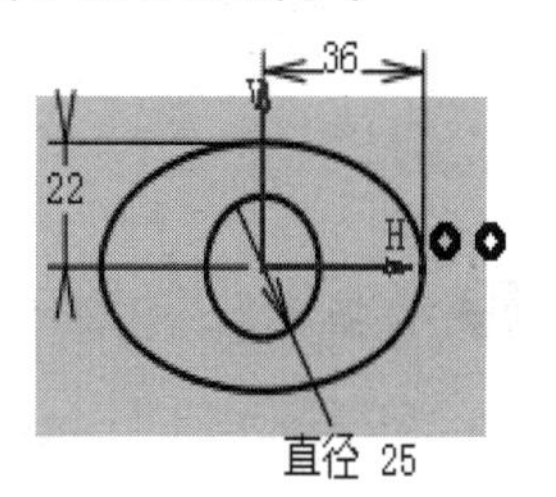

图 8.5.16 截面草图

说明：使用 Punch & Die 和 Two profiles 类型创建冲压曲面的草图与使用 Angle 类型创建冲压曲面有所不同。

◆ 使用 Punch & Die 类型创建冲压曲面时，其草图一般为相似的两个轮廓，如图 8.5.17 所示。

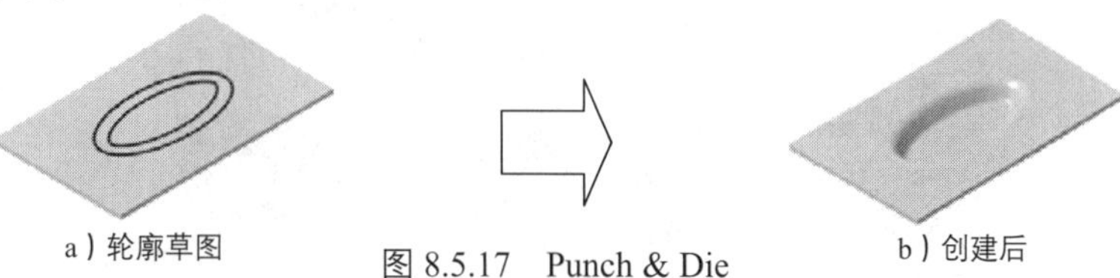

a）轮廓草图　b）创建后

图 8.5.17 Punch & Die

◆ 使用 Two profiles 类型创建冲压曲面时，其草图一般为分布在两个不同的平行草图平面上的两个轮廓，同时添加图 8.5.18a 所示的耦合点，结果如图 8.5.18b 所示。

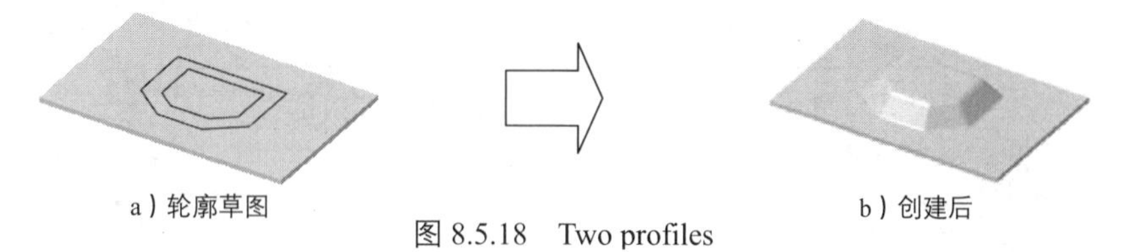

a）轮廓草图　b）创建后

图 8.5.18 Two profiles

2. 曲线冲压

曲线冲压是指使用曲线形成曲线印贴在钣金壁上完成的冲压，在进行曲线冲压时需定义印贴的轮廓草图及冲压的长度及深度值。下面以图 8.5.19 所示的模型为例讲解曲线冲压的一般操作步骤。

步骤 01 打开模型 D:\ catxc2014\work\ch08.05.03\Curve_Stamp.CATPart，模型如图 8.5.19a 所示。

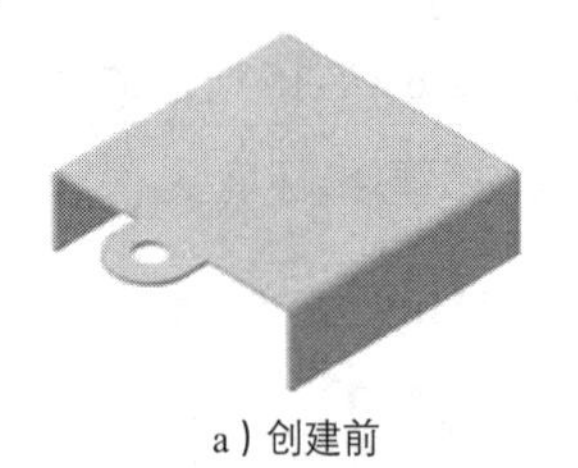

a）创建前

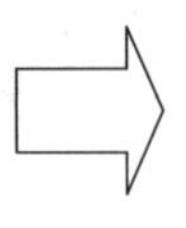

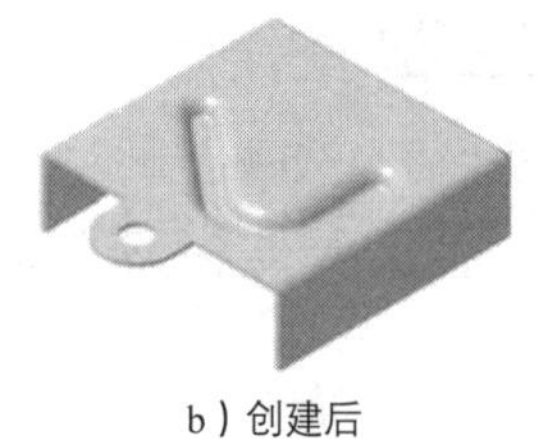

b）创建后

图 8.5.19　曲线冲压

步骤 02 选择命令。选择下拉菜单 插入 ➡ Stamping ▸ ➡ Curve Stamp... 命令，系统弹出图 8.5.20 所示的“Curve stamp definition”对话框。

图 8.5.20 所示的“Curve stamp definition”对话框中的部分选项说明如下。

◆ Definition Type : 区域：用于设置曲线冲压的创建类型，该区域包括 Obround 复选框和 Half pierce 复选框。

- Obround 复选框：用于在冲压曲线草图的末端创建圆弧，如图 8.5.21 所示。

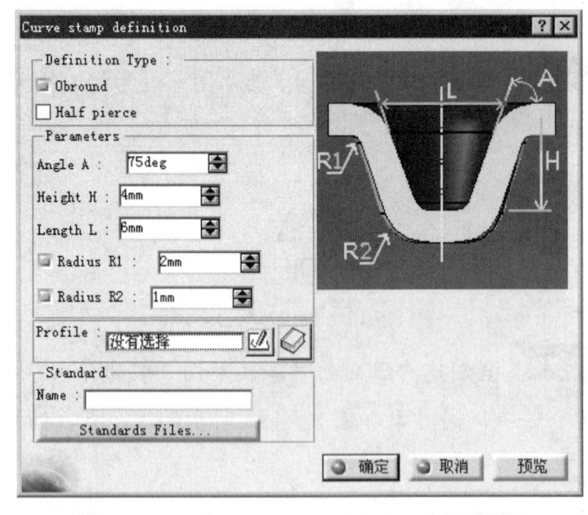

图 8.5.20　“Curve stamp definition”对话框

a）未选中“Obround”复选框

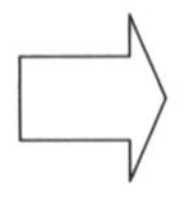

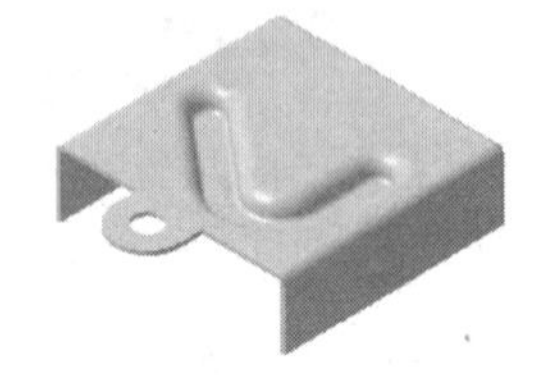

b）选中“Obround”复选框

图 8.5.21　圆弧

● Half pierce 复选框：选中该复选框后使用半戳穿方式创建冲压。

◆ Parameters 区域：用于设置曲线冲压的相关参数，该区域包括 Angle A： 文本框、Height H： 文本框、Length L： 文本框、Radius R1： 复选框和 Radius R2： 复选框。

● Angle A： 文本框：在该文本框中输入数值以定义冲压后形成的斜面与冲压曲线所在平面的夹角的角度值。

● Height H： 文本框：在该文本框中输入数值以定义冲压的深度。

● Length L： 文本框：在该文本框中输入数值以定义冲压开口截面的长度值。

● Radius R1： 复选框：在该文本框中输入数值以定义圆角 R1 的半径值。

● Radius R2： 复选框：在该文本框中输入数值以定义圆角 R2 的半径值。

步骤 03 设置参数。在“Curve stamp definition”对话框的 Definition Type： 区域中选中 Obround 复选框，在 Angle A： 文本框中输入数值 75，在 Height H： 文本框中输入数值 3，在 Length L： 文本框中输入数值 5；选中 Radius R1： 复选框，在其后的文本框中输入数值 2；选中 Radius R2： 复选框，在其后的文本框中输入数值 1。

步骤 04 绘制曲线冲压的轮廓。在“Curve stamp definition”对话框中单击按钮，选取图 8.5.22 所示的模型表面为草图平面，然后绘制图 8.5.23 所示的截面草图，单击按钮退出草绘环境。

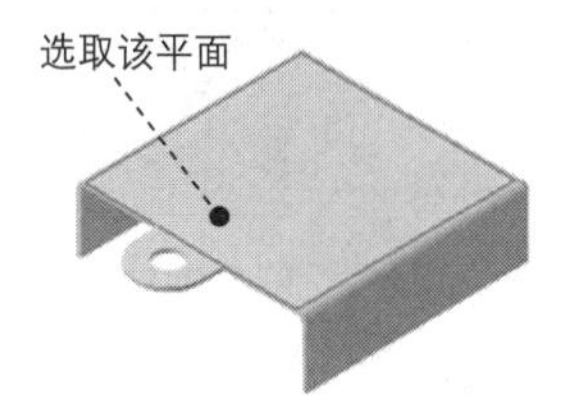

图 8.5.22 定义草图平面

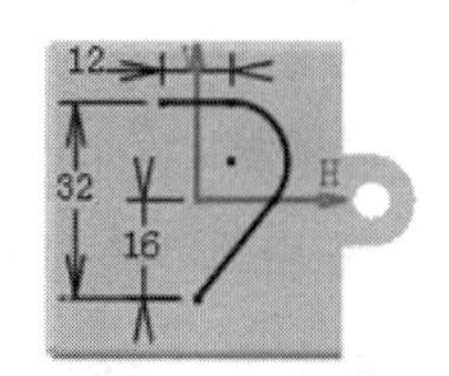

图 8.5.23 截面草图

步骤 05 单击 确定 按钮，完成曲线冲压的创建，如图 8.5.19b 所示。

曲线冲压的轮廓在创建冲压时冲压范围不能相交，否则会使其无法保证曲线轮廓的定义，特征无法创建。

3. 加强筋冲压

步骤 01 打开模型 D:\ catxc2014\work\ch08.05.03\Stiffening-Rib.CATPart，模型如图 8.5.24a 所示。

步骤 02 选择命令。选择下拉菜单 插入 → Stamping ▸ → Stiffening Rib... 命令。

步骤 03 定义附着面。选取图 8.5.25 所示的模型表面为附着面，系统弹出图 8.5.26 所示的“Stiffening Rib Definition”对话框。

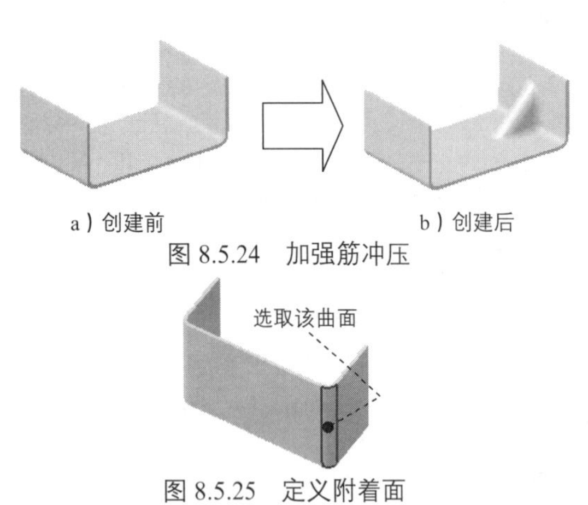

图 8.5.24 加强筋冲压

图 8.5.25 定义附着面

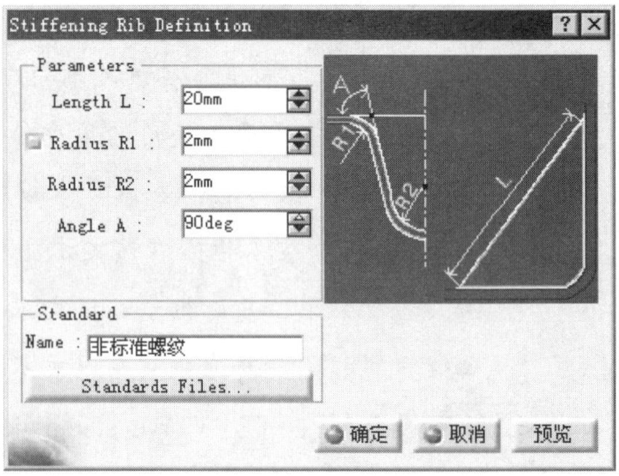

Stiffening Rib Definition
Parameters
Length L : 20mm
Radius R1 : 2mm
Radius R2 : 2mm
Angle A : 90deg
Standard
Name : 非标准螺纹
Standards Files...
确定 取消 预览

图 8.5.26 “Stiffening Rib Definition”对话框

步骤 04 设置参数。在对话框 Parameters 区域的 Length L: 文本框中输入数值 20，选中 Radius R1: 复选框，并在其后的文本框中输入数值 2，在 Radius R2: 文本框中输入数值 2，在 Angle A: 文本框中输入数值 90。

步骤 05 单击 确定 按钮，完成加强筋冲压的创建。

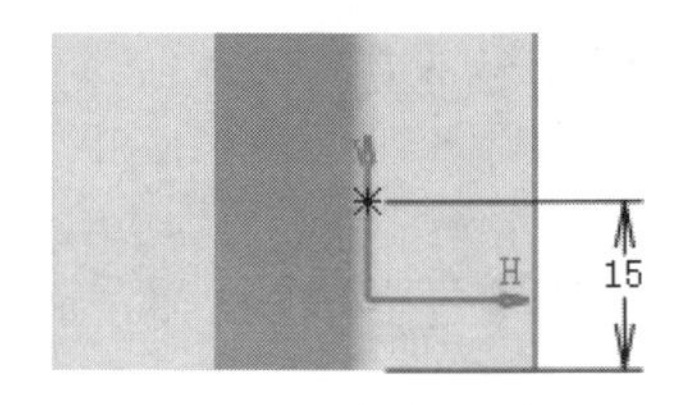

图 8.5.27 添加尺寸

步骤 06 编辑加强筋冲压的位置。在 加强肋.1 分支的 草图.2 上双击进入草图环境，添加图 8.5.27 所示的尺寸；单击 按钮，退出草绘环境。

4. 以自定义方式创建成形特征

钣金设计工作台为用户提供了多种模具来创建成形特征，同时也为用户提供了能自定义模具的命令，用户可以通过这个命令创建自定义的模具来完成特殊的成形特征。下面对其进行介绍。

步骤 01 打开文件 D:\catxc2014\work\ch08.05.03\solid_punch，确认处于“建模”环境中。

步骤 02 创建图 8.5.28 所示的冲压模具。

（1）创建几何体。选择下拉菜单 插入 → 几何体 命令，创建几何体。

（2）切换工作台。选择下拉菜单 开始 → 机械设计 ▸ → 零件设计 命令，切换至“零件设计”工作台。

（3）创建图 8.5.29 所示的凸台特征。

① 选择命令。选择下拉菜单 插入 → 基于草图的特征 ▸ → 凸台... 命令，系统弹出“定义凸台”对话框。

② 绘制截面草图。在“定义凸台”对话框中单击 按钮，选取图 8.5.29 所示的模型表面为草图平面，并绘制图 8.5.30 所示的截面草图，单击 按钮退出草绘环境。

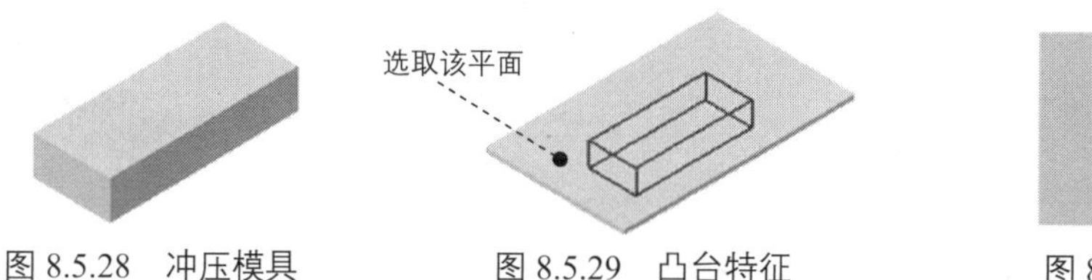

图 8.5.28 冲压模具　　图 8.5.29 凸台特征

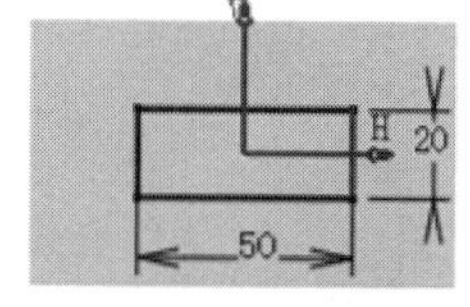

图 8.5.30 截面草图

③ 定义拉伸距离。在 第一限制 区域的 类型: 下拉列表中选取 尺寸 选项，在 长度: 文本框中输入数值 10，并单击 反转方向 按钮调整其方向。

④ 单击 确定 按钮，完成拉伸特征的创建。

步骤 03 创建图 8.5.31 所示的用户冲压。

（1）切换工作台。选择下拉菜单 开始 → 机械设计 ▸ → Generative Sheetmetal Design 命令，切换至“创成式钣金设计”工作台。

（2）定义工作对象。在 零件几何体 上右击，然后在弹出的快捷菜单中选择 定义工作对象 命令。

（3）选择命令。选择下拉菜单 插入 → Stamping ▸ → User Stamp... 命令，系统弹出图 8.5.33 所示的“User-Defined Stamp Definition”对话框。

（4）定义附着面。在绘图区选取图 8.5.32 所示的模型表面为附着面。

图 8.5.33 所示的“User-Defined Stamp Definition”对话框中的部分选项说明如下。

◆ Definition Type: 区域：该区域用于设置冲压的类型、冲压模及开放面，包含 Type: 下拉列表、 BothSides 复选框、 Punch: 文本框和 Faces for opening (O): 文本框。

- Type: 下拉列表：用于设置创建用户冲压的类型，包括 Punch 选项和 Punch & Die 选项。当选择 Punch 选项时，只使用冲头进行冲压，在冲压时可创建开放面；当选择 Punch & Die 选项时，同时使用冲头和冲模进行冲压，不可选择开放面。
- BothSides 复选框：当选中该复选框时，使用双向冲压；当取消选中该复选框时，使用单向冲压。
- Punch 文本框：单击此文本框，用户可以在绘图区选取冲头。

- Faces for opening (O): 文本框：单击此文本框，用户可在绘图区选取开放面。

图 8.5.31　用户冲压

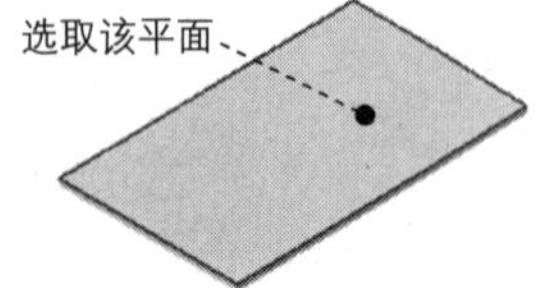

图 8.5.32　定义附着面

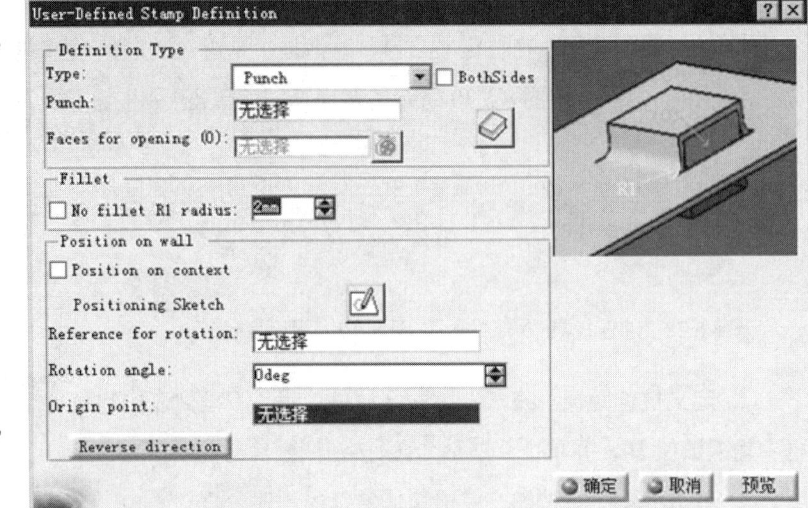

图 8.5.33　“User-Defined Stamp Definition”对话框

◆ 按钮：用于打开“Catalog Browse”对话框，用户可以通过此对话框插入标准件。

◆ Fillet 区域：用于设置圆角的相关参数，包括 No fillet 复选框和 R1 radius: 文本框。

- No fillet 复选框：用于设置是否创建圆角。当选中此复选框时不创建圆角，如图 8.5.34 所示；反之，则创建圆角，如图 8.5.35 所示。

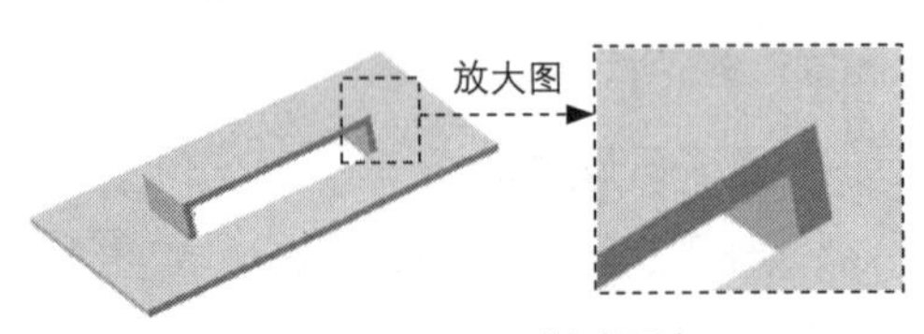

图 8.5.34　不创建圆角

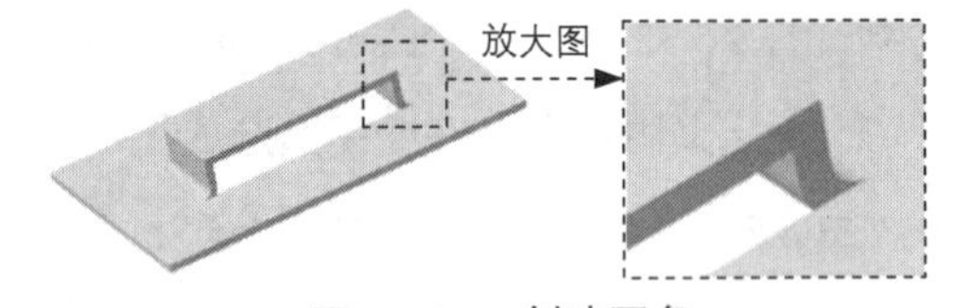

图 8.5.35　创建圆角

- R1 radius: 文本框：用于定义创建圆角的半径值。

◆ Position on wall 区域：用于设置冲压的位置参数，包括 Reference for rotation: 文本框、Rotation angle: 文本框、Origin point: 文本框、 Position on context 复选框和 Reverse direction 按钮。

- Reference for rotation: 文本框：单击此文本框，用户可以在绘图区选取一个参考旋转的草图。一般系统会自动创建一个由一个点构成的草图为默认草图。

- Rotation angle: 文本框：用于设置旋转角度值。

- Origin point: 文本框：单击此文本框，用户可以在绘图区选取一个旋转参考点。
- Position on context 复选框：用于设置冲头在最初创建的位置。当选中此复选框时，Position on wall 区域的其他参数均不可用。
- Reverse direction 按钮：用于设置冲压的方向。

（5）定义冲压类型。在 Type: 下拉列表中选择 Punch 选项。

（6）定义冲压模具。在特征树中选取 几何体.2 为冲压模具。

（7）定义圆角参数。在 Fillet 区域取消选中 No fillet 复选框，在 R1 radius: 文本框中输入数值 2。

（8）定义冲压模具的位置。在 Position on wall 区域选中 Position on context 复选框。

（9）单击 确定 按钮，完成用户冲压的创建。

第 9 章　钣金设计综合实例

9.1　钣金设计综合实例一

实例概述：

本实例介绍了钣金支架的设计过程，主要应用了附加钣金壁特征、折弯特征、切割特征和镜像特征等特征，需要读者注意的是“带弯曲的边线上的墙体”和“从平面弯曲”命令的创建方法及过程。下面介绍其设计过程，钣金件模型如图 9.1.1 所示。

本实例的详细操作过程请参见随书光盘中 video\ch09.01 文件下的语音视频讲解文件。模型文件为 D: \catxc2014\work\ch09.01\sheet-part。

9.2　钣金设计综合实例二

实例概述：

本实例介绍的是创建暖气罩的过程，主要运用了如下一些钣金设计的方法：先创建第一平整钣金壁，其次是在第一钣金壁上进行凸缘创建后，再创建附加平整钣金壁、切削特征，然后将以上所创建实体进行镜像，最后创建成形特征及阵列。其中钣金壁凸缘的创建、零件整体镜像以及模具的创建和模具成形特征的创建都有较为灵活的钣金创建思想。钣金件模型如图 9.2.1 所示。

本实例的详细操作过程请参见随书光盘中 video\ch09.02 文件下的语音视频讲解文件。模型文件为 D: \catxc2014\work\ch09.02\HEATER_COVER。

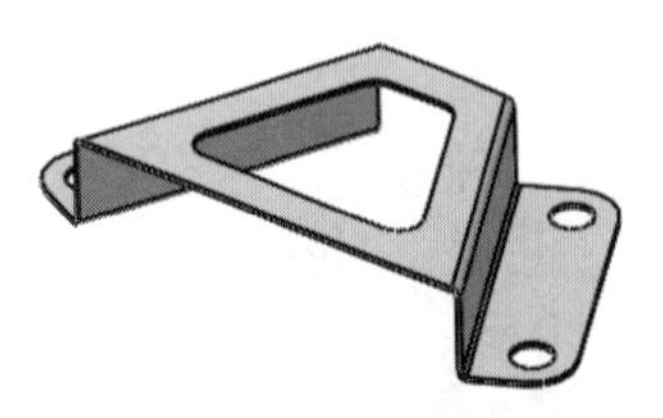

图 9.1.1　钣金件模型

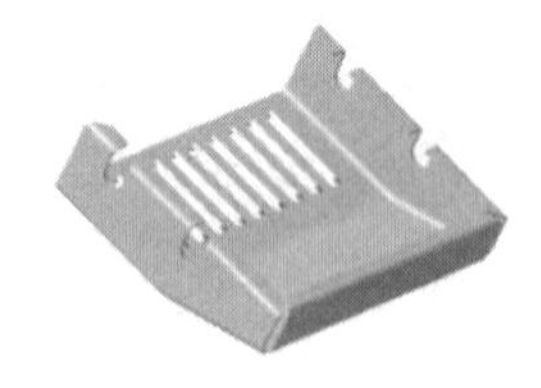

图 9.2.1　钣金件模型

9.3 钣金设计综合实例三

实例概述:

本实例详细讲解了一款固定架的设计过程，该设计过程运用了如下命令：平整壁、平整附加钣金壁、剪口、折叠、展开、冲孔和镜像等。零件模型如图 9.3.1 所示。

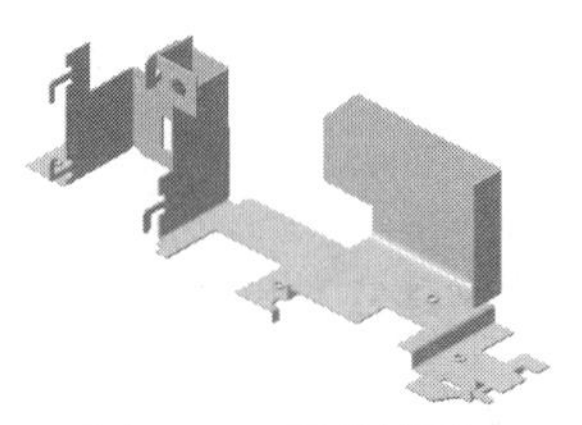

图 9.3.1 零件模型

本实例的详细操作过程请参见随书光盘中 video\ch09.03\文件下的语音视频讲解文件。模型文件为 D:\catxc2014\work\ch09.03\ Printer_support_02_ok.CATPart。

第10章 装配设计

10.1 装配设计基础入门

10.1.1 装配工作台介绍

CAITA V5-6R2014 的装配工作台用来建立零件间的相对位置关系，从而形成复杂的装配体。

CAITA V5-6R2014 提供了自底向上和自顶向下两种装配功能。如果首先设计好全部零件，然后将零件作为部件添加到装配体中，则称为自底向上装配；如果是首先设计好装配体模型，然后在装配体中组建模型，最后生成零件模型，则称为自顶向下装配。自底向上装配是一种常用的装配模式，本书主要介绍自底向上装配。

CAITA V5-6R2014 的装配工作台具有下面一些特点。

◆ 提供了方便的部件定位方法，可轻松设置部件间的位置关系。系统提供了六种约束方式，通过对部件添加多个约束，可以准确地把部件装配到位。

◆ 提供了强大的爆炸图工具，可以方便地生成装配体的分解图。

◆ 提供了强大的零件库，可以直接向装配体中添加标准零件。

10.1.2 装配约束

通过定义装配约束，可以指定零件相对于装配体（部件）中其他部件的放置方式和位置。在 CATIA V5-6R2014 中，装配约束的类型包括相合、接触、偏移和固定等。零件通过装配约束添加到装配体后，它的位置会随与其有约束关系部件的改变而相应改变，而且约束设置值作为参数可随时修改，并可与其他参数建立关系方程，这样整个装配体实际上是一个参数化的组件。

1. “相合”约束

使用“相合”约束可以使两个装配部件中的两个平面（图 10.1.1a）重合，并且可以调整平面方向，如图 10.1.1b、c 所示；也可以使两条直线（包括轴线）或者两个点重合，如图 10.1.2b 所示，其约束符号为 ◙ 。

使用“相合”约束时，两个参照不必为同一类型，直线与平面、点与直线等都可使用“相合”约束。

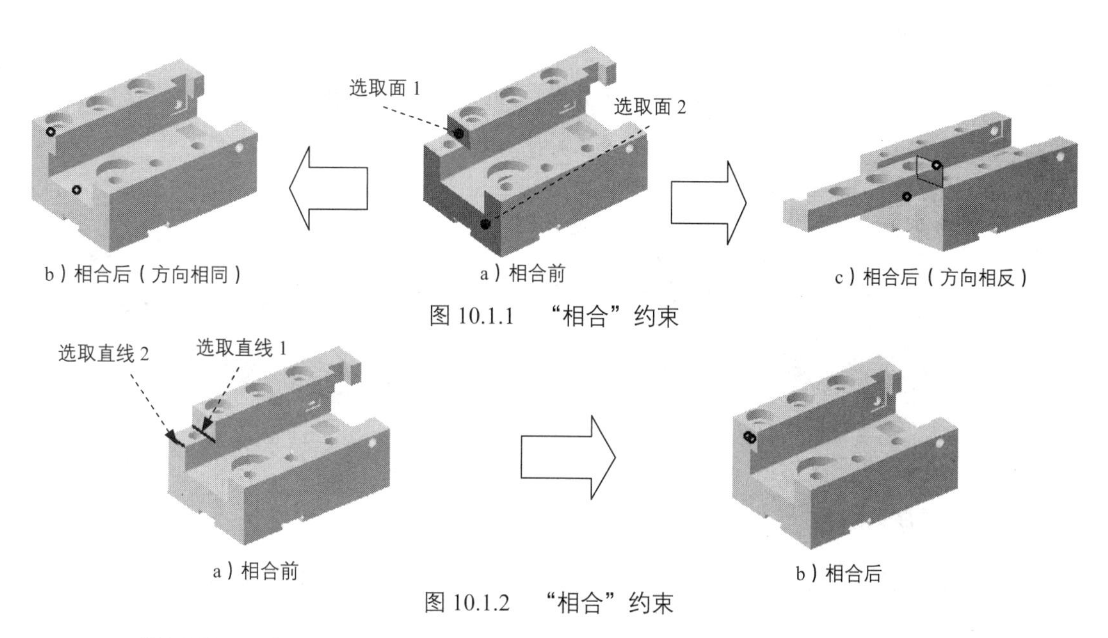

图 10.1.2 “相合”约束

2. “接触”约束

“接触”约束可以使选定的两个面进行接触，可分为以下三种约束情况。

- 点接触：使球面与平面处于相切状态，约束符号为 ，如图 10.1.3 所示。
- 线接触：使圆柱面与平面处于相切状态，约束符号为 ，如图 10.1.4 所示。
- 面接触：使两个面重合，约束符号为 。

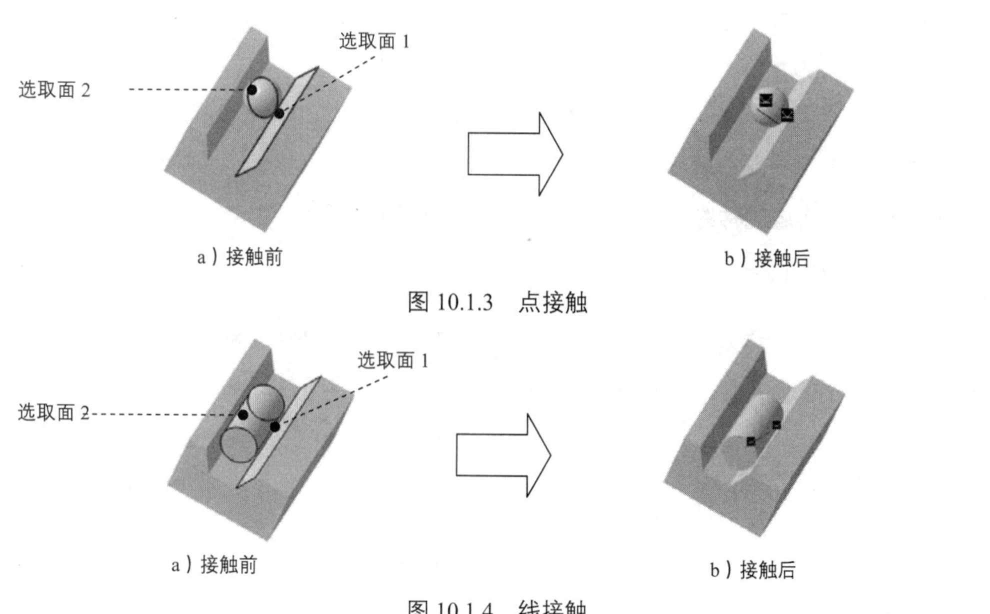

图 10.1.4 线接触

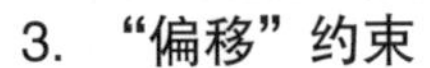

3. “偏移”约束

使用“偏移”约束可以使两个部件上的点、线或面相距一定距离，从而限制部件的相对位置关系，如图 10.1.5 所示。

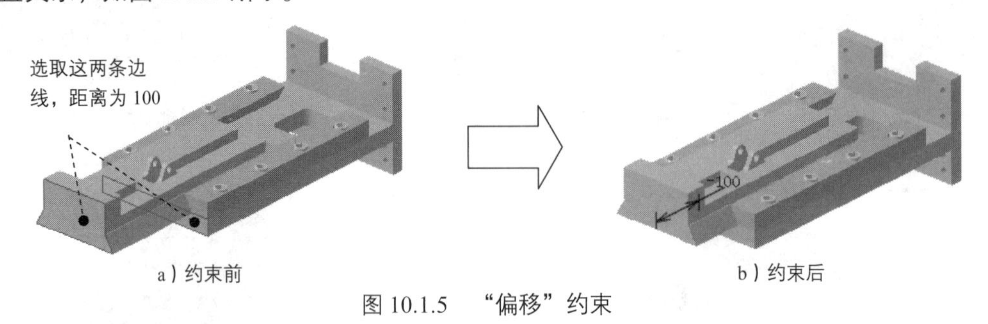

a）约束前　　b）约束后

图 10.1.5　“偏移”约束

4. “角度”约束

用“角度”约束可使两个元件上的线或面相距一个角度，从而限制部件的相对位置关系，如图 10.1.6b 所示。

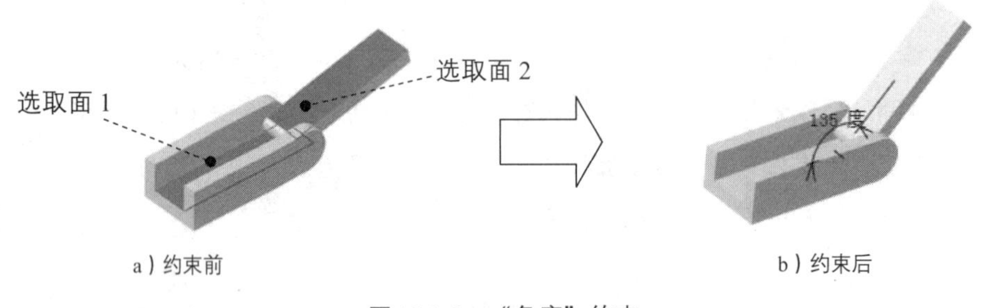

a）约束前　　b）约束后

图 10.1.6　“角度”约束

5. “固定”约束

“固定”约束是将部件固定在图形窗口的当前位置。当向装配环境中引入第一个部件时，常常对该部件实施这种约束。“固定”约束的约束符号为 。

6. “固联”约束

使用“固联”约束可以把装配体中的两个或多个元件按照当前位置固定成为一个群体，移动其中一个部件，其他部件也将被移动。

10.2　装配一般过程

下面以一个装配体模型——轴和轴套的装配为例，如图 10.2.1 所示，说明装配体创建的一般过程。

10.2.1 装配第一个部件

1. 新建装配文件

步骤 01 选择命令。选择下拉菜单 文件 → 新建... 命令，系统弹出图 10.2.2 所示的“新建”对话框。

步骤 02 选择文件类型。在 类型列表： 下拉列表中选择 Product 选项，单击 确定 按钮。

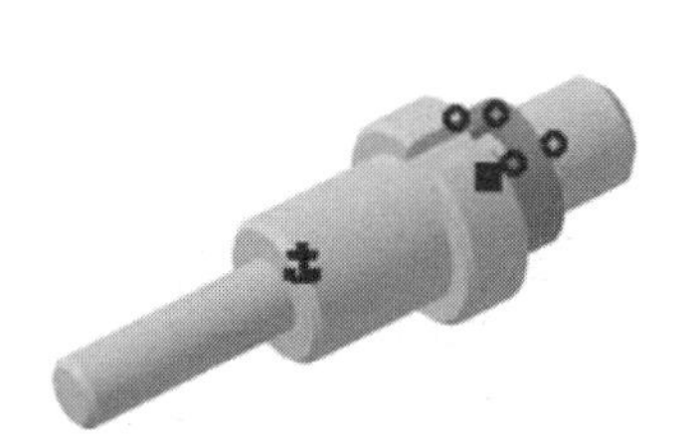

图 10.2.1 轴和轴套的装配

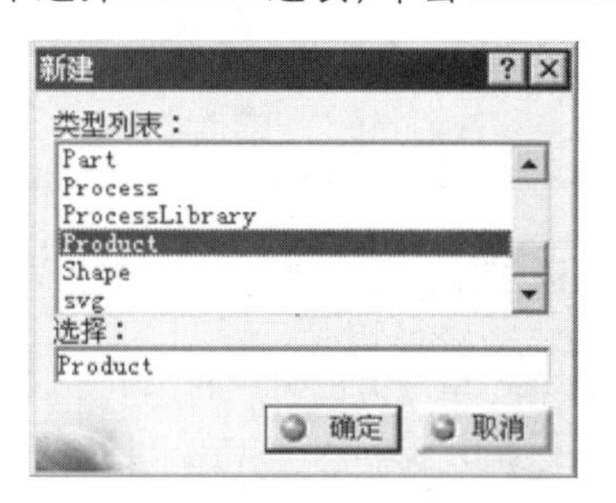

图 10.2.2 “新建”对话框

新建之后确认系统是否在装配设计工作台中，如不是，则进行如下操作：选择下拉菜单 开始 → 机械设计 → 装配设计 命令，切换到装配设计工作台。

步骤 03 在“属性”对话框中更改文件名。

（1）右击特征树的 Product1，在系统弹出的快捷菜单中选择 属性 命令，系统弹出“属性”对话框。

（2）在“属性”对话框中选择 产品 选项卡，在 零件编号 文本框中将“Product1”改为“asm_bush”，单击 确定 按钮。

2. 添加第一个零件

步骤 01 单击特征树中的 asm_bush，使 asm_bush 处于激活状态。

步骤 02 选择命令。选择下拉菜单 插入 → 现有部件... 命令（或单击“产品结构工具”工具栏中的 按钮）。

在特征树中，部件文件和装配文件的图标是不同的。装配文件的图标是 ，部件文件的图标为 。

步骤 03 选取要添加的模型。完成上步操作后，系统弹出“选择文件”对话框，选择路径 D:\ catxc2014\work\ch10.02.01，选取轴零件模型文件 bush_02，单击 打开(O) 按钮。

3. 对第一个零件添加约束

选择下拉菜单 插入 → 固定 命令，在系统 选择要固定的部件 的提示下，选取特征树中的 bush_02 (bush_02.1)（或单击模型），此时模型上会显示出“固定”约束符号，说明第一个零件已经完全被固定在当前位置。

10.2.2 装配其余部件

1. 添加第二个零件

步骤 01 单击特征树中的 asm_bush，使 asm_bush 处于激活状态。

步骤 02 选择命令。选择下拉菜单 插入 → 现有部件... 命令。

步骤 03 选取添加文件。在系统弹出的“选择文件”对话框中选取轴套零件模型文件 bush_01.CATPart，单击 打开(O) 按钮。

2. 对第二个零件添加约束

要完全定位轴套需添加三个约束，分别为同轴约束、轴向约束和径向约束。

步骤 01 定义第一个装配约束（同轴约束）。

（1）选择命令。选择下拉菜单 插入 → 相合... 命令。

（2）定义相合轴。分别选取两个零件的轴线，如图 10.2.3 所示，此时会出现一条连接两个零件轴线的直线，并出现相合符号，如图 10.2.4 所示。

（3）更新操作。选择下拉菜单 编辑 → 更新 命令，完成第一个装配约束，如图 10.2.5 所示。

- 选择 相合... 命令后，将鼠标指针移动到部件的圆柱面之后，系统将自动出现一条轴线，此时只需单击即可选中轴线。
- 当选中第二条轴线后，系统将迅速出现图 10.2.4 所示的画面。图 10.2.3 只是表明选取了两条轴线，设置过程中图 10.2.3 所示的状态只是瞬间出现。
- 设置完一个约束之后，系统不会进行自动更新，可以做完一个约束之后就更新，也可以使部件完全约束之后再进行更新。

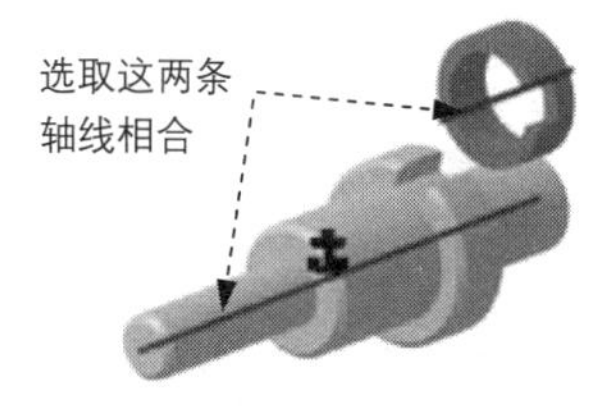

图 10.2.3 选取相合轴

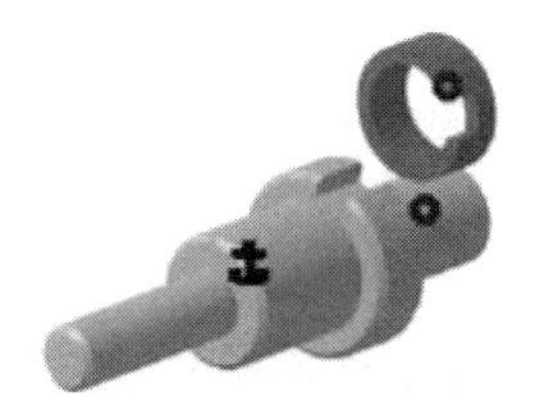
图 10.2.4 建立相合约束

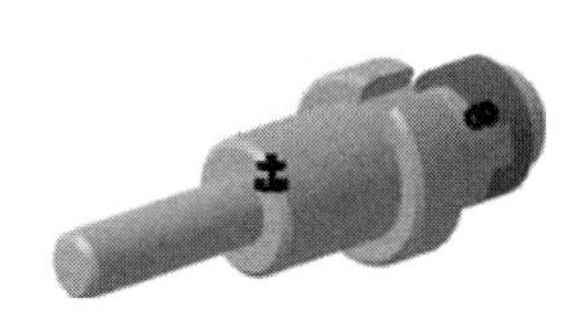
图 10.2.5 完成第一个装配约束

步骤 02 定义第二个装配约束（轴向约束）。

（1）选择命令。选择下拉菜单 插入 → 接触... 命令。

（2）定义接触面。选取图 10.2.6 所示的两个接触面，此时会出现一条连接这两个面的直线，并出现面接触的约束符号，如图 10.2.7 所示。

（3）更新操作。选择下拉菜单 编辑 → 更新 命令，完成第二个装配约束，如图 10.2.8 所示。

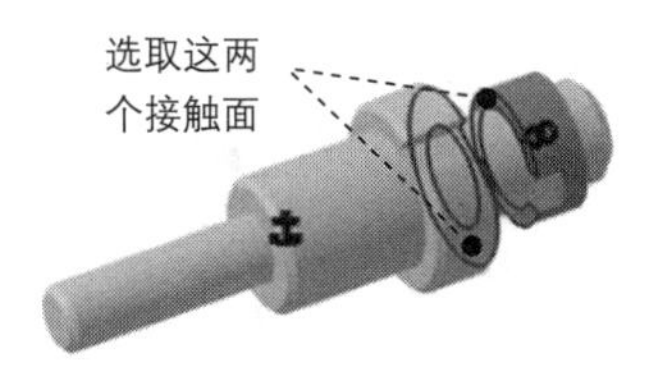

图 10.2.6 选取接触面

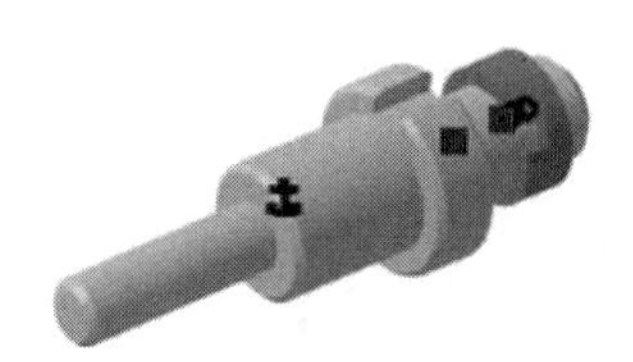
图 10.2.7 建立接触约束

图 10.2.8 完成第二个装配约束

◆ 本例应用了“面接触”约束方式，该约束方式是“接触”约束中的一种，系统会根据所选的几何元素，来选用不同的接触方式。其余两种接触方式见“10.1.2 装配约束”。

◆ “面接触”约束方式是把两个面贴合在一起，并且使这两个面的法线方向相反。

步骤 03 定义第三个装配约束（径向约束）。

（1）选择命令。选择下拉菜单 插入 → 相合... 命令。

（2）定义相合面。分别选取图 10.2.9 所示的面 1、面 2 作为相合平面。

（3）确定相合方向。完成上步操作后，系统弹出图 10.2.10 所示的“约束属性”对话框，在对话框的 方向 下拉列表中选取 相同 选项，单击 确定 按钮。

（4）更新操作。选择下拉菜单 编辑 → 更新 命令，完成装配体的创建，如图 10.2.11 所示。

图 10.2.10 所示的“约束属性”对话框中 方向 下拉列表说明如下。

- 未定义：应用系统默认的两个相合面的法线方向。
- 相同：两个相合面的法线方向相同。
- 相反：两个相合面的法线方向相反。

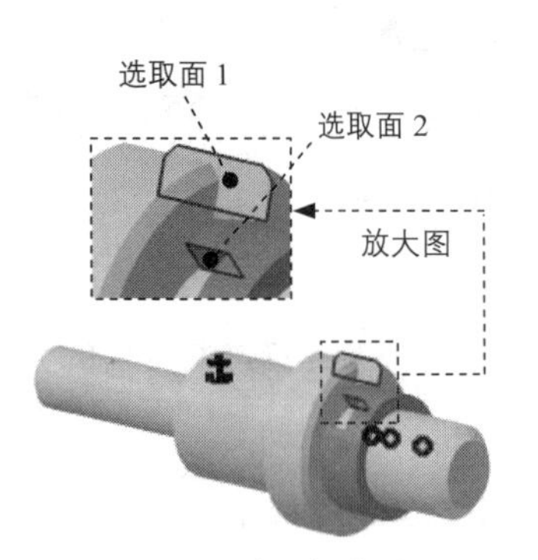

图 10.2.9　选取相合面

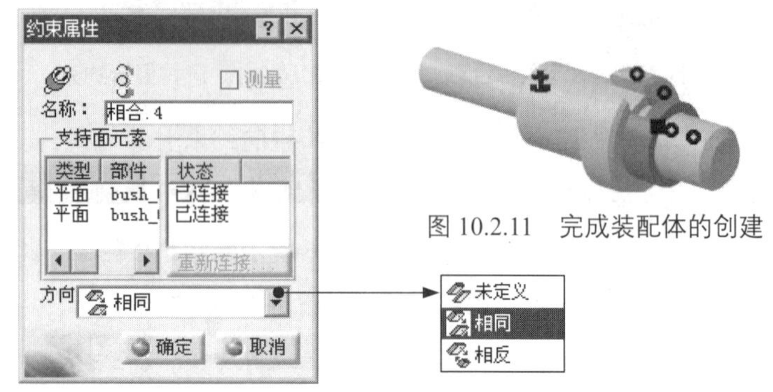

图 10.2.10　“约束属性”对话框

图 10.2.11　完成装配体的创建

10.3　高级装配技术

10.3.1　组件定位与智能移动

定位组件是将需要装配的元件在单独窗口中打开，从这个单独窗口中选取参照，从而快速地添加相关约束；智能移动则可以通过捕捉相关的点、线、面自动添加相关的约束。下面以一个装配实例模型来介绍定位组件与智能移动的一般过程。

步骤 01　打开文件 D:\ catxc2014\work\ch10.03.01\smart-move.CATProduct。

步骤 02　添加螺栓。

（1）在确认 edit 处于激活状态后，选择下拉菜单 插入 ➡ 具有定位的现有组件... 命令，在系统弹出的“选择文件”对话框中选取文件 ass-bolt.CATPart，然后单击 打开(O) 按钮，此时系统弹出图 10.3.1 所示的“智能移动”对话框。

（2）在“智能移动”对话框中选中 自动约束创建 复选框，然后在“智能移动”对话框中选取图 10.3.1 所示的轴 1 和主窗口中图 10.3.2 所示的轴 2。

（3）此时效果如图 10.3.3 所示，单击图 10.3.3 所示箭头的位置调整螺栓方向，然后在空白处单击，系统自动添加约束，结果如图 10.3.4 所示。

（4）选取“智能移动”对话框中图 10.3.1 所示的面 1 和主窗口中图 10.3.2 所示的面 2，在空白处单击，系统自动添加约束。

（5）然后单击“智能移动”对话框中的 确定 按钮，完成螺栓的添加，结果如图 10.3.5

所示。

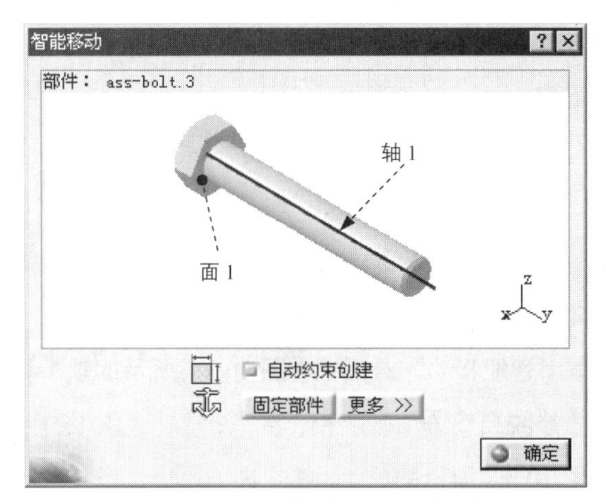

图 10.3.1 “智能移动”对话框

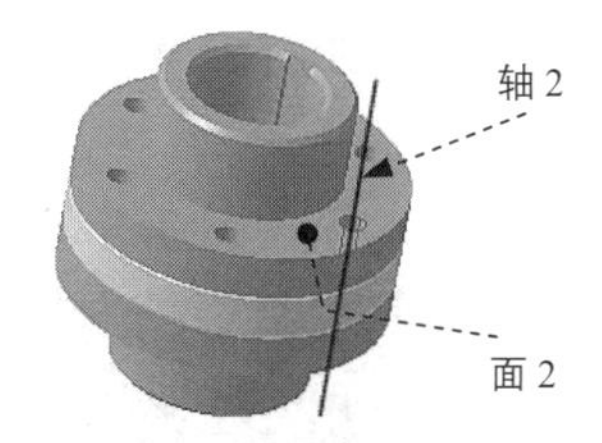

图 10.3.2 选取约束对象

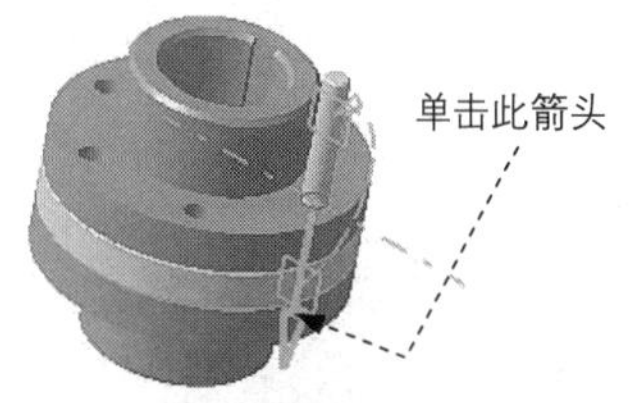

图 10.3.3 调整位置方向

图 10.3.4 调整位置方向后

图 10.3.5 添加螺栓

步骤 03 添加螺母。

（1）在确认 edit 处于激活状态后，选择下拉菜单 插入 → 现有部件... 命令，在系统弹出的“选择文件”对话框中选取文件 ass-nut.CATPart，然后单击 打开(O) 按钮。

（2）在特征树中选中 ass-nut (ass-nut.1)，然后选择图 10.3.6 所示的下拉菜单 编辑 → 移动 → 智能移动 命令，系统弹出“智能移动”对话框。

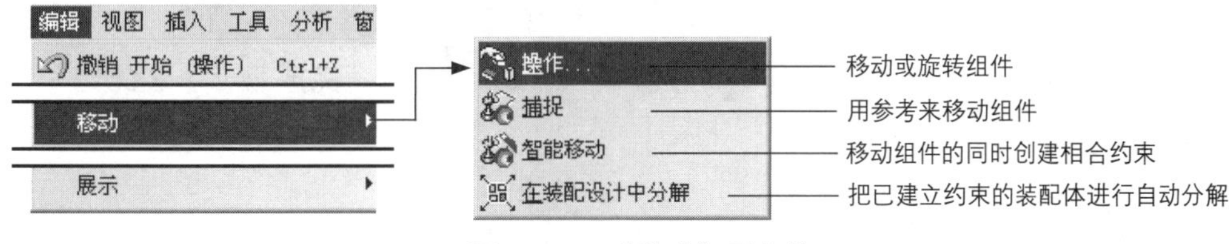

图 10.3.6 “移动”子菜单

图 10.3.6 所示“移动”子菜单中部分命令功能的说明如下。

- 操作...：该命令可以使部件沿各个方向移动或绕某个轴转动，也可以将部件放置到期望的目标位置。
- 捕捉：通过选择需要移动部件上的点、线或面，与另一个固定部件的点、线或面相对齐。
- 智能移动：智能移动的功能与敏捷移动类似，只是智能移动不需要选取参考部件，只需要选取被移动部件上的几何元素。

（3）添加约束。选取“智能移动”对话框中图 10.3.7 所示的轴 1 和主窗口中图 10.3.7 所示的轴 2，在空白处单击，系统自动添加轴的相合约束；然后选取“智能移动”对话框图 10.3.7 所示的面 1 和主窗口中图 10.3.7 所示的面 2，在空白处单击，系统自动添加面和面的接触约束。

（4）单击“智能移动”对话框中的 确定 按钮，完成螺母的添加，结果如图 10.3.8 所示。

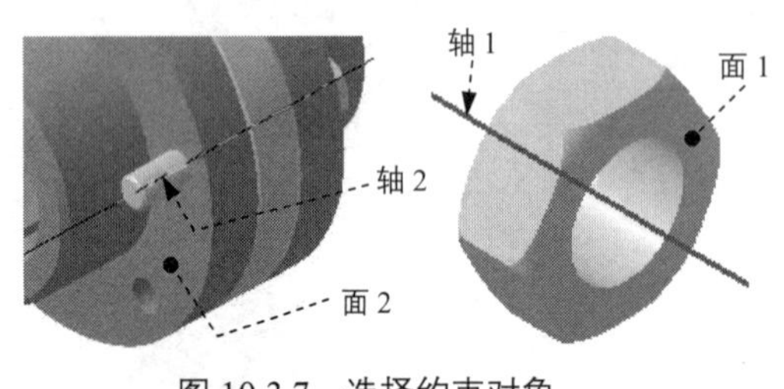

图 10.3.7　选择约束对象

图 10.3.8　添加螺母

10.3.2　快速约束

下面以一个装配实例模型来介绍快速约束的一般过程。

步骤 01　打开文件 D:\ catxc2014\work\ch10.03.02\quick-constraint.CATProduct。

步骤 02　添加螺栓。

（1）在确认 edit 处于激活状态后，选择下拉菜单 插入 → 现有部件... 命令，在系统弹出的“选择文件”对话框中选取文件 ass-bolt.CATPart，然后单击 打开(O) 按钮。

（2）添加相合约束。选择下拉菜单 插入 → 快速约束 命令，然后选取图 10.3.9 所示的轴 1 和轴 2。

（3）更新操作。选择下拉菜单 编辑 → 更新 命令，完成第一个装配约束，如图 10.3.10 所示。

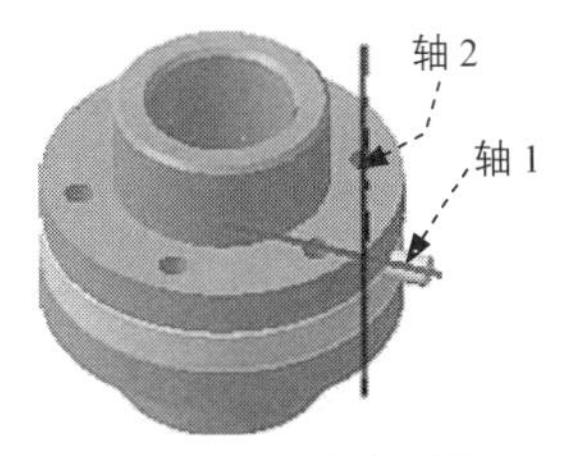

图 10.3.9 选择约束对象

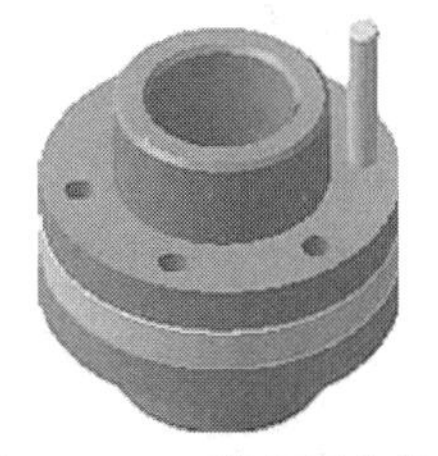
图 10.3.10 建立相合约束

（4）调整位置。在图形区右上角的指南针上右击，然后在弹出的快捷菜单中选择 自动捕捉选定的对象 命令，开启指南针捕捉功能。然后将其移至模型上图 10.3.11 所示的位置。拖动图 10.3.11 所示的 V 轴线向下移动，移动完成后将指南针与所选取的零件分离，结果如图 10.3.12 所示。

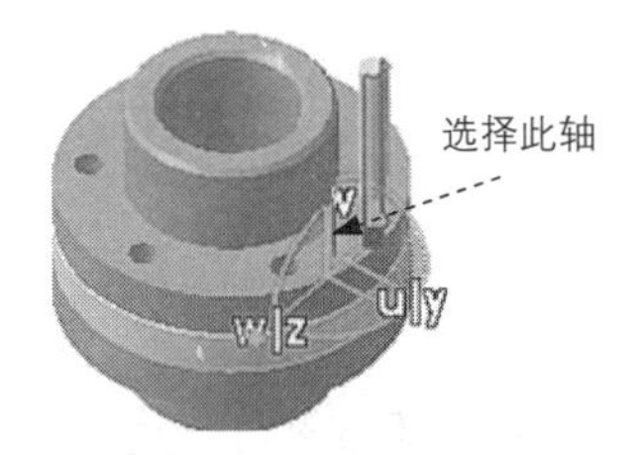

图 10.3.11 选择对象

图 10.3.12 调整位置

（5）添加接触约束。选择下拉菜单 插入 → 快速约束 命令，然后选取图 10.3.13 所示的面 1 和面 2。更新后如图 10.3.14 所示。

步骤 03 参照 步骤 02 的操作步骤添加螺母，结果如图 10.3.15 所示。

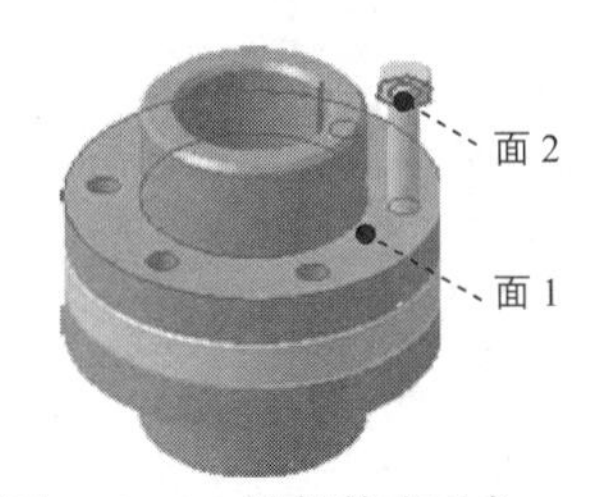

图 10.3.13 选择约束对象

图 10.3.14 建立接触约束

图 10.3.15 添加螺母

10.3.3 复制组件

使用 编辑 下拉菜单中的 复制 命令，复制一个已经存在于装配体中的部件，然后再用 编辑 下拉菜单中的 粘贴 命令，将复制的部件粘贴到装配体中。

新部件与原有部件位置是重合的，必须对其进行移动或约束。

10.3.4 镜像组件

在装配体中，经常会出现两个部件关于某一平面对称的情况，这时，不需要再次为装配体添加相同的部件，只需将原有部件进行对称复制即可，如图 10.3.16 所示。对称复制操作的一般过程如下。

步骤 01 打开文件 D:\ catxc2014\work\ ch10.03.04\ symmetry.CATProduct。

步骤 02 选择命令。选择下拉菜单 插入 → 对称 命令（或在“装配件特征”工具栏中单击按钮），系统弹出图 10.3.17 所示的“装配对称向导”对话框（一）。

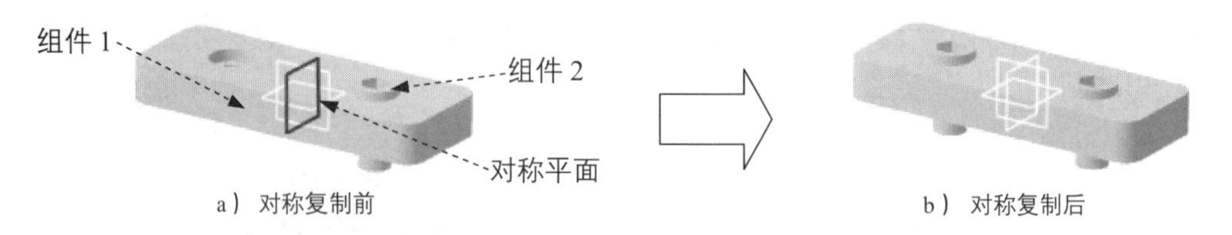

a） 对称复制前　　b） 对称复制后

图 10.3.16　对称复制

步骤 03 定义对称复制平面。如图 10.3.18 所示，将 symmetry_01（部件 1）的特征树展开，选取 yz 平面 作为对称复制的对称平面。此时“装配对称向导”对话框（二）如图 10.3.19 所示。

步骤 04 确定对称复制源部件。选取 symmetry_02（部件 2）作为对称复制的源部件，系统弹出图 10.3.20 所示的“装配对称向导”对话框（三）。

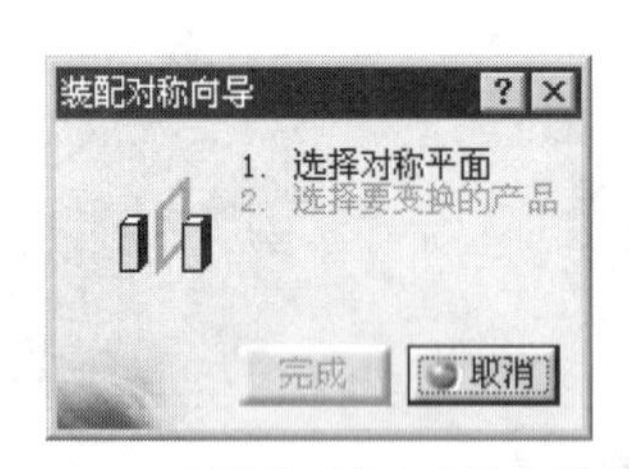

图 10.3.17　“装配对称向导”对话框（一）

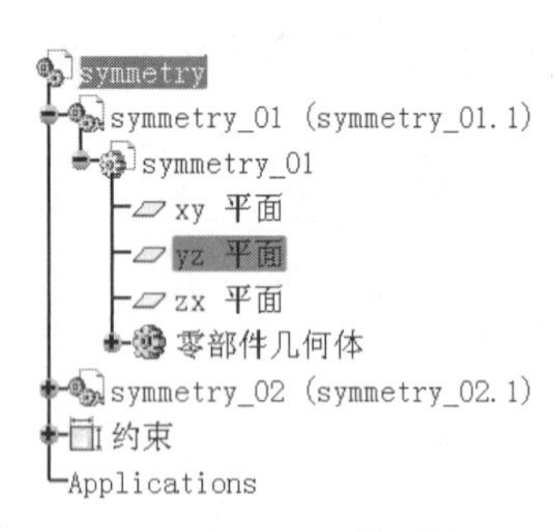

图 10.3.18　特征树

子装配也可以进行对称复制操作。

步骤 05 在图 10.3.20 所示的“装配对称向导”对话框中进行如下操作：

（1）定义类型。在 选择部件的对称类型： 区域选中 镜像，新部件 单选项。

（2）定义结构内容。在 要在新零件中进行镜像的几何图形： 区域选中 零件几何体 复选框。

（3）定义关联性。选中 将链接保留在原位置 和 保持与几何图形的链接 复选框。

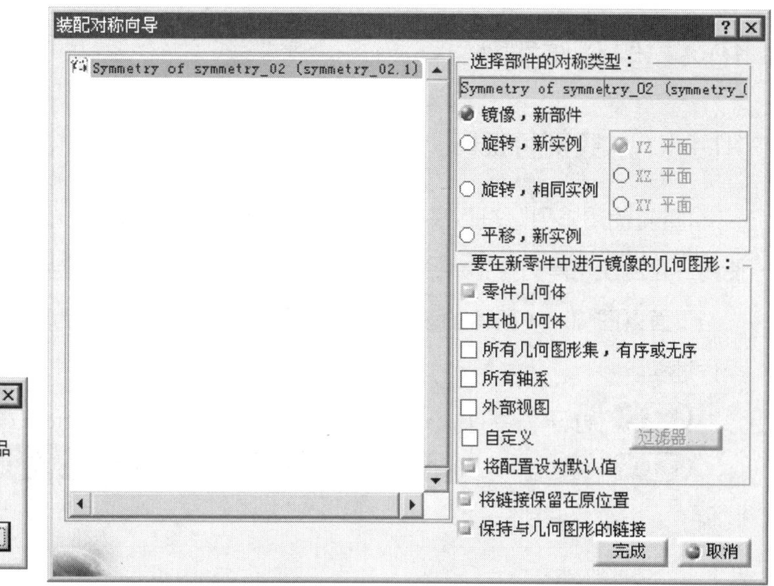

图 10.3.19 “装配对称向导”对话框（二）

图 10.3.20 “装配对称向导”对话框（三）

步骤 06 单击 完成 按钮，系统弹出图 10.3.21 所示的“装配对称结果”对话框，单击 关闭 按钮，完成对称复制。

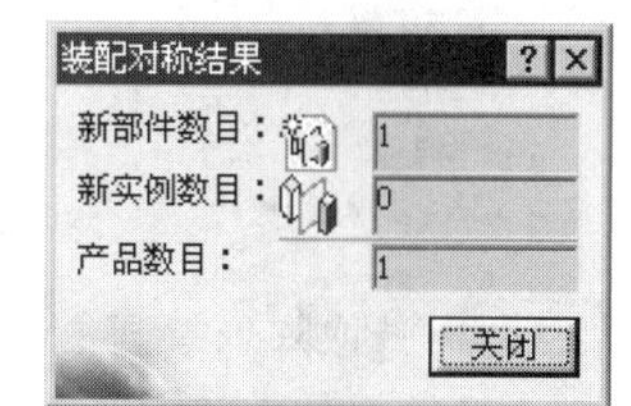

图 10.3.21 “装配对称结果”对话框

图 10.3.20 所示的“装配对称向导”对话框（三）的说明如下。

◆ 选择部件的对称类型： 区域中提供了镜像复制的类型。

- 镜像，新部件：对称复制后的部件只复制源部件的一个体特征。
- 旋转，新实例：对称复制后的部件将复制源部件的所有特征，可以沿 XY 平面、YZ 平面或 YZ 平面进行翻转。
- 旋转，相同实例：使源部件只进行对称移动，可以沿 XY 平面、YZ 平面或 YZ 平面进行翻转。
- 平移，新实例：对称复制后的部件将复制源部件的所有特征，但不能进行翻转。

◆ 要在新零件中进行镜像的几何图形： 区域中提供了源部件的结构内容。

◆ 将链接保留在原位置：对称复制后的部件与源部件保持位置的关联。

◆ 保持与几何图形的链接：对称复制后的部件与源部件保持几何体形状和结构的关联。

10.4 组件阵列

10.4.1 从实例特征阵列

“重复使用阵列”是以装配体中某一部件的阵列特征为参照来进行部件的复制，所以在使用“重复使用阵列”命令之前，应在装配体的某一部件中创建相应的阵列特征。

下面以图 10.4.1 所示的装配在部件 1 上阵列孔中的螺钉为例，介绍“重复使用阵列”的操作过程。

步骤 01 打开文件 D:\ catxc2014\work\ch10.04.01\reusepattern.CATProduct。

步骤 02 选择命令。选择下拉菜单 插入 ➡ 重复使用阵列... 命令，系统弹出“在阵列上实体化”对话框。

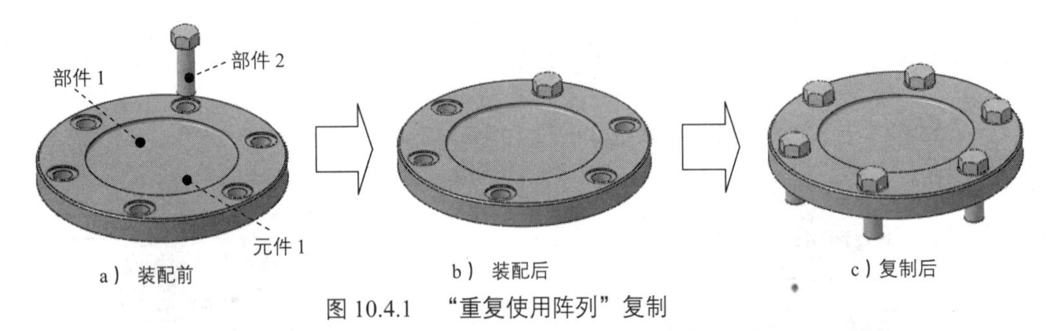

图 10.4.1 “重复使用阵列”复制

步骤 03 选取阵列复制参考。在特征树中将 end-cover-02 (end-cover-02.1) 展开，选中 圆形阵列.1 作为阵列复制的参考。

步骤 04 确定阵列源部件。在特征树上选中 end-cover-bolt-02 作为阵列的原部件，单击 确定 按钮，创建图 10.4.1c 所示的部件阵列。

在图 10.4.1 的实例中，可以继续使用“重复使用阵列”命令，将螺母进行阵列复制。

10.4.2 多实例阵列

如图 10.4.2 所示，可以使用“定义多实例化”将一个部件沿指定的方向进行阵列复制。设置“定义多实例化”的一般过程如下。

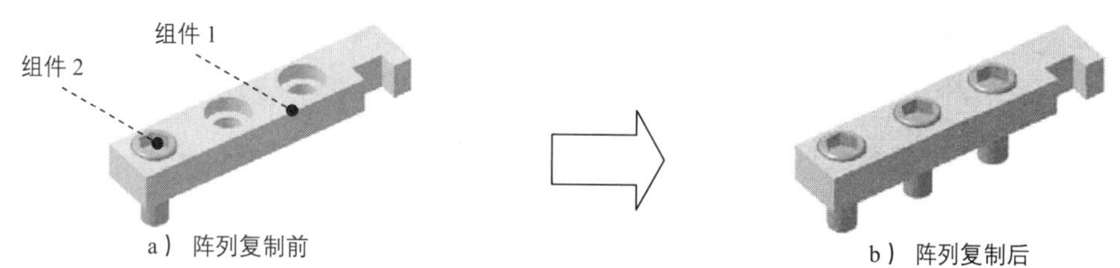

a）阵列复制前 b）阵列复制后

图 10.4.2 “定义多实例化”阵列复制

步骤 01 打开文件 D:\ catxc2014\work\ch10.04.02\size.CATProduct。

步骤 02 选择命令。选择下拉菜单 插入 → 定义多实例化... 命令，系统弹出图 10.4.3 所示的“多实例化”对话框。

步骤 03 定义实例化复制的源部件。如图 10.4.4 所示，在特征树上选取 pad_bolt (pad_bolt.1) 作为多实例化复制的源部件。

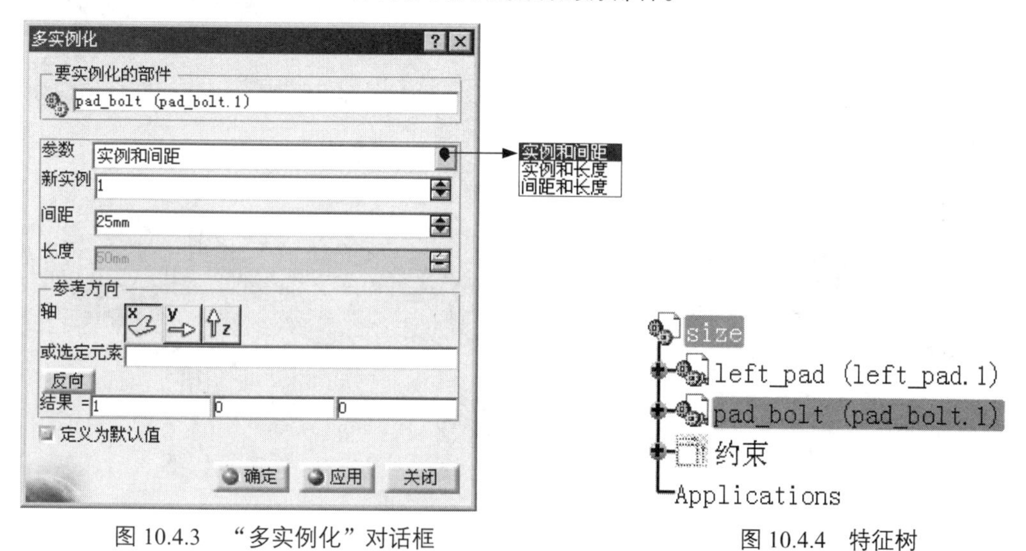

图 10.4.3 “多实例化”对话框 图 10.4.4 特征树

步骤 04 定义多实例化复制的参数。

（1）在“多实例化”对话框的 参数 下拉列表中选取 实例和间距 选项。

（2）确定多实例化复制的新实例和间距。在对话框的 新实例 文本框中输入数值 2，在 间距 文本框中输入数值 25。

步骤 05 确定多实例化复制的方向。单击 参考方向 区域中的 按钮。

步骤 06 单击 确定 按钮，此时，创建出图 10.4.2b 所示的部件多实例化复制。

图 10.4.3 所示“多实例化”对话框中部分选项的说明如下。

◆ 参数 下拉列表中有三种排列方式。

- 实例和间距：生成部件的个数和每个部件之间的距离。

- 实例和长度：生成部件的个数和总长度。
- 间距和长度：每个部件之间的距离和总长度。

◆ 参考方向 区域提供多实例化的方向。

- x:表示沿 x 轴方向进行多实例化复制。
- y:表示沿 y 轴方向进行多实例化复制。
- z:表示沿 z 轴方向进行多实例化复制。
- 或选定元素：表示沿选定的元素（轴或边线）作为实例的方向。
- 反向：单击此按钮，可使选定的方向相反。

◆ 定义为默认值：选中后，插入下拉菜单中的 快速多实例化命令会以这些参数作为实例化复制的默认参数。

10.4.3 快速多实例阵列

如图 10.4.5 所示，可以使用“快速多实例阵列”将一个部件按照实例化的默认值快速地进行阵列复制。

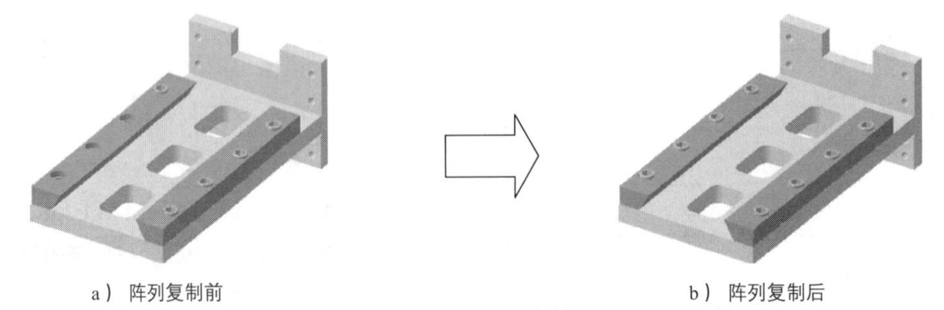

a）阵列复制前　　b）阵列复制后

图 10.4.5 快速多实例阵列

设置“快速多实例阵列”的一般过程如下：

步骤 01 打开文件 D:\ catxc2014\work\ch10.04.03\quick-size.CATProduct。

步骤 02 选择命令。选择下拉菜单 插入 → 快速多实例化命令。

步骤 03 定义实例化复制的源部件。在特征树上选取 Symmetry of slideway-bolt 作为快速多实例化复制的源部件，结果如图 10.4.5b 所示。

10.5 编辑装配体中的部件

一个装配体完成后，可以对该装配体中的任何部件（包括产品和子装配件）进行如下操作：部件的打开与删除，部件尺寸的修改，部件装配约束的修改（如偏移约束中偏距的修改）

和部件装配约束的重定义等，完成这些操作一般要从特征树开始。

下面以图 10.5.1 所示的装配体 edit.CATProduct 中的 link_flange.CATPart 部件为例，说明修改装配体中部件的一般操作过程。

步骤 01 打开文件 D:\ catxc2014\work\ch10.05\edit.CATProduct。

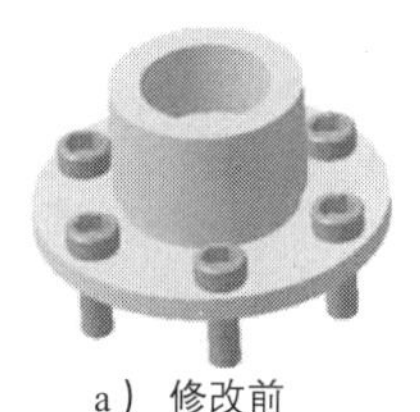

a）修改前

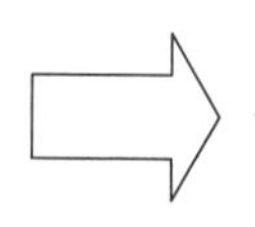

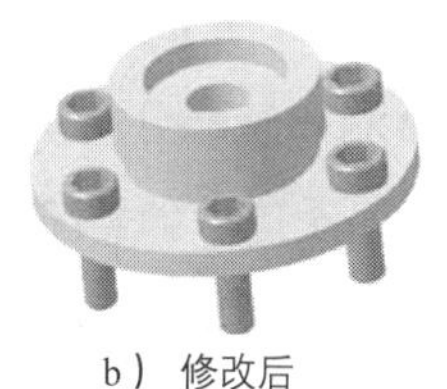

b）修改后

图 10.5.1 修改装配体中的部件

步骤 02 显示零件 link_flange 的所有特征。

（1）展开特征树中的部件 link_flange (link_flange.1)，显示出部件 link_flange 中所包括的所有特征。

（2）展开特征树中的部件 link_flange，显示出部件 link_flange 中所包括的所有特征。

（3）展开特征树中的 零件几何体，显示出零件 link_flange 的所有特征。

步骤 03 在特征树中右击 凸台.1，在系统弹出的快捷菜单中选择 凸台.1 对象 → 定义... 命令，此时系统进入“零件设计”工作台。

在新窗口中打开 则是把要编辑的部件用“零件设计”工作台打开，并建立一个新的窗口，其余部件不发生变化。

步骤 04 重新编辑特征。

（1）在特征树中右击 凸台.1，在系统弹出的快捷菜单中选择 凸台.1 对象 → 定义... 命令，系统弹出“定义凸台”对话框。

（2）修改长度。双击图形区的“32”尺寸，系统弹出“参数定义”对话框，在其中的 值 文本框中输入数值 10，并单击此对话框中的 确定 按钮。

（3）单击“定义凸台”对话框中的 确定 按钮，完成特征的重定义。此时，部件 link_flange 的长度将发生变化（保证其装配约束未发生变化），如图 10.5.1b 所示。

步骤 05 选择下拉菜单 开始 → 机械设计 → 装配设计 命令，回到装配工作台。

如果修改之后发现零件 link_flange 的长度未发生变化，说明系统没有自动更新。选择下拉菜单 编辑 → 更新 命令将其更新。

10.6 装配干涉检查

碰撞检测和装配分析功能可以帮助设计者了解其最关心的零部件之间的干涉情况等信息。下面以一个简单的装配说明碰撞检测和装配分析的操作过程。

1. 碰撞检测的一般过程

步骤 01 打开文件 D:\ catxc2014\work\ch10.06\intervene.CATProduct。

步骤 02 选择检测命令。选择下拉菜单 分析 → 计算碰撞... 命令，系统弹出“碰撞检测”对话框。

步骤 03 选择检测类型。在 定义 区域的下拉列表中选择 碰撞 选项（一般为默认选项）。

如在 定义 区域的下拉列表中选择 间隙 选项，在下拉列表右侧将出现另一个文本框，文本框中的数值“1mm”表示可以检测的间隙最小值。

步骤 04 选取要检测的零件。按住 Ctrl 键，选取图 10.6.1 所示模型中的零件 1、2 为需要进行碰撞检测的项。

- 在“碰撞检测”对话框的 定义 区域中可看到所选零部件的名称，同时特征树中与之对应的零部件显示加亮。
- 选取零部件时，只要选择的是零部件上的元素（点、线、面），系统都将以该零部件作为计算碰撞的对象。

步骤 05 查看分析结果。完成上步操作后，单击“碰撞检测”对话框中的 应用 按钮，此时在图 10.6.2 所示“碰撞检测”对话框的 结果 区域中可以看到检测结果。

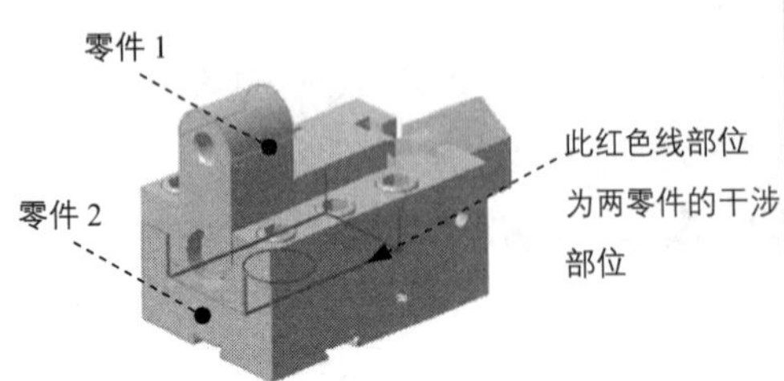

图 10.6.1 选取碰撞检测的项

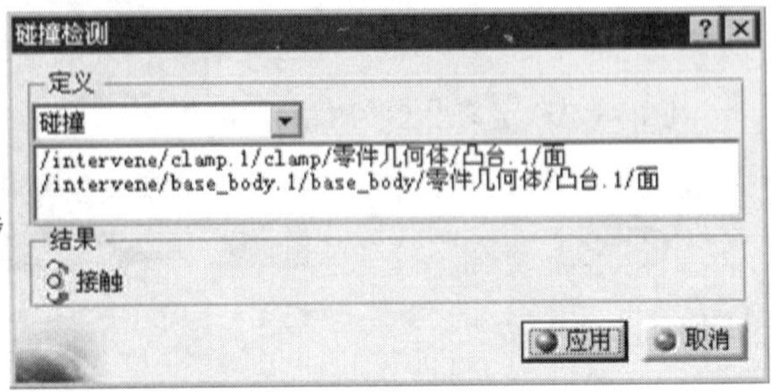

图 10.6.2 “碰撞检测”对话框

2. 装配分析

步骤 01 选择分析命令。选择下拉菜单 分析 → 碰撞... 命令，系统弹出图 10.6.3 所示的“检查碰撞”对话框（一）。

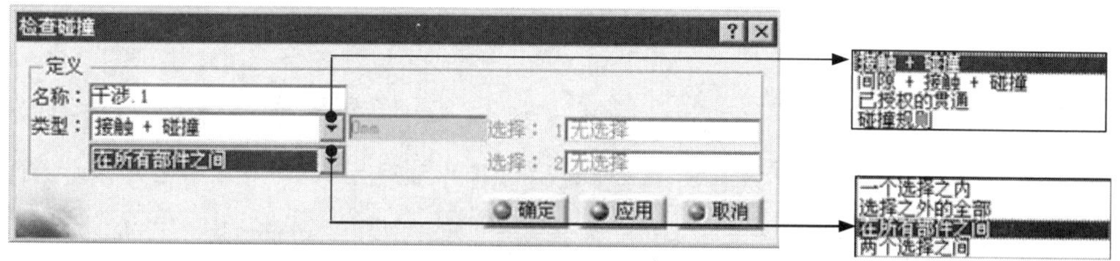

图 10.6.3 “检查碰撞”对话框（一）

步骤 02 定义分析对象。在“检查碰撞”对话框（一） 定义 区域的 类型： 下拉列表中分别选择 间隙 + 接触 + 碰撞 和 在所有部件之间 选项；单击“检查碰撞”对话框（一）中的 应用 按钮，系统弹出“计算...”对话框。

步骤 03 查看分析结果。系统计算完成之后，“检查碰撞”对话框（一）变为图 10.6.4 所示的“检查碰撞”对话框（二），在该对话框的 结果 区域可查看所有干涉，同时系统还将弹出图 10.6.5 所示的“预览”对话框（一）和图 10.6.6 所示的“预览”对话框（二），以显示相应干涉位置的预览。

- 在“检查碰撞”对话框（二）的 结果 区域中显示干涉数以及其中不同位置的干涉类型，但除编号 1 表示的位置外，其他各位置显示的状态均为 未检查，只有选择列表中的编号选项，系统才会计算干涉数值，并提供相应位置的预览图。如选择列表中的编号 5 选项，系统计算碰撞值为-8.86，同时“预览”对话框（一）将变为图 10.6.6 所示的“预览”对话框（二），显示的正是装配分析中的碰撞部位。
- 若“预览”对话框被意外关闭，可以单击“检查碰撞”对话框（二）中的 按钮使之重新显示。
- 在“检查碰撞”对话框（二） 定义 区域的 类型： 下拉列表右侧文本框中数值“5mm”表示当前的装配分析中间隙的最大值。如在“检查碰撞”对话框（二）中选中所有的编号，可以看出其所对应的干涉值都小于 5mm（图 10.6.6）。读者也可以通过修改数值检测其他的间隙位置，如在文本框中输入数值 10mm，则系统检测出的间隙数目也会相应的增加。
- 单击 更多 >> 按钮，展开对话框隐藏部分，在对话框的 详细结果 区域显示当前干涉的详细信息。

◆ “检查碰撞”对话框（二）的 结果 区域中有一个过滤器列表，在下拉列表中可选取用户需要过滤的类型、数值排列方法及所显示的状态，这个功能在进行大型装配分析时具有非常重要的作用。

◆ “检查碰撞”对话框（二）的 结果 区域有三个选项卡：按冲突列表 选项卡、按产品列表 选项卡、矩阵 选项卡。按冲突列表 选项卡是将所有干涉以列表形式显示；按产品列表 选项卡是将所有产品列出，从中可以看出干涉对象；矩阵 选项卡则是将产品以矩阵方式显示，矩阵中的红点显示处即产品发生干涉的位置。

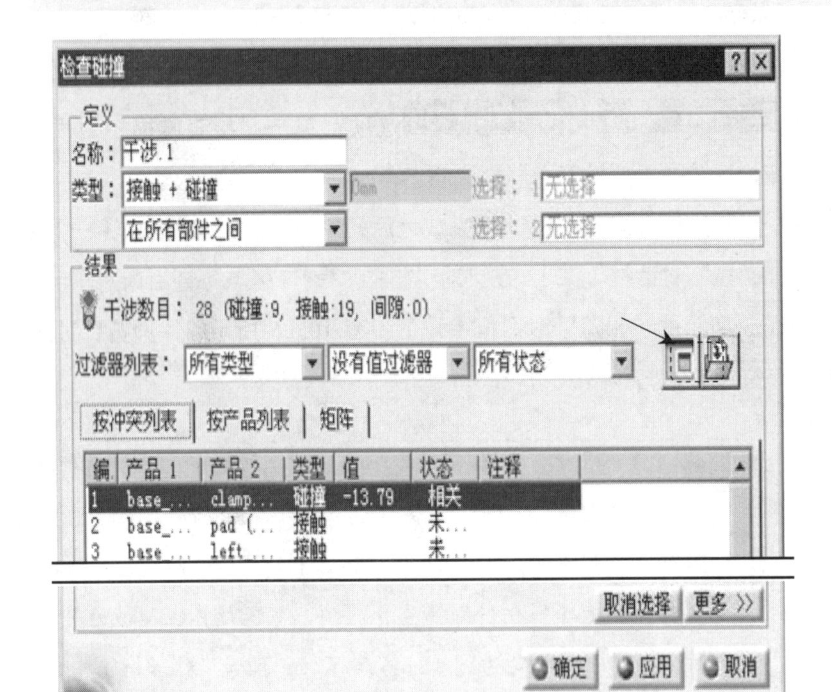

图 10.6.4 “检查碰撞”对话框（二）

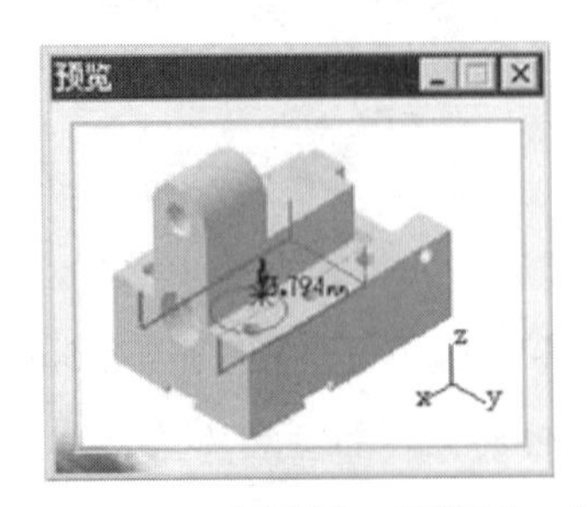

图 10.6.5 “预览”对话框（一）

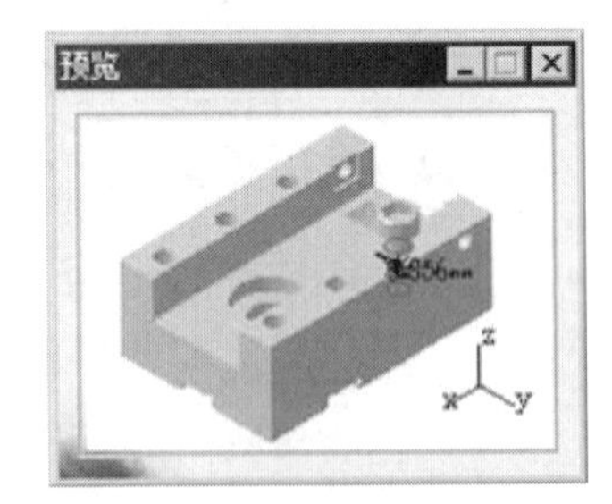

图 10.6.6 “预览”对话框（二）

10.7 模型的测量与分析

10.7.1 测量距离

下面以一个简单模型为例，说明测量距离的一般操作方法。

步骤 01 打开文件 D:\ catxc2014\work \ch10.07.01\measure_distance. CATPart。

步骤 02 选择命令。单击“测量”工具栏中的按钮，系统弹出图 10.7.1 所示的“测量间距”对话框（一）。

步骤 03 选择测量方式。在“测量间距”对话框（一）中单击按钮，测量面到面的距离。

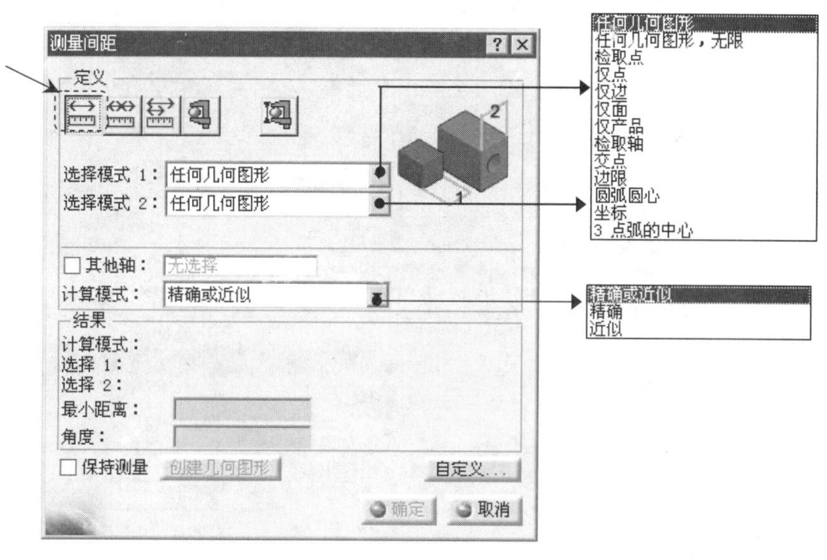

图 10.7.1 “测量间距”对话框（一）

◆ “测量间距”对话框（一）的 定义 区域中有五个测量的工具按钮，其功能及用法介绍如下。

- 按钮（测量间距）：每次测量限选两个元素，如果要再次测量，则需重新选择。
- 按钮（在链式模式中测量间距）：第一次测量时需要选择两个元素，而以后的测量都是以前一次选择的第二个元素作为再次测量的起始元素。
- 按钮（在扇形模式中测量间距）：第一次测量所选择的第一个元素一直作为以后每次测量的第一个元素，因此，以后的测量只需选择预测量的第二个元素即可。

- 按钮（测量项）：测量某个几何元素的特征参数，如长度、面积、体积等。
- 按钮（测量厚度）：此按钮专用作测量几何体的厚度。

◆ 若需要测量的部位有多种元素干扰用户选择，可在“测量间距”对话框（一）的选择模式 1:和选择模式 2:下拉列表中，选择测量对象的类型为某种指定的元素类型，以方便测量。

◆ 在“测量间距”对话框（一）的计算模式:下拉列表中，读者可以选择合适的计算方式，一般默认计算方式为精确或近似，这种方式的精确程度由对象的复杂程度决定。

◆ 如果在“测量间距”对话框（一）中单击自定义...按钮，系统将弹出图 10.7.2 所示的“测量间距自定义”对话框，在该对话框中有使“测量间距”对话框（一）显示不同测量结果的定制单选项。例如：取消选中“测量间距自定义”对话框中的□角度单选项，单击对话框中的应用按钮，“测量间距”对话框（一）将变为图 10.7.3 所示的“测量间距”对话框（二）（请读者仔细观察对话框的变化），用户可根据实际情况，设置不同定制以获取想要的数据。

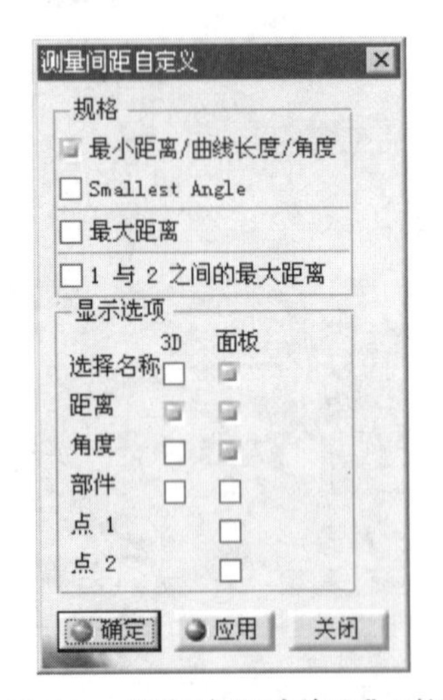

图 10.7.2 “测量间距自定义”对话框

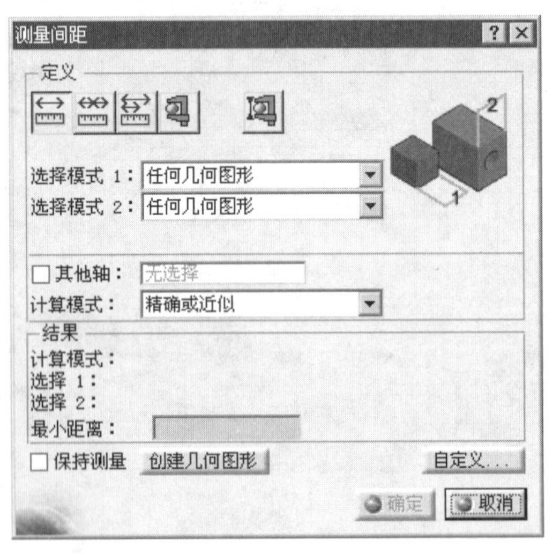

图 10.7.3 “测量间距”对话框（二）

步骤 04 选取要测量的项。在系统指示用于测量的第一选择项的提示下，选取图 10.7.4 所示的模型表面 1 为测量第一选择项；在系统指示用于测量的第二选择项的提示下，选取图 10.7.4 所示的模型表面 2 为测量第二选择项。

步骤 05 查看测量结果。完成上步操作后，在图 10.7.4 所示的模型左侧可看到测量结果，同时“测量间距”对话框（二）变为图 10.7.5 所示的“测量间距”对话框（三），在该对话框的 结果 区域中也可看到测量结果。

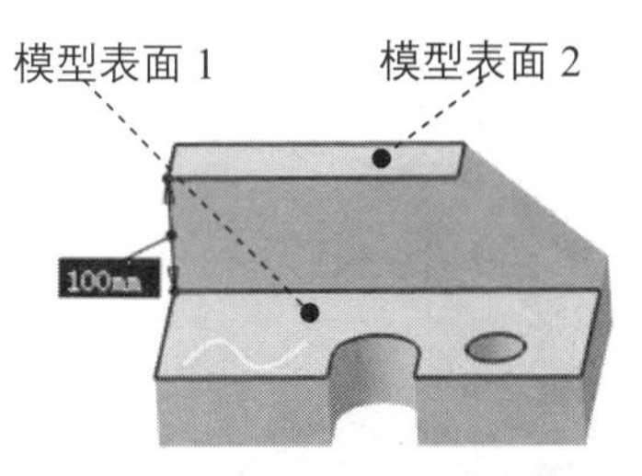

图 10.7.4 测量面到面的距离

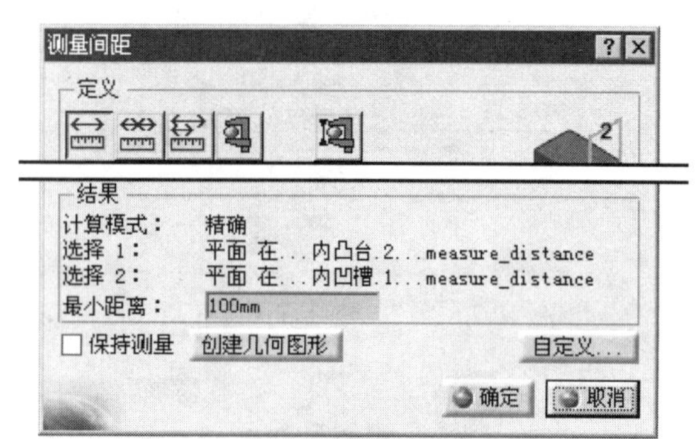

图 10.7.5 “测量间距”对话框（三）

- 在测量完成后，若直接单击 确定 按钮，模型表面与对话框中显示的测量结果都会消失，若要保留测量结果，需在“测量间距”对话框（三）中选中 保持测量 单选项，再单击 确定 按钮。
- 如在“测量间距”对话框（三）中单击 创建几何图形 按钮，系统将弹出图 10.7.6 所示的“创建几何图形”对话框，该对话框用于保留几何图形，如点、线等。对话框中 关联的几何图形 选项表示所保留的几何元素与测量物体之间具有关联性； 无关联的几何图形 则表示不具有关联； 第一点 表示尺寸线的起点(所选第一个几何元素所在侧的点)； 第二点 表示尺寸线的终止点； 直线 表示整条尺寸线。若单击这三个按钮，就表示保留这些几何图形，所保留的图形元素将在特征树上以几何图形集的形式显示出来，如图 10.7.7 所示。

步骤 06 测量点到面的距离，如图 10.7.8 所示，操作方法参见步骤 04。

步骤 07 测量点到线的距离，如图 10.7.9 所示，操作方法参见步骤 04。

步骤 08 测量点到点的距离，如图 10.7.10 所示，操作方法参见步骤 04。

步骤 09 测量线到线的距离，如图 10.7.11 所示，操作方法参见步骤 04。

步骤 10 测量点到曲线的距离，如图 10.7.12 所示，操作方法参见步骤 04。

步骤 11 测量面到曲线的距离，如图 10.7.13 所示，操作方法参见步骤 04。

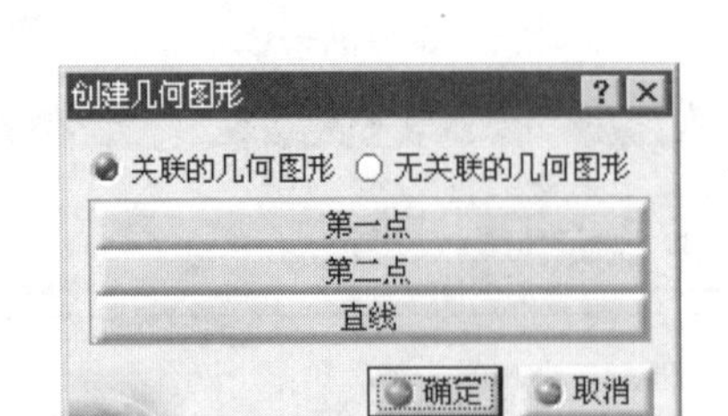

图 10.7.6 “创建几何图形”对话框

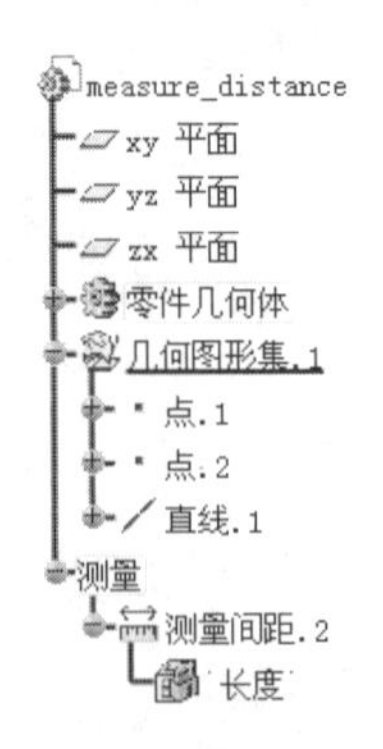

图 10.7.7 特征树

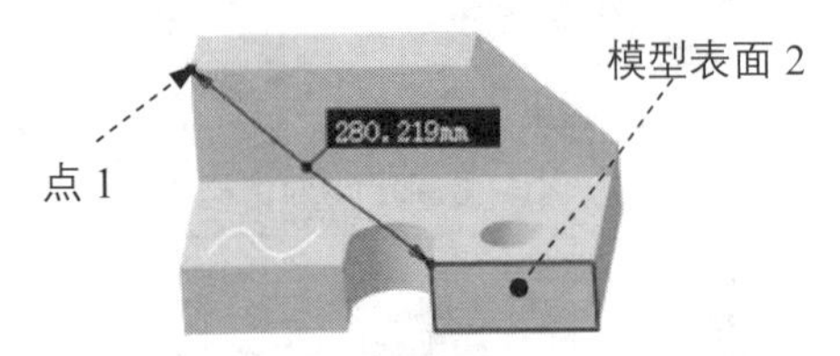

图 10.7.8 测量点到面的距离

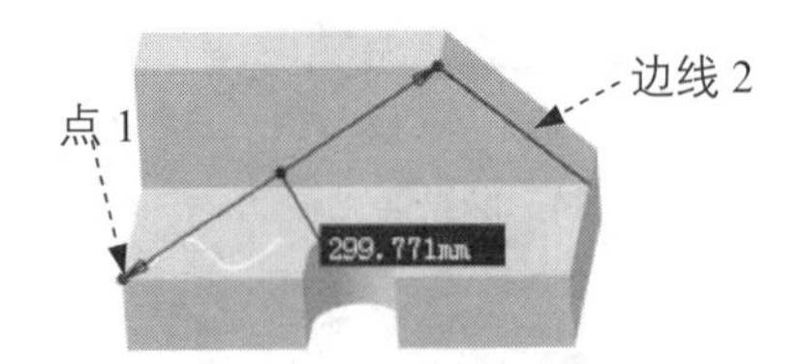

图 10.7.9 测量点到线的距离

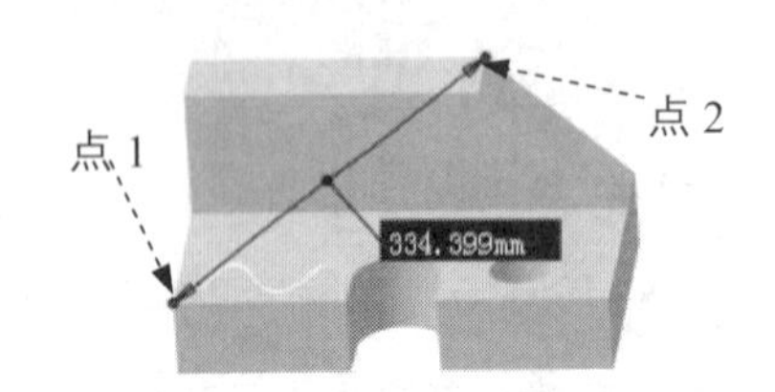

图 10.7.10 测量点到点的距离

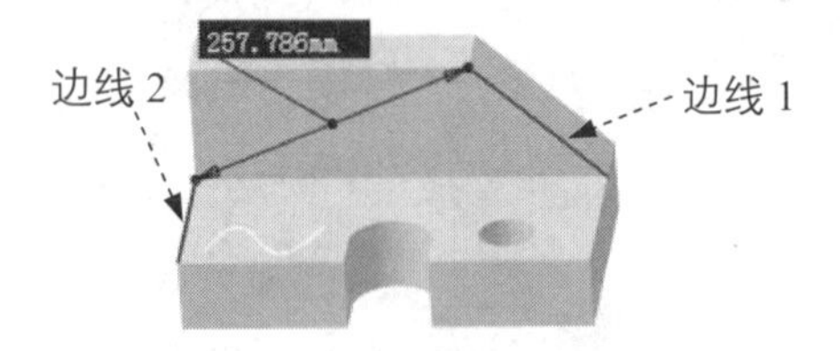

图 10.7.11 测量线到线的距离

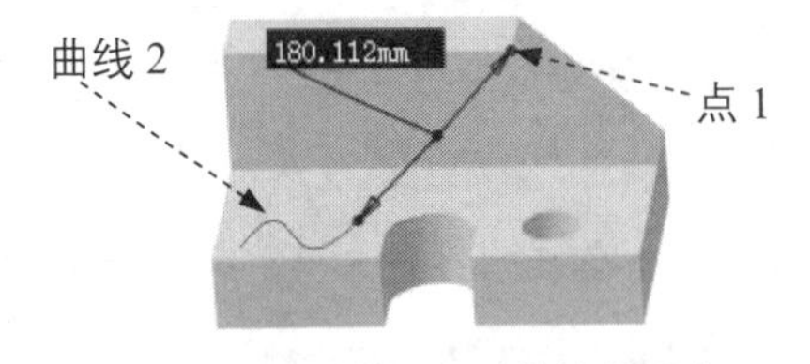

图 10.7.12 测量点到曲线的距离

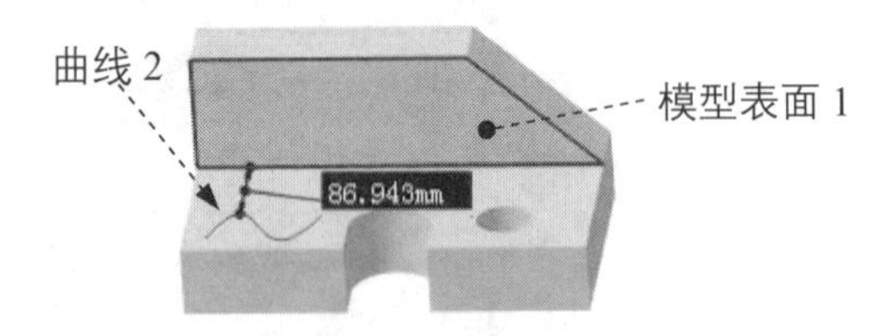

图 10.7.13 测量面到曲线的距离

10.7.2 测量角度

步骤 01 打开文件 D:\ catxc2014\work\ch10.07.02\measure_angle. CATPart。

步骤 02 选择测量命令。单击“测量”工具栏中的按钮，系统弹出“测量间距”对话框（一）。

步骤 03 选择测量方式。在对话框中单击按钮，测量面与面间的角度。

此处已将测量结果定制为只显示角度值，具体操作参见本节关于定制的说明。以下测量将进行同样操作，因此不再赘述。

步骤 04 选取要测量的项。在系统提示下，分别选取图 10.7.14 所示的模型表面 1 和模型表面 2 为指示测量的第一、第二个选择项。

步骤 05 查看测量结果。完成选取后，在模型表面和图 10.7.15 所示“测量间距”对话框（四）的 结果 区域中均可看到测量的结果。

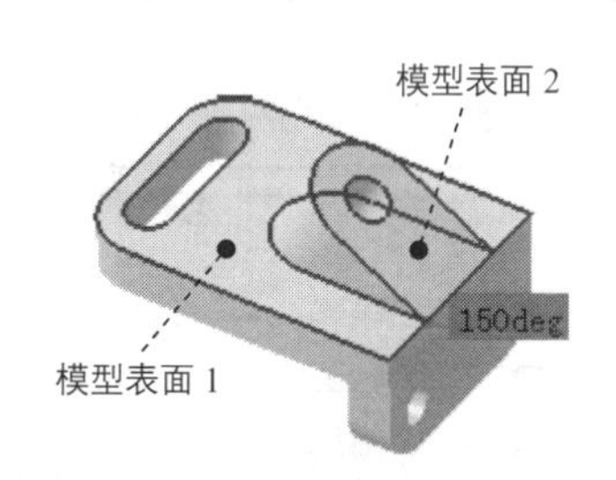

图 10.7.14　测量面与面间的角度

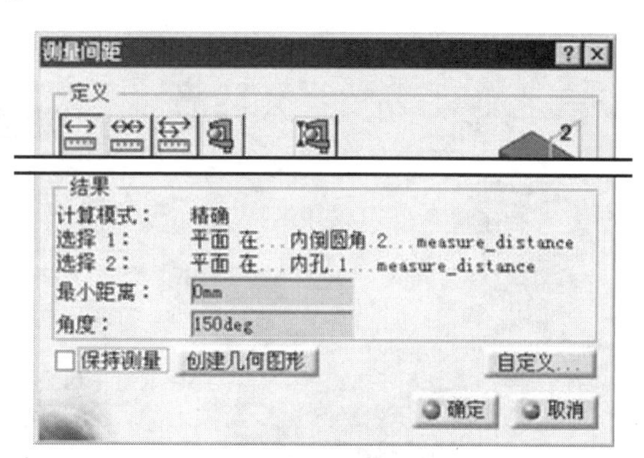

图 10.7.15　“测量间距”对话框（四）

步骤 06 测量线与面间的角度，如图 10.7.16 所示，操作方法参见 步骤 04。

步骤 07 测量线与线间的角度，如图 10.7.17 所示，操作方法参见 步骤 04。

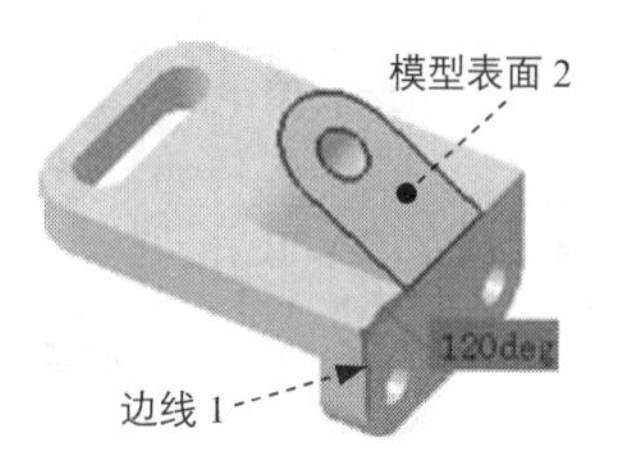

图 10.7.16　测量线与面间的角度

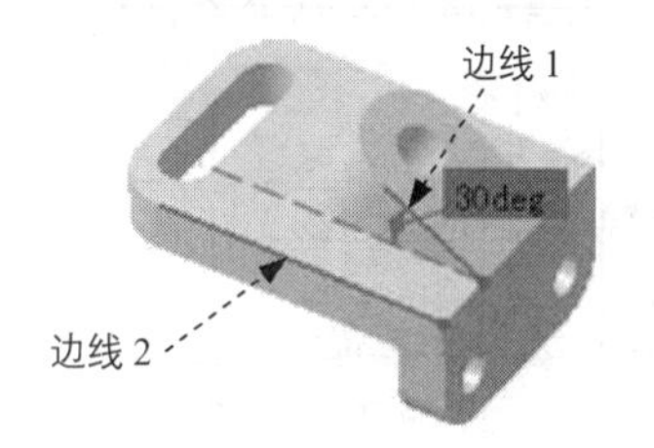

图 10.7.17　测量线与线间的角度

在选取模型表面或边线时，若鼠标单击的位置不同，所测得的角度值可能有锐角和钝角之分。

10.7.3　测量曲线长度

步骤 01 打开文件 D:\ catxc2014\work\ch10.07.03\measure-03. CATPart。

步骤 02 选择测量命令。单击“测量”工具栏中的 按钮，系统弹出“测量项”对话框（一）。

若需要测量的部位有多个元素可供系统自动选择，可在“测量项”对话框（一）的 选择 1 模式：下拉列表中选择测量对象的类型为某种指定的元素类型。

步骤 03 选择测量方式。在“测量项”对话框（一）中单击按钮，测量曲线的长度。

步骤 04 选取要测量的项。在系统 指示要测量的项 的提示下，选取图 10.7.18 所示的曲线 1 为要测量的项。

步骤 05 查看测量结果。完成上步操作后，“测量项”对话框（一）变为图 10.7.19 所示的“测量项”对话框（二），此时在模型表面和对话框的 结果 区域中可看到测量结果。

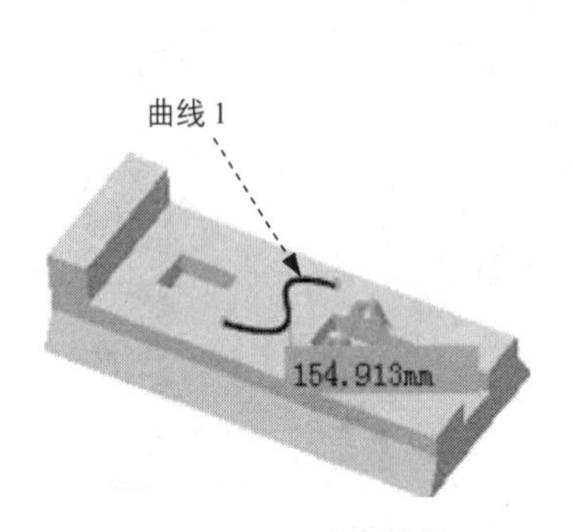

图 10.7.18 选取曲线

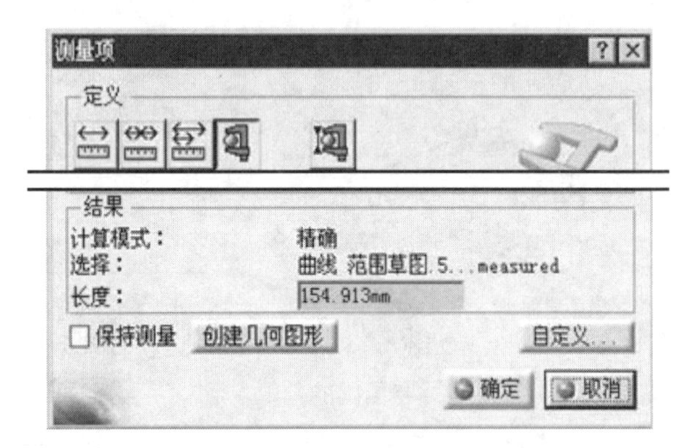

图 10.7.19 “测量项”对话框（二）

10.7.4 测量面积及周长

测量周长：

步骤 01 打开文件 D:\ catxc2014\work\ch10.07.04\measure-04. CATPart。

步骤 02 选择测量命令。单击“测量”工具栏中的按钮，系统弹出“测量项”对话框（一）。

步骤 03 自定义项目。在“测量项”对话框（一）中单击 自定义... 按钮，系统弹出“测量间距自定义”对话框，选中 曲面 区域的 周长 选项，单击 确定 按钮，返回到“测量项”对话框（一）。

步骤 04 选取要测量的项。在系统 指示要测量的项 的提示下，选取图 10.7.20 所示的模型表面 1 为要测量的项。

步骤 05 查看测量结果。完成上步操作后，在模型表面和“测量项”对话框的 结果 区域中均可看到测量的结果。

测量面积：

步骤 01 打开文件 D:\ catxc2014\work\ch10.07.04\measure-04. CATPart。

步骤 02 选择测量命令。单击“测量”工具栏中的按钮，系统弹出图 10.7.21 所示的“测量惯量”对话框（一）。

步骤 03 选择测量方式。在对话框中单击按钮，测量模型的表面积。

此处选取的是“测量 2D 惯量”按钮（图 10.7.21）。在“测量惯量”对话框（一）弹出时，默认被按下的按钮是“测量 3D 惯量”按钮，请读者看清两者之间的区别。

步骤 04 选取要测量的项。在系统 指示要测量的项 的提示下，选取图 10.7.20 所示的模型表面 1 为要测量的项。

步骤 05 查看测量结果。完成上步操作后，“测量惯量”对话框（一）变为图 10.7.22 所示的“测量惯量”对话框（二），此时在模型表面和对话框 结果 区域的 特征 栏中均可看到测量的结果。

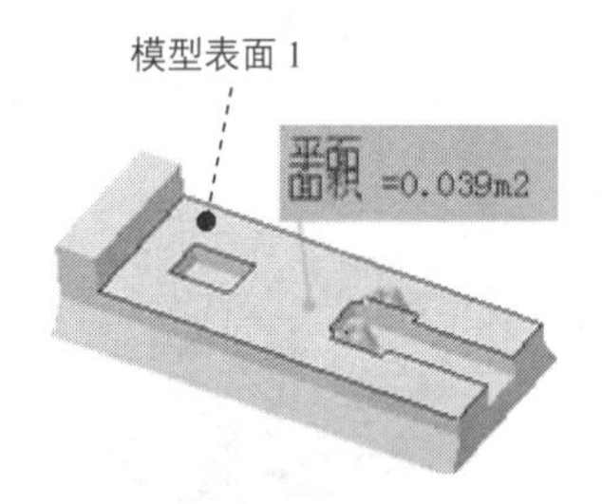

图 10.7.20　选取模型表面

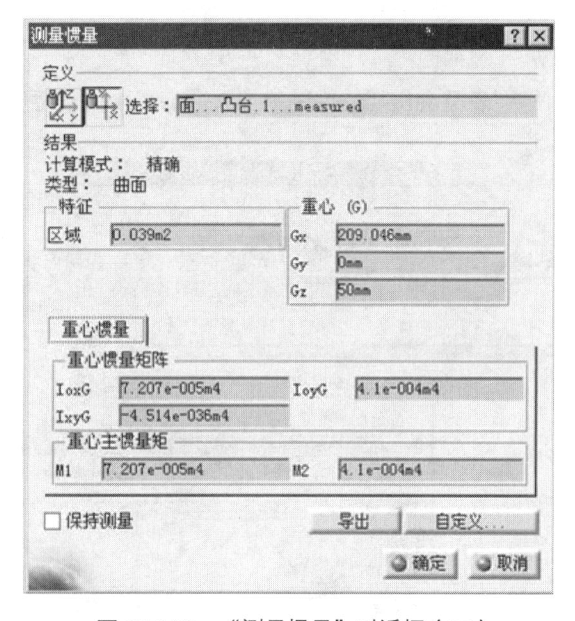

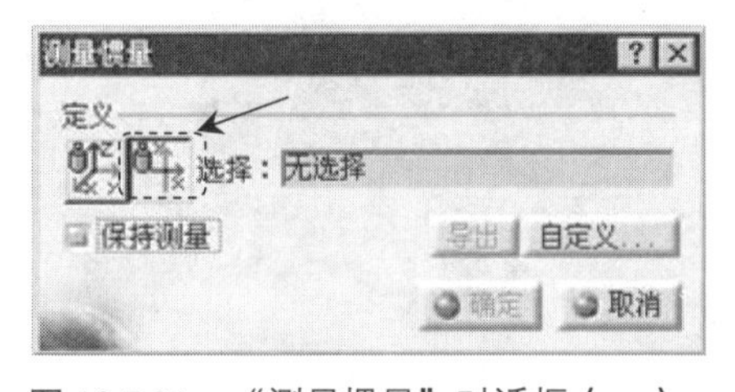

图 10.7.21　“测量惯量”对话框（一）

图 10.7.22　“测量惯量”对话框（二）

在“测量惯量”对话框（一）中单击 定义 区域的按钮，系统自动捕捉的对象仅限于二维元素，即点、线、面；如在“测量惯量”对话框（一）中单击 定义 区域的按钮，则系统可捕捉的对象为点、线、面和体，此按钮的应用将在下一节中讲到。

10.7.5　模型的质量属性分析

通过对模型进行质量属性分析可以检验模型的优劣程度，对产品设计有很大参考价值。

分析内容包括模型的体积、总的表面积、质量、密度、重心位置、重心惯性矩阵和重心主惯性矩等。

下面以一个简单模型为例，说明质量属性分析的一般过程。

步骤 01 打开文件 D:\ catxc2014\work\ch10.07.05\measure_inertia.part。

步骤 02 选择命令。单击“测量”工具栏中的按钮，系统弹出图 10.7.23 所示的“测量惯量”对话框（一）。

步骤 03 选择测量方式。在“测量惯性”对话框（一）中单击按钮，测量模型的质量属性。

步骤 04 选取要测量的项。在系统 指示要测量的项 的提示下，选取图 10.7.24 所示的模型表面为要测量的项。

步骤 05 查看测量结果。完成上步操作后，“测量惯量”对话框（一）变为图 10.7.25 所示的“测量惯量”对话框（二），在该对话框的 结果 区域中可看到质量属性的各项数据，同时模型表面会出现惯性轴的位置，如图 10.7.24 所示。

图 10.7.23 “测量惯量”对话框（一）

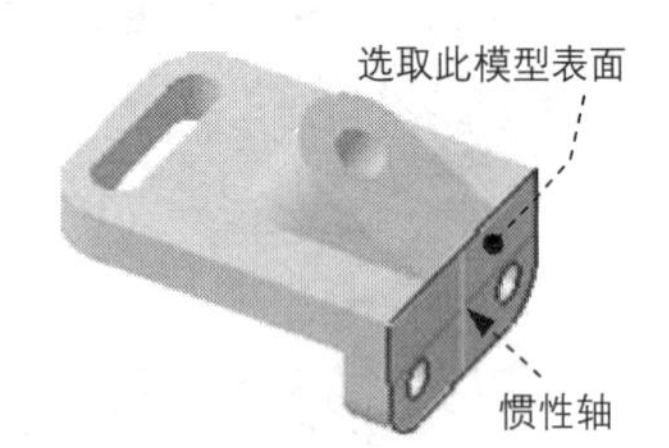

图 10.7.24 选取指示测量的项

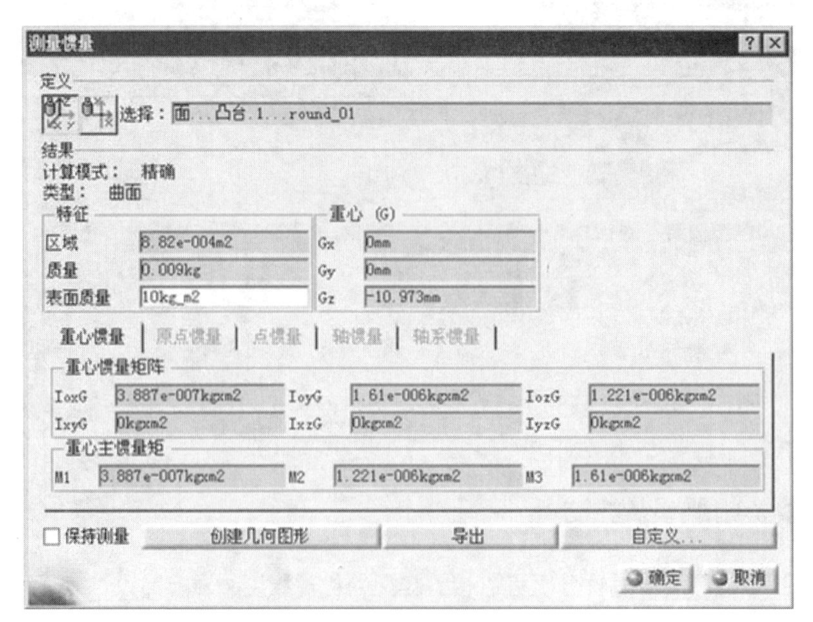

图 10.7.25 “测量惯量”对话框（二）

第 11 章　装配设计综合实例

本实例详细讲解了图 11.1.1 所示的一个多部件装配体的装配过程，使读者进一步熟悉 CAITA V5-6R2014 中的装配操作。读者可以从 D:\ catxc2014\work\ch11.01 中找到该装配体的所有部件。

图 11.1.1　多部件装配体

本实例的详细操作过程请参见随书光盘中 video\ch11.01 文件下的语音视频讲解文件。模型文件为 D: \catxc2014\work\ch11.01\HEATER_COVER。

第12章　工程图设计

12.1　工程图设计基础入门

12.1.1　工程图设计工作台介绍

使用 CATIA V5-6R2014 工程图工作台可方便、高效地创建三维模型的工程图（图样），而且工程图与模型相关联，工程图能够反映模型在设计阶段中的更改，可以使工程图与装配模型或单个零部件保持同步更新。

在学习本节前，请打开工程图文件 D:\ catxc2014\work\ch12.01.01\connecting_ok.CATDrawing，如图 12.1.1 所示。CATIA V5-6R2014 的工程图主要由三个部分组成。

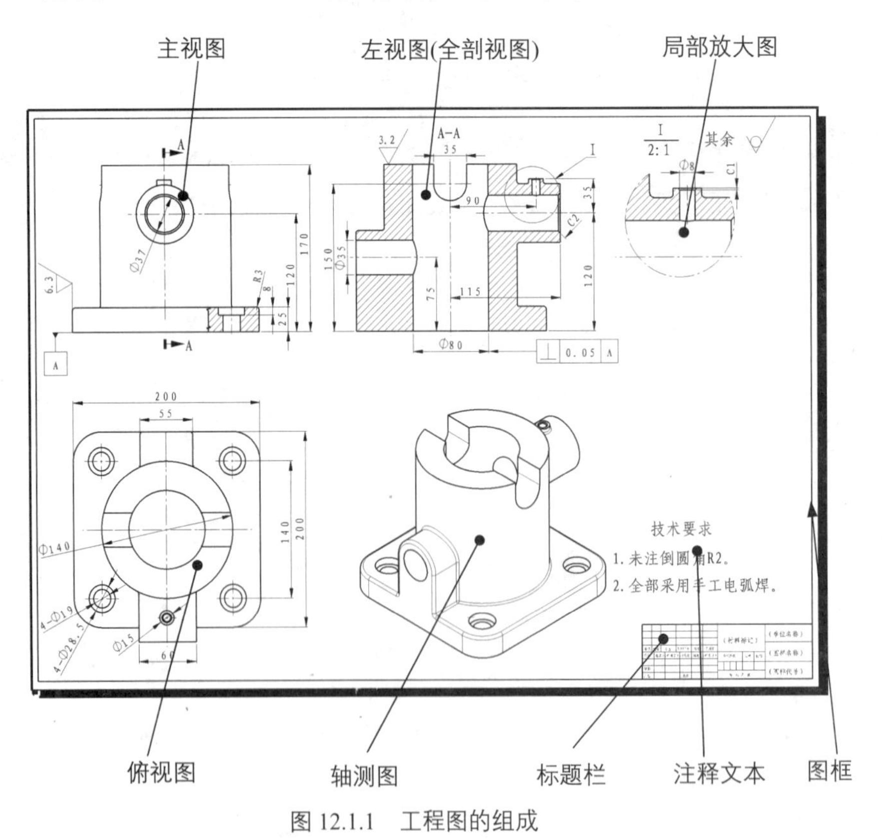

图 12.1.1　工程图的组成

◆　视图：包括六个基本视图（主视图、后视图、左视图、右视图、仰视图和俯视图）、正轴测图、各种剖视图、局部放大图、折断视图和断面图等。在制作工程图时，根据实际零件的特点，选择不同的视图组合，以便简单清楚地把各个设计、制造等诸多要求表达清楚。

- 尺寸、公差、表面粗糙度、焊接标注及注释文本：包括形状尺寸、位置尺寸、尺寸公差、基准符号、形状公差、位置公差、零件的表面粗糙度、焊接标注及注释文本。
- 图框、标题栏等。

12.1.2 工程图设计命令及工具条介绍

打开工程图文件 D:\ catxc2014\work\ch12.01.02\add-slider.CATDrawing，进入工程图工作台，此时系统的下拉菜单和工具条将会发生一些变化。

图 12.1.2 所示的“插入”下拉菜单中的各命令说明如下。

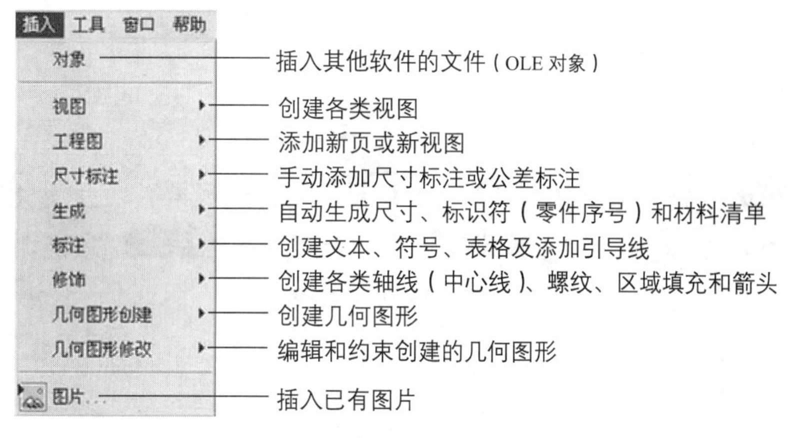

图 12.1.2 “插入”下拉菜单

12.2 设置工程图国标环境

本书随书光盘中的 cat2014-system-file 文件夹中提供了一个 CATIA V5-6R2014 软件的系统文件 GB.XML，该系统文件中的配置可以使创建的工程图基本符合国标。请读者按下面的方法将这些文件复制到指定目录，并对其进行有关设置。

步骤 01 复制配置文件。将随书光盘 drafting 文件夹中的 GB.XML 文件复制到 C:\Program Files\Dassault Systemes\B24\win_b64\resources\standard\drafting 文件夹中。

步骤 02 启动 CATIA V5-6R2014 软件后，选择下拉菜单 工具 → 选项... 命令，系统弹出“选项”对话框，进行如下方面的设置。

（1）设置制图标准。在“选项”对话框中的左侧选择 兼容性 ，连续单击对话框右上角的 ▶ 按钮，直至出现 IGES 2D 选项卡并单击该选项卡，在 工程制图 下拉列表中选择 GB 选项作为制图标准。

（2）设置图形生成。在“选项”对话框中的左侧依次选择 机械设计 ➡ 工程制图，单击 视图 选项卡，在 视图 选项卡的 生成/修饰几何图形 区域中选中 生成轴 、 生成中心线 、 生成圆角 和 应用 3D 规格 复选框，单击 生成圆角 后的 配置 按钮，在弹出的“生成圆角”对话框中选中 投影的原始边线 单选项，单击 关闭 按钮关闭“生成圆角”对话框。

（3）设置尺寸生成。在“选项”对话框中选择 生成 选项卡，在 生成 选项卡的 尺寸生成 区域中选中 生成前过滤 和 生成后分析 复选框。

（4）设置视图布局。在“选项”对话框中选择 布局 选项卡，取消选中 □视图名称 和 □缩放系数 复选框，完成后单击 确定 按钮，关闭“选项”对话框。

12.3 工程图管理

1. 新建工程图

步骤 01 选择下拉菜单 文件 ➡ 新建... 命令，系统弹出“新建”对话框。

步骤 02 在“新建”对话框的 类型列表： 选项组中选取 Drawing 选项以创建工程图文件，单击 确定 按钮，系统弹出“新建工程图”对话框。

步骤 03 选择制图标准。

（1）在“新建工程图”对话框的 标准 下拉列表中选择 GB。

（2）在 图纸样式 下拉列表中选取 A0 ISO 选项，选中 横向 单选项，取消选中 □启动工作台时隐藏 复选框（系统默认取消选中）。

（3）单击 确定 按钮，至此系统进入工程图工作台。

在特征树中右击 □ 页.1，在弹出的快捷菜单中选择 属性 命令，系统弹出图 12.3.1 所示的“属性”对话框。

图 12.3.1 所示的“属性”对话框中各选项的说明如下。

- 名称： 文本框：设置当前图纸页的名称。
- 标度： 文本框：设置当前图纸页中所有视图的比例。
- 格式 区域：在该区域中可进行图纸格式的设置。

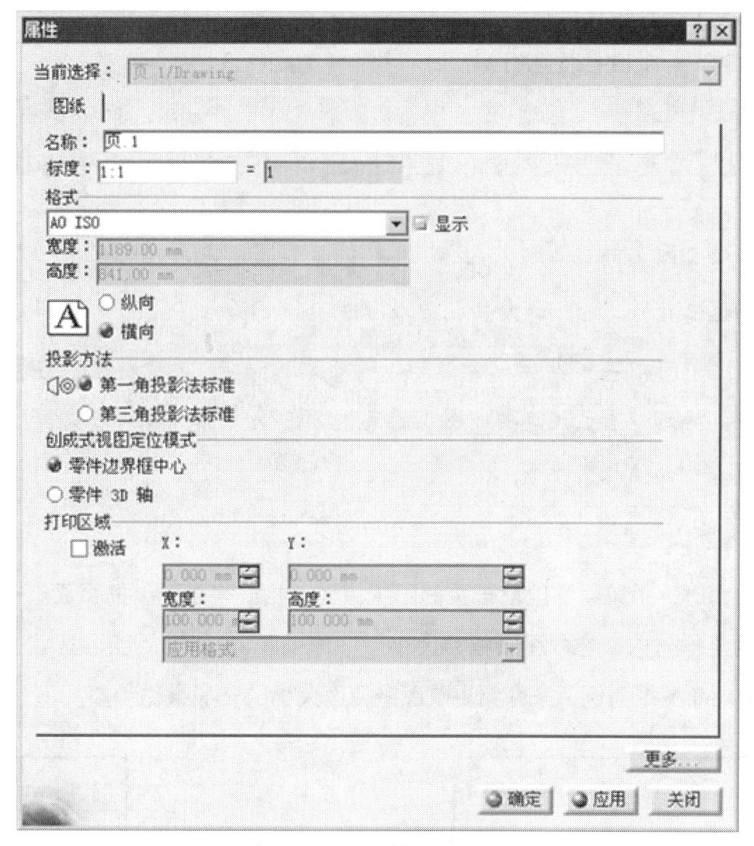

图 12.3.1 “属性”对话框

- A0 ISO 下拉列表中可设置图纸的幅面大小。选中 显示 复选框，则在图形区显示该图样页的边框，取消选中则不显示。
- 宽度：文本框：显示当前图纸的宽度，不可编辑。
- 高度：文本框：显示当前图纸的高度，不可编辑。
- 纵向 单选项：纵向放置图纸。
- 横向 单选项：横向放置图纸。

◆ 投影方法 区域：该区域可设置投影视角的类型，包括 第一角投影法标准 单选项和 第三角投影法标准 单选项。

- 第一角投影法标准 单选项：用第一视角的投影方式排列各个视图，即以主视图为中心，俯视图在其下方，仰视图在其上方，左视图在其右侧，右视图在其左侧，后视图在其左侧或右侧。我国以及欧洲采用此标准。
- 第三角投影法标准 单选项：用第三视角的投影方式排列各个视图，即以主视图为中心，俯视图在其上方，仰视图在其下方，左视图在其左侧，右视图在其右侧，后视图在其左侧或右侧。美国常用此标准。

◆ 创成式视图定位模式 区域：该区域包括 零件边界框中心 单选项和 零件 3D 轴 单选项。

● 零件边界框中心 单选项：选中该单选项，表示根据零部件边界框中心的对齐来对齐视图。

● 零件 3D 轴 单选项：选中该单选项，表示根据零部件 3D 轴的对齐来对齐视图。

◆ 打印区域 区域：用于设置打印区域。选中 激活 复选框，后面的各选项显示为可用，用户可以在 应用格式 下拉列表中选择一种打印图纸规格，也可以自己设定打印图纸的尺寸，在 宽度：和 高度：文本框中输入打印图纸的宽度和高度尺寸即可。

2. 编辑图纸页

在添加页面时，系统默认以前一页的图纸幅面、格式来生成新的页面。在实际工作中，需根据不同的工作需求来选取图纸幅面大小。下面以图 12.3.2a 所示的 A0 图纸更改为图 12.3.2b 所示的 A4 图纸为例，来介绍更改图纸幅面大小的一般操作步骤。

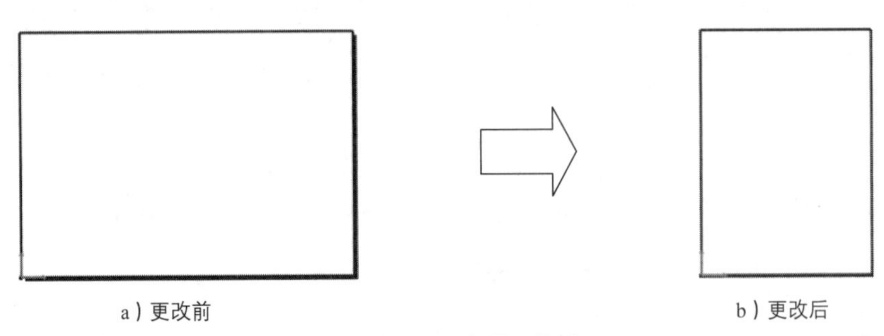

a）更改前　　b）更改后

图 12.3.2　更改页面格式

步骤 01 打开工程图文件 D:\ catxc2014\work\ch12.03\Drawing1.CATDrawing。

步骤 02 选择下拉菜单 文件 → 页面设置... 命令，系统弹出图 12.3.3 所示的“页面设置”对话框。

◆ 当前图纸：选中此选项，系统将新的页面设置应用到当前图纸。

◆ 所有页：选中此选项，系统将新的页面设置应用到所有图纸页。

步骤 03 在对话框的 标准 下拉列表中选取 GB 选项，在 图纸样式 下拉菜单中选取 A4 ISO 选项，选中 纵向 单选项，其他参数采用系统默认设置，单击 确定 按钮完成页面设置。

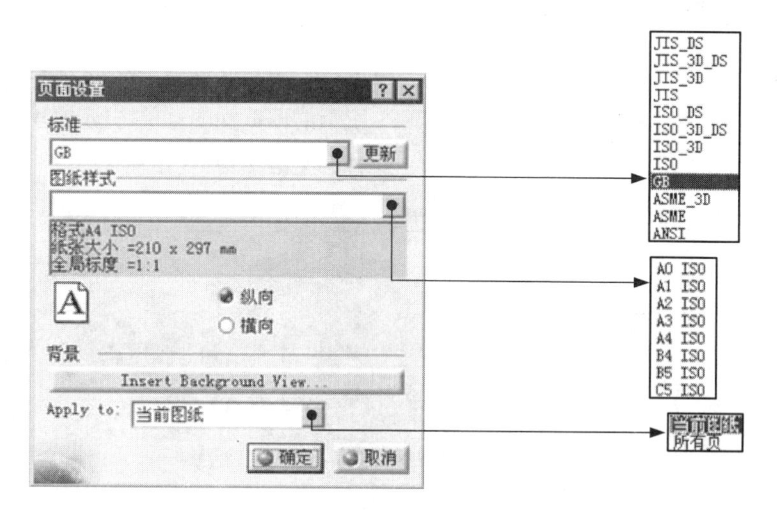

图 12.3.3 “页面设置”对话框

12.4 工程图视图的创建

12.4.1 基本视图

基本视图包括主视图和投影视图，本节主要介绍主视图、右视图和俯视图这三种基本视图的一般创建过程。

1. 创建主视图

主视图是工程图中最主要的视图。下面以 link_base.CATpart 零件模型的主视图为例（图 12.4.1），来说明创建主视图的一般操作过程。

步骤 01 打开零件文件 D:\catxc2014\work\ch12.04.01\link_base.CATPart。

步骤 02 新建一个工程图文件。

（1）选择下拉菜单 文件 → 新建... 命令，系统弹出“新建”对话框。

（2）在“新建”对话框的 类型列表： 选项组中选取 Drawing 选项，单击 确定 按钮，系统弹出“新建工程图”对话框。

（3）在“新建工程图”对话框的 标准 下拉列表中选择 GB 选项，在 图纸样式 选项组中选择 A4 ISO 选项，选中 横向 单选项，单击 确定 按钮，进入工程图工作台。

步骤 03 选择命令。选择下拉菜单 插入 → 视图 ▸ → 投影 ▸ → 正视图 命令。

步骤 04 切换窗口。在系统 在 3D 几何图形上选择参考平面 的提示下，选择下拉菜单 窗口

→ 1 link_base.CATPart 命令，切换到零件模型窗口。

步骤 05 选择投影平面。在零件模型窗口中，将指针放置（不单击）在图 12.4.2 所示的模型表面时，在绘图区右下角会出现图 12.4.3 所示的预览视图；单击图 12.4.2 所示的模型表面作为参考平面，此时系统返回到图 12.4.4 所示的工程图窗口。

步骤 06 放置视图。在图纸上单击以放置主视图，完成主视图的创建。

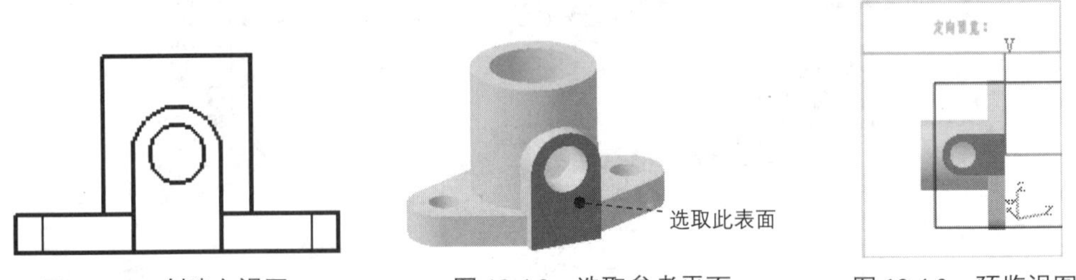

图 12.4.1 创建主视图　　图 12.4.2 选取参考平面　　图 12.4.3 预览视图

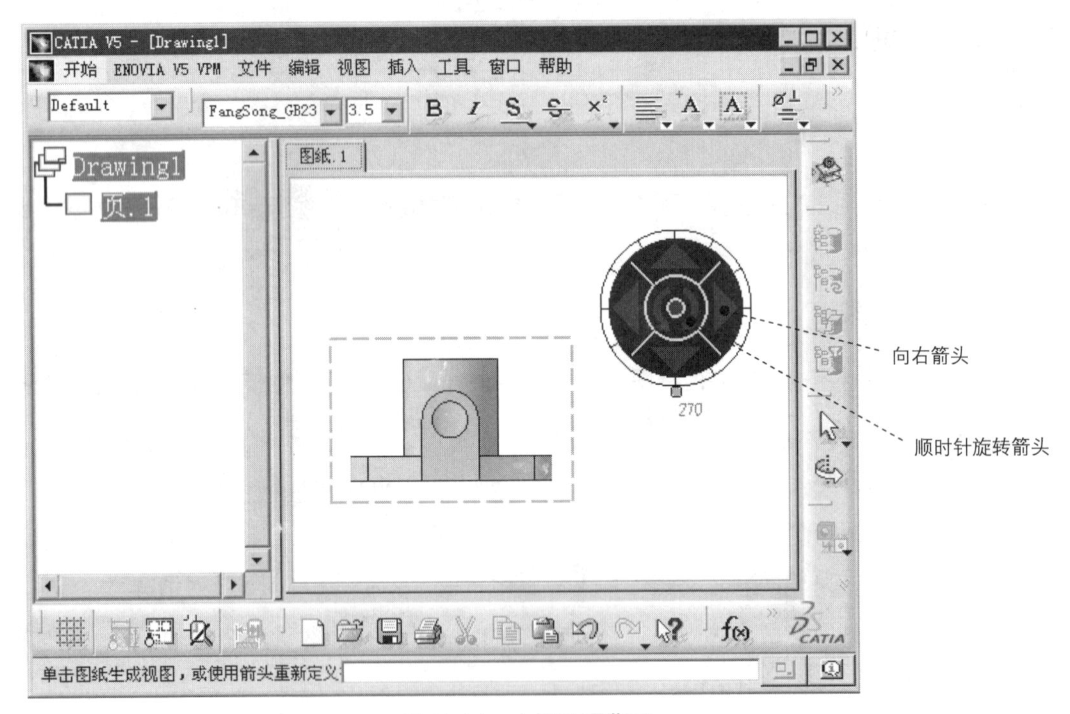

图 12.4.4 主视图预览图

◆ 读者也可以通过选取一点和一条直线（或中心线）、两条不平行的直线（或中心线）、三个不共线的点来确定投影平面。

◆ 当投影视图的投影方位不是很理想时，可单击图 12.4.4 所示控制器的各按钮，来调整视图方位。

- 单击方向控制器中的“向右箭头”，图 12.4.5 所示的预览图向右旋转 90°。
- 单击方向控制器中的“顺时针旋转箭头”，图 12.4.6 所示的预览图沿顺时针旋转 30°。

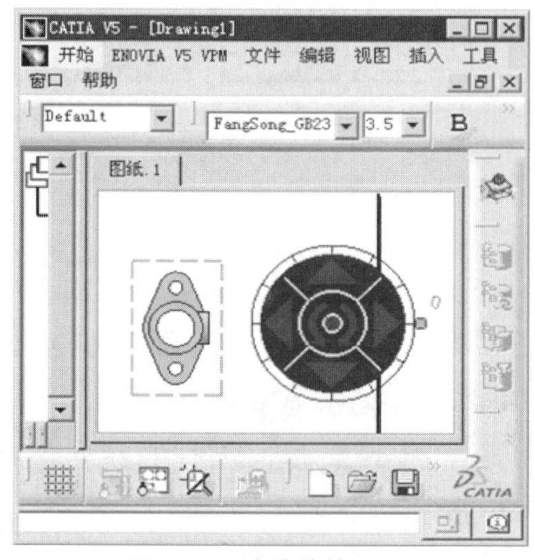
图 12.4.5 向右旋转 90°

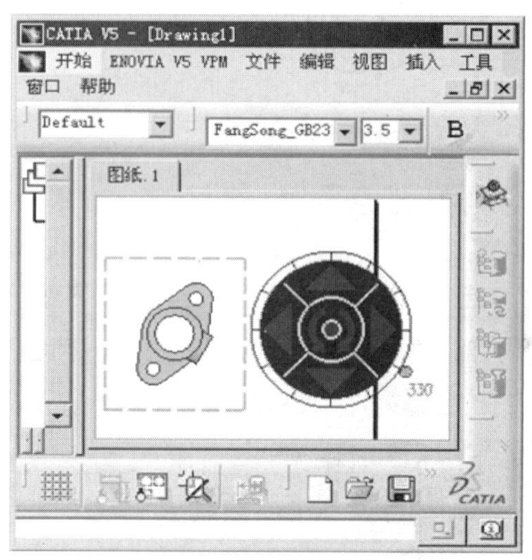
图 12.4.6 顺时针旋转 30°

2. 创建投影视图

投影视图包括仰视图、俯视图、右视图和左视图。下面以图 12.4.7 所示的俯视图和左视图为例，来说明创建投影视图的一般操作过程。

步骤 01 打开工程图文件 D:\catxc2014\work\ch12.04.01\link_base.CATDrawing。

步骤 02 激活视图。在特征树中双击 正视图（或右击 正视图，在弹出的快捷菜单中选择 激活视图 命令），激活主视图。

步骤 03 选择命令。选择下拉菜单 插入 → 视图 → 投影 → 投影 命令，在窗口中出现图 12.4.8 所示投影视图的预览图。

步骤 04 放置视图。在主视图右侧的任意位置单击，生成左视图。

将鼠标指针分别放在主视图的上、下、左或右侧，投影视图会相应地变成仰视图、俯视图、右视图或左视图。

步骤 05 创建俯视图。选择下拉菜单 插入 → 视图 → 投影 → 投影命令，在系统 单击视图 的提示下，在主视图的下方单击，生成俯视图，结果如图 12.4.7 所示。

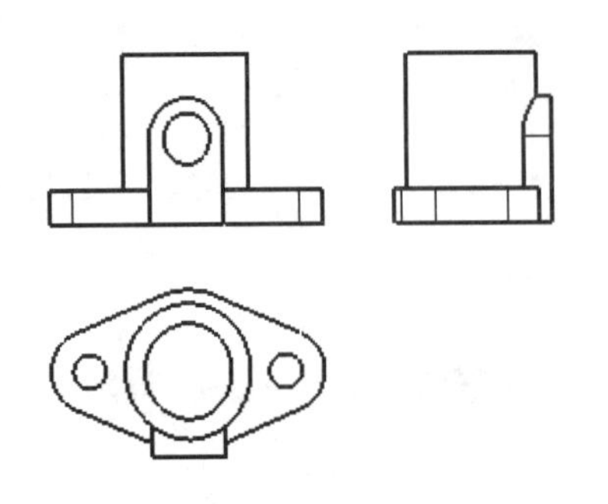

图 12.4.7　创建投影视图

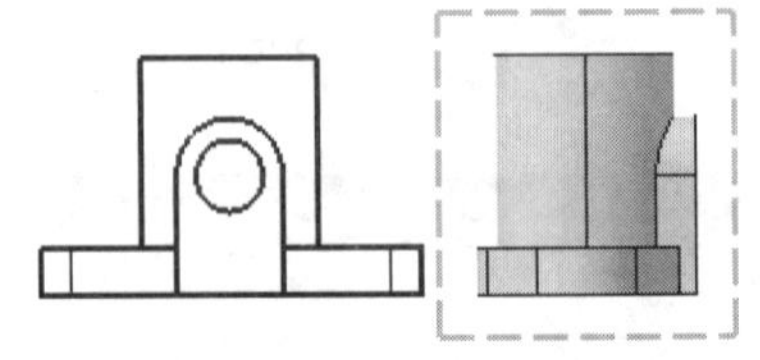

图 12.4.8　投影视图预览图

12.4.2　全剖视图

全剖视图是用剖切面完全地剖开零件，将处于观察者和剖切平面之间的部分移去，而将其余部分向投影面投影所得的图形。下面创建图 12.4.9 所示的全剖视图，其操作过程如下：

步骤 01 打开文件 D:\ catxc2014\work\ch12.04.02\cutaway_view.CATDrawing。

步骤 02 选择命令。在特征树中双击 正视图 将其激活，选择下拉菜单 插入 → 视图 → 截面 → 偏移剖视图 命令，如图 12.4.10 所示。

步骤 03 绘制剖切线。在系统 选择起点、圆弧边或轴线 的提示下，绘制图 12.4.11 所示的剖切线，系统显示全剖视图的预览图，如图 12.4.11 所示。

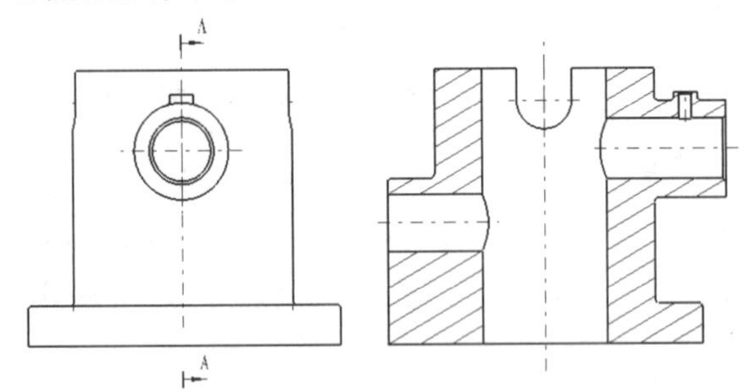

图 12.4.9　创建全剖视图

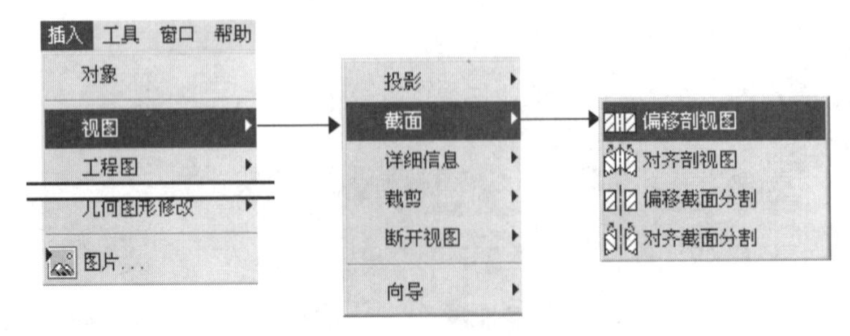

图 12.4.10　“插入”下拉菜单

根据系统 选择边线、单击或双击以结束轮廓定义 的提示，双击鼠标左键可以结束剖切线的绘制。

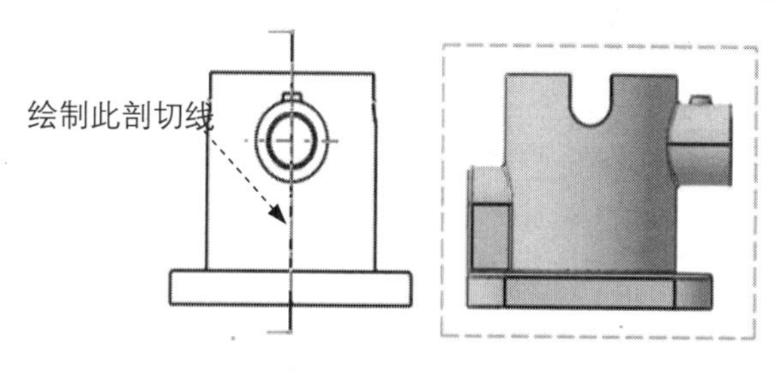

图 12.4.11 创建投影视图

步骤 04 放置视图。选择合适的放置位置并单击，完成全剖视图的创建。

- 如果剖切面左右两侧不对称，那么生成的剖视图左右两侧不相同。
- 双击全剖视图中的剖面线，系统弹出图 12.4.12 所示的“属性”对话框，利用该对话框可以修改剖面线的类型、角度、颜色、间距、线型、偏移量和厚度等属性。
- 本书后面的其他剖视图也可利用“属性”对话框来修改剖面线的属性。

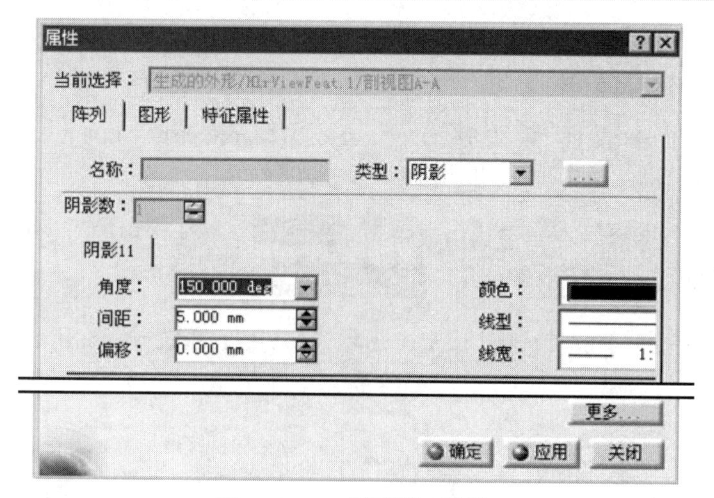

图 12.4.12 “属性”对话框

12.4.3 半剖视图

步骤 01 打开文件 D:\ catxc2014\work\ch12.04.03\cut-half-view.CATDrawing。

步骤 02 选择命令。在特征树中双击 正视图 以激活主视图，选择下拉菜单 插入 → 视图 ▸ → 截面 ▸ → 偏移剖视图 命令。

步骤 03 绘制剖切线。在系统 选择起点、圆弧边或轴线 的提示下，绘制图 12.4.13 所示的剖切线（绘制剖切线时，根据系统 选择边线，单击或双击结束轮廓定义 的提示，双击鼠标左键可以结束剖切线的绘制）。

步骤 04 放置视图。在俯视图的上侧单击来放置半剖视图，完成半剖视图的创建（图 12.4.14）。

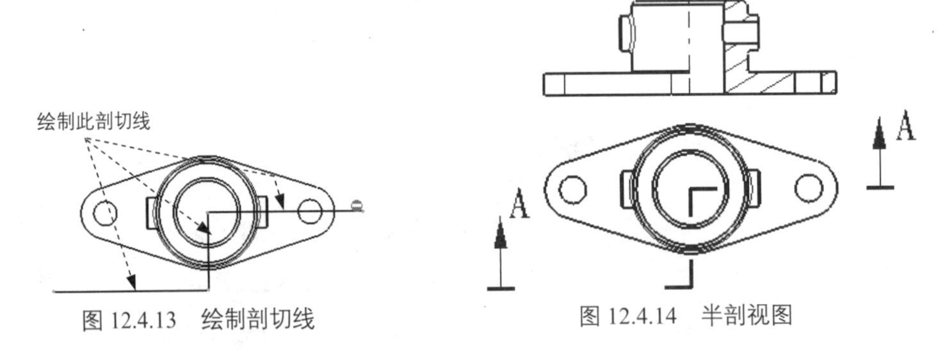

图 12.4.13　绘制剖切线

图 12.4.14　半剖视图

12.4.4　旋转剖视图

旋转剖视图是完整的截面视图，但它的截面是一个偏距截面（因此需要创建偏距剖截面），其显示绕某一轴的展开区域的截面视图，且该轴是一条折线。下面创建图 12.4.15 所示的旋转剖视图，其操作过程如下。

步骤 01 打开工程图文件 D:\ catxc2014\work\ch12.04.04\revolved_cutting_view.CATDrawing。

步骤 02 选择命令。在特征树中双击 正视图 来激活主视图，选择下拉菜单 插入 → 视图 ▸ → 截面 ▸ → 对齐剖视图 命令。

步骤 03 绘制剖切线。绘制图 12.4.16 所示的剖切线，系统显示旋转剖视图的预览图。

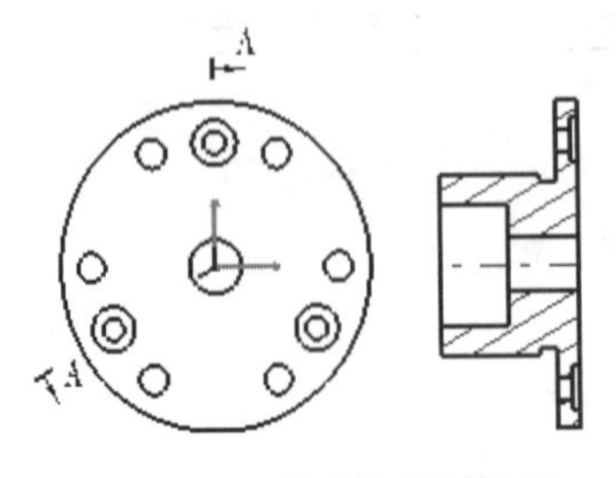

图 12.4.15　创建旋转剖视图

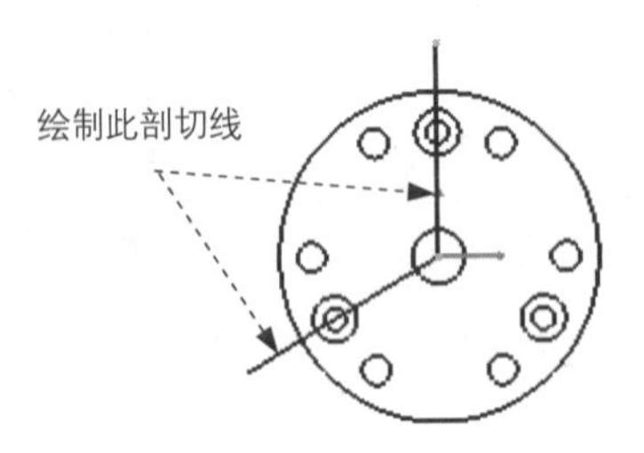

图 12.4.16　绘制剖切线

步骤04 放置视图。在主视图的右侧单击来放置旋转剖视图，完成旋转剖视图的创建。

12.4.5 阶梯剖视图

阶梯剖视图属于 2D 截面视图，其与全剖视图在本质上没有区别，但它的截面是偏距截面，创建阶梯剖视图的关键是创建好偏距截面，可以根据不同的需要创建偏距截面来实现阶梯剖视以达到充分表达视图的需要。下面创建图 12.4.17 所示的阶梯剖视图，其操作过程如下。

步骤01 打开工程图文件 D:\ catxc2014\work\ch12.04.05\stepped_cutting_view.CATDrawing。

步骤02 选择命令。在特征树中双击 正视图 来激活主视图，选择下拉菜单 插入 → 视图 → 截面 → 偏移剖视图 命令。

步骤03 绘制剖切线。绘制图 12.4.18 所示的剖切线，系统显示阶梯剖视图的预览图。

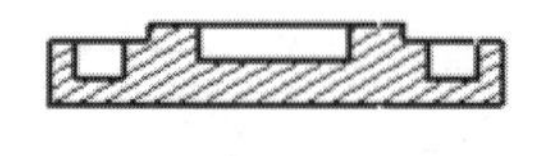

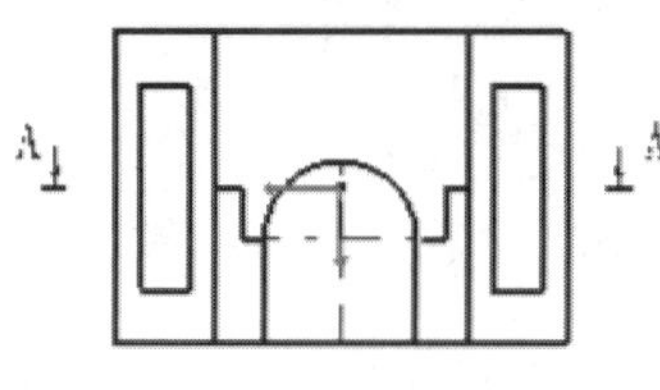

图 12.4.17 创建阶梯剖视图

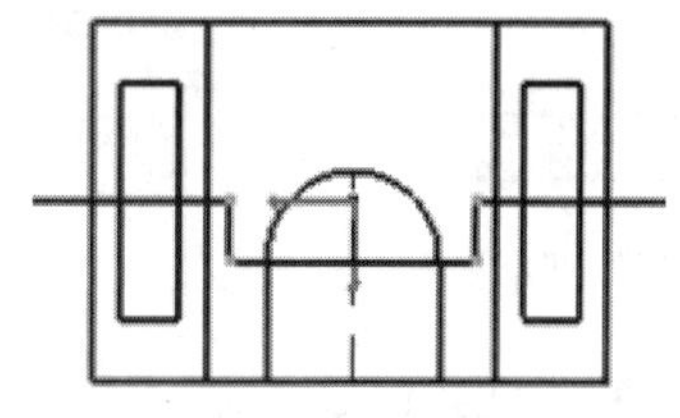

图 12.4.18 绘制剖切线

步骤04 放置视图。在主视图的上方单击来放置阶梯剖视图，完成阶梯剖视图的创建。

12.4.6 局部剪裁图

步骤01 打开文件 D:\ catxc2014\work\ch12.04.06\part-away-view.CATD rawing。

步骤02 选择命令。在特征树中双击 剖视图A-A 以激活全剖视图，选择下拉菜单 插入 → 视图 → 裁剪 → 草绘的快速裁剪轮廓 命令。

步骤03 绘制视图范围。在系统 单击第一点 的提示下，绘制图 12.4.19 所示的视图范围，结果如图 12.4.20 所示。

12.4.7 局部剖视图

局部剖视图是用剖切面局部地剖开零件所得的剖视图。下面创建图 12.4.21 所示的局部剖视图，其操作过程如下。

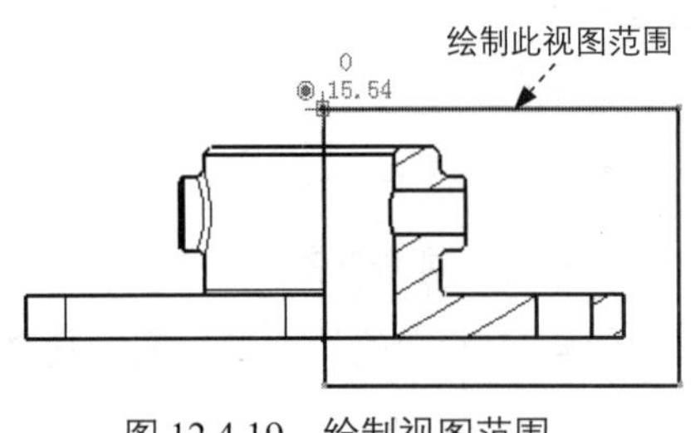

图 12.4.19　绘制视图范围

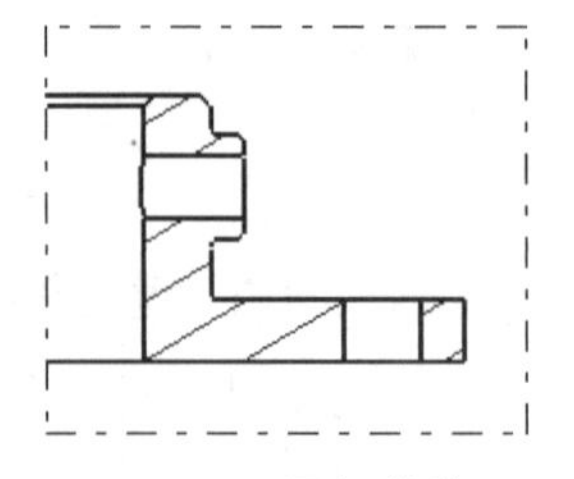

图 12.4.20　局部剪裁图

步骤 01 打开文件 D:\ catxc2014\work\ch12.04.07\part_cutaway_view. CATDrawing。

步骤 02 选择命令。在特征树中双击 正视图 以激活主视图，选择下拉菜单 插入 → 视图 ▸ → 断开视图 ▸ → 剖面视图 命令，如图 12.4.22 所示。

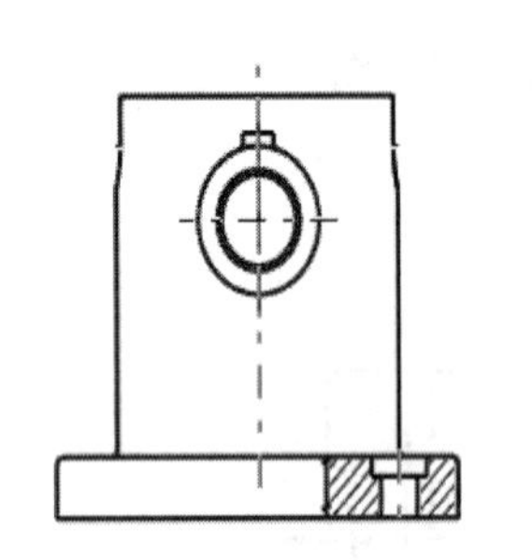

图 12.4.21　创建局部剖视图

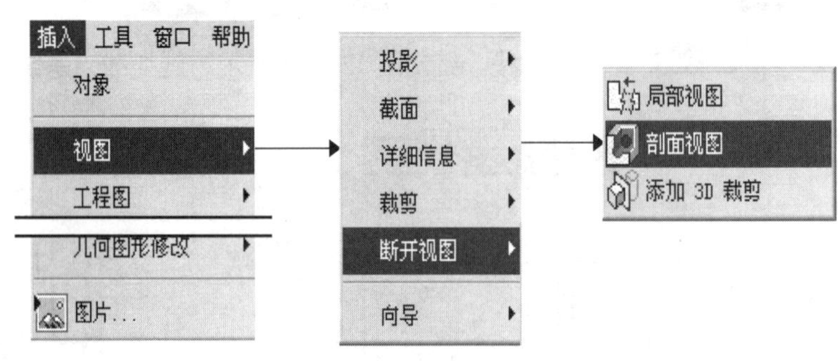

图 12.4.22　“插入”下拉菜单

步骤 03 绘制图 12.4.23 所示的剖切范围，系统弹出图 12.4.24 所示的“3D 查看器”对话框。

步骤 04 定义剖切平面。在系统 移动平面或使用元素选择平面的位置 的提示下，激活“3D 查看器”对话框 参考元素： 后的文本框，在俯视图中选取图 12.4.25 所示的圆为参考元素以确定剖切平面。

说明：也可以单击图 12.4.24 所示的剖切平面并按住鼠标左键，移至所需的位置即可移动剖切平面。

步骤 05 单击 确定 按钮，完成局部剖视图的创建。

12.4.8　局部放大视图

局部放大视图是将零件的部分结构用大于原图形所采用的比例画出的图形，根据需要可画成视图、剖视图、断面图，放置时应尽量放在被放大部位的附近。下面创建图 12.4.26 所示的局部放大视图，其操作过程如下。

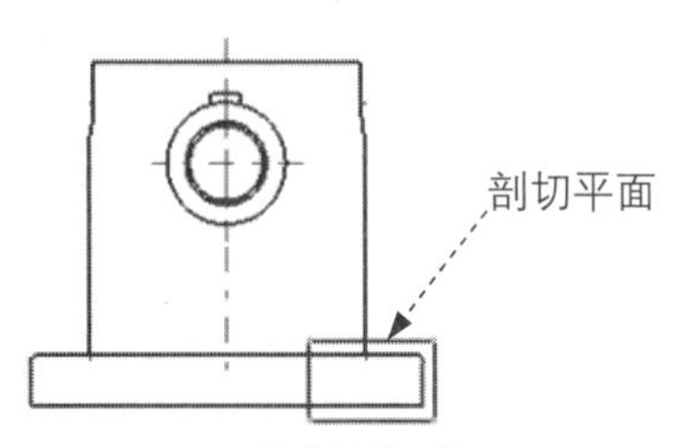

图 12.4.23 绘制剖切范围

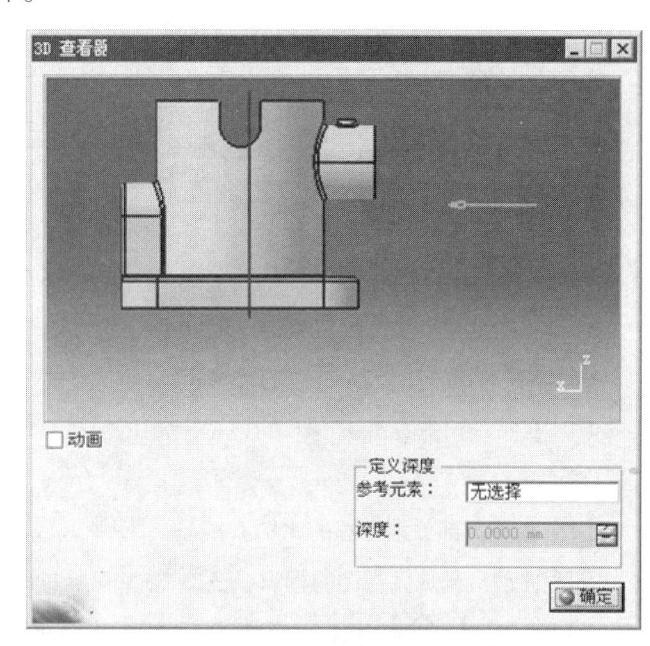

图 12.4.24 “3D 查看器”对话框

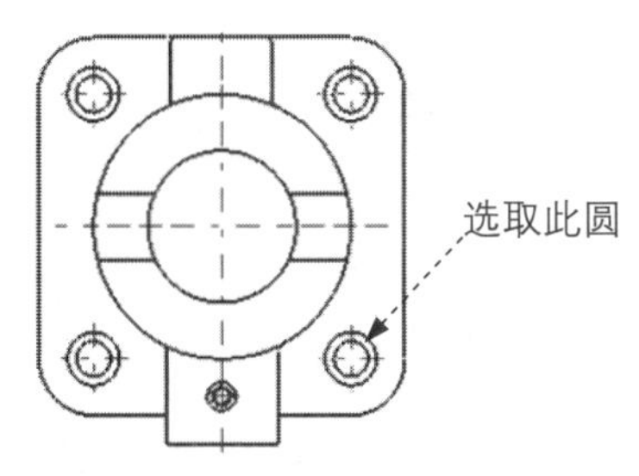

图 12.4.25 剖切深度

步骤 01 打开文件 D:\ catxc2014\work\ch12.04.08\coupling_hook. CATDrawing。

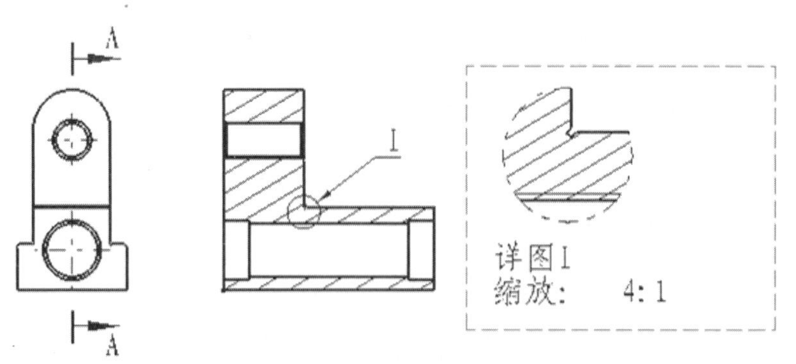

图 12.4.26 创建局部放大视图

步骤 02 选择命令。在特征树中双击 剖视图A-A，激活全剖视图；选择下拉菜单 插入 → 视图 ▸ → 详细信息 ▸ → 详细信息命令。

步骤 03 定义放大区域。

（1）选取放大范围的圆心。在系统 选择一点或单击以定义圆心 的提示下，在全剖视图中选取图 12.4.27 所示的点为圆心位置。

（2）绘制放大范围。在系统 选择一点或单击以定义圆半径 的提示下，绘制图 12.4.28 所示的圆为放大范围，此时系统显示局部放大视图的预览图。

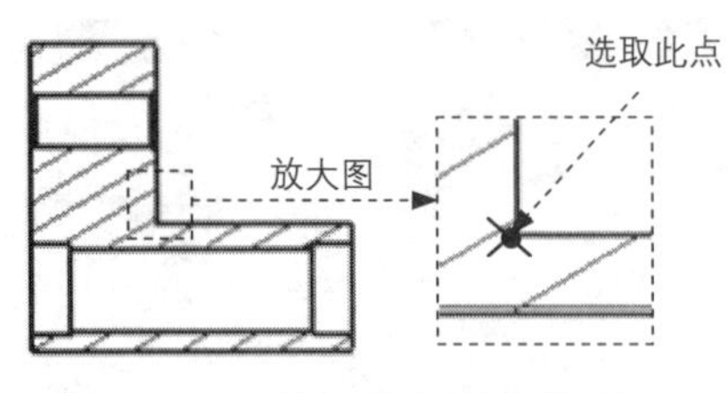

图 12.4.27 选取放大范围的圆心

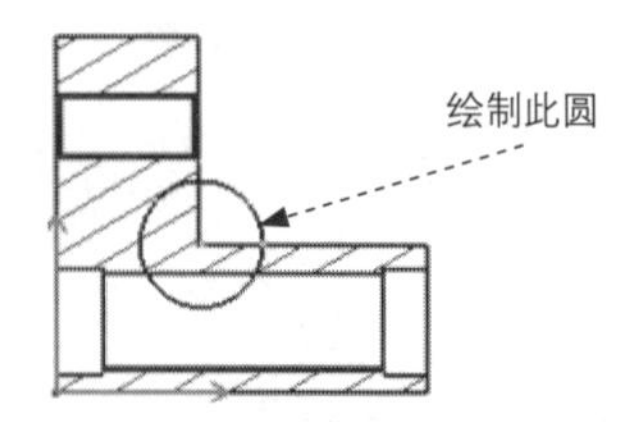

图 12.4.28 绘制放大范围

步骤 04 选择合适的位置单击，来放置局部放大视图。

步骤 05 修改局部放大视图的比例和标识。

（1）在特征树中右击 详图B，在弹出的快捷菜单中选择 属性 命令，系统弹出“属性”对话框。

（2）修改局部放大视图的比例。在 比例和方向 区域的 缩放： 文本框中输入比例值“4:1”。

（3）修改局部放大视图的标识。在 视图名称 区域的 ID 文本框中输入文本“I”。

（4）单击 确定 按钮，完成局部放大视图比例和标识的修改，结果如图 12.4.26 所示。

12.5 工程图视图操作

在创建视图时，有的地方不满足设计要求，这时需要对视图进行调整。视图的基本操作包括视图的显示与更新、视图的对齐和视图的编辑等。本节将分别介绍以上视图基本操作的一般步骤。

12.5.1 显示与更新视图

1. 视图的显示

在 CATIA V5-6R2014 的工程图工作台中，在特征树中右击视图，在弹出的快捷菜单中选择 属性 命令，系统弹出“属性”对话框，利用该对话框可以设置视图的显示模式。下面介绍几种常用的显示模式。

- 隐藏线：选中该复选框，视图中的不可见边线以虚线显示，如图 12.5.1 所示。
- 中心线：选中该复选框，视图中显示中心线。
- 3D 规格：选中该复选框，视图中只显示可见边，如图 12.5.2 所示。
- 3D 颜色：选中该复选框，视图中的线条颜色显示为三维模型的颜色，如图 12.5.3

所示。

图 12.5.1 “隐藏线”　　　图 12.5.2 “3D 规格”

- 轴：选中该复选框，视图中显示轴线，如图 12.5.4 所示。
- 圆角：选中该复选框，可控制视图切边的显示，如图 12.5.5 所示。

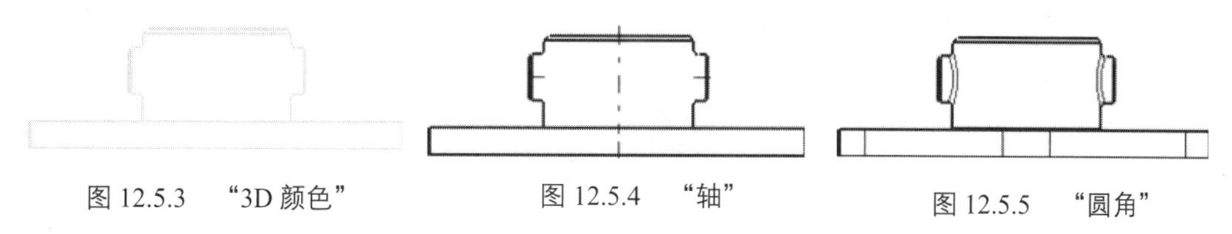

图 12.5.3 “3D 颜色”　　　图 12.5.4 “轴”　　　图 12.5.5 “圆角”

下面以模型 support-base 的正视图为例，来说明如何通过“视图显示”操作将视图设置为 隐藏线 显示状态，如图 12.5.1 所示。

步骤 01 打开工程图文件 D:\ catxc2014\work\ch12.05.01\support-base.CATDrawing。

步骤 02 在特征树中右击 正视图，在弹出的快捷菜单中选择 属性 命令，系统弹出 “属性” 对话框。

步骤 03 在“属性”对话框中选中 隐藏线、中心线 和 圆角 复选框，然后选中 圆角 复选框右侧的 边界 单选项。

步骤 04 单击 确定 按钮，完成操作。

一般情况下，在工程图中选中 中心线、3D 规格 和 轴 三个复选框来定义视图的显示模式。

2. 视图的更新

如果在零件设计工作台中修改了零件模型，那么该零件的工程图也要进行相应的更新才能保持图样与模型的表达一致。下面以主视图为例来讲解更新视图的一般操作步骤。

步骤 01 打开图 12.5.6 所示的三维模型文件 D:\ catxc2014\work\ch12.05.01\end-cover-01.CATPart。

步骤 02 打开图 12.5.7 所示的工程图文件 D:\ catxc2014\work\ch12.05.01\end-cover-01.CATDrawing。

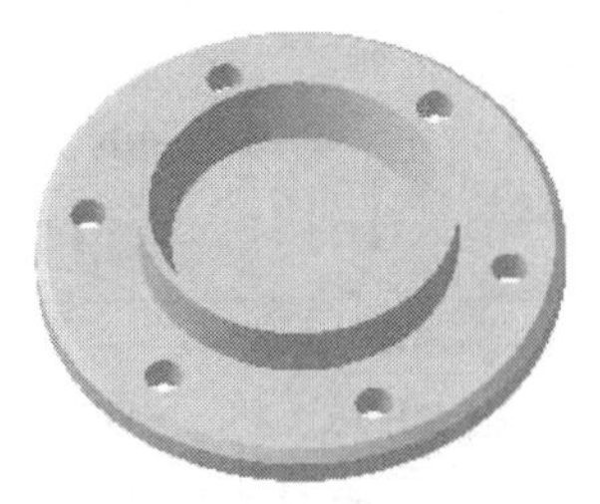

图 12.5.6　三维模型

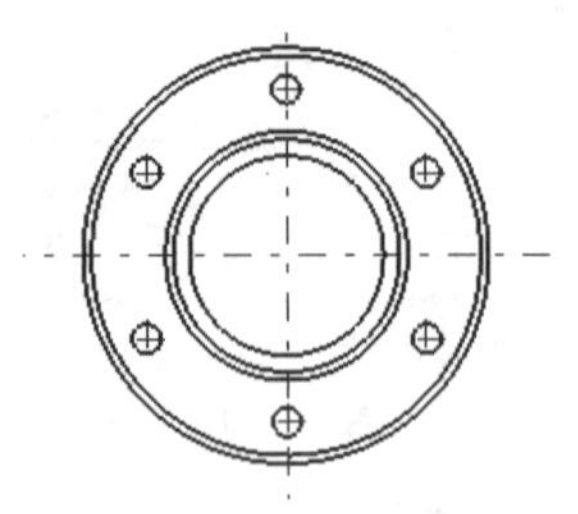

图 12.5.7　工程图

步骤 03 更改三维模型参数。

（1）切换窗口。选择下拉菜单 窗口 → end-cover-01.CATPart 命令，切换到三维模型的窗口。

（2）删除特征。在特征树中单击 零件几何体 前的 ✚ 节点，然后选取 倒角.2 并右击，在系统弹出的快捷菜单中选择 删除 命令，系统弹出“删除”对话框，单击 确定 按钮，将此特征删除。

（3）修改特征尺寸。在特征树中双击 旋转体.1 图标，系统弹出“定义旋转体”对话框，单击 按钮，系统进入草绘环境，修改草图的截面尺寸，如图 12.5.8b 所示；单击 按钮，系统返回至“定义旋转体”对话框，单击 确定 按钮，完成特征尺寸的修改。

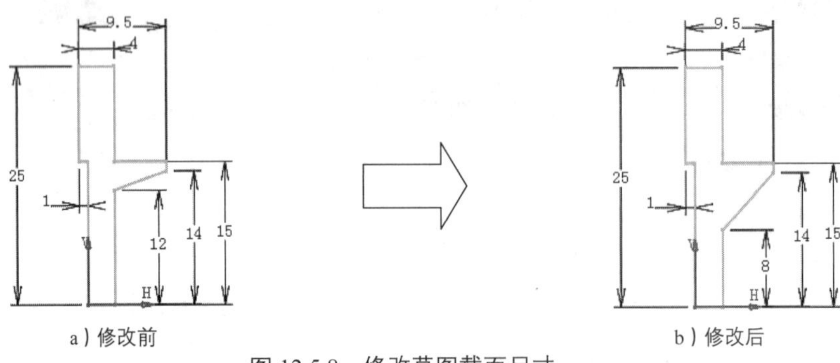

a）修改前　　b）修改后

图 12.5.8　修改草图截面尺寸

步骤 04 更新工程图。

（1）切换窗口。选择下拉菜单 窗口 → end-cover-01.CATDrawing 命令，切换到工程图窗口。

说明：此时特征树的图标已经发生变化，如图 12.5.9 所示。

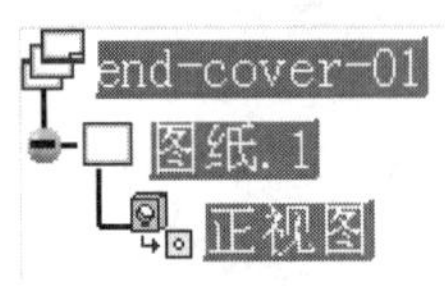

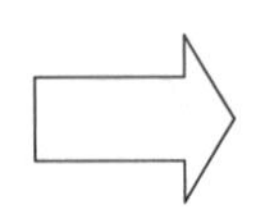

a）修改模型前　　b）修改模型后

图 12.5.9　工程图的特征树

（2）更新视图。选择下拉菜单 编辑 → 更新当前图纸 命令，结果如图 12.5.10b 所示。

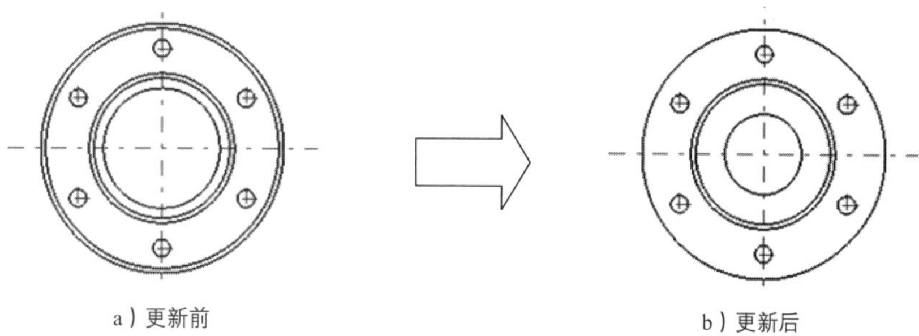

图 12.5.10 更新工程图

在完成修改需要保存工程图时，应先保存三维模型文件再保存工程图文件，否则系统将会报错。

12.5.2 对齐视图

当基本视图创建完成后发生了移动，这时可通过“使用元素对齐视图”命令使基准元素对齐，从而使视图摆放到合适的位置。

下面以左视图对齐为例讲解视图对齐的一般操作步骤。

步骤 01 打开工程图文件 D:\ catxc2014\work\ ch12.05.02\base06.CATDrawing。

步骤 02 在特征树中右击 左视图，在弹出的快捷菜单中依次选择 视图定位 → 使用元素对齐视图 命令。

步骤 03 在系统 选择要对齐或叠加的第一个元素（直线、圆或点）。的提示下，选取图 12.5.11 所示的边线 1 为第一元素，然后在系统 选择要对齐或叠加的第二个元素，确保它与第一个元素的类型相同。的提示下，选取图 12.5.11 所示的边线 2 为第二元素，结果如图 12.5.12 所示。

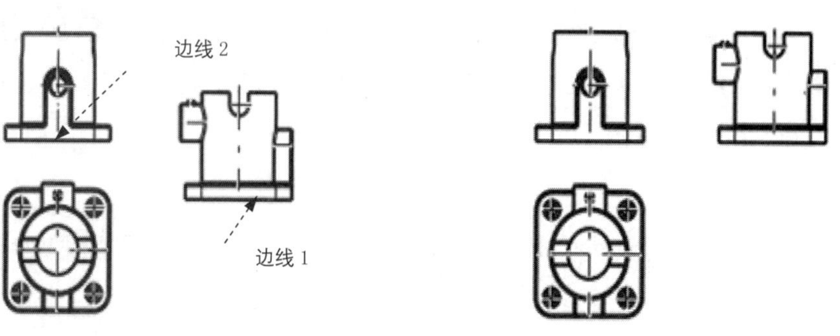

图 12.5.11 选取对齐元素

图 12.5.12 对齐视图后

12.5.3 编辑视图

1. 修改剖切线

在创建剖视图时，系统会在其父视图上创建剖切线，以指示剖切的位置。在创建好剖视图后可以根据需要重新调整剖切线的长度及替换剖切线等，以便满足一定的表达要求。下面介绍修改剖切线的一般操作步骤。

类型 1：修改剖切线的长度

步骤 01 打开文件 D:\ catxc2014\work\ch12.05.03\cutting-line.CATDrawing。

步骤 02 双击剖切线，进入编辑环境，系统显示图 12.5.13 所示的“编辑/替换”工具条。

图 12.5.13 “编辑/替换”工具条

步骤 03 分别拖动剖切线的两个端点（图 12.5.14a 所示的点 1 和点 2）改变剖切线的长度，单击按钮，退出编辑环境，结果如图 12.5.14b 所示。

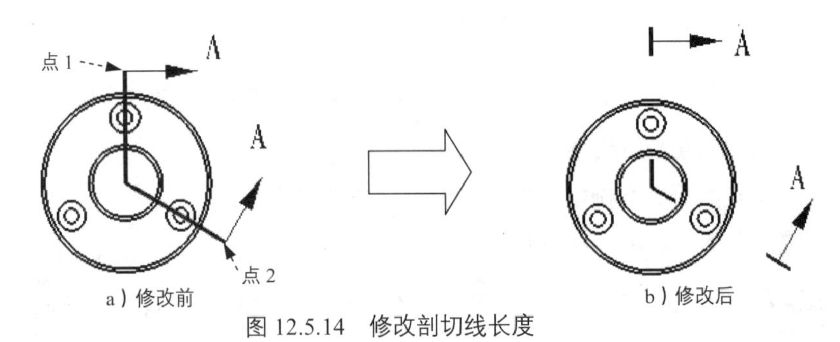

a）修改前　　b）修改后

图 12.5.14 修改剖切线长度

类型 2：替换剖切线

方法一：手动拖动剖切线。

步骤 01 打开文件 D:\ catxc2014\work\ch12.05.03\cutting-line.CATDrawing。

步骤 02 双击剖切线，进入剖切线编辑环境。

步骤 03 选中剖切线并右击，在弹出的快捷菜单中依次选择 直线.1 对象 → 取消固定 命令，然后拖动图 12.5.15a 所示的剖切线将其移至视图的正下方，单击按钮，结果如图 12.5.15b 所示。

如果调整剖切线前剖切线并没有被固定，那么就不需要对其进行“取消固定”的操作。

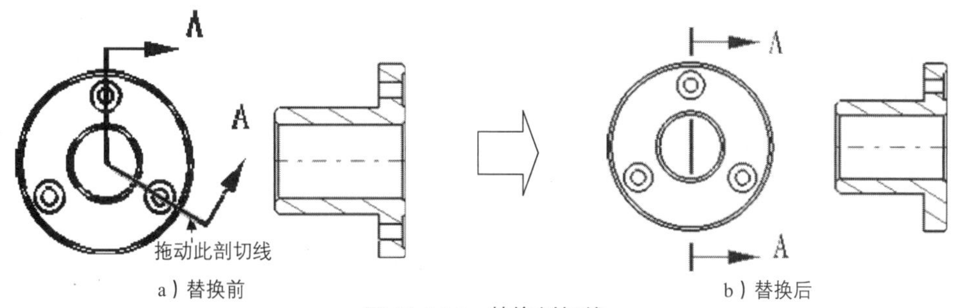

a）替换前 b）替换后

图 12.5.15 替换剖切线

方法二：重新定义剖切线。

步骤 01 打开文件 D:\ catxc2014\work\ch12.05.03\Drawing01.CATDrawing。

步骤 02 双击剖切线，进入剖切线编辑环境。

步骤 03 单击“编辑/替换”工具条中的按钮，然后绘制图 12.5.16a 所示的剖切线（双击结束绘制），单击按钮，结果如图 12.5.16b 所示。

2. 修改剖面线

当创建剖视图时，零件被剖切的部分以剖面线显示；而在装配工程图中，为了表达清楚，相邻零件的剖面线要有所区别，否则容易产生错觉与混淆。在 CATIA 软件中，读者可以通过调整剖面线的间距和角度等使剖面线符合工程图要求。下面讲解修改剖面线的一般操作步骤。

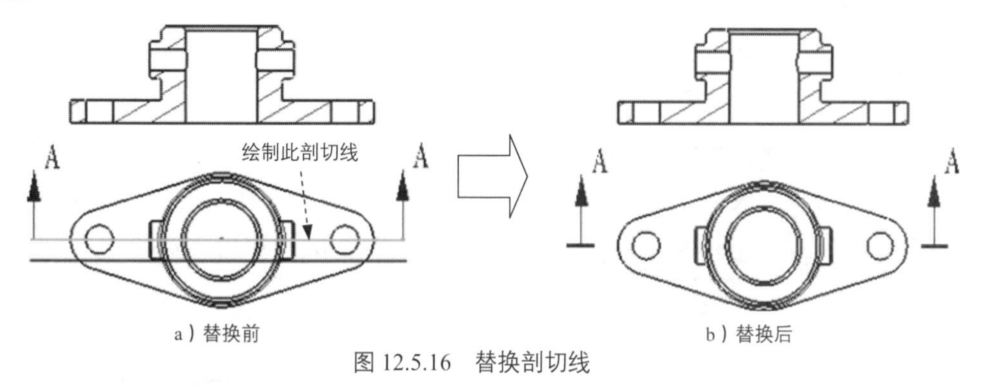

a）替换前 b）替换后

图 12.5.16 替换剖切线

选择下拉菜单 插入 → 修饰 ▸ → 区域填充 ▸ → 创建区域填充 命令，可以对模型面、封闭的草图轮廓或由模型边线和草图实体组合成的封闭区域中应用剖面线或实体填充。下面将对这两种命令分别介绍剖面线填充的一般操作步骤。

类型 1：自动检测命令

步骤 01 打开工程图文件 D:\ catxc2014\work\ch12.05.03\Drawing02.CATDrawing。

步骤 02 选择命令。选择下拉菜单 插入 → 修饰 → 区域填充 → 创建区域填充 命令，系统弹出图 12.5.17 所示的“工具控制板”工具栏；单击其中的“自动检测”图标，然后选取图 12.5.18 所示的区域，结果如图 12.5.19 所示。

图 12.5.17 “工具控制板”工具栏

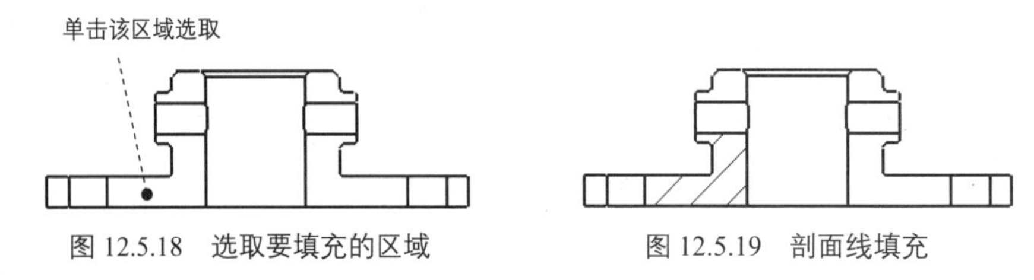

图 12.5.18 选取要填充的区域　　图 12.5.19 剖面线填充

类型 2：轮廓选择命令

步骤 01 打开工程图文件 D:\ catxc2014\work\ch12.05.03\Drawing02.CATDrawing。

步骤 02 选取要填充区域。按住鼠标左键，框选图 12.5.20 所示的区域为要填充的区域。

步骤 03 选择命令。选择下拉菜单 插入 → 修饰 → 区域填充 → 创建区域填充 命令，系统弹出“工具控制板”工具栏；单击其中的“选择轮廓”图标，再次单击图 12.5.20 所示的区域，结果如图 12.5.21 所示。

- 在使用“选择轮廓”命令创建剖面线填充时，如果没有提前选取必要的轮廓，就需要逐条地选取所需要的轮廓。当所选轮廓封闭后，再单击轮廓内部空白处即可完成填充。
- 选取要填充区域的时候，所选的区域一定是封闭的区域。如果轮廓不封闭，单击轮廓内部空白处，系统会弹出图 12.5.22 所示的对话框，此时单击 是(Y) 按钮继续选取轮廓，直至封闭。

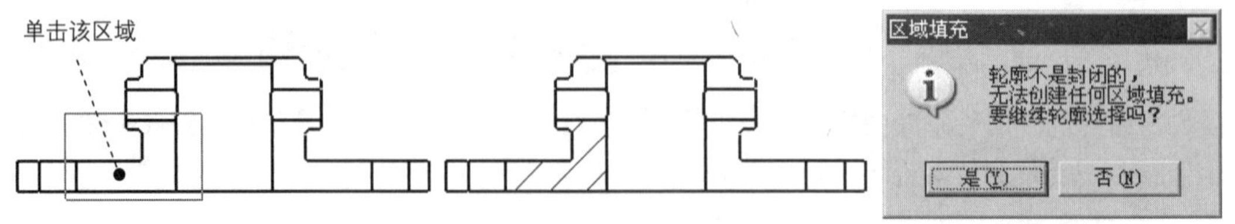

图 12.5.20 选取要填充的区域　　图 12.5.21 剖面线填充　　图 12.5.22 “区域填充”对话框

12.6 工程图的标注

尺寸标注是工程图的一个重要组成部分。CATIA V5-6R2014 工程图工作台具有方便的尺寸标注功能，既可以由系统根据已存约束自动生成尺寸，也可以由用户根据需要自行标注。本节将详细介绍尺寸标注的各种方法。

12.6.1 尺寸标注

自动生成尺寸是将三维模型中已有的约束条件自动转换为尺寸标注。草图中存在的全部约束都可以转换为尺寸标注；零件之间存在的角度、距离约束也可以转换为尺寸标注；部件中的拉伸特征可转换为长度约束，旋转特征可转换为角度约束，光孔和螺纹孔可转换为长度和角度约束，倒圆角特征可转换为半径约束，薄壁、筋板可转换为长度约束；装配件中的约束关系可转换为装配尺寸。在 CATIA V5-6R2014 工程图工作台中，自动生成尺寸有“生成尺寸”和“逐步生成尺寸”两种方式。

1. 生成尺寸

“生成尺寸”命令可以一步生成全部的尺寸标注（图 12.6.1），其操作过程如下：

步骤 01 打开工程图文件 D:\catxc2014\work\ch12.06.01\autogeneration_dimension_01.CATDrawing。

步骤 02 选择命令。双击特征树中的 正视图 来激活主视图；然后选择下拉菜单 插入 → 生成 ▸ → 生成尺寸 命令，系统弹出图 12.6.2 所示的“尺寸生成过滤器”对话框。

步骤 03 尺寸生成过滤。在“尺寸生成过滤器”对话框中将 草图编辑器约束 、 3D 约束 和 已测量的约束 复选框选中，然后单击 确定 按钮，系统弹出图 12.6.3 所示的“生成的尺寸分析”对话框，并显示自动生成尺寸的预览。

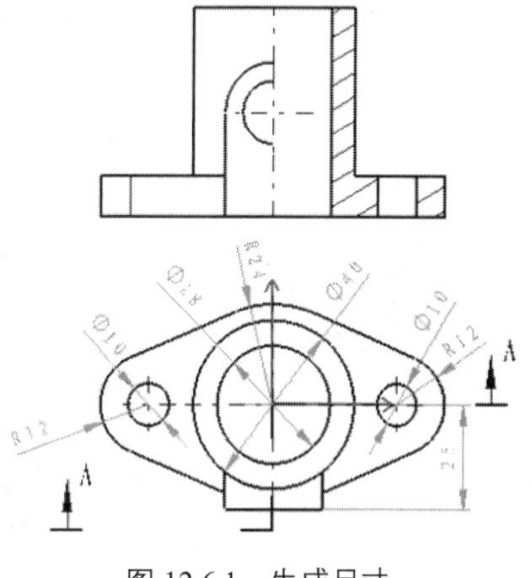

图 12.6.1 生成尺寸

图 12.6.3 所示的“生成的尺寸分析”对话框中各选项的功能说明如下。

- ◆ 3D 约束分析 选项组：该选项组用于控制在三维模型中尺寸标注的显示。
  - ☐ 已生成的约束：在三维模型中显示所有在工程图中标出的尺寸标注。
  - ☐ 其他约束：在三维模型中显示没有在工程图中标出的尺寸标注。

- □排除的约束：在三维模型中显示自动标注时未考虑的尺寸标注。

◆ 2D 尺寸分析 选项组：该选项组用于控制在工程图中尺寸标注的显示。

- □新生成的尺寸：在工程图中显示最后一次生成的尺寸标注。
- □生成的尺寸：在工程图中显示所有已生成的尺寸标注。
- □其他尺寸：在工程图中显示所有手动标注的尺寸标注。

步骤 04 单击“生成的尺寸分析”对话框中的 确定 按钮，完成尺寸的自动生成。

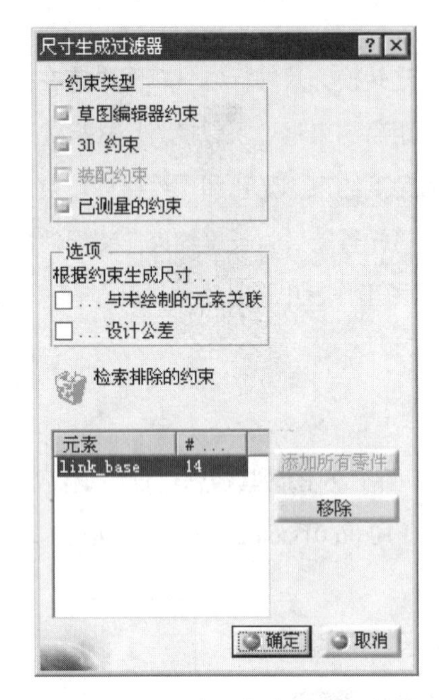

图 12.6.2 “尺寸生成过滤器”对话框

图 12.6.3 “生成的尺寸分析”对话框

◆ 自动生成的尺寸标注在视图中的排列较凌乱，可通过手动来调整尺寸的位置，尺寸的相关操作将在后面章节中讲到；图 12.6.1 所示的尺寸标注为调整后的结果。

◆ 如果生成尺寸的文本字体太小，为了方便看图，可在生成尺寸前，在“文本属性”工具条中的“字体大小”文本框中输入尺寸的文本高度值 14.0（或其他值，如图 12.6.4 所示），再进行尺寸标注，此方法在手动标注时同样适用。

图 12.6.4 “文本属性”工具条

2. 逐步生成尺寸

“逐步生成尺寸”命令可以逐个地生成尺寸标注，生成时可以决定是否生成某个尺寸，还可以选择标注尺寸的视图。下面以图 12.6.5 为例，来说明其一般操作过程。

步骤 01 打开工程图文件 D:\ catxc2014\work\ch12.06.01\autogeneration_dimension_02.CATDrawing。

步骤 02 选择命令。双击特征树中的 正视图 来激活主视图，在图形区空白处任意位置单击；然后选择下拉菜单 插入 → 生成 ▸ → 逐步生成尺寸 命令，系统弹出“尺寸生成过滤器”对话框。

步骤 03 尺寸生成过滤。在“尺寸生成过滤器”对话框中单击 确定 按钮，以接受默认的过滤选项，系统弹出图 12.6.6 所示的“逐步生成”对话框。

图 12.6.6 所示的“逐步生成”对话框中各命令说明如下。

- 按钮：生成下一个尺寸，每单击一次生成一个尺寸标注。
- 按钮：一次生成剩余的尺寸标注。
- 按钮：停止生成剩余的尺寸标注。
- 按钮：暂停生成尺寸标注，使用该命令还可以删除已生成的尺寸标注和选择标注尺寸的视图。
- 按钮：删除最后一个生成的尺寸标注。
- 按钮：将已生成的最后一个尺寸标至其他的视图上。
- 在 3D 中可视化 复选框：选中该复选框，当前生成的尺寸标注显示在三维模型上。
- 超时：复选框：选中该复选框，系统在生成每个尺寸标注后休息一段时间，在该复选框后的文本框中可以输入休息的时间。

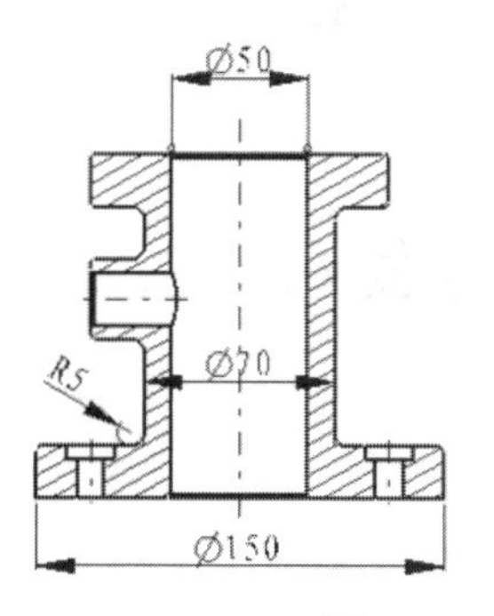

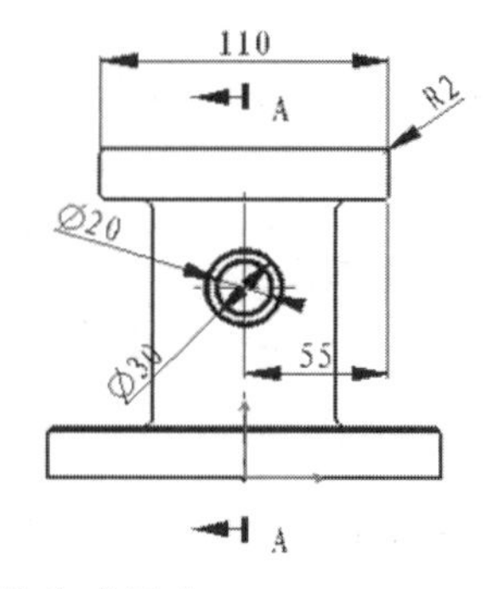

图 12.6.5 逐步生成尺寸

图 12.6.6 “逐步生成”对话框

步骤 04 单击 按钮，系统逐个地生成尺寸。

步骤 05 生成完想要标注的尺寸后，单击 按钮，系统弹出“生成的尺寸分析”对话框。

步骤 06 单击 确定 按钮，完成尺寸标注的生成。

3. 手动标注尺寸

当自动生成尺寸不能全面地表达零件的结构或在工程图中需要增加一些特定的标注时，就需要通过手动标注尺寸。这类尺寸受零件模型所驱动，所以又常被称为“从动尺寸”。手动标注尺寸与零件或组件具有单向关联性，即这些尺寸受零件模型所驱动。当零件模型的尺寸改变时，工程图中的这些尺寸也随之改变，但这些尺寸的值在工程图中不能被修改。

类型 1：标注长度

下面以图 12.6.7b 为例，来说明标注长度的一般过程。

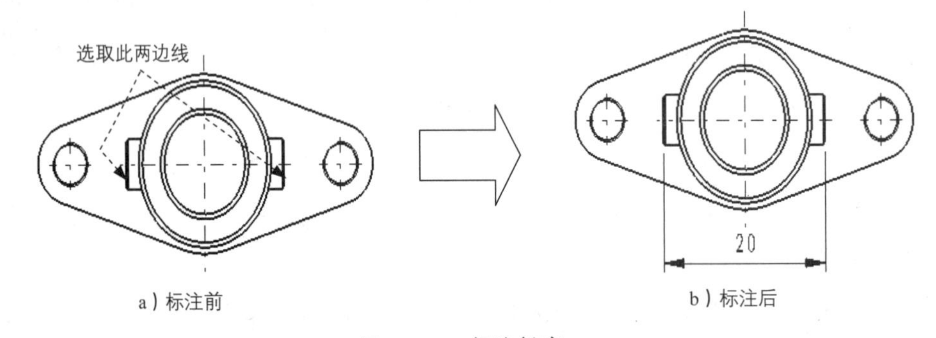

图 12.6.7　标注长度

步骤 01 打开文件 D:\catxc2014\work\ch12.06.01\dimension-01.CATDrawing。

步骤 02 选择下拉菜单 插入 → 尺寸标注 → 尺寸 → 长度/距离尺寸 命令，系统弹出“工具控制板”工具条，选取图 12.6.7a 所示的边线，系统出现尺寸的预览。

步骤 03 移动到合适的位置来放置尺寸，然后在空白区域单击完成操作。

- 在选取边线后，右击，在弹出的快捷菜单中选择 部分长度 命令，在图 12.6.8a 所示的位置 1 和位置 2 处单击（系统将这两点投影到该直线上），可标注这两投影点之间的线段长度，结果如图 12.6.8b 所示。
- 在选取边线后，右击，在弹出的快捷菜单中选择 添加尺寸标注 命令，系统弹出“尺寸标注”对话框，在该对话框中设置图 12.6.9 所示的参数，单击 确定 按钮，结果如图 12.6.10 所示。
- 在选取边线后，右击，在弹出的快捷菜单中选择 值方向 命令，系统弹出“值方向”对话框，利用该对话框可以设置尺寸文字的放置方向；在该对话框中添加图 12.6.11 所示的设置，单击 确定 按钮，结果如图 12.6.12 所示。

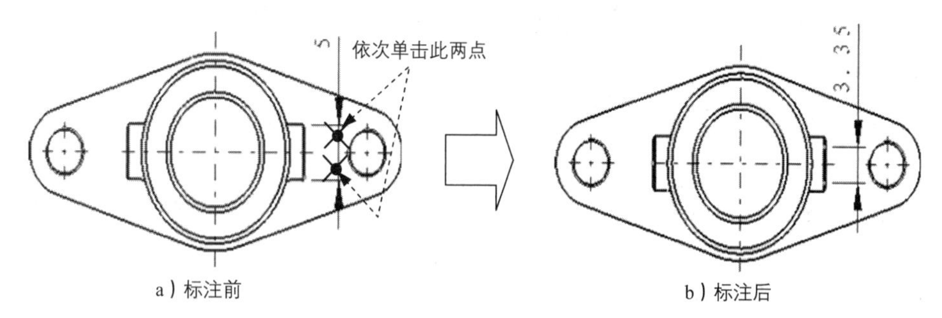

图 12.6.8　标注部分长度

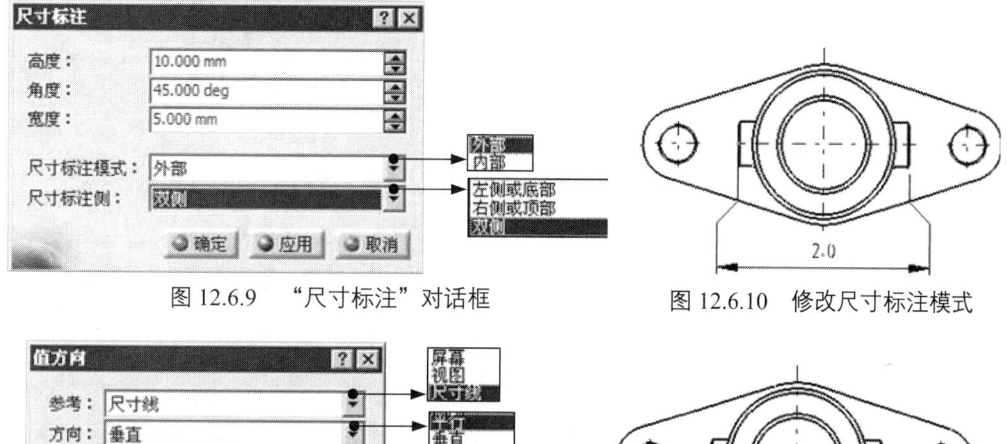

图 12.6.9　“尺寸标注”对话框　　图 12.6.10　修改尺寸标注模式

值方向
参考：尺寸线
方向：垂直
角度：0.000 deg
位置：外部
偏移：10.000 mm
确定　应用　取消
屏幕
视图
尺寸线
平行
垂直
固定角度
自动
内部
外部

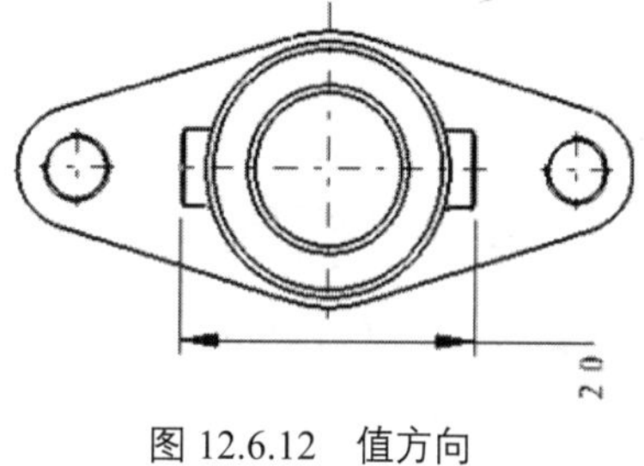

图 12.6.11　“值方向”对话框　　图 12.6.12　值方向

类型 2：标注角度

下面以图 12.6.13b 为例，来说明标注角度的一般过程。

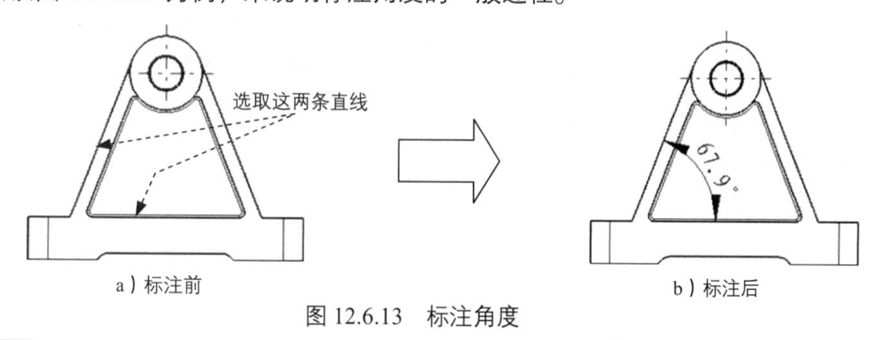

图 12.6.13　标注角度

步骤 01　打开文件 D:\ catxc2014\work\ch12.06.01\dimension-02.CATDrawing。

步骤 02 选择下拉菜单 插入 → 尺寸标注 → 尺寸 → 角度尺寸命令。

步骤 03 选取图 12.6.13a 所示的两条直线，系统出现尺寸标注的预览。

步骤 04 移动到合适的位置来放置尺寸，然后在空白区域单击完成操作。

◆ 在 步骤 03 中，右击，在弹出的快捷菜单中选择 角扇形 → 扇形 1 命令，结果如图 12.6.14 所示。右击，在弹出的快捷菜单中选择 角扇形 → 补充命令，结果如图 12.6.15 所示。

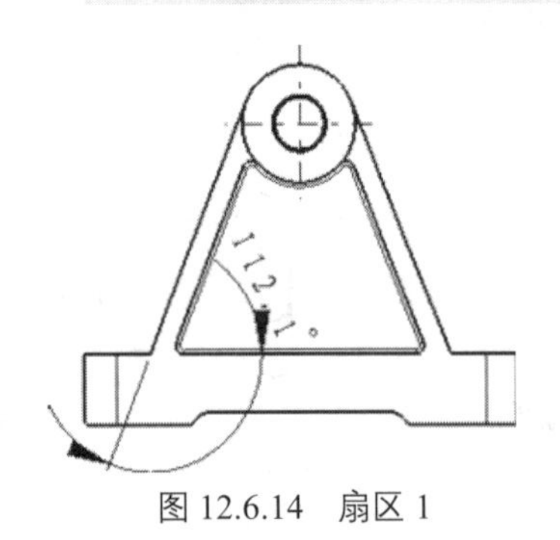

图 12.6.14 扇区 1

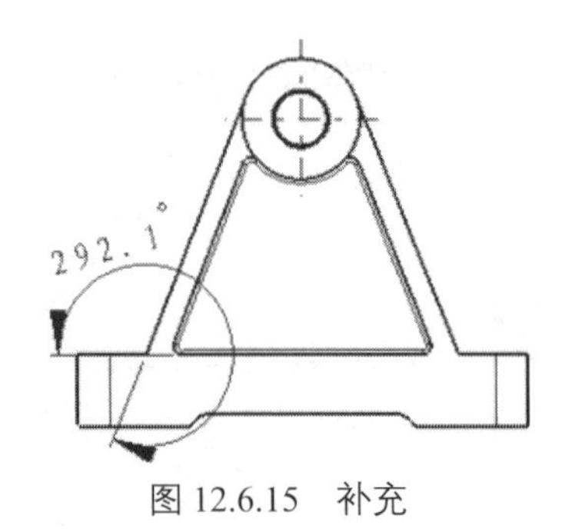

图 12.6.15 补充

类型 3：标注半径

下面以图 12.6.16b 为例，来说明标注半径的一般过程。

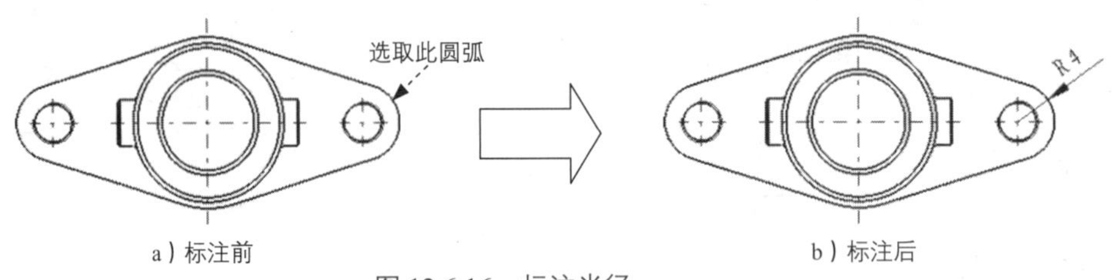

图 12.6.16 标注半径

步骤 01 打开文件 D:\ catxc2014\work\ch12.06.01\dimension-01.CATDrawing。

步骤 02 选择下拉菜单 插入 → 尺寸标注 → 尺寸 → 半径尺寸命令。

步骤 03 选取图 12.6.16a 所示的圆弧，系统出现尺寸标注的预览。

步骤 04 移动到合适的位置来放置尺寸，然后在空白区域单击完成操作。

类型 4：标注直径

下面以图 12.6.17b 为例，来说明标注直径的一般过程。

步骤 01 打开文件 D:\ catxc2014\work\ch12.06.01\dimension-01.CATDrawing。

步骤 02 选择下拉菜单 插入 → 尺寸标注 → 尺寸 → 直径尺寸命令。

步骤 03 选取图 12.6.17 所示的圆，系统出现尺寸标注的预览。

步骤 04 移动到合适的位置来放置尺寸，然后在空白区域单击完成操作。

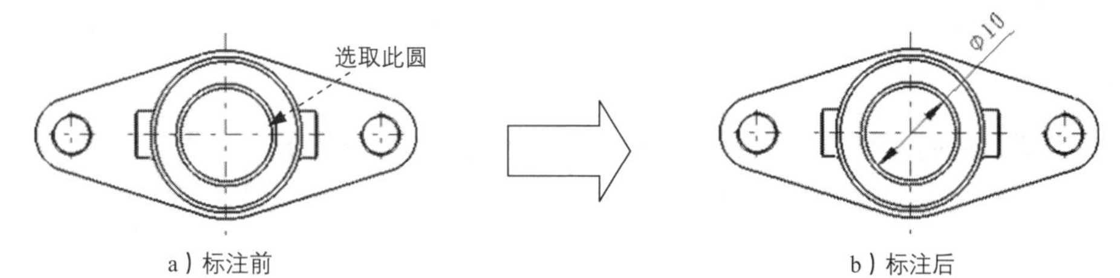

图 12.6.17 标注直径

在 步骤 03 中，右击，在弹出的图 12.6.18 所示的快捷菜单中选择 1个符号 命令，则箭头显示为单箭头，结果如图 12.6.19 所示。

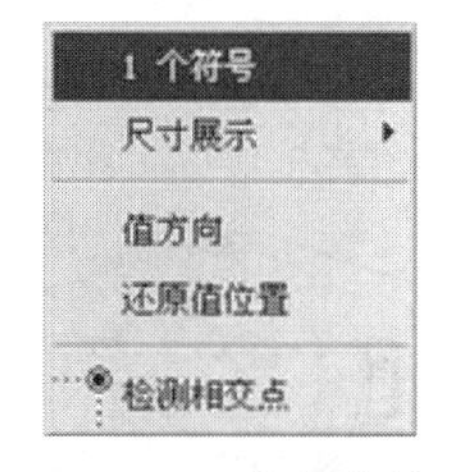

图 12.6.18 快捷菜单

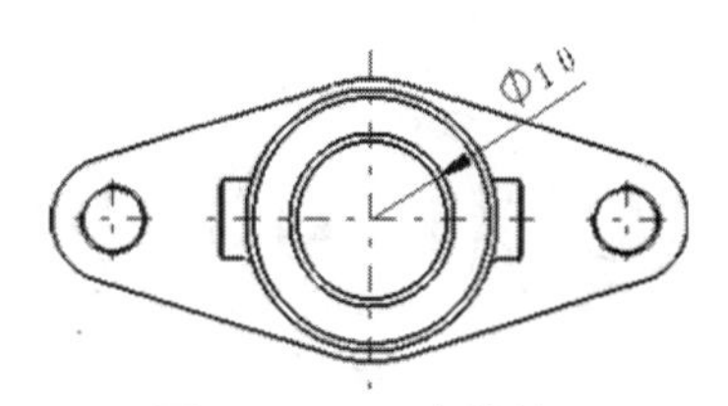

图 12.6.19 一个符号

类型 5：标注螺纹

下面以图 12.6.20b 为例，来说明标注螺纹的一般过程。

步骤 01 打开文件 D:\ catxc2014\work\ch12.06.01\dimension-01.CATDrawing。

步骤 02 选择下拉菜单 插入 → 尺寸标注 ▸ → 尺寸 ▸ → 螺纹尺寸 命令，系统弹出“工具控制板”工具条。

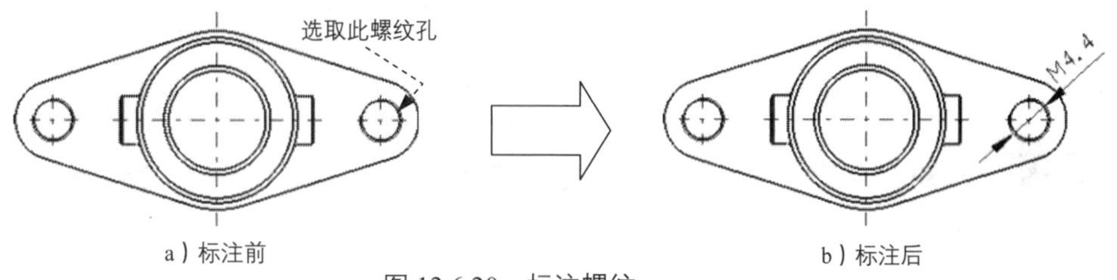

图 12.6.20 标注螺纹

步骤 03 选取图 12.6.20a 所示的螺纹孔，系统生成图 12.6.20b 所示的尺寸。

类型 6：标注链式尺寸

下面以图 12.6.21 为例，来说明标注链式尺寸的一般过程。

步骤 01 打开文件 D:\ catxc2014\work\ch12.06.01\dimension-01.CATDrawing。

步骤 02 选择下拉菜单 插入 → 尺寸标注 ▸ → 尺寸 ▸ → 链式尺寸 命令。

步骤 03 依次选取图 12.6.22 所示的中心线 1、中心线 2 和中心线 3，此时图形区中显示尺寸链。

步骤 04 移动到合适的位置来放置尺寸，然后在空白区域单击完成操作，结果如图 12.6.21 所示。

类型 7：标注累积尺寸

下面以图 12.6.23 为例，来说明标注累积尺寸的一般过程。

步骤 01 打开文件 D:\ catxc2014\work\ch12.06.01\dimension-01.CATDrawing。

步骤 02 选择下拉菜单 插入 → 尺寸标注 ▸ → 尺寸 ▸ → 累积尺寸 命令。

步骤 03 依次选取图 12.6.24 所示的中心线 1、中心线 2 和中心线 3，此时图形区中显示尺寸链。

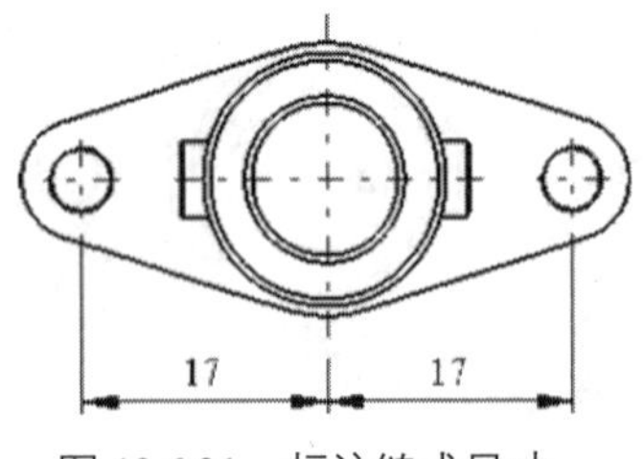

图 12.6.21 标注链式尺寸

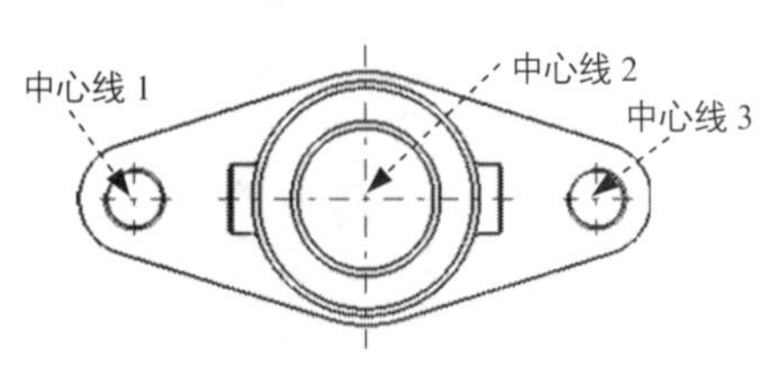

图 12.6.22 选择对象

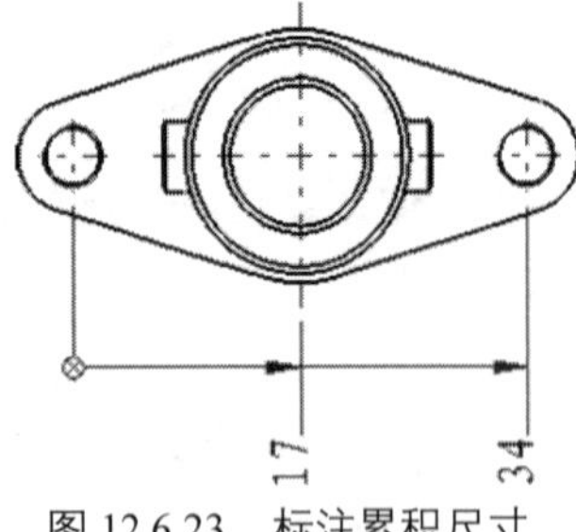

图 12.6.23 标注累积尺寸

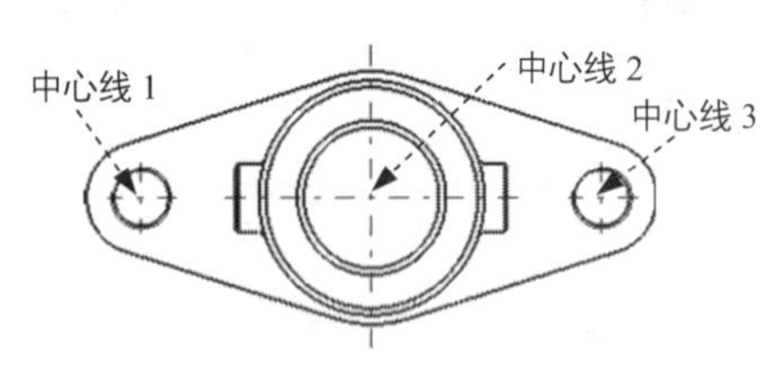

图 12.6.24 选择对象

步骤 04 移动到合适的位置来放置尺寸，然后在空白区域单击完成操作，结果如图 12.6.23 所示。

类型 8：标注堆叠式尺寸

下面以图 12.6.25 为例，来说明标注堆叠式尺寸的一般过程。

步骤 01 打开文件 D:\ catxc2014\work\ch12.06.01\dimension-01.CATDrawing。

步骤 02 选择下拉菜单 插入 → 尺寸标注 ▸ → 尺寸 ▸ → 堆叠式尺寸 命令。

步骤 03 依次选取图 12.6.26 所示的中心线 1、中心线 2 和中心线 3，此时图形区中显示尺寸链。

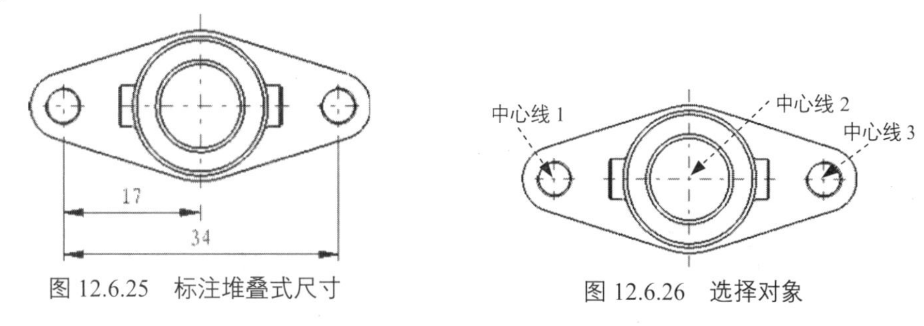

图 12.6.25 标注堆叠式尺寸　　图 12.6.26 选择对象

步骤 04 移动到合适的位置来放置尺寸，然后在空白区域单击完成操作，结果如图 12.6.25 所示。

类型 9：标注倒角

标注倒角需要指定倒角边和参考边。下面以图 12.6.27b 为例，来说明标注倒角的一般过程。

步骤 01 打开工程图文件 D:\ catxc2014\work\ch12.06.01\chamfer.CATDrawing。

步骤 02 选择下拉菜单 插入 → 尺寸标注 ▸ → 尺寸 ▸ → 倒角尺寸 命令，系统弹出图 12.6.28 所示的“工具控制板”工具条。

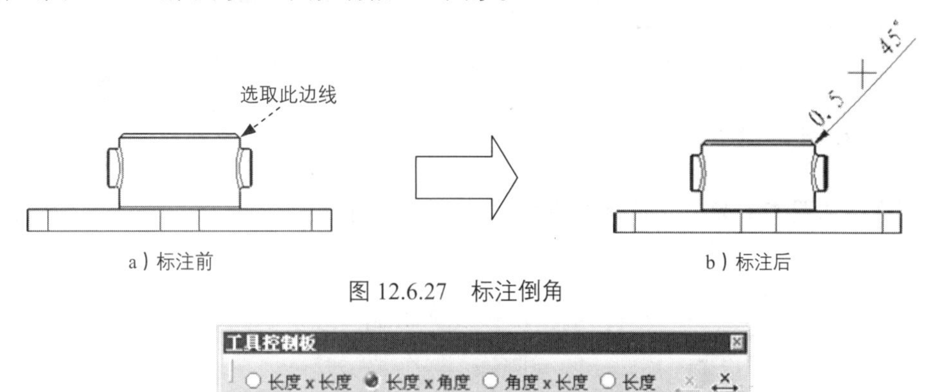

a）标注前　　b）标注后

图 12.6.27 标注倒角

工具控制板
○ 长度 x 长度 ● 长度 x 角度 ○ 角度 x 长度 ○ 长度

图 12.6.28 “工具控制板”工具条

步骤 03 单击“工具控制板”工具条中的“单符号”按钮，选中 长度 x 角度 单选项。

步骤 04 选取图 12.6.27a 所示的边线。

步骤 05 移动到合适的位置来放置尺寸，然后在空白区域单击完成操作。

图 12.6.28 所示“工具控制板”工具条中各选项的说明如下。

◆ 长度 x 长度：倒角尺寸以“长度 × 长度”的方式标注，如图 12.6.29 所示。

- 长度 x 角度：倒角尺寸以“长度 × 角度”的方式标注，如图 12.6.27b 所示。
- 角度 x 长度：倒角尺寸以“角度 × 长度”的方式标注，如图 12.6.30 所示。
- 长度：倒角尺寸以只显示倒角长度的方式标注，如图 12.6.31 所示。

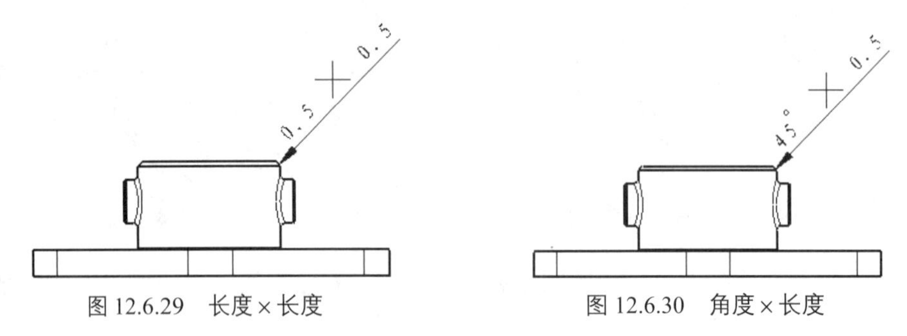

图 12.6.29　长度 × 长度　　　图 12.6.30　角度 × 长度

- ：倒角尺寸以单箭头引线的方式标注，该选项为默认选项，以上各图均使用此选项进行标注。
- ：倒角尺寸以线性尺寸的方式标注，如图 12.6.32 所示。

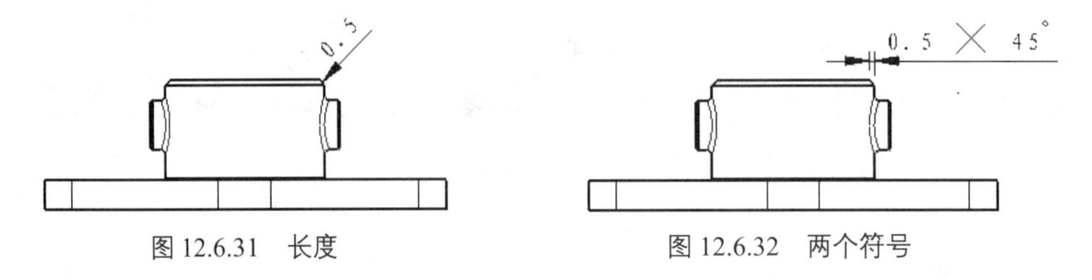

图 12.6.31　长度　　　图 12.6.32　两个符号

12.6.2　基准特征标注

下面标注图 12.6.33 所示的基准符号，操作过程如下。

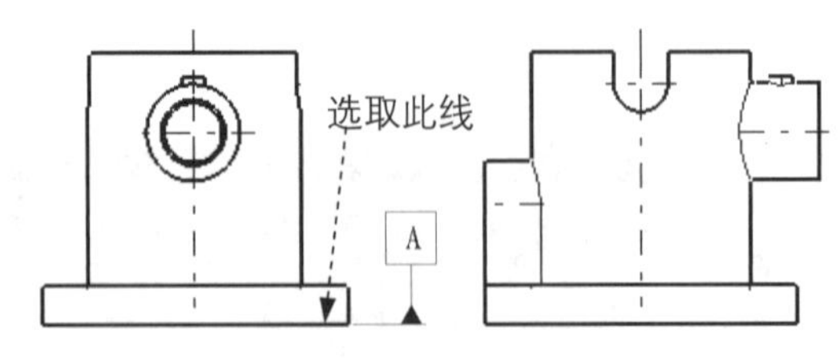

图 12.6.33　标注基准符号

步骤 01 打开文件 D:\ catxc2014\work\ ch12.06.02\benchmark.CATDrawing。

步骤 02 选择下拉菜单 插入 → 尺寸标注 ▸ → 公差 ▸ → A 基准特征 命令，如图 12.6.34 所示。

图 12.6.34 “插入”下拉菜单

步骤 03 选取图 12.6.33 所示的直线。

步骤 04 定义放置位置。选择合适的放置位置并单击，系统弹出图 12.6.35 所示的“创建基准特征”对话框。

步骤 05 定义基准符号的名称。在“创建基准特征”对话框的文本框中输入基准字母 A，再单击 确定 按钮，完成基准符号的标注。

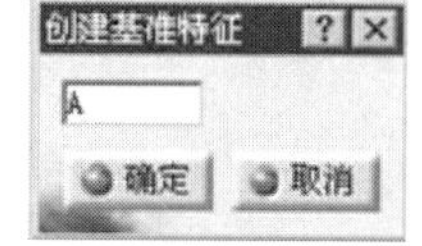

图 12.6.35 “创建基准特征”对话框

12.6.3 几何公差标注

几何公差（形位公差）包括形状公差和位置公差，是针对构成零件几何特征的点、线、面的形状和位置偏差所规定的公差。下面标注图 12.6.36 所示的形位公差，操作过程如下。

步骤 01 打开工程图文件 D:\ catxc2014\work\ch12.06.03\geometric_tolerance.CATDrawing。

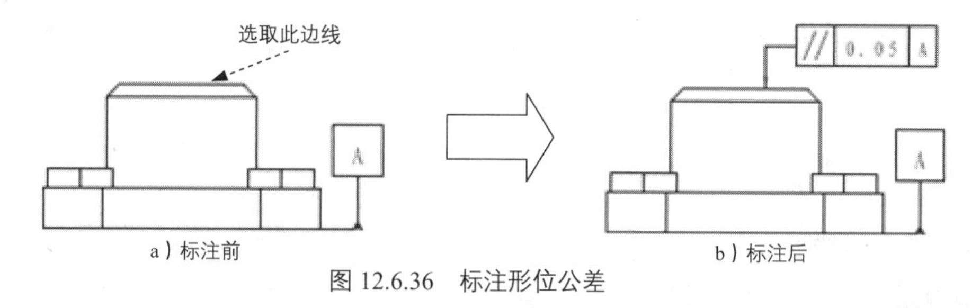

图 12.6.36 标注形位公差

步骤 02 选择下拉菜单 插入 → 尺寸标注 → 公差 → 形位公差 命令。

步骤 03 定义放置位置。选取图 12.6.36a 所示的边线为要标注形位公差符号的对象，按住 Shift 键，选择合适的放置位置并单击，系统弹出“形位公差”对话框。

步骤 04 定义公差。在对话框的文本框中单击 按钮，在弹出的快捷菜单中选取 ⊥ 按钮，在 公差 文本框中输入公差数值 0.05，在 参考 文本框中输入基准字母 A。

步骤05 单击 确定 按钮，完成形位公差的标注，结果如图 12.6.36b 所示。

12.6.4 表面粗糙度标注

表面粗糙度是指加工表面上具有较小的间距和峰谷所组成的微观几何特征（本书基于 GB/T 1031—1995 的标准，此标准已被新标准 GB/1031-2009 所替代）。下面标注如图 12.6.37 所示的表面粗糙度，操作过程如下。

步骤01 打开文件 D:\ catxc2014\work\ch12.06.04\base.CATDrawing。

步骤02 选择下拉菜单 插入 → 标注 ▸ → 符号 ▸ → 粗糙度符号 命令。

步骤03 选择放置位置，系统弹出“粗糙度符号”对话框。

步骤04 在对话框的下拉列表中选择 Ra，设置图 12.6.38 所示的参数。

步骤05 单击“粗糙度符号”对话框中的 确定 按钮，完成表面粗糙度的标注。

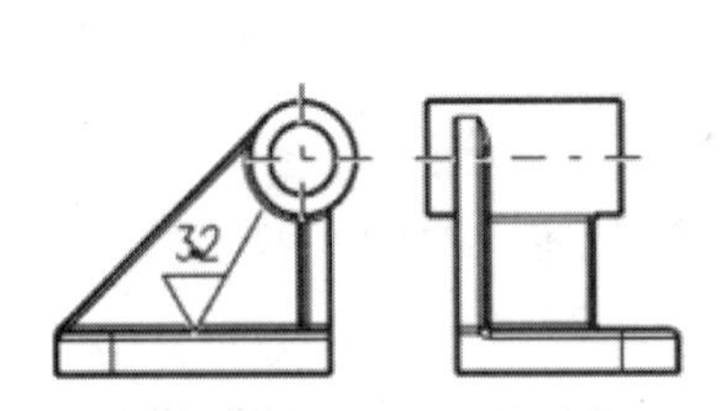

图 12.6.37 标注表面粗糙度

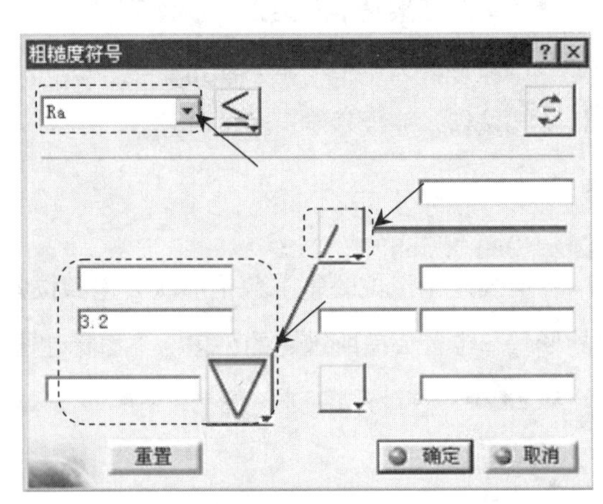

图 12.6.38 “粗糙度符号”对话框

12.6.5 注释标注

在工程图中，除了尺寸标注外，还应有相应的文字说明，即技术说明，如工件的热处理要求、表面处理要求等。所以在创建完视图的尺寸标注后，还需要创建相应的注释标注。下面分别介绍不带引导线文本（即技术要求等）、带有引导线文本的创建和文本的编辑。

1. 创建文本

下面创建图 12.6.39 所示的文本，操作步骤如下。

步骤01 打开工程图文件 D:\ catxc2014\work\ch12.06.05\annotation.CATDrawing。

步骤02 选择下拉菜单 插入 → 标注 ▸ → 文本 ▸ → 文本 命令。

步骤03 在图样中任意位置单击，确定文本放置位置，系统弹出“文本编辑器”对话框。

技术要求

1. 铸件不得有沙眼、裂纹等缺陷。
2. 未注圆角半径为R1-R2。

图 12.6.39 创建注释文本

步骤 04 在“文本属性”工具条中设置文本的高度值为 8，输入图 12.6.40 所示的文本，

步骤 05 在“文本属性”工具条中设置文本的高度值为 6，按 Ctrl+Enter 键换行，输入图 12.6.41 所示的文本。单击 确定 按钮，结果如图 12.6.39 所示。

图 12.6.40 “文本编辑器”对话框（一）

图 12.6.41 “文本编辑器”对话框（二）

在创建文本的过程中，如果“文本属性”工具条没有出现，需手动将其显示。

2. 创建带有引线的文本

下面继续上一节的内容创建带有引线的文本，操作过程如下。

步骤 01 选择下拉菜单 插入 → 标注 ▸ → 文本 ▸ → 带引出线的文本 命令。

步骤 02 选取图 12.6.42a 所示的边线为引线起始位置。

步骤 03 按住 Shift 键在合适的位置单击以放置文本，此时系统弹出“文本编辑器”对话框。

步骤 04 在“文本编辑器”对话框中输入“此孔需要精加工”，单击 确定 按钮，结果如图 12.6.42b 所示。

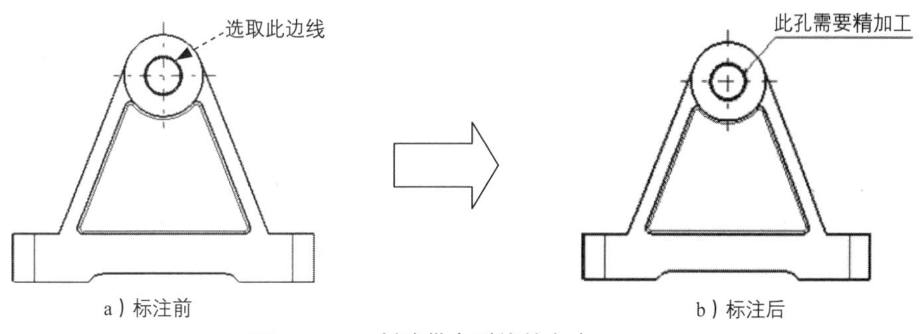

a）标注前　　b）标注后

图 12.6.42 创建带有引线的文本

3. 编辑文本

下面继续上一节的内容来说明编辑文本的一般操作过程。

步骤 01 选取图 12.6.43a 所示的文本，右击，在弹出的快捷菜单中选择 文本.1 对象 ▸ → 定义... 命令（或直接双击需要编辑的文本），系统弹出“文本编辑器”对话框。

步骤 02 在对话框中删除第二行文字，单击 确定 按钮，完成文本的编辑，如图 12.6.43b 所示。

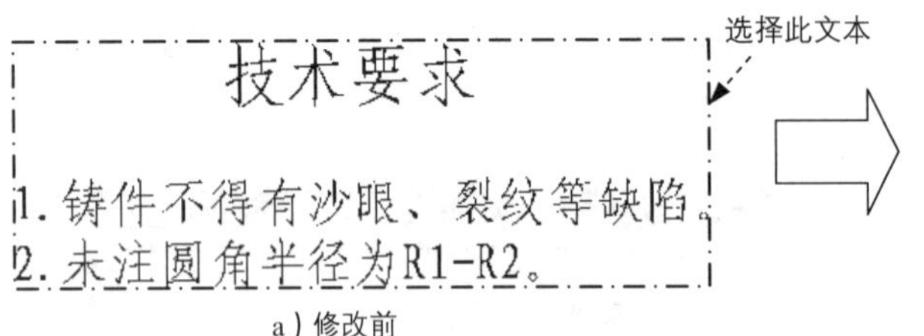

a）修改前

技术要求

1. 铸件不得有沙眼、裂纹等缺陷。

b）修改后

图 12.6.43　编辑文本

第 13 章　工程图设计综合实例

本实例以一个箱体工程图为例，讲述 CATIA V5-6R2014 工程图创建的一般过程。希望通过此例的学习，读者能对 CATIA V5-6R2014 工程图的制作有比较清楚的认识。完成后的工程图如图 13.1.1 所示。

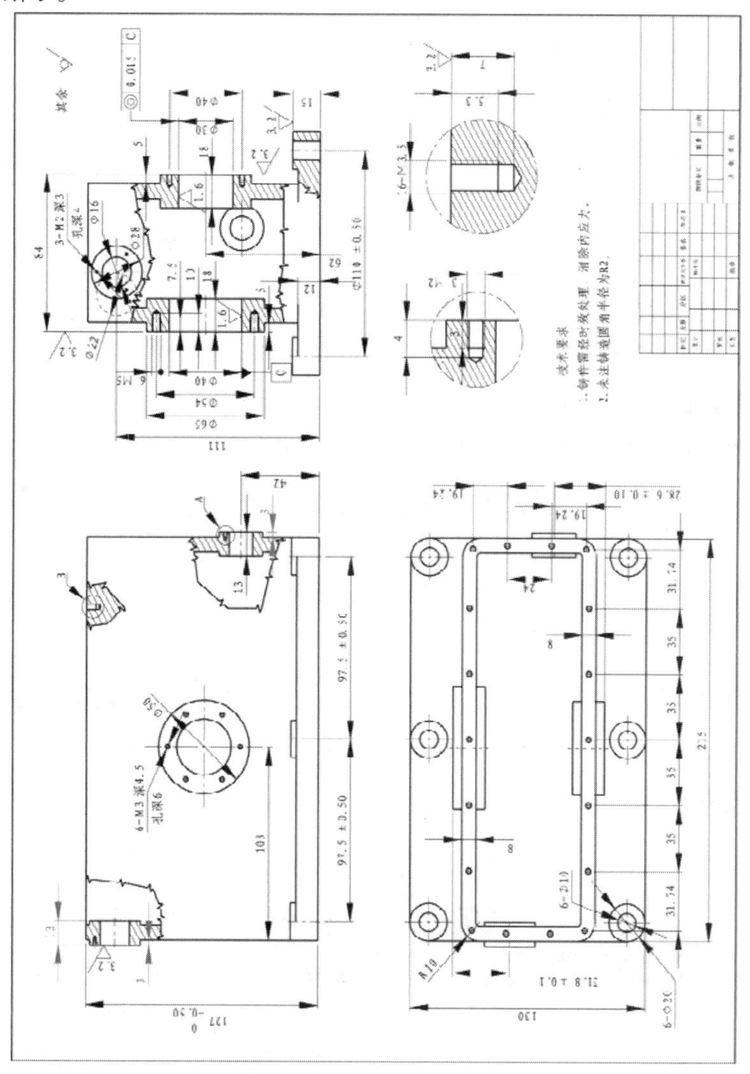

图 13.1.1　工程图应用案例

本实例的详细操作过程请参见随书光盘中 video\ch13.01 文件下的语音视频讲解文件。模型文件为 D: \catxc2014\work\ch13.01\Drawing-A2.CATDrawing。

第14章 模具设计

14.1 模具设计基础入门

14.1.1 概述

注射模具设计一般包括两大部分：模具元件（Mold Component）设计和模架（Moldbase）设计。模具元件主要包括上模（型腔）、下模（型芯）、浇注系统（主流道、分流道、浇口和冷料穴）、滑块和销等；而模架则包括固定和移动侧模板、顶出销、回位销、冷却水道、加热管、止动销、定位螺栓、导柱和导套等。

模具元件（即模仁）是注射模具的关键部分，其作用是构建塑件的结构和形状，它主要包括型腔和型芯。当我们设计的塑件较复杂时，则在设计的模具中还需要滑块、销等成型元件；模架及组件库包含在特征树多个目录中，自定义组件包括滑块、抽芯和镶件，这些在标准件模块里都能找到，并生成大小合适的腔体，而且能够保持相关性。

分型是基于一个塑料零件模型生成型腔和型芯的过程。分型过程是塑料模具设计的一个重要部分，特别对于外形复杂的零件来说，通过关键的自动工具及分型模块可以让这个过程非常自动化。此外，分型操作与原始塑料模型是完全相关的。

14.1.2 模具设计工作台介绍

学习本节时请先打开文件 D:\ catxc2014\work\ch14.01.02\ JM.CATProduct。

打开文件 JM.CATProduct 后，系统显示图 14.1.1 所示的“型芯型腔设计”工作台界面，下面对该工作界面进行简要说明。

若打开模型后，发现不是在“型芯型腔设计”工作台中，则用户需要激活特征树中的 Product1，然后选择下拉菜单 开始 → 机械设计 → Core & Cavity Design 命令，系统切换到“型芯型腔设计”工作台。

CATIA V5-6R2014R2014 中的“型芯型腔设计”工作台界面包括特征树、下拉菜单区、指南针、右工具栏按钮区、下部工具栏按钮区、功能输入区、消息区以及图形区（图 14.1.1）。

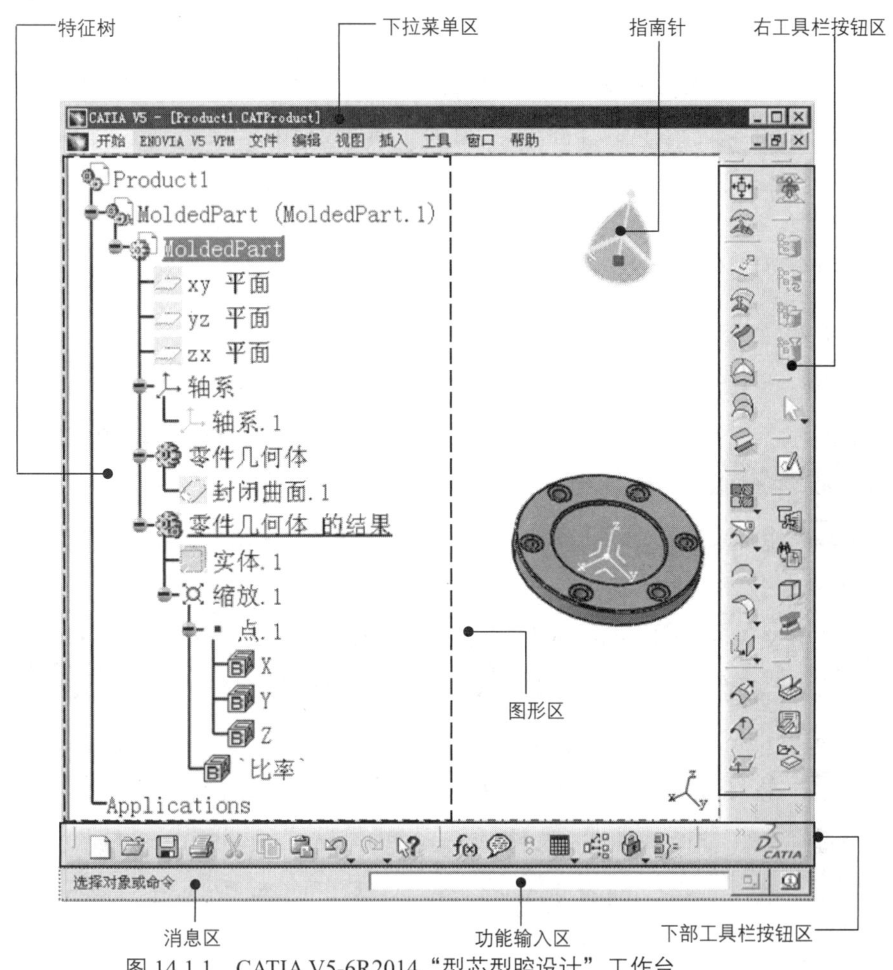

图 14.1.1 CATIA V5-6R2014“型芯型腔设计”工作台

14.2 模具设计的一般过程

本节主要介绍 CATIA V5-6R2014 模具“型芯型腔设计”工作台中部分命令的功能及使用方法，并结合典型的实例来介绍这些命令的使用。可以分为导入产品模型、开模方向、分型线设计和分型面设计，其中这里介绍的分型线/分型面设计命令大多都和曲面设计模块中的命令相类似。建议读者首先熟悉一下“零件设计”和“创成式曲面设计”两个工作台。通过本节的学习，读者能够熟练地使用这些命令完成产品模型上一些破孔的修补。

采用 CATIA V5-6R2014 进行模具分型前，必须完成型芯/型腔分型面的设计，其设计型芯/型腔分型面的一般过程为：首先加载产品模型，并定义开模方向；其次完成产品模型上存在的破孔或凹槽等处的修补；最后设计分型线和分型面。

14.2.1 产品导入

在进行模具设计时，需要将产品模型导入到“型芯型腔设计”工作台中。导入模型是 CATIA V5-6R2014 设计模具的准备阶段，在整个模具设计中起着关键性的作用，包括加载模型、设置收缩率和添加缩放后实体三个过程。

任务 01 加载模型

下面介绍导入产品模型的一般操作方法。

步骤 01 新建产品。新建一个 Product 文件，并激活该产品 Product1。

步骤 02 选择命令。选择下拉菜单 开始 → 机械设计 → Core & Cavity Design 命令。

步骤 03 修改文件名。在 Product1 上右击，在系统弹出的快捷菜单中选择 属性 选项，系统弹出“属性”对话框，在“属性”对话框中选择 产品 选项卡，在 产品 区域的 零件编号 文本框中输入文件名“end-cover-mold”；单击 确定 按钮，完成文件名的修改。

步骤 04 选择命令。选择下拉菜单 插入 → Models → Import... 命令，系统弹出“Import Molded Part”对话框。

步骤 05 在“Import Molded Part”对话框的 Model 区域中单击“打开”按钮，此时系统弹出“选择文件”对话框，选择文件 D:\ catxc2014\work\ch14.02.01\ end-cover.CATPart，单击 打开(O) 按钮。此时“Import Molded Part”对话框改名为“Import end-cover.CATPart”，如图 14.2.1 所示。

步骤 06 选择要开模的实体。在“Import end-cover.CATPart”对话框 Model 区域 Body 的下拉列表中选择 零件几何体 选项。

在 Body 下拉列表中有两个 零件几何体 选项，此例中选取任何一个都不会有影响。

任务 02 设置收缩率

步骤 01 设置坐标系。

（1）选取坐标类型。在“Import end-cover.CATPart”对话框 Axis System 区域的下拉列表中选择 Coordinates 选项。

（2）定义坐标值。分别在 Origin 区域的 X 、 Y 和 Z 文本框中输入数值 0、0 和 0。

步骤02 设置收缩数值。在 Shrinkage 区域 Ratio 的文本框中输入数值 1.006。

步骤03 在“Import end-cover.CATPart”对话框中单击 确定 按钮，完成零件模型的加载，结果如图 14.2.2 所示。

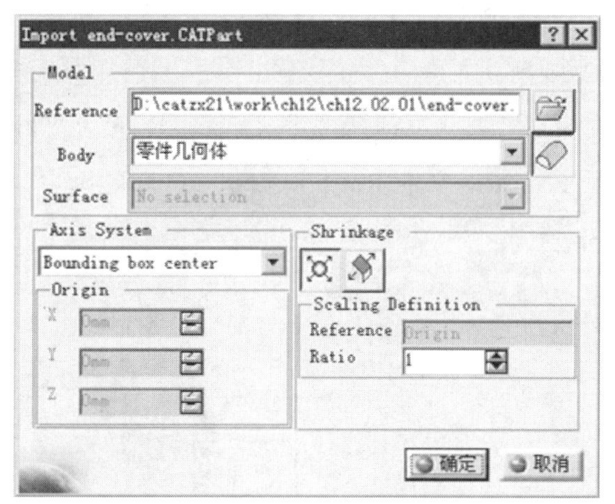

图 14.2.1 “Import end-cover.CATPart”对话框

图 14.2.2 零件几何体

图 14.2.1 所示的“Import end-cover.CATPart”对话框中各选项说明如下。

◆ Model（模型）：该区域用于定义模型的路径及需要开模的特征。

- Reference（参考）：单击该选项后的“打开”按钮，系统会弹出“选择文件”对话框，用户可以通过该对话框来选择需要开模的产品。
- Body（实体）：在该选项的下拉列表中显示参考文件的元素，如果导入的是一个实体特征，则在该选项的下拉列表中就会显示“零件几何体”选项；如果要导入一组曲面，应先单击按钮，此时显示出导入一组曲面的按钮，再选择文件。
- Surface（曲面）：若 Body 后显示的是图标，则 Surface 以列表形式显示几何集中的特征，在默认状态下显示几何集中的最后一个曲面（即最完整的曲面）；若 Body 后显示的是图标，则 Surface 以文本框形式显示几何集中共有的面数。

◆ Axis System（坐标系）：该区域用于定义模型的原点及其他坐标系。

- Bounding box center（边框中心）：选择该选项后，将模型的虚拟边框中心定义为原点。
- Center of gravity（重心）：选择该选项后，将模型的重力中心定义为原点。
- Coordinates（坐标）：选择该选项后，Origin（原点）区域的 X、Y 和 Z 坐标

处于显示状态，用户可以在此文本框中输入数值来定义原点的坐标。

- Shrinkage（收缩率）：该区域可通过两种方法来设置模型的收缩率，如图 14.2.3 所示。
  - （缩放比例）：单击该按钮后，用户可以在 Ratio （比率）文本框中输入收缩值，缩放的参考点是用户前面设置的坐标原点，系统默认的情况下收缩值为 1，如图 14.2.3a 所示。
  - （关联关系）：单击该按钮后，相应的区域会显示出来，用户可根据在给定 3 个坐标轴的 Ratio X、Ratio Y 和 Ratio Z 文本框中设定比率，系统默认值为 1。如图 14.2.3b 所示。

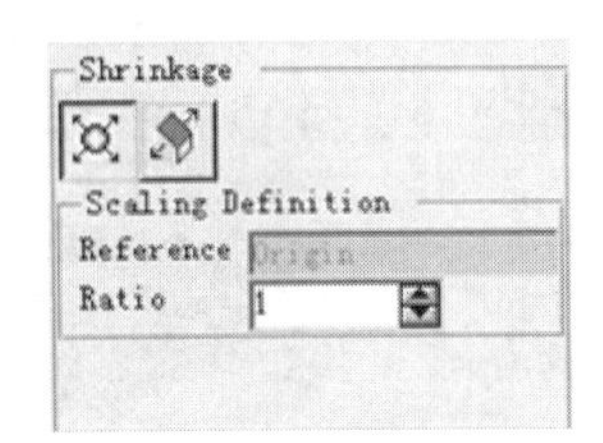

a）缩放比例收缩率

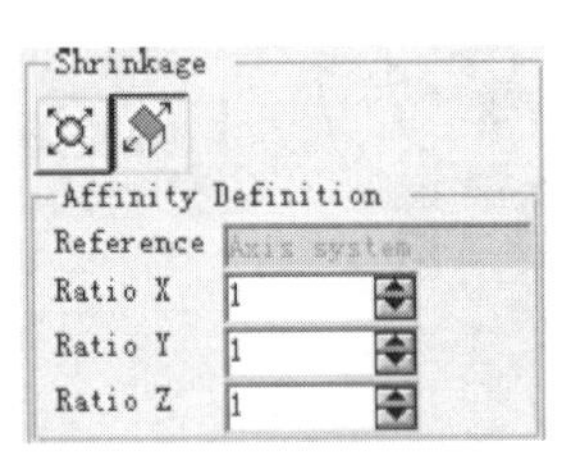

b）关联关系收缩率

图 14.2.3　收缩率

任务 03 添加缩放后的实体

步骤 01 切换工作台。选择下拉菜单 开始 → 机械设计 → 零件设计 命令，切换至“零件设计”工作台。

步骤 02 显示特征。在特征树中依次单击 MoldedPart (MoldedPart.1) → MoldedPart 前的“+”号，显示出 零件几何体 的结果。

步骤 03 定义工作对象。在特征树中右击 零件几何体，在系统弹出的快捷菜单中选择 定义工作对象 命令，将其定义为工作对象。

步骤 04 创建封闭曲面。

（1）选择命令。选择下拉菜单 插入 → 基于曲面的特征 → 封闭曲面... 命令，系统弹出“定义封闭曲面”对话框。

（2）选取封闭曲面。单击 零件几何体 的结果 前的“+”号，选择 缩放.1 选项，单击 确定 按钮。

步骤 05 隐藏产品模型。在特征树中单击 零件几何体 前的“+”号，然后选取 封闭曲面.1 并右击，在系统弹出的快捷菜单中选择 隐藏/显示 命令，将产品模型隐藏起来。

这里将产品模型隐藏起来，为了便于以下的操作。

步骤 06 切换工作台。选择下拉菜单 开始 → 机械设计 → Core & Cavity Design 命令，切换至“型芯型腔设计”工作台。

步骤 07 定义工作对象。在特征树中右击 零件几何体 的结果，在系统弹出的快捷菜单中选择 定义工作对象 命令，将其定义为工作对象。

14.2.2 主开模方向

主开模方向用来定义产品模型在模具中的开模方向，并定义型芯面、型腔面、其他面及无拔模角度面在产品模型上的位置；当修改主开模方向时需重新计算型芯和型腔等部分。下面继续以前面的模型为例，介绍定义主开模方向的一般操作过程。

步骤 01 选择命令。选择下拉菜单 插入 → Pulling Direction → Pulling Direction... 命令，系统弹出图 14.2.4 所示的“Main Pulling Direction Definition”对话框。

步骤 02 在系统弹出“Main Pulling Direction Definition”对话框 Shape 区域右侧的下拉列表中选择 选项。然后单击 按钮，锁定坐标系。

步骤 03 选择区域颜色划分对象。在界面中选取零件几何体。

步骤 04 分解区域视图。单击 More >> 按钮，在 Visualization 区域中选中 Explode 单选项，然后在下面的文本框中输入数值 50，在图形区空白处单击，结果如图 14.2.5 所示。

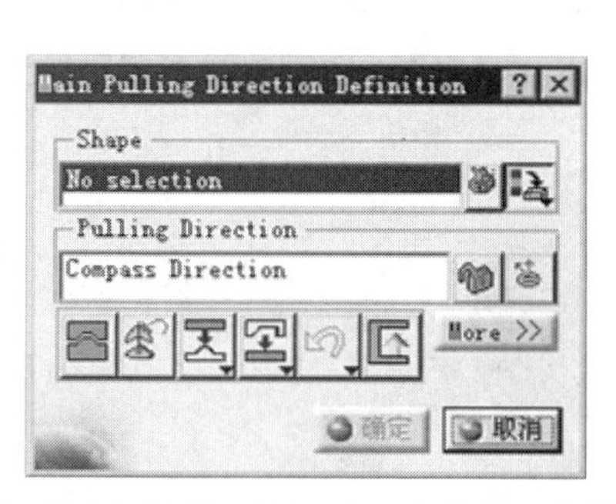

图 14.2.4 “Main Pulling Direction Definition”对话框

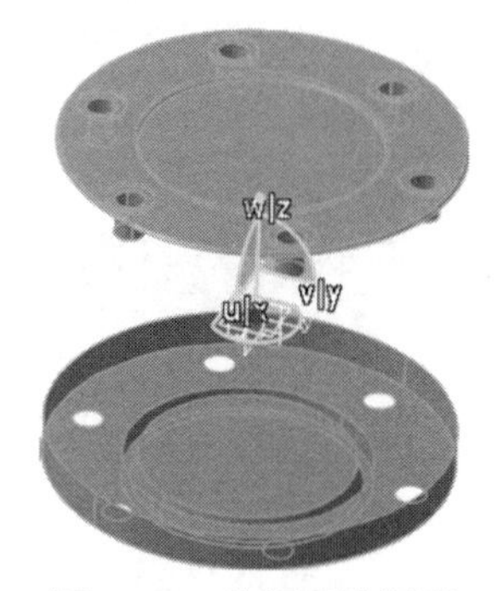

图 14.2.5 分解区域视图

步骤 05 在该对话框中选中 Faces Display 单选项，然后单击 确定 按钮，此时进程条开始显示计算的过程，计算完成后在特征树中增加了 2 个几何集，如图 14.2.6 所示；同时在在模型中显示两个区域，如图 14.2.7 所示。

14.2.3 移动元素

移动元素是指从一个区域向另一个区域转移元素，但必须在零件上至少定义一个主开模方向。下面继续以前面的模型为例，讲述移动元素的一般操作过程。

步骤 01 选择命令。选择下拉菜单 插入 ➡ Pulling Direction ▸ ➡ Transfer... 命令，系统弹出“Transfer Element”对话框。

步骤 02 定义型芯区域。在该对话框的 Destination 下拉列表中选择 Core.1 选项，然后选取图 14.2.8 所示的圆柱面（共 6 个圆柱）。

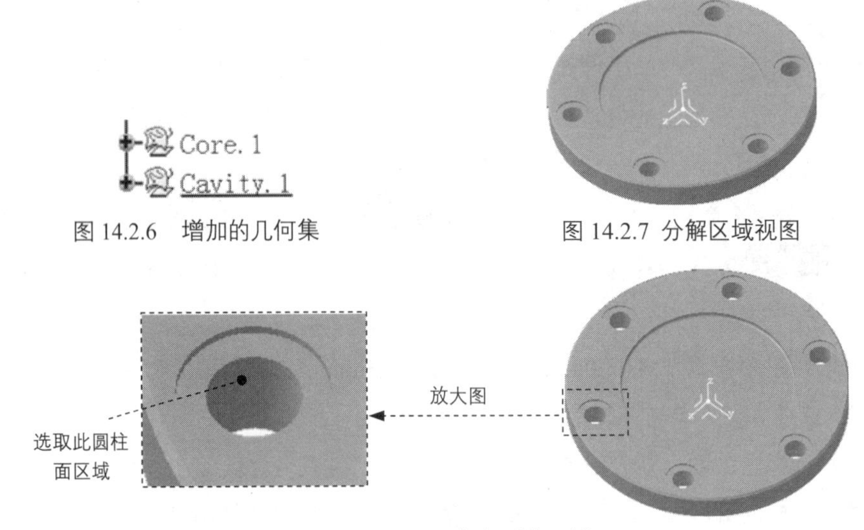

图 14.2.6　增加的几何集

图 14.2.7　分解区域视图

图 14.2.8　定义型芯区域

步骤 03 定义型腔区域。在该对话框的 Destination 下拉列表中选择 Cavity.1 选项，然后在该对话框的 Propagation type 下拉列表中选择 No propagation 选项，选取图 14.2.9 所示的面（共 2 个）。

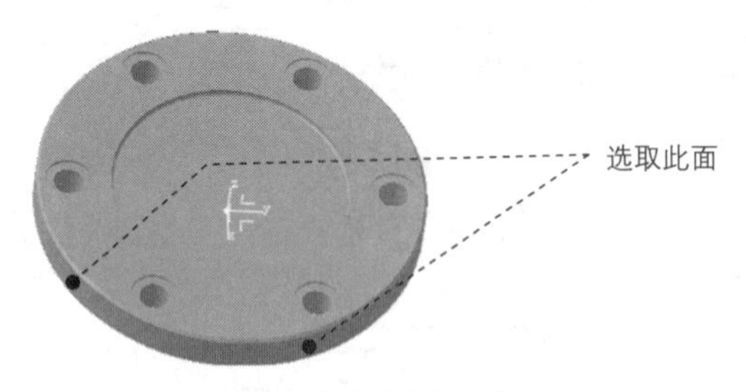

图 14.2.9　定义型腔区域

步骤 04 在“Transfer Element”对话框中单击 确定 按钮，完成型芯和型腔区域元素的移动。

14.2.4　集合曲面

由于前面将“其他区域”和“非拔模区域”中的面定义到型芯或型腔中，那么此时型芯和型腔区域都是由很多个曲面构成的，不利于后续的操作。因此，可以通过 CATIA V5- 6R2014

提供的“集合曲面”命令来将这些曲面连接成一个整体，以便于操作，提高效率。下面继续以前面的模型为例，讲述集合曲面的一般操作过程。

步骤 01 集合型芯曲面。

（1）选择命令。选择下拉菜单 插入 → Pulling Direction ▸ → Aggregate Mold Area... 命令，系统弹出“Aggregate Surfaces”对话框。

（2）选择要集合的区域。在“Aggregate Surfaces”对话框 Select a mold area 的下拉列表中选择 Core.1 选项，此时系统会自动在 List of surfaces 的区域中显示要集合的曲面。

（3）定义连接数据。在“Aggregate Surfaces”对话框中选中 Create a datum Join 复选框，单击 确定 按钮，完成型芯曲面的集合，在特征树中显示的结果如图 14.2.10 所示。

步骤 02 集合型腔曲面。

（1）选择命令。选择下拉菜单 插入 → Pulling Direction ▸ → Aggregate Mold Area... 命令，系统弹出“Aggregate Surfaces”对话框。

（2）选择要集合的区域。在“Aggregate Surfaces”对话框的 Select a mold area 下拉列表中选择 Cavity.1 选项，此时系统会自动在 List of surfaces 的区域中显示要集合的曲面。

（3）定义连接数据。在“Aggregate Surfaces”对话框中选中 Create a datum Join 复选框，单击 确定 按钮，完成型腔曲面的集合，在特征树中显示的结果如图 14.2.11 所示。

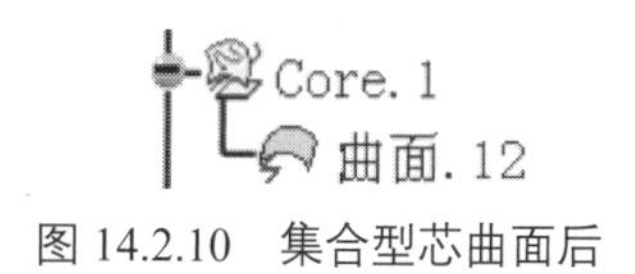

图 14.2.10 集合型芯曲面后

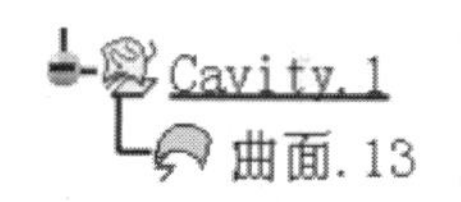

图 14.2.11 集合型腔曲面后

14.2.5 创建爆炸曲面

在完成型芯面与型腔面的定义后，需要通过“爆炸曲面”命令来观察定义后的型芯面与型腔面是否正确，以便于将零件表面上可能存在的问题直观地反映出来。下面继续以前面的模型为例，介绍创建爆炸曲面的一般操作过程。

步骤 01 选择命令。选择下拉菜单 插入 → Pulling Direction ▸ → Explode View... 命令，系统弹出图 14.2.12 所示的“Explode View”对话框。

步骤 02 定义移动距离。在 Explode Value 文本框中输入数值 50，单击 Enter 键，结果如图 14.2.13 所示。

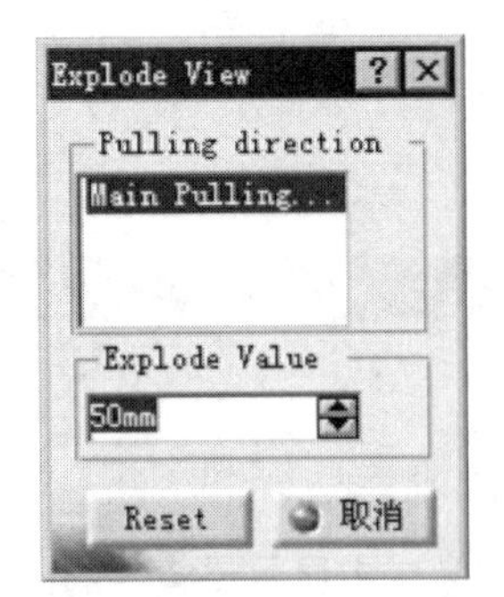

图 14.2.12 “Explote View”对话框

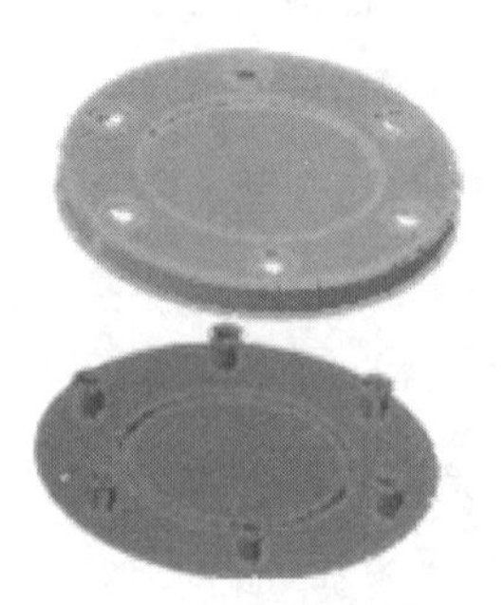

图 14.2.13 爆炸结果

此例中只有一个主方向，系统会自动选取移动方向。图 14.2.13 中的型芯面与型腔面完全分开，没有多余的面，说明前面移动元素没有错误。

步骤 03 在“Explode View”对话框中单击 取消 按钮，完成爆炸视图的创建。

14.2.6 创建修补面

在进行模具分型前，有些产品体上有开放的凹槽或孔，此时就要对产品模型进行修补，否则就无法完成模具的分型操作。继续以前面的模型为例，介绍模型修补的一般操作过程。

任务 01 创建填充曲面 1

步骤 01 新建几何图形集。

（1）选择命令。选择下拉菜单 插入 → 几何图形集... 命令，系统弹出“插入几何图形集”对话框。

（2）在系统弹出的对话框的 名称： 文本框中输入“Repair_surface”，在 父级： 文本框中接受系统默认的 MoldedPart 选项，然后单击 确定 按钮。

步骤 02 创建边界线 1。

（1）选择下拉菜单 插入 → Operations → Boundary... 命令，系统弹出“边界定义”对话框。

（2）选择拓展类型。在该对话框 拓展类型： 的下拉列表中选择 点连续 选项。

（3）选择边界线。在模型中选取图 14.2.14 所示的边界 1，单击 确定 按钮。

步骤 03 选择命令。选择下拉菜单 插入 → Surfaces → Fill... 命令，系统弹出“填充曲面定义”对话框。

步骤 04 选取填充边界。选取图 14.2.14 所示的边界 1，在“填充曲面定义”对话框中单击 确定 按钮，创建结果如图 14.2.15 所示。

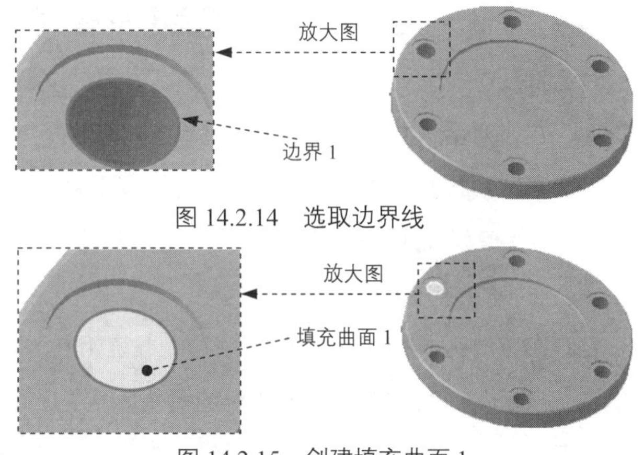

图 14.2.14　选取边界线

图 14.2.15　创建填充曲面 1

任务 02 创建其余填充曲面

参照 任务 01，创建图 14.2.16 所示的其余填充曲面。

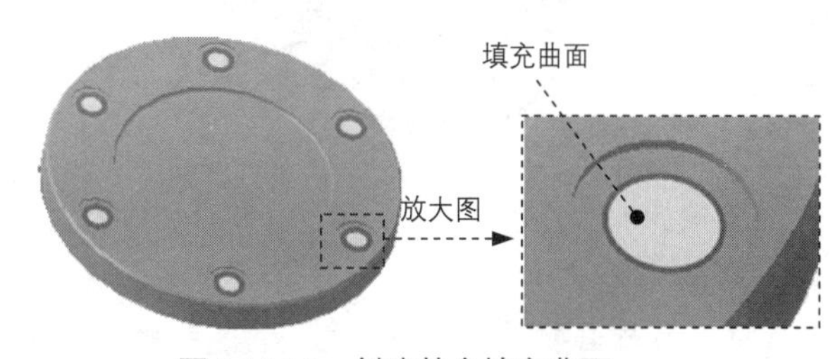

图 14.2.16　创建其余填充曲面

14.2.7　创建分型面

创建模具分型面一般可以使用拉伸、扫掠、填充和混合曲面等方法来完成。其分型面的创建是在分型线的基础上完成的，并且分型线的形状直接决定分型面创建的难易程度。通过创建分型面可以将工件分割成型腔和型芯零件。继续以前面的模型为例，介绍创建分型面的一般过程。

步骤 01 选择命令。选择下拉菜单 插入 → 几何图形集... 命令，系统弹出“插入几何图形集”对话框。

步骤 02 在系统弹出的对话框的 名称： 文本框中输入“Parting_surface”，在 父级： 文本框中接受系统默认的 MoldedPart 选项，然后单击 确定 按钮。

步骤 03 创建边界 1。选择下拉菜单 插入 → Operations → Boundary... 命

令，在模型中选取图 14.2.17 所示的边界线。单击 确定 按钮，完成边界线的创建。

步骤 04 创建扫掠曲面。

（1）选择命令。选择下拉菜单 插入 → Surfaces ▸ → Sweep... 命令，系统弹出“扫掠曲面定义”对话框。

（2）选择轮廓类型。在该对话框的 轮廓类型： 区域中单击“直线”按钮。

（3）选择子类型。在该对话框的 子类型： 下拉列表中选择 使用参考曲面 选项。

（4）选取引导曲线 1。在模型中选取 步骤 03 中创建的边界 1。

（5）选取参考曲面。在特征树中选取“xy 平面”。

（6）定义扫掠长度。在该对话框的 长度 1： 区域中输入数值 100。

（7）定义扫掠方向。在图形区单击图 14.2.18 所示的箭头，确定合适的扫掠面生成方向。

（8）单击该对话框中的 确定 按钮，完成扫掠曲面的创建，结果如图 14.2.17 所示。

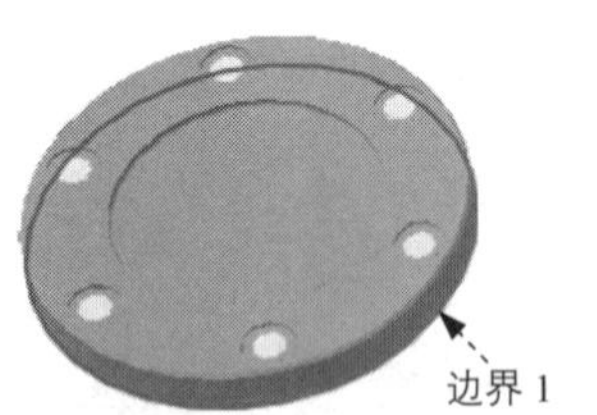

图 14.2.17 创建边界线

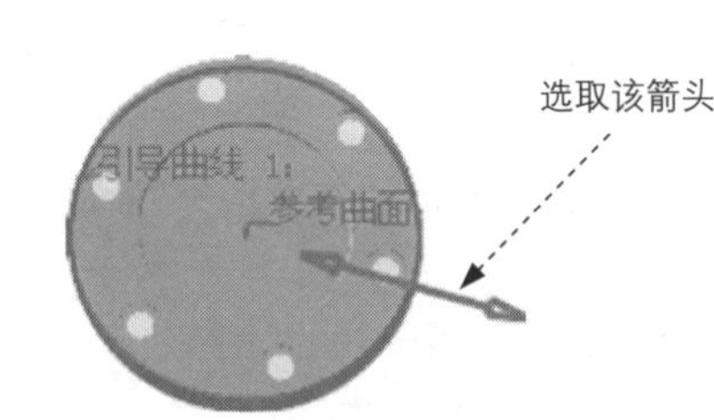

图 14.2.18 选择扫掠面的生成方向

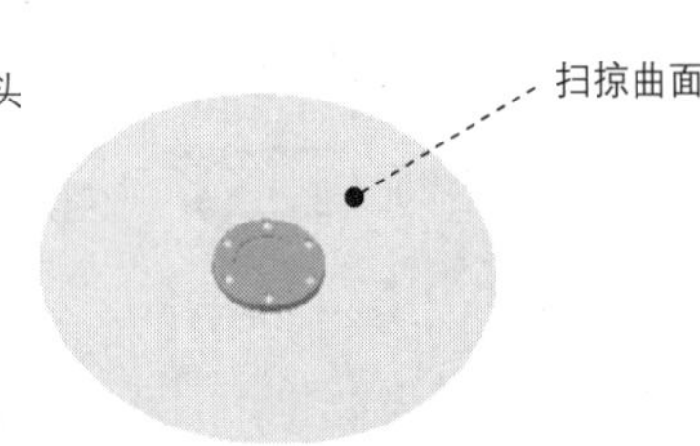

图 14.2.19 创建扫掠曲面

步骤 05 创建型芯分型面。

（1）隐藏曲线。选择下拉菜单 工具 → 隐藏 ▸ → 所有曲线 命令。

（2）选择命令。选择下拉菜单 插入 → Operations ▸ → Join... 命令，系统弹出“接合定义”对话框。

（3）选择接合对象。在特征树中 Core.1 前的“+”号下选取 曲面.12，在 Repair_surface 前的“+”号下选取 填充.1、填充.2、填充.3、填充.4、填充.5 和 填充.6，在 Parting_surface 前的“+”号下选取 扫掠.1。

（4）在该对话框中单击 确定 按钮，完成型芯分型面的创建。

（5）重命名型芯分型面。右击 接合.1，在弹出的快捷菜单中选择 属性 选项，然后在弹出的“属性”对话框中选择 特征属性 选项卡，在 特征名称： 文本框中输入文件名“Core_surface”，单击 确定 按钮，完成型芯分型面的重命名。

步骤 06 创建型腔分型面。

（1）选择命令。选择下拉菜单 插入 → Operations ▸ → Join... 命令，系统弹出“接合定义”对话框。

（2）选择接合对象。在特征树中 Cavity.1 “+”号下选取 曲面.13，在 Repair_surface “+”号下选取 填充.1、填充.2、填充.3、填充.4、填充.5和 填充.6，在 Parting_surface “+”号下选取 扫掠.1。

（3）在该对话框中单击 确定 按钮，完成型腔分型面的创建。

（4）重命名型腔分型面。右击 接合.2，在弹出的快捷菜单中选择 属性 选项；然后在 特征名称： 文本框中输入文件名“Cavity_surface”，单击 确定 按钮，完成型腔分型面的重命名。

为了便于直观地观察型腔分型面与型芯分型面，可以对分型面的颜色进行设置。如对型芯分型面颜色进行修改，具体方法：右击 Core_surface 图标，在弹出的快捷菜单中选择 属性 选项，然后在弹出的“属性”对话框中选择 图形 选项卡，在 颜色 的下拉列表中选择一种颜色，单击 确定 按钮，完成型芯分型面的颜色修改。

步骤 07 激活产品文件并保存。在特征树中双击 end-cover-mold，选择下拉菜单 文件 → 保存 命令，此时系统弹出“保存”对话框，单击 保存(S) 按钮，即可保存模型。

14.2.8 模具分型

完成模具分型面的创建后，接着就需要利用该分型面来分割工件，生成型芯与型腔。在 CATIA V5-6R2014R2014 中创建模具工件主要通过下拉菜单中的 New Insert... 命令来完成。

1. 创建型芯工件

下面继续以前面的模型为例，讲述创建型芯工件的一般操作过程。

步骤 01 隐藏型腔分型面。在特征树中右击 Cavity_surface 图标，在系统弹出的快捷菜单中选择 隐藏/显示 命令，隐藏型腔分型面。

步骤 02 激活产品。在特征树中双击 end-cover-mold，系统激活此产品。

步骤 03 切换工作台。选择下拉菜单 开始 → 机械设计 ▸ → Mold Tooling Design 命令，系统切换至“型芯型腔设计”工作台。

若激活 end-cover-mold 产品后是在“型芯型腔设计”工作台中，则 步骤 03 就不需要操作。

步骤 04 加载工件。

(1)选择命令。选择下拉菜单 插入 → Mold Base Components ▸ → New Insert... 命令，系统弹出图 14.2.18 所示的“Define Insert”对话框(一)。

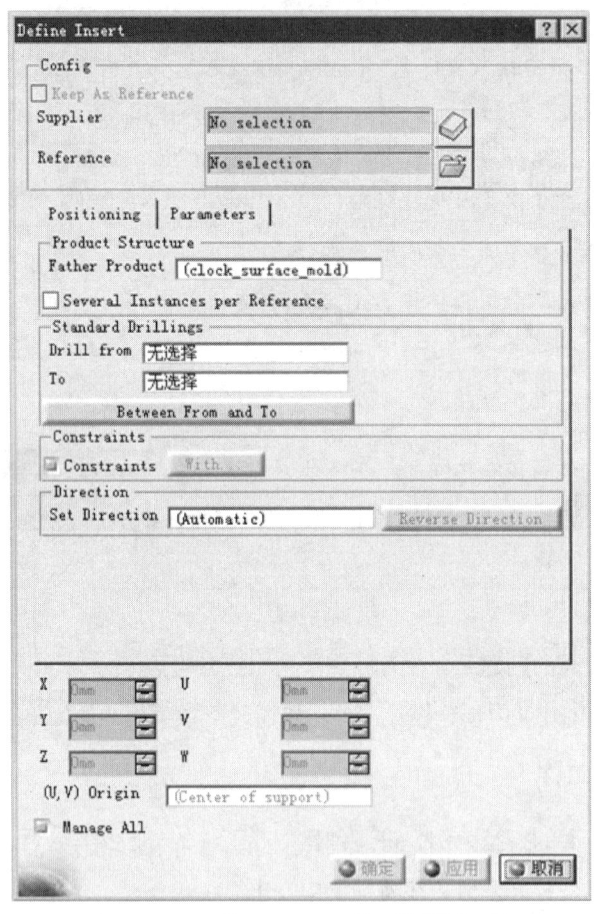

图 14.2.18 “Define Insert”对话框（一）

图 14.2.18 所示的“Define Insert”对话框中部分选项的说明如下。

◆ Config （配置）区域：该区域的下拉列表中包括 和 两个按钮。

● ：单击该按钮后，用户可在软件自带的工件中选择适合的类型（矩形或圆形）。

● ：单击该按钮后，用户可以将自定义的工件类型加载到当前的产品中并使用。

◆ Positioning（布置）选项卡：在此选项卡中包括Product Structure（产品结构）区域，Standard Drillings（标准孔）区域、Constraints（约束）区域和Direction（方向）区域。

- Product Structure（产品结构）区域：该区域的下拉列表中包括Father Product和□Several Instances per Reference选项。
  - ☑ Father Product（父级产品）：显示添加工件的对象。
  - ☑ □Several Instances per Reference：选中该复选框后，可以将几个独立的对象看成一个参照对象。
- Standard Drillings（标准孔）区域：该区域的下拉列表中包括Drill from和To两个区域。
  - ☑ Drill from（钻孔从）区域：在模架中若选取某块板作为钻孔的起始对象，则此区域中会显示选取对象的名称。
  - ☑ To（到）区域：在模架中若选取某块板作为钻孔的终止对象，则此区域中会显示选取对象的名称。
- Constraints（约束）：该区域的下拉列表中包括Constraints和With...两个选项。
  - ☑ Constraints（约束）复选框：系统在添加的工件上添加约束，将工件约束到选定的 xy 平面上。当选中此复选框时后面的With...按钮才被激活。
  - ☑ With...按钮：单击此按钮可以将添加的工件重新选择约束对象。
- Direction（方向）区域：该区域中包括Set Direction和Reverse Direction两个选项。
  - ☑ Set Direction（设置方向）：单击该文本框中的(Automatic)将其激活，然后在图形区域选择作为方向参考的特征。选择后，该特征名称会显示在此文本框中。
  - ☑ Reverse Direction（反向）按钮：单击该按钮，可更改当前加载零件的方向。
- Parameters（参数）选项卡：单击该选项卡后，系统会弹出有关尺寸参数设置的界面，用户可在对应的文本框中输入相应的参数对当前的工件尺寸进行设置。

- (U,V) Origin：此文本框中显示加载工件的原点为中心类型。
- Manage All（管理所有工件）复选框：当同时创建多个工件时，选中此复选框可以对所有的工件同时进行编辑；若不选中只能对单个工件进行编辑。

（2）定义放置平面。在特征树中选取“xy 平面”为放置平面。

（3）定义放置坐标点。在型芯分型面上单击任意位置，然后在“Define Insert”对话框的 X 文本框中输入数值 0，在 Y 文本框中输入数值 0，在 Z 文本框中输入数值 50。

当在 X 、 Y 和 Z 文本框中输入数值后，系统在 U 、 V 和 W 文本框中的数值也会发生相应的变化。

（4）选择工件类型。在“Define Insert”对话框中单击按钮，在系统弹出的对话框中双击 Pad_with_chamfer 类型，然后在系统弹出的对话框中双击 Pad 类型。

（5）选择工件参数。在“Define Insert”对话框中选择 Parameters 选项卡，然后在 L 文本框中输入数值 140，在 W 文本框中输入数值 140，在 H 文本框中输入数值 100，在 Draft 文本框中输入数值 0，如图 14.2.19 所示。

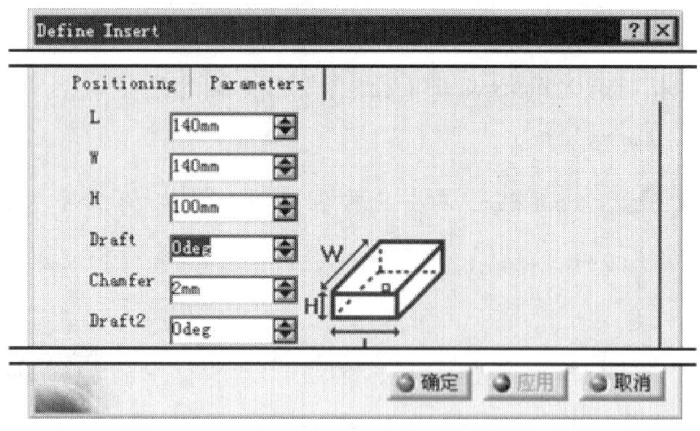

图 14.2.19 “Define Insert”对话框（二）

（6）在“Define Insert”对话框中单击 Positioning 选项卡 Drill from 区域中的 MoldedPart.1 文本框，使其显示为 无选择，如图 14.2.20 所示。

（7）在“Define Insert”对话框（三）中单击 确定 按钮，创建结果如图 14.2.21 所示。

步骤 05 分割型芯工件。

（1）激活产品。在特征树中双击 end-cover-mold。

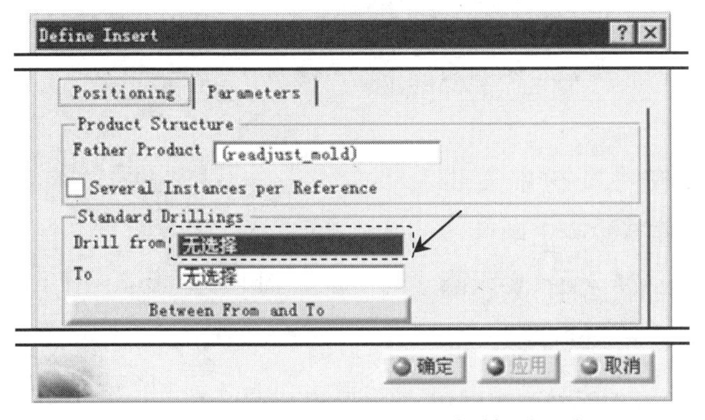

图 14.2.20 “Define Insert”对话框（三）

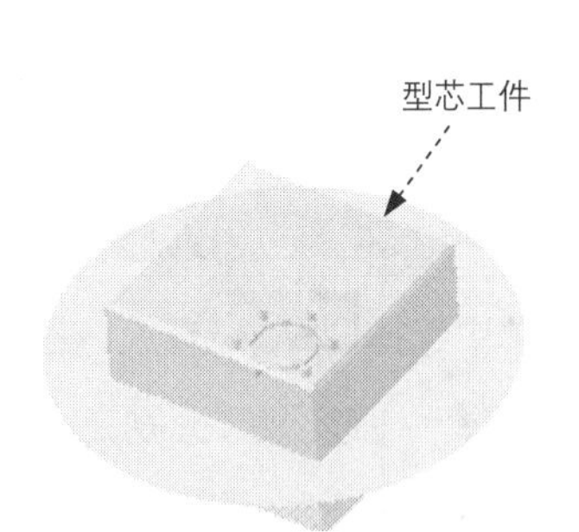

图 14.2.21 创建型芯工件

为了便于观察，可更改型芯透明度：用户可在特征树中依次单击 Insert_2 (Insert_2.1) → Insert_2 的“+”号，然后右击 零件几何体，在系统弹出的快捷菜单中选择 属性 选项，在系统弹出的“属性”对话框中选择 图形 选项卡，然后在 透明度 区域中通过移动滑块来调节型芯的透明度；软件默认的序号可能不是Insert-2，也可能是Insert-1，按实际做的即可。

（2）选择命令。在特征树中右击 Insert_2 (Insert_2.1)，在系统弹出的快捷菜单中选择 Insert_2.1 对象 → Split component... 命令，系统弹出图 14.2.22 所示的“Split Definition”对话框。

（3）选取分割曲面。选取图 14.2.23 所示的型芯分型面，并确认使箭头方向朝下，单击 确定 按钮。

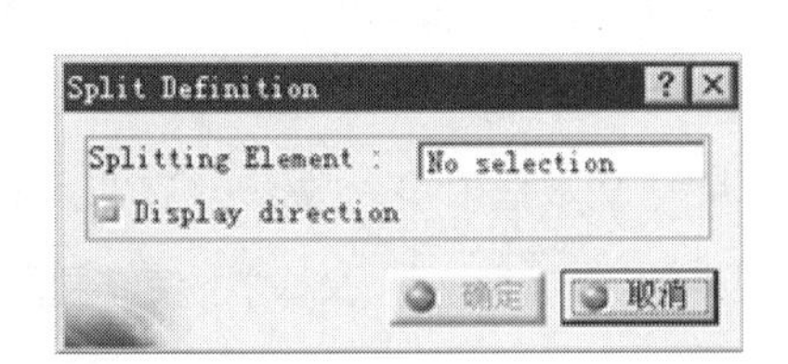

图 14.2.22 “Split Definition”对话框

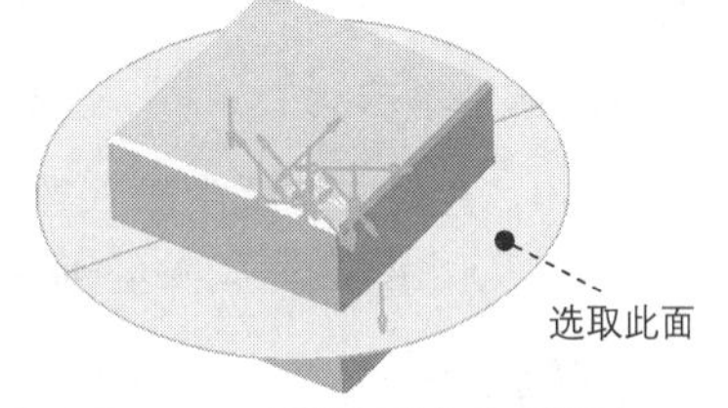

图 14.2.23 选取型芯分型面

图 14.2.22 所示的“Split Definition”对话框中选项的说明如下。

◆ Splitting Element :（分割元素）文本框：该区域的文本框中显示选取的分割对象。

◆ Display direction（显示方向）复选框：选中该复选框后，箭头指向的方向为分割保留的部分，系统默认的情况下为选中状态。

（4）隐藏型芯分型面。在特征树中右击 Core_surface，在系统弹出的快捷菜单中选择 隐藏/显示 命令，将型芯分型面隐藏，结果如图 14.2.24 所示。

图 14.2.24 型芯特征

步骤 06 重命名型芯工件。在特征树中右击 Insert_2 (Insert_2.1)，在系统弹出的快捷菜单中选择 属性 选项，在系统弹出的“属性”对话框中选择 产品 选项卡，分别在 部件 区域的 实例名称 文本框和 产品 区域的 零件编号 文本框中输入文件名“Core_part”，单击 确定 按钮，此时系统弹出“Warning”对话框，单击 是 按钮，完成型芯工件的重命名。

2. 创建型腔工件

下面继续以前面的模型为例，讲述创建型腔工件的一般操作过程。

步骤 01 显示型腔分型面。在特征树中右击 Cavity_surface，在系统弹出的快捷菜单中选择 隐藏/显示 命令，将型腔分型面显示出来。

步骤 02 隐藏型芯工件。在特征树中右击 core_part (core_part)，在系统弹出的快捷菜单中选择 隐藏/显示 命令，将型芯工件隐藏起来。

步骤 03 选择命令。选择下拉菜单 插入 → Mold Base Components → New Insert... 命令，系统弹出“Define Insert”对话框。

步骤 04 加载工件。在特征树中选取“xy 平面”为放置平面；在型腔分型面上单击任意位置，然后在“Define Insert”对话框的 X 文本框中输入数值 0，在 Y 文本框中输入数值 0，在 Z 文本框中输入数值 50；在“Define Insert”对话框中单击 按钮，在系统弹出的对话框中双击 Pad_with_chamfer 类型，然后在系统弹出的对话框中双击 Pad 类型；在“Define Insert”对话框中单击 Parameters 选项卡，然后在 L 文本框中输入数值 140，在 W 文本框中输入数值 140，在 H 文本框中输入数值 100，在 Draft 文本框中输入数值 0；在“Define Insert”对话框中单击 Positioning 选项卡 Drill from 区域中的 MoldedPart.1 文本框，使其显示为 无选择，单击 确定 按钮，完成工件的加载。

步骤 05 分割工件。在特征树中右击 Insert_2 (Insert_2.2)，在系统弹出的快捷菜单中选择 Insert_1.1 对象 → Split component... 命令，系统弹出“Split Definition”对话框；选取图 14.2.25 所示的型腔分型面，单击 确定 按钮；在特征树中右击 Cavity_surface，在系统弹出的快捷菜单中选择 隐藏/显示 命令，将型腔分型面隐藏，结果如图 14.2.26 所示。

加载工件的编号是系统自动产生的，编号的顺序可能与读者做的不一样，不影响后续操作。

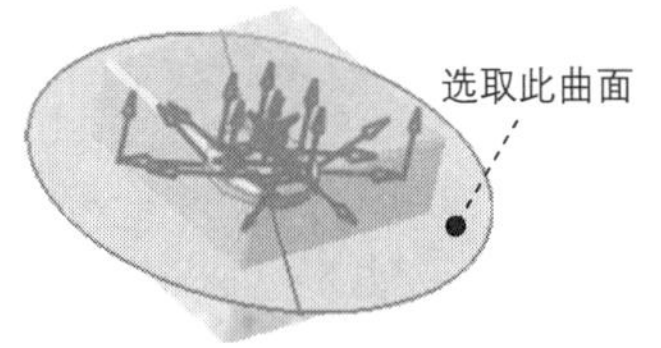

图 14.2.25 选取分割面

图 14.2.26 型腔

步骤 06 重命名型腔工件。在特征树中右击 Insert_1 (Insert_1.1)，在系统弹出的快捷菜单中选择 属性 选项，在系统弹出的“属性”对话框中选择 产品 选项卡，分别在 部件 区域的 实例名称 文本框和 产品 区域的 零件编号 文本框中输入文件名“Cavity_part”，单击 确定 按钮，此时系统弹出“Warning”对话框，单击 是 按钮，完成型腔工件的重命名。

步骤 07 在特征树中双击 end-cover-mold，选择下拉菜单 文件 → 保存 命令，即可保存模型。

14.3 型芯/型腔区域工具

采用 CATIA V5-6R2014 进行模具分型前，必须完成型芯/型腔分型面的设计，其设计型芯/型腔分型面的一般过程为：首先，加载产品模型，并定义开模方向；其次，完成产品模型上存在的破孔或凹槽等处的曲面修补；最后，设计分型线和分型面。但是在较为复杂的模型分型过程中，会涉及一个面同时既属于型芯又属于型腔的情况，这时就要用“分割模型区域”命令来将一个面按照分属于型芯和型腔的两个区域分割，使之顺利划分型芯和型腔区域；也会遇到有些面计算机软件分析无法确定到底属于型芯还是型腔，这个问题就要用到“移动元素”这个命令来解决。另外，针对有滑块设计的模具中还应该定义滑块的开模方向，这时就要用到“定义滑块开模方向”命令。以上几种情况是模具设计工作中经常遇到的问题，是否能对其进行有效的解决，直接决定着模具设计工作是否能顺利的进行。

14.3.1 分割模型区域

使用“分割模型区域”命令可以完成曲面分割的创建，一般主要用于分割跨越区域面（跨越区域面是指一部分在型芯区域而另一部分在型腔区域的面，如图 14.3.1 所示）。对于产品模型上存在的跨越区域面：首先对跨越区域面进行分割；其次将完成分割的跨越区域面分别定义在型腔区域上和型芯区域上；最后完成模具的分型。创建“面拆分”一般通过现有的曲线来确定拆分方式，下面介绍面拆分的一般创建过程。

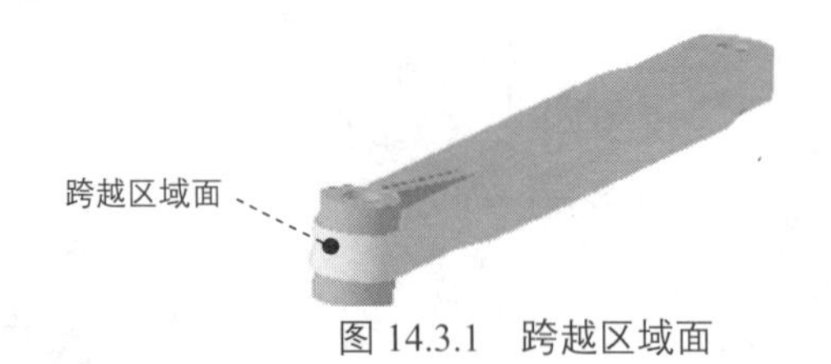

图 14.3.1 跨越区域面

1. 用基准平面分割模型区域

步骤 01 打开文件 D:\ catxc2014\work\ch14.03.01.01\MoldedPart.CATPart。

步骤 02 分割区域。

（1）选择命令。选择下拉菜单 插入 → Pulling Direction → Split Mold Area... 命令，系统弹出图 14.3.2 所示的“Split Mold Area”对话框。

（2）选取要分割的面。在 Propagation type 下拉列表中选择 Point continuity 选项，选取图 14.3.3 所示的面。

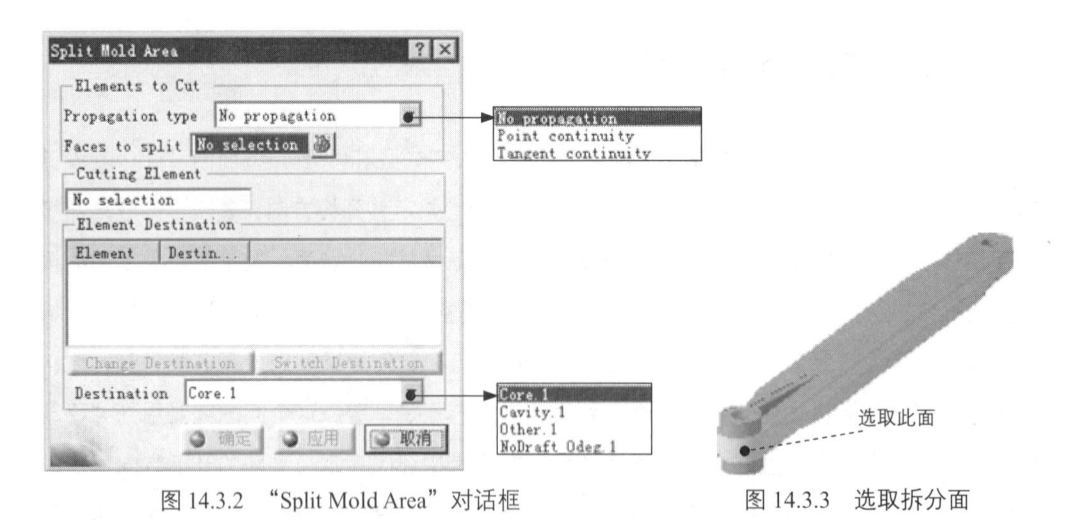

图 14.3.2 “Split Mold Area”对话框　　图 14.3.3 选取拆分面

（3）选取分割平面。单击以激活 Cutting Element 文本框，然后选取 zx 基准平面。

（4）在该对话框中单击 应用 按钮，在 Element Destination 区域中右击 分割.1 NoDraft_0deg.1 选项，然后在系统弹出的快捷菜单中选择 => Cavity 命令，在该对话框中单击 确定 按钮，结果如图 14.3.4 所示。

图 14.3.2 所示的“Split Mold Area”对话框中各选项的说明如下。

◆ Elements to Cut（被分割元素）区域：该区域中包括 Propagation type 和 Faces to split 两种

选项。

- Propagation type（选取类型）下拉列表：该选项的下拉列表中包括 No propagation、Point continuity 和 Tangent continuity 三种选项，用于定义在选取被分割曲面时的传播连续类型。
- Faces to split（被分割面）文本框：该选项的文本框中用于选取要分割的面。

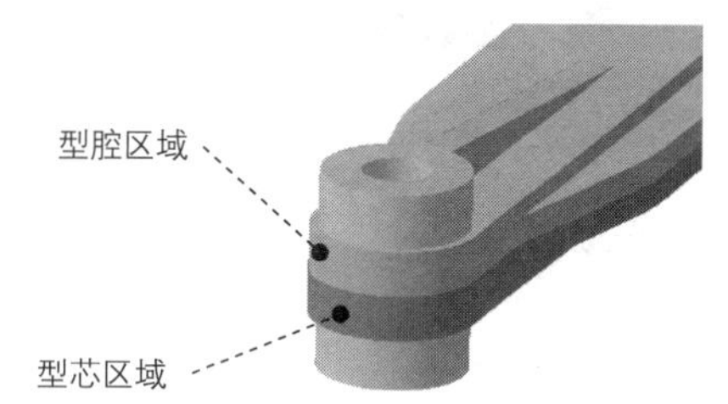

图 14.3.4 分割后的区域

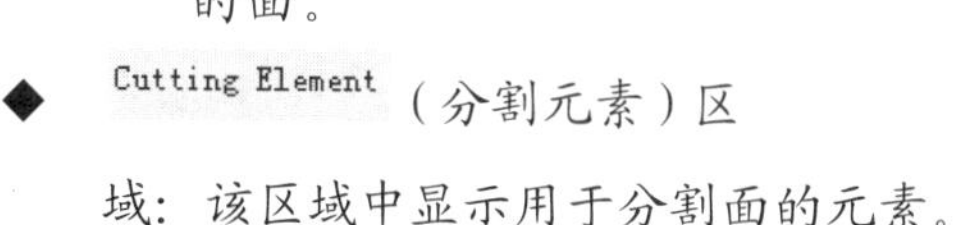

◆ Cutting Element（分割元素）区域：该区域中显示用于分割面的元素。

◆ Element Destination（分割后元素）区域：该区域中显示分割后面的新区域，该区域包括 Change Destination、Switch Destination 和 Destination 三个选项。

- Change Destination 按钮（改变目标区域）：单击该按钮，可以更改分割后的某个区域。例如：如果选择图 14.3.5a 所示的 分割.2 Core.1 选项，然后在 Destination 的下拉列表中选择 Cavity.1 选项（也可以右击 分割.2 Cavity.1 选项），单击 Change Destination 按钮，结果如图 14.3.5b 所示。

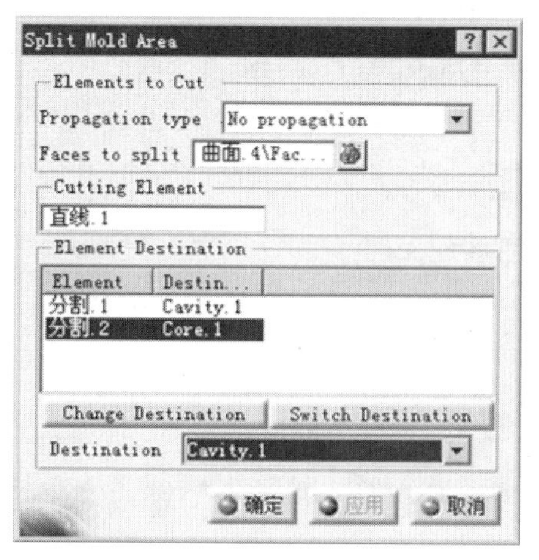

a）改变前

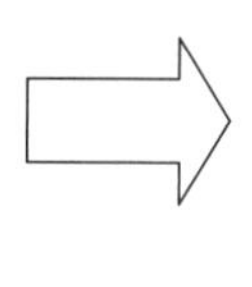

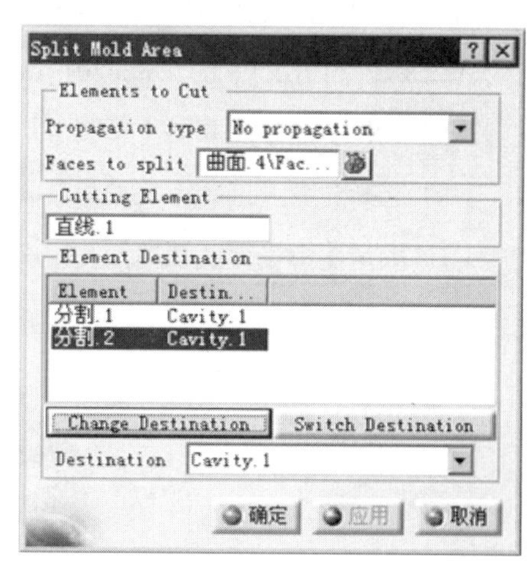

b）改变后

图 14.3.5 改变目标区域

- Switch Destination 按钮（交换目标区域）：单击该按钮，可以交换分割后的区域。例如：在图 14.3.6a 所示的对话框中单击 Switch Destination 按钮，结果如图 14.3.6b 所示。

- Destination（目标区域）：用户可在该下拉列表中选择某个区域来进行区域的改变。

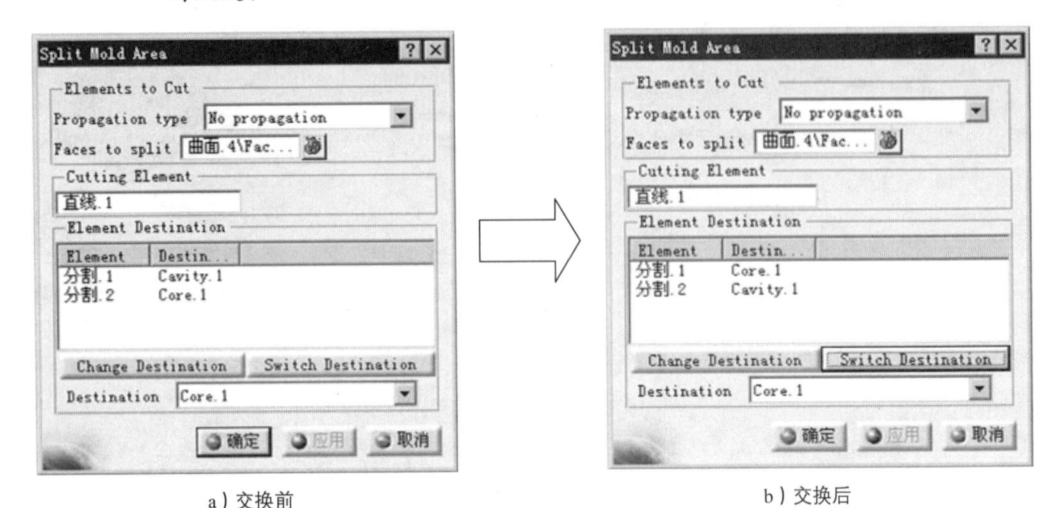

a）交换前　　　b）交换后

图 14.3.6　交换目标区域

步骤 03 保存文件。选择下拉菜单 文件 → 保存 命令，即可保存产品模型。

2. 用曲线分割模型区域

下面介绍用曲线作为分割元素的方法来分割模型区域。

步骤 01 打开文件 D:\ catxc2014\work\ch14.03.01.02\MoldedPart.CATPart。

步骤 02 创建截面草图（草图 1）。

（1）选择命令。选择下拉菜单 插入 → 草图 命令。

（2）定义草图平面。选取图 14.3.7 所示的面为草图平面。

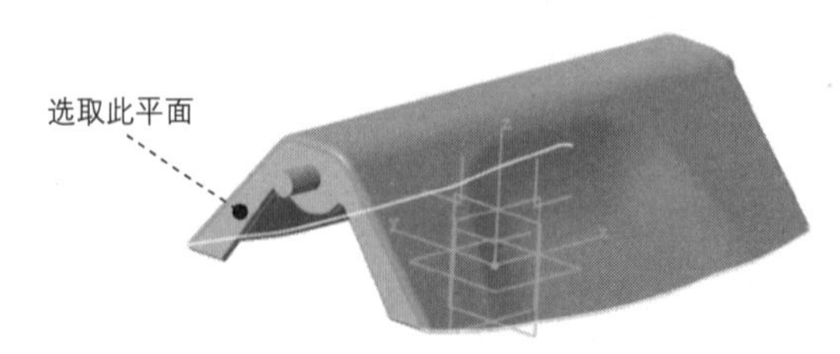

图 14.3.7　草图平面

（3）绘制截面草图。在草绘工作台中绘制图 14.3.8 所示的截面草图（草图 1）。

（4）单击“退出工作台”按钮，退出草绘工作台。

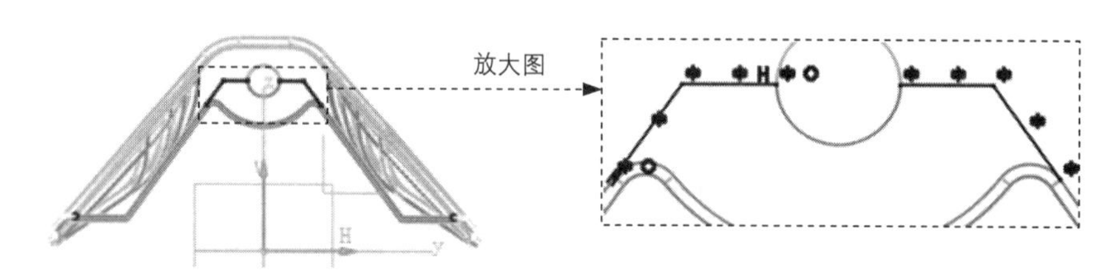

图 14.3.8　截面草图（草图 1）

步骤 03 创建直线 1。

（1）选择命令。选择下拉菜单 插入 → Wireframe ▸ → Line... 命令，系统弹出“直线定义”对话框。

（2）定义点。选取图 14.3.9 所示的点 1 和点 2。

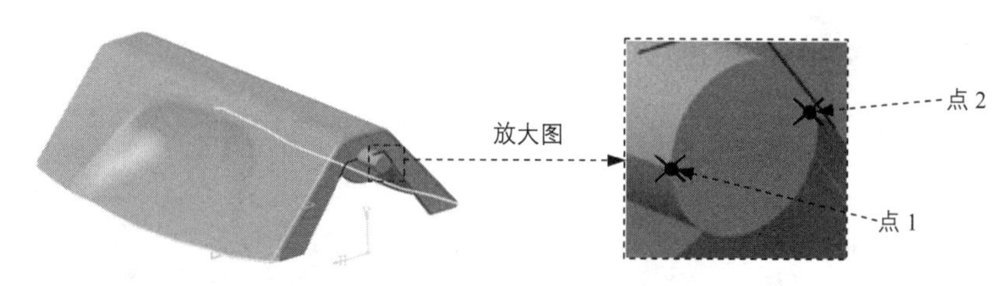

图 14.3.9　选取点

（3）在“直线定义”对话框中单击 确定 按钮，结果如图 14.3.10 所示。

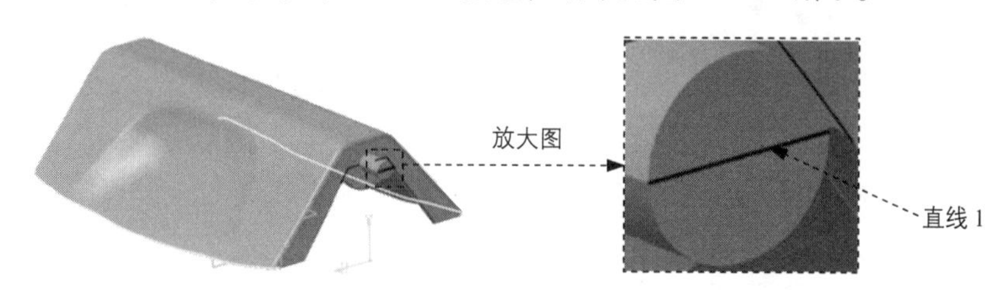

图 14.3.10　创建直线 1

步骤 04 分割图 14.3.7 所示的平面。

（1）选择命令。选择下拉菜单 插入 → Pulling Direction ▸ → Split Mold Area... 命令，系统弹出“Split Mold Area”对话框。

（2）选取要分割的面。选取图 14.3.7 所示的平面。

（3）选取分割元素。在该对话框的 Cutting Element 区域中单击 No selection 选项使其激活，然后选取图 14.3.8 所示的截面草图。

（4）定义分割区域颜色。在该对话框中单击 应用 按钮，单击 Switch Destination

按钮，在 Element Destination 区域中右击 分割.2 NoDraft 0deg.1 选项，然后在系统弹出的快捷菜单中选择 => Cavity 命令。

（5）在该对话框中单击 确定 按钮，完成分割区域 1 的创建。

步骤 05 分割图 14.3.11 所示的平面。

（1）选择命令。选择下拉菜单 插入 → Pulling Direction ▸ → Split Mold Area... 命令，系统弹出"Split Mold Area"对话框。

（2）选取要分割的面。选取图 14.3.11 所示的平面。

（3）选取分割元素。在该对话框的 Cutting Element 区域中单击 No selection 选项使其激活，然后选取图 14.3.10 所示的直线 1（草图 2）。

（4）定义分割区域颜色。在该对话框中单击 应用 按钮，单击 Switch Destination 按钮，在 Element Destination 区域中右击 分割.4 NoDraft_0deg.1 选项，然后在系统弹出的快捷菜单中选择 => Cavity 命令。

（5）在该对话框中单击 确定 按钮，完成分割区域 1 的创建。

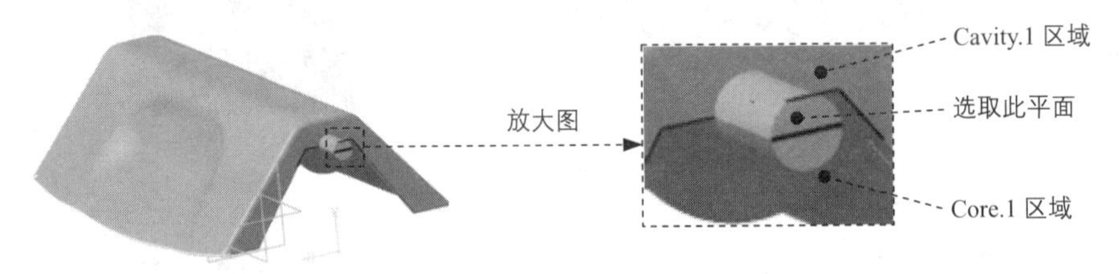

图 14.3.11 创建分割区域 1

步骤 06 参照 步骤 02 至 步骤 05，在模型的另一侧创建分割区域，结果如图 14.3.12 所示。

在创建直线时，若不能通过两点来进行创建，可通过草绘来创建（通过投影三维元素可快速进行草绘）。

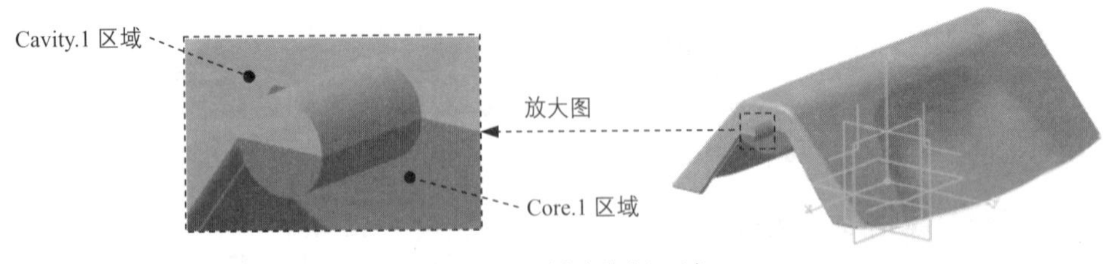

图 14.3.12 创建分割区域 5

步骤 07 保存文件。选择下拉菜单 文件 → 保存 命令，即可保存产品模型。

14.3.2 移动元素

移动元素是指从一个区域向另一个区域转移元素。继续以下面的模型为例，讲述移动元素的一般操作过程。

步骤01 打开文件 D:\ catxc2014\work\ch14.03.02\MoldedPart.CATPart。

步骤02 选择命令。选择下拉菜单 插入 → Pulling Direction ▸ → Transfer... 命令，系统弹出“Transfer Element”对话框。

步骤03 定义型芯区域。在该对话框的 Destination 下拉列表中选择 Core.1 选项，然后选取图 14.3.13 所示的面（共 38 个面）

步骤04 定义型腔区域。在该对话框的 Destination 下拉列表中选择 Cavity.1 选项，然后选取图 14.3.14 所示的面，具体操作可参考视频（共 92 个面）。

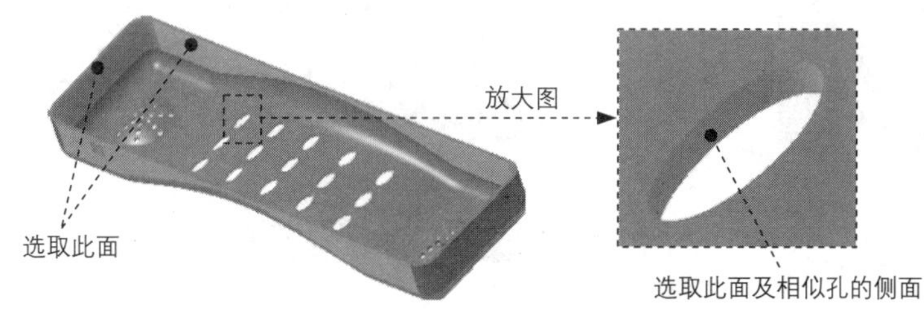

图 14.3.13 定义型芯区域

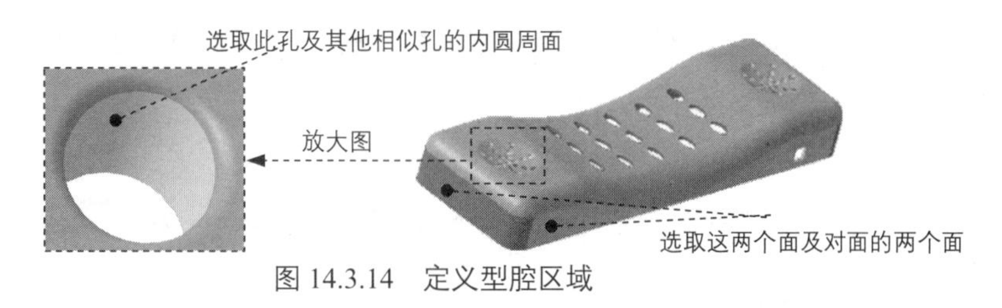

图 14.3.14 定义型腔区域

步骤05 定义其他区域。在该对话框的 Destination 下拉列表中选择 Other.1 选项，然后选取图 14.3.15 所示的面。

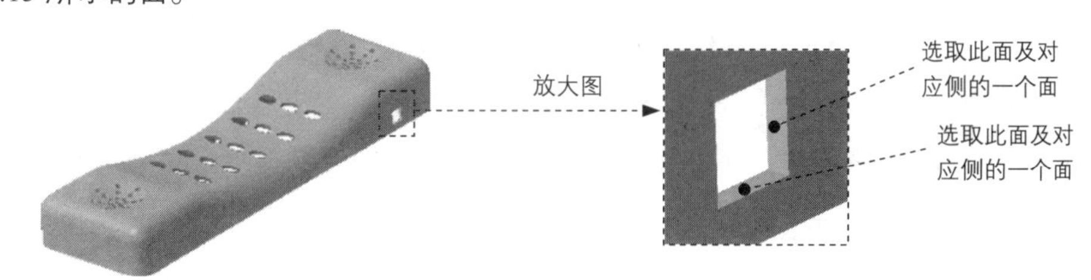

图 14.3.15 定义其他区域

步骤06 在“Transfer Element”对话框中单击 确定 按钮，此时系统弹出图 14.3.16

所示的“Transfer Element”对话框，结果如图 14.3.17 所示。

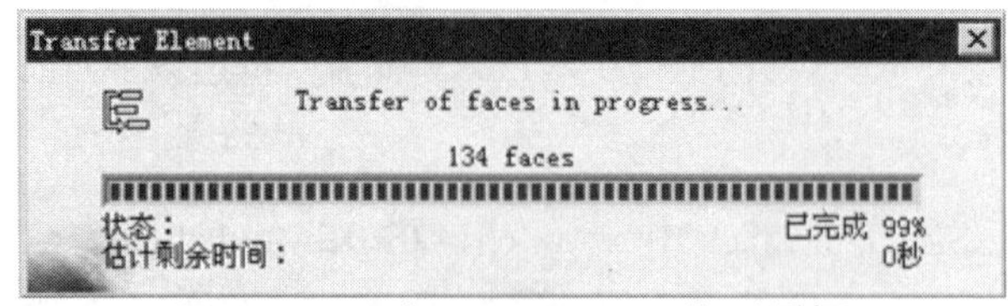

图 14.3.16 “Transfer Element”对话框

由图 14.3.16 所示的“Transfer Element”对话框中可以看出共有 134 个面进行了移动。

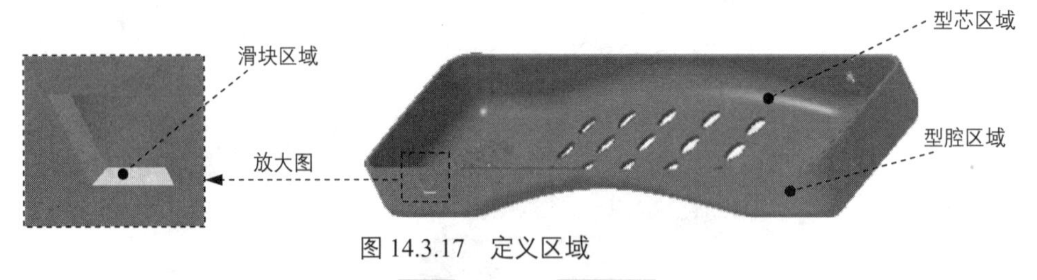

图 14.3.17 定义区域

步骤 07 保存文件。选择下拉菜单 文件 → 保存 命令，即可保存产品模型。

14.3.3 定义滑块开模方向

滑块的开模方向是模型零件上青绿色的区域，此开模方向为次要的开模方向，在定义滑块开模方向之前应先定义主开模方向。

步骤 01 打开文件 D:\ catxc2014\work\ch14.03.03\MoldedPart.CATPart。

步骤 02 选择命令。选择下拉菜单 插入 → Pulling Direction ▸ → Slider Lifter... 命令，系统弹出“Slide Lifter Pulling Direction Definition”对话框；单击 More >> 按钮，将对话框展开后如图 12.3.18 所示。

步骤 03 选取滑块区域。在零件模型中选取图 12.3.19 所示的滑块区域，单击“other to slider”按钮。将 Other 区域转为滑块区域，然后单击“lock”按钮，将文本框激活，再激活的文本框中右击，选择 X Axis 选项，再其激活的文本框中右击，选择 Reverse Direction 选项，然后单击“lock”按钮，使其进行锁定开模方向。

步骤 05 分解区域视图。在 Visualization 区域中选中 Explode 单选项，并在其下的文本框中输入数值 20，在空白处单击，结果如图 12.3.20 所示，选中 Faces display 单选项。

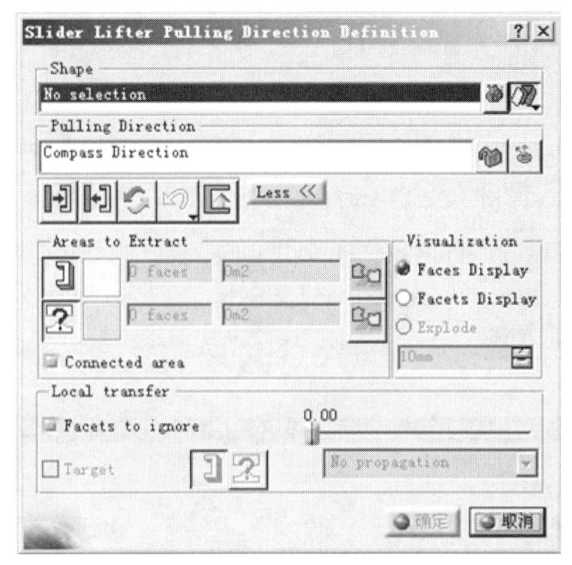

图 12.3.18“Slide Lifter Pulling Direction Definition”对话框

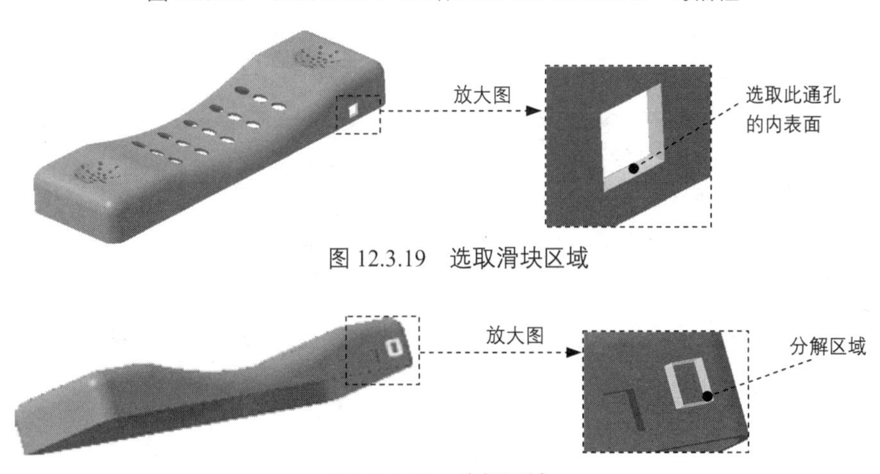

图 12.3.19 选取滑块区域

图 12.3.20 分解区域

步骤 06 在该对话框中单击 确定 按钮，此时系统弹出图 14.3.21 所示的“Slide/Lifter Pulling Direction”进程条，同时在特征树的轴系统下会显示图 14.3.22 所示的滑块坐标系。

图 14.3.21 “Slide/Lifter Pulling Direction”进程条

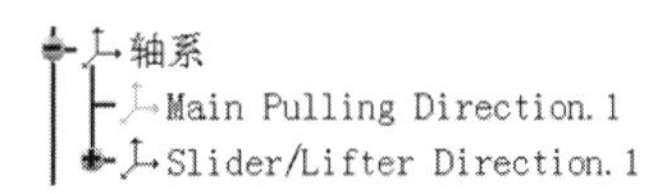

图 14.3.22 滑块坐标系

在进行滑块开模方向定义时，用户也可以采用移动指南针到产品上的方法（指南针的 Z 轴指向就为当前的开模方向）。若此时的 Z 轴指向不正确，还可以通过双击指南针来进行设置，系统会弹出“用于指南针操作的参数”对话框，读者可设置图 14.3.23 所示的参数，然后单击 应用 按钮，单击 关闭 按钮在“Slide/Lifter Pulling Direction Definition”对话框中锁定坐标系。当用户需要定义某个坐标系时，可以在特征树中右击该坐标，然后在系统弹出的快捷菜单中选择 定义工作对象 命令，将其坐标系定义为工作对象。

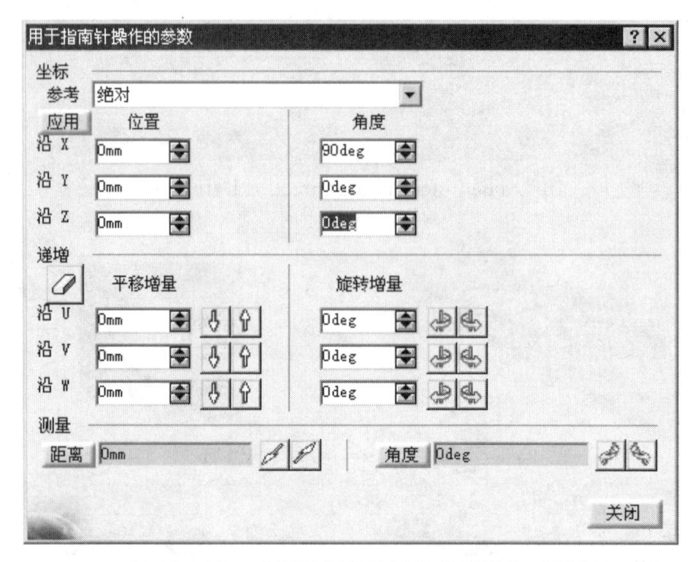

图 14.3.23 “用于指南针操作的参数”对话框

图 14.3.23 所示的“用于指南针操作的参数”对话框中部分区域的说明如下。

- 位置区域：该区域用于定义创建的坐标系与主坐标系的相对位置。
- 角度区域：该区域用于定义创建的坐标系与主坐标系的旋转角度。

步骤 07 保存文件。选择下拉菜单 文件 → 保存 命令，即可保存产品模型。

14.4 分型线设计工具

分型线是将产品分为两部分的分界线，一部分为定模成型，另一部分为动模成型。将分型线向动、定模四周延拓或扫描就可得到模具的分型面。分型线设计是否合理直接决定分型面是否合理。

14.4.1 边界曲线

边界曲线可通过完整边界、点连接、切线连续和无拓展四种方式来创建，下面通过一个模型对这四种方法分别介绍。

1. 完整边界

完整边界是指选择的边线沿整个曲面边界进行传播。

步骤 01 打开文件 D:\ catxc2014\work\ch14.04.01.01\MoldedPart.CATPart。

步骤 02 选择命令。选择下拉菜单 插入 → Operations → Boundary... 命令，系统弹出图 14.4.1 所示的“边界定义”对话框。

步骤 03 选择拓展类型。在该对话框的 拓展类型： 下拉列表中选择 完整边界 选项。

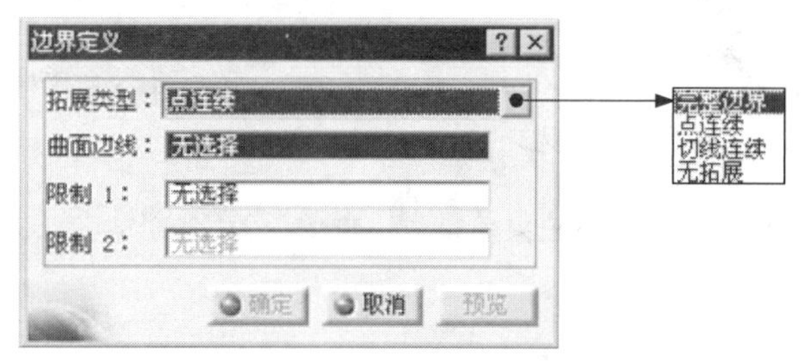

图 14.4.1 “边界定义”对话框

步骤 04 选择边界。在模型中选取图 14.4.2 所示的边线，单击 确定 按钮。

步骤 05 在系统弹出的“多重结果管理”对话框中单击 确定 按钮，然后在“近接定义”对话框中单击 取消 按钮，结果如图 14.4.3 所示。

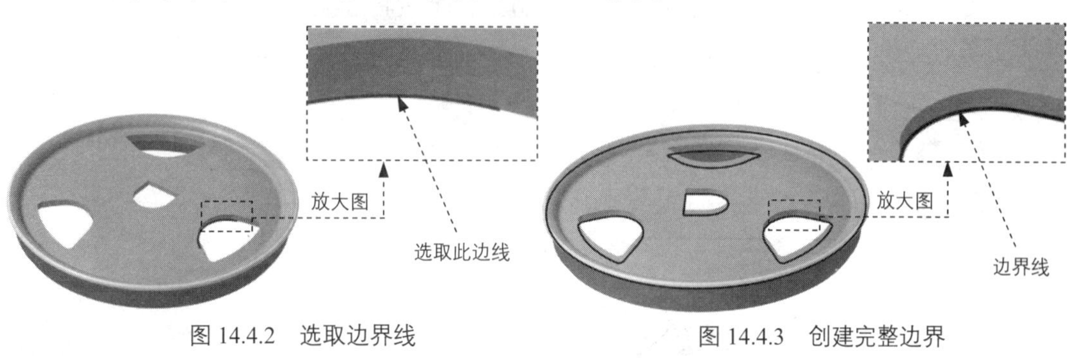

图 14.4.2 选取边界线　　图 14.4.3 创建完整边界

步骤 06 保存文件。选择下拉菜单 文件 → 保存 命令，即可保存产品模型。

2. 点连续

点连续是指选择的边线沿着曲面边界传播，直至遇到不连续的点为止。

步骤 01 打开文件 D:\ catxc2014\work\ch14.04.01.02\MoldedPart.CATPart。

步骤 02 选择命令。选择下拉菜单 插入 → Operations ▸ → Boundary... 命令，系统弹出“边界定义”对话框。

步骤 03 选择拓展类型。在该对话框的 拓展类型： 下拉列表中选择 点连续 选项。

步骤 04 选取边界线。在模型中选取图 14.4.4 所示的边线，单击 确定 按钮，结果如图 14.4.5 所示。

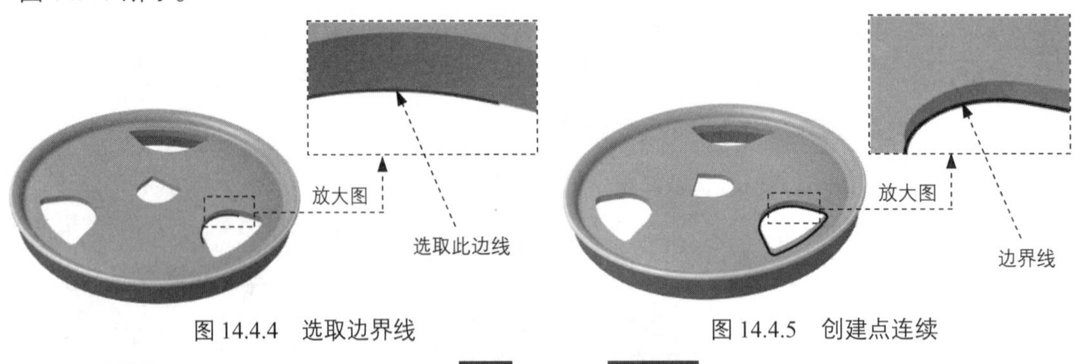

图 14.4.4 选取边界线　　　　图 14.4.5 创建点连续

步骤 05 保存文件。选择下拉菜单 文件 → 保存 命令，即可保存产品模型。

在创建边界曲面后，读者还可以在边界上选择点来进行边界曲线的限制。

3. 切线连续

切线连续是指选择的边线沿着曲面边界传播，直至遇到不相切的线为止。

步骤 01 打开文件 D:\ catxc2014\work\ch14.04.01.03\MoldedPart.CATPart。

步骤 02 选择命令。选择下拉菜单 插入 → Operations → Boundary... 命令，系统弹出“边界定义”对话框。

步骤 03 选择拓展类型。在该对话框的 拓展类型： 下拉列表中选择 切线连续 选项。

步骤 04 选取边界线。在模型中选取图 14.4.6 所示的边线，单击 确定 按钮，结果如图 14.4.7 所示。

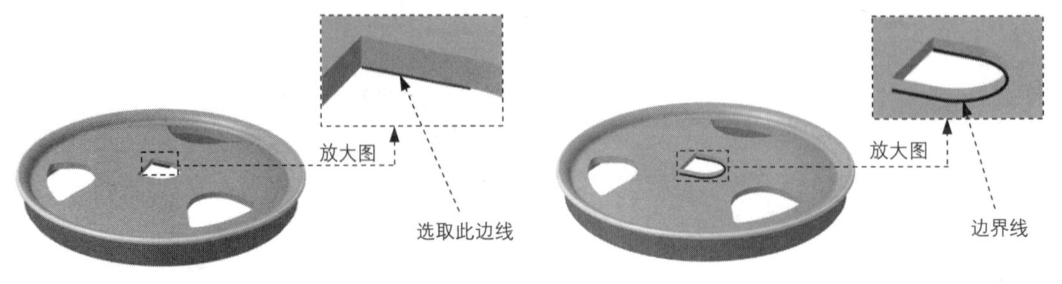

图 14.4.6 选取边界线　　　　图 14.4.7 创建切线连续

步骤05 保存文件。选择下拉菜单 文件 → 保存 命令，即可保存产品模型。

4. 无拓展

无拓展是指选择的边线不会沿着曲面边界传播，只是影响选取的边线。

步骤01 打开文件 D:\ catxc2014\work\ \ch14.04.01.04\MoldedPart.CATPart。

步骤02 选择命令。选择下拉菜单 插入 → Operations ▸ → Boundary... 命令，系统弹出“边界定义”对话框。

步骤03 选择拓展类型。在该对话框的 拓展类型： 下拉列表中选择 无拓展 选项。

步骤04 选取边界线。在模型中选取图 14.4.8 所示的边线，单击 确定 按钮，结果如图 14.4.9 所示。

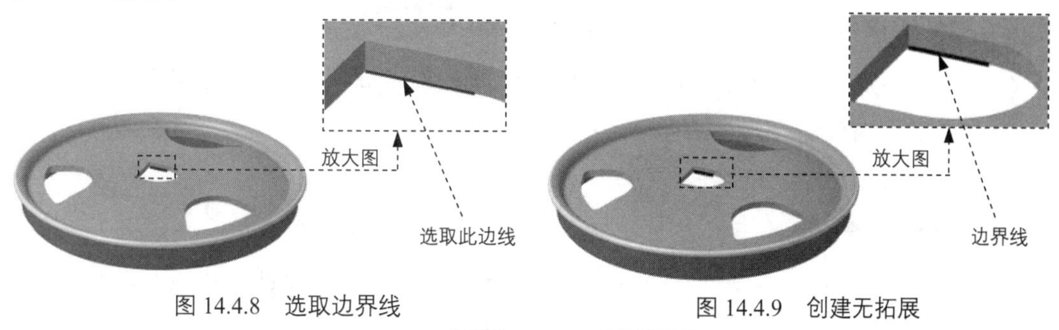

图 14.4.8 选取边界线　　图 14.4.9 创建无拓展

步骤05 保存文件。选择下拉菜单 文件 → 保存 命令，即可保存产品模型。

14.4.2 反射曲线

反射曲线主要用于创建产品模型上的最大轮廓曲线，即最大分型线。下面通过一个模型讲述创建反射曲线的一般操作过程。

步骤01 打开文件 D:\ catxc2014\work\ch14.04.02\MoldedPart.CATPart。

步骤02 选择命令。选择下拉菜单 插入 → Wireframe ▸ → Reflect Line... 命令，系统弹出图 14.4.10 所示的“反射线定义”对话框。

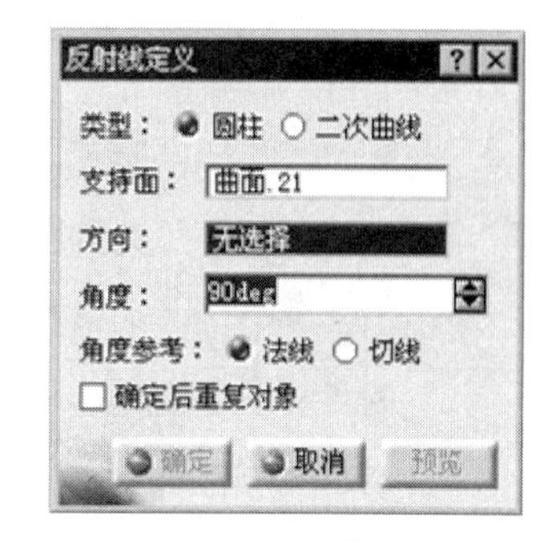

图 14.4.10 “反射线定义”对话框

步骤03 定义反射属性。

（1）选择类型。在该对话框的 类型： 区域中选中 圆柱 单选项。

（2）选择支持面。在特征树中选择 Other.1 节点下的 曲面.3 选项。

（3）定义方向。在该对话框的 方向： 区域中右击 无选择 选项，在系统弹出的快捷菜单中选择 Z 部件 选项。

(4)定义角度。在该对话框的 角度： 文本框中输入数值 90，在 角度参考： 区域中选中 法线 单选项。

步骤 04 在该对话框中单击 确定 按钮，结果如图 14.4.11 所示。

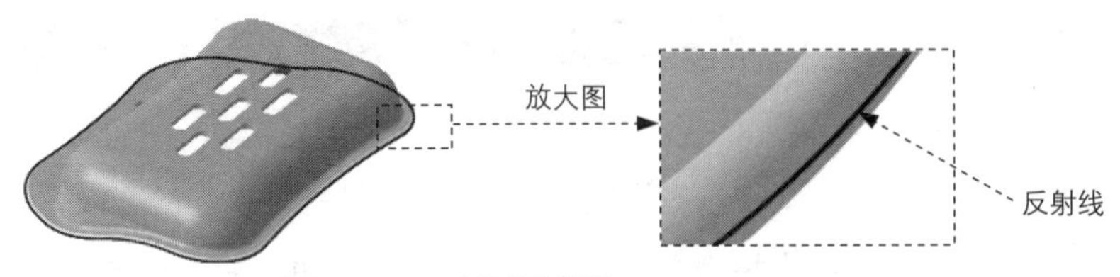

图 14.4.11 创建反射线

步骤 05 保存文件。选择下拉菜单 文件 → 保存 命令，即可保存产品模型。

图 14.4.10 所示的“反射线定义”对话框中选项的说明如下。

- 类型： 区域：该区域中包括 圆柱 和 二次曲线 两个选项，分别表示支持面为圆柱型和二次曲线型。
  - 圆柱 单选项：若支持面为圆柱型，需选择该单选项。
  - 二次曲线 单选项：若支持面为二次曲线型，需选择该单选项。
- 支持面： 区域：该区域的文本框中显示选取的支持面。
- 方向： 区域：该区域的文本框中显示选取的方向，同样也可以选取一个平面作为反射的方向。
- 角度： 区域：用户可在该区域的文本框中输入反射线与方向的夹角。
- 角度参考： 区域：该区域包括 法线 和 切线 两个选项，分别表示反射线的法线和切线方向与选取方向产生夹角。
  - 法线 单选项：若选中该单选项，表示反射线的法线方向与选取的方向将会产生夹角。
  - 切线 单选项：若选中该单选项，表示反射线的切线方向与选取的方向将会产生夹角。
- 确定后重复对象 复选框：选中该复选框可以对创建的反射线进行复制。若用户选中该复选框，然后再单击“反射线定义”对话框中的 确定 按钮，系统会弹出图 14.4.12 所示的“复制对象”对话框，用户可在该对话框的

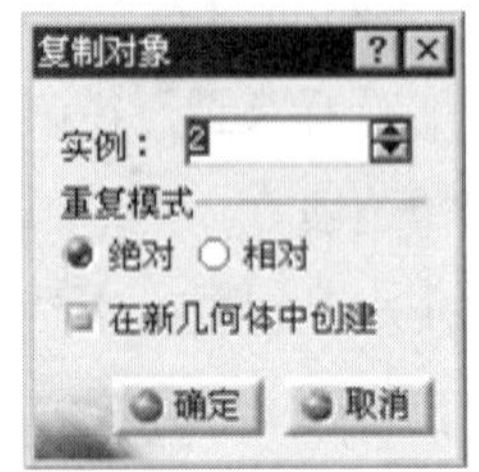

图 14.4.12 “复制对象”对话框

实例：文本框中输入复制的个数。

14.5 分型面设计工具

14.5.1 拉伸曲面

步骤01 打开文件 D:\ catxc2014\work\ch14.05.01\MoldedPart.CATPart。

步骤02 选择下拉菜单 插入 → Surfaces ▸ → Parting Surface... 命令，系统弹出图 14.5.1 所示的“Parting surface Definition”对话框。

步骤03 在绘图区中选取零件模型，此时在零件模型上会显示许多边界点，如图 14.5.2 所示。

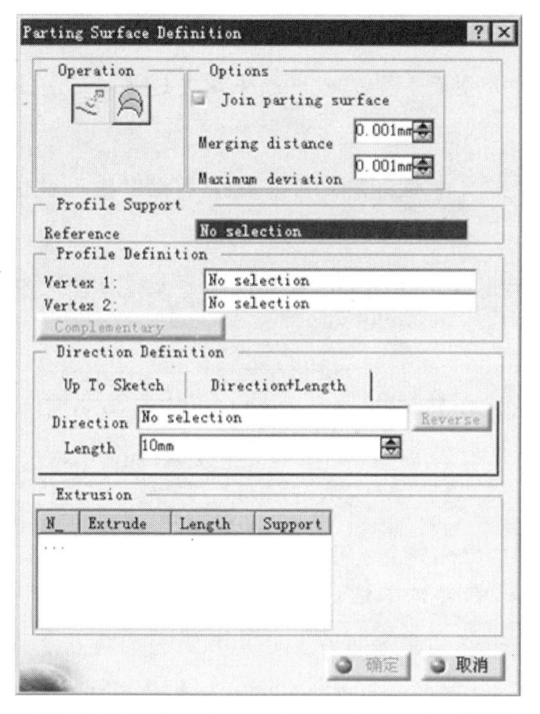

图 14.5.1 “Parting Surface Definition”对话框

图 14.5.2 边界点

步骤04 创建拉伸 1。

（1）选取拉伸边界点。在零件模型中分别选取图 14.5.3 所示的点 1 和点 2 作为拉伸边界点。

（2）定义拉伸方向和长度。在该对话框中选择 Direction+Length 选项卡，然后在 Length 文本框中输入数值 100，在坐标系中选取“x 轴”（主坐标系中），单击“反向”按钮 Reverse ，结果如图 14.5.4 所示。

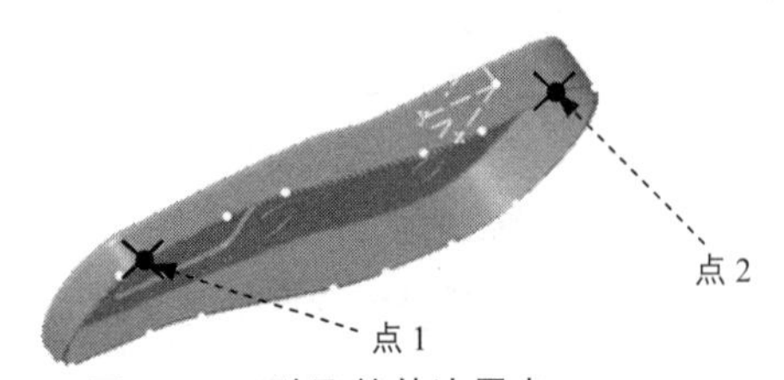

图 14.5.3　选取拉伸边界点

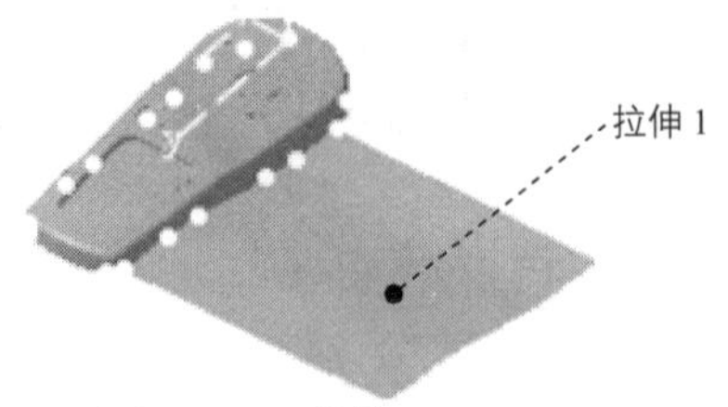

图 14.5.4　拉伸 1

图 14.5.1 所示的“Parting Surface Definition”对话框中部分选项的说明如下。

◆ Operation（操作）区域：该区域中包括（拉伸）和（放样）两个选项，单击按钮后，系统会弹出另一个对话框，可进行放样操作。

◆ Options（选项）区域：该区域中包括 Join parting surface、Merging distance 和 Maximum deviation 三个选项。

● Join parting surface（连接分型面）复选框：选中该复选框，可将创建的拉伸分型面自动合并。

● Merging distance（合并间距）文本框：用户可在该文本框中输入数值来定义合并的间距。

● Maximum deviation 文本框（偏离最大值）：用户可在该文本框中输入数值来定义偏离的最大值。

◆ Profile Support（轮廓对象）区域：该区域的 Reference（涉及）文本框中显示选取的要拉伸的对象。

◆ Profile Definition（定义轮廓）区域：该区域中包括 Vertex 1:、Vertex 2: 和 Complementary 三个选项，用于定义轮廓线。

● Vertex 1:（顶点 1）文本框：在其文本框中显示选取的轮廓顶点 1。

● Vertex 2:（顶点 2）文本框：在其文本框中显示选取的轮廓顶点 2。

● Complementary（补充）：单击该按钮，可以增加轮廓顶点。

◆ Profile Definition（定义方向）区域：该区域中包括 Up To Sketch 和 Direction+Length 两个选项卡，用于定义拉伸的方向和距离。

● Up To Sketch（直到草图）选项卡：选择该选项卡后，可选取草图的一条边线为拉伸终止对象。但首先应绘制图 14.5.5 所示的草图（在“xy 平面”绘制），选取图 14.5.3 所示的边界点，然后选取图 14.5.6 所示的草图线，结果如图 14.5.7 所示。

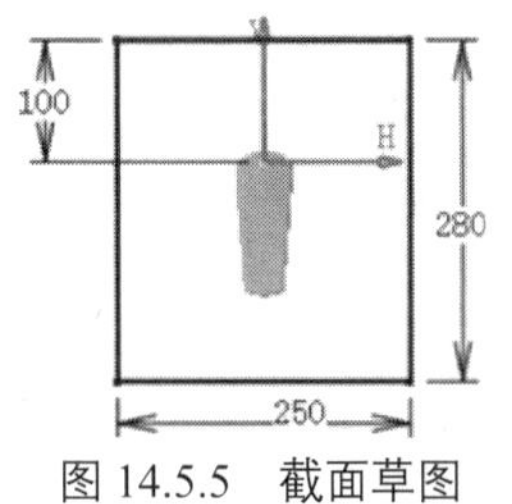

图 14.5.5 截面草图

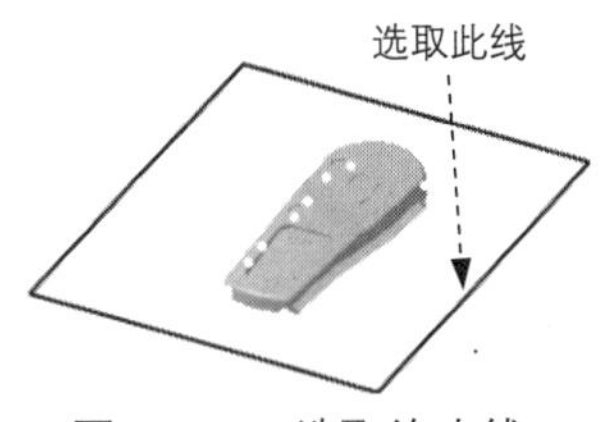

图 14.5.6 选取终止线

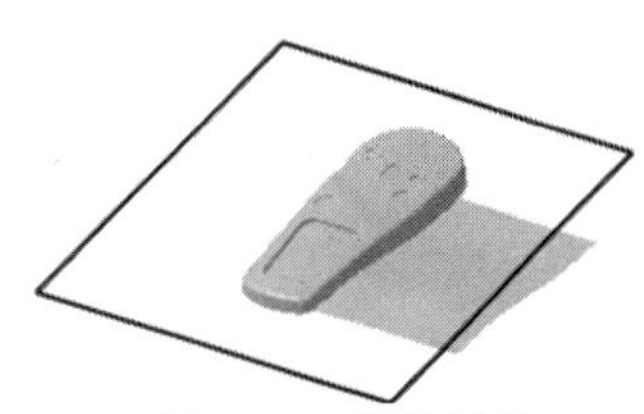
图 14.5.7 拉伸结果

- Direction+Length（方向和长度）选项卡：选择该选项卡后，应选取一个轴为拉伸方向，然后在 Length 文本框中输入一数值来定义拉伸的长度；单击 Reverse 按钮，可更改拉伸方向。

步骤 05 创建拉伸 2。单击 Vertex 1: 文本框使之激活，在零件模型中分别选取图 14.5.8 所示的点 1 和点 2 作为拉伸边界点；在该对话框中选择 Direction+Length 选项卡，然后在坐标系中选择“y 轴”（主坐标系中），在 Length 文本框中输入数值 100，单击 Reverse 按钮，结果如图 14.5.9 所示。

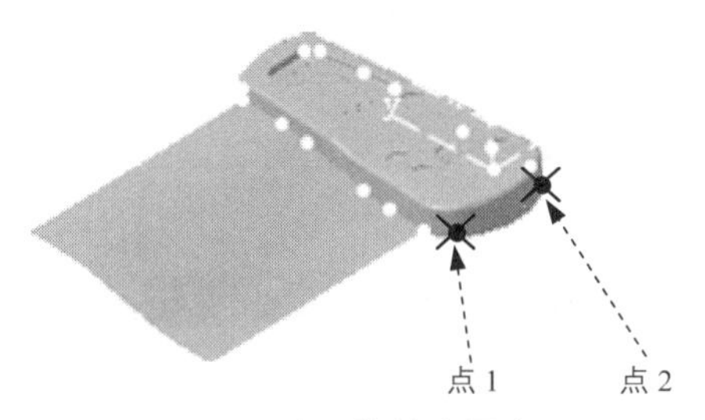

图 14.5.8 选取拉伸边界点

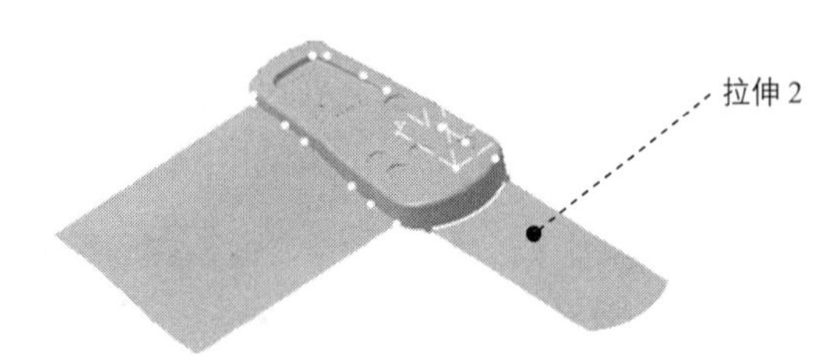

图 14.5.9 拉伸 2

步骤 06 创建拉伸 3。单击 Vertex 1: 文本框使之激活，在零件模型中分别选取图 14.5.10 所示的点 1 和点 2 作为拉伸边界点；在该对话框中选择 Direction+Length 选项卡，然后在坐标系中选取“x 轴”（主坐标系中），在 Length 文本框中输入数值 100，结果如图 14.5.11 所示。

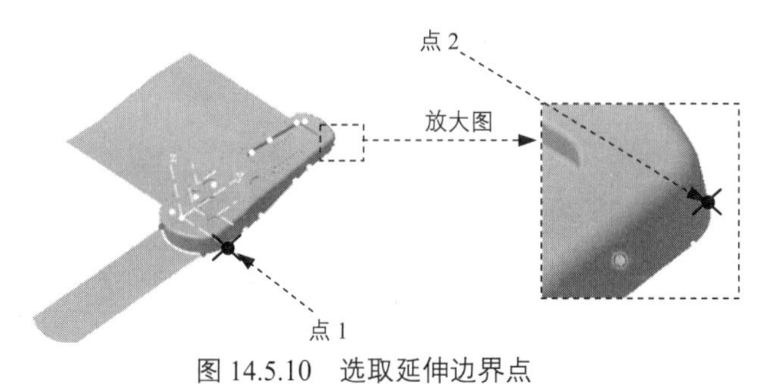

图 14.5.10 选取延伸边界点

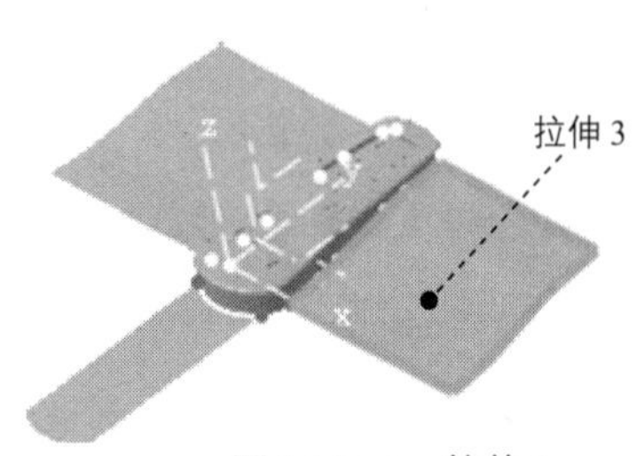

图 14.5.11 拉伸 3

步骤 07 创建拉伸 4。单击 Vertex 1: 文本框使之激活，在零件模型中分别选取图 14.5.12 所示的点 1 和点 2 作为拉伸边界点；在该对话框中选择 Direction+Length 选项卡，然后在坐标系中选取“y 轴”(主坐标系中)，在 Length 文本框中输入数值 100，结果如图 14.5.13 所示。

图 14.5.12　选取拉伸边界点

图 14.5.13　创建拉伸 4

步骤 08 在“Parting Surface Definition”对话框中单击 确定 按钮，完成拉伸曲面的创建。

步骤 09 保存文件。选择下拉菜单 文件 ➡ 保存 命令，即可保存产品模型。

14.5.2　滑块分型面

在此创建的滑块分型面主要通过“拉伸”命令来完成。继续以前面的模型为例，介绍滑块分型面的一般创建过程。

步骤 01 打开文件 D:\ catxc2014\work\ch14.05.02\MoldedPart.CATPart。

步骤 02 创建边界 1。

(1) 选择命令。选择下拉菜单 插入 ➡ Operations ▸ ➡ Boundary... 命令，系统弹出“边界定义”对话框。

(2) 选取边界线。在模型中选取图 14.5.14 所示的边线，单击 确定 按钮。

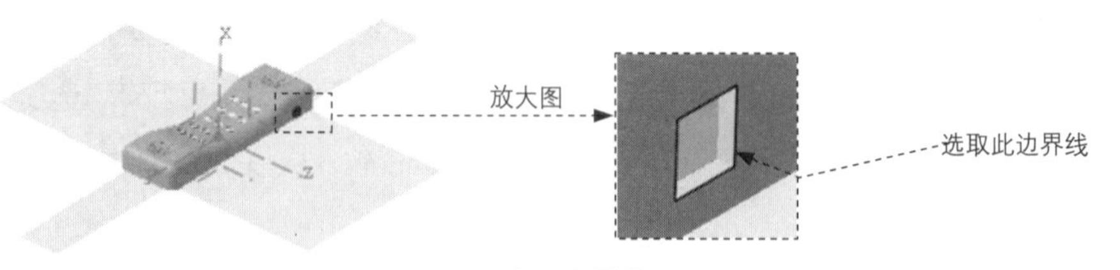

图 14.5.14　选取边界线

步骤 03 创建拉伸曲面。

(1) 选择命令。选择下拉菜单 插入 ➡ Surfaces ▸ ➡ Extrude... 命令，系统弹出“拉伸曲面定义”对话框。

(2) 选取截面草图。选取图 14.5.14 所示的边界线。

(3) 定义拉伸方向。在坐标系中选择“z 轴”(滑块坐标系中)为拉伸方向。

（4）定义拉伸长度。在“拉伸曲面定义”对话框的 拉伸限制 区域 尺寸： 文本框中输入数值 100。

（5）在该对话框中单击 确定 按钮，结果如图 14.5.15 所示。

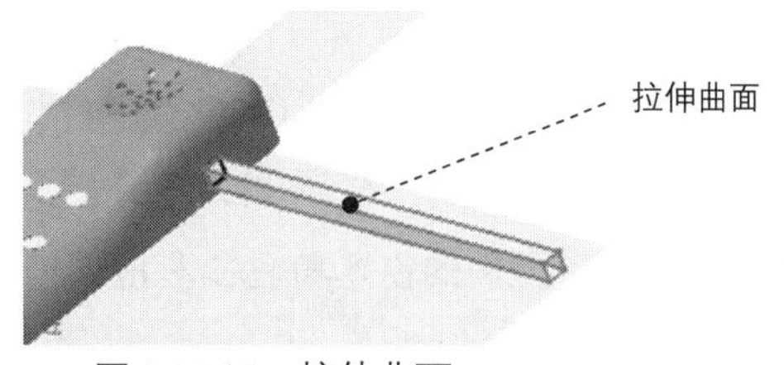

图 14.5.15 拉伸曲面

步骤 04 保存文件。选择下拉菜单 文件 ➡ 保存 命令，即可保存产品模型。

第 15 章　模具设计综合实例

本实例介绍一款儿童玩具篮的模具设计过程（图 15.1.1）。在设计此模具时，重点和难点在于定义型芯区域面和型腔区域面，在完成区域面的定义后，后续工作就变得非常简单了，主要设计过程包括破孔处的补面、分型面的创建和型芯/型腔的创建。通过本例的学习，读者能掌握基本的模具设计方法。

下面介绍在“型芯型腔设计”工作台下进行该模具的设计过程。

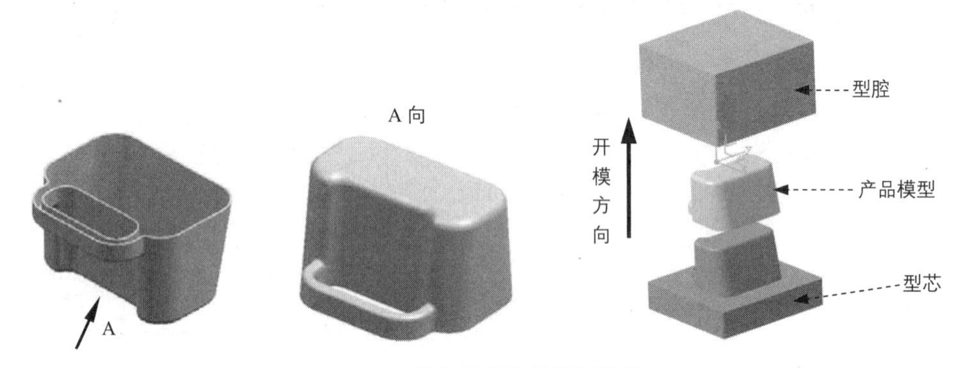

图 15.1.1　儿童玩具篮的模具设计

本实例的详细操作过程请参见随书光盘中 video\ch15.01 文件下的语音视频讲解文件。模型文件为 D: \catxc2014\work\ch15.01\toy_basket.CATPart。

第 16 章　数控加工与编程

16.1　数控加工与编程基础入门

16.1.1　数控加工工作台介绍

启动 CATIA V5-6R2014 后，选择下拉菜单 开始 → 加工 下的对应命令（图 16.1.1），系统即可进入加工工作台。

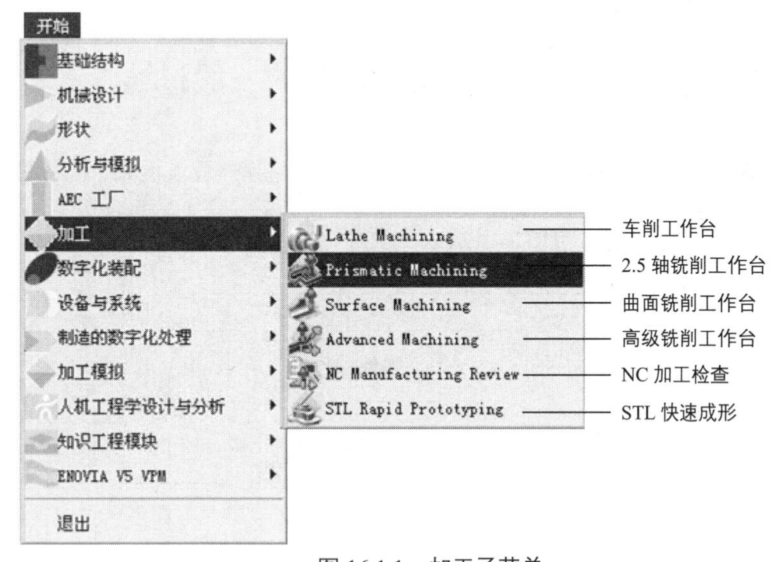

图 16.1.1　加工子菜单

16.1.2　数控加工命令及工具条介绍

插入 下拉菜单是加工工作台中的主要菜单，依赖于用户所选择的加工工作台，其内容会有所变化，其中绝大部分命令都以快捷按钮方式出现在屏幕的工具栏中。下面仅以 2.5 轴平面铣削工作台来简单说明其常用的工具栏（图 16.1.2～图 16.1.9）。

图 16.1.2　“Machining Operations”工具栏

图 16.1.3　“Axial Maching Operations”工具栏

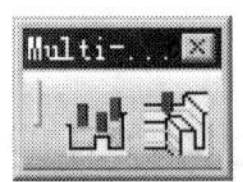

图 16.1.4 “Multi-Pockets Operations”工具栏

图 16.1.5 “Auxiliary Operations”工具栏

图 16.1.6 “Roughing Operations”工具栏

图 16.1.7 “Maching Features”工具栏

图 16.1.8 “Manufacturing Program”工具栏

图 16.1.9 “NC Output Management”工具栏

16.2 CATIA V5-6R2014 数控加工的一般过程

CATIA V5-6R2014 能够模拟数控加工的全过程，其一般流程如下（见图 16.2.1）:

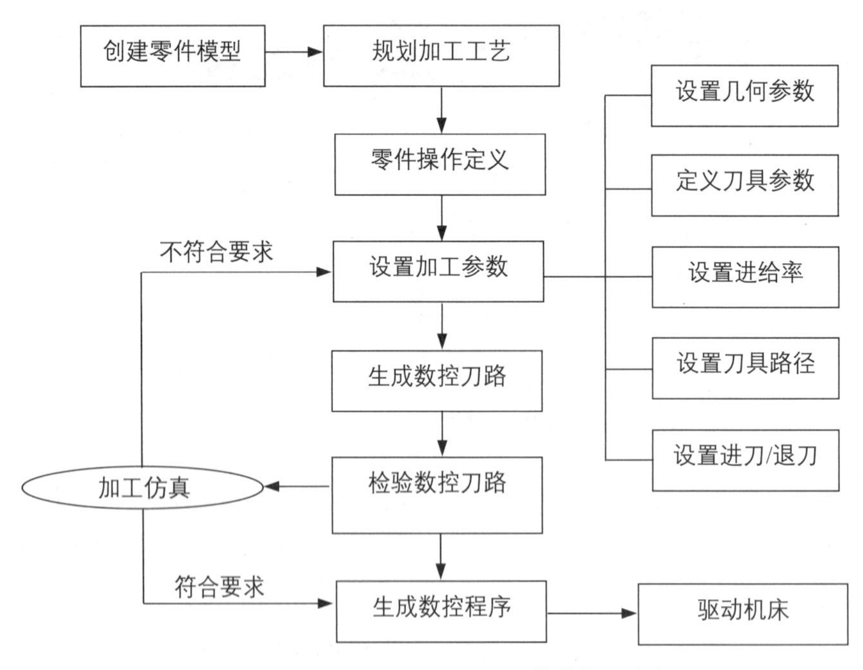

图 16.2.1 CATIA V5-6R2014 数控加工流程

（1）创建制造模型（包括目标加工零件以及毛坯零件）。

（2）规划加工工艺。

（3）零件操作定义（包括设置机床、夹具、加工坐标系、零件和毛坯等）。

（4）设置加工参数（包括几何参数、刀具参数、进给率以及刀具路径参数等）。

（5）生成数控刀路。

（6）检验数控刀路。

（7）利用后处理器生成数控程序。

16.2.1 进入加工工作台

步骤 01 打开模型文件。选择下拉菜单 文件 → 打开... 命令，系统弹出“选择文件”对话框。在“查找范围”下拉列表中选择文件目录 D:\ catxc2014\work\ch16.02.01，然后在中间的列表框中选择文件 pocket01.CATPart，单击 打开(O) 按钮，系统打开模型并进入零件工作台。

步骤 02 进入加工模块。选择下拉菜单 开始 → 加工 → Surface Machining 命令，系统进入曲面铣削加工工作台。

16.2.2 定义毛坯

一般在进行加工前，应该先建立一个毛坯零件。在加工结束时，毛坯零件的几何参数应与目标加工零件的几何参数一致。毛坯零件可以通过在加工工作台中创建或者装配的方法来引入，本例介绍创建毛坯的一般步骤。

步骤 01 选择命令。在如图 16.2.2 所示的“Geometry Management”工具栏中单击“Creates rough stock”按钮 ，系统弹出如图 16.2.4 所示的“Rough Stock”对话框。

步骤 02 选择毛坯参照。在特征树中单击“Pocket01”下的“Blank”节点，然后在图形区中选取如图 16.2.3 所示的目标加工零件作为参照，系统自动创建一个毛坯零件，且在“Rough Stock”对话框中显示毛坯零件的尺寸参数，如图 16.2.4 所示。

图 16.2.2 “Geometry Management”工具栏

图 16.2.3 目标加工零件

步骤 03 单击“Rough Stock”对话框中的 确定 按钮，完成毛坯零件的创建（图 16.2.5）。

16.2.3 定义参考零件

定义零件操作主要包括选择数控机床、定义加工坐标系、定义毛坯零件及目标加工零件等内容。定义零件操作的一般步骤如下。

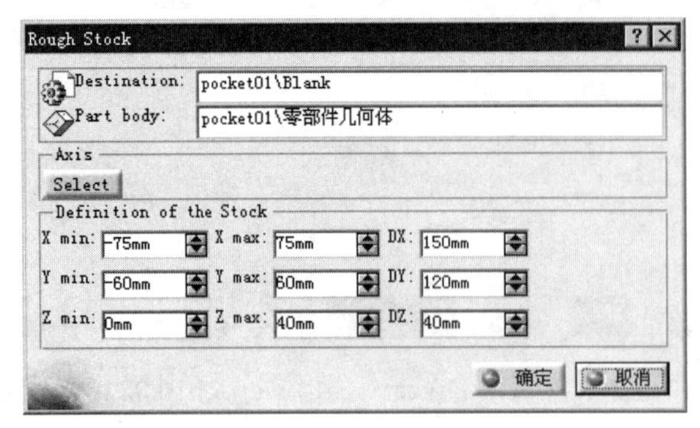
Rough Stock
Destination: pocket01\Blank
Part body: pocket01\零部件几何体
Axis
Select
Definition of the Stock
X min: -75mm X max: 75mm DX: 150mm
Y min: -60mm Y max: 60mm DY: 120mm
Z min: 0mm Z max: 40mm DZ: 40mm
确定 取消

图 16.2.4 “Rough Stock”对话框

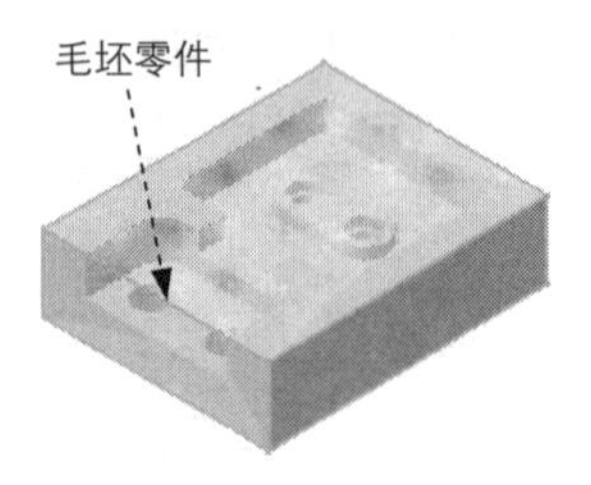

图 16.2.5 创建毛坯零件

步骤 01 在特征树中双击 Part Operation.1 节点，系统弹出“Part Operation”对话框。

步骤 02 选择数控机床。单击“Part Operation”对话框中的按钮，系统弹出“Machine Editor”对话框，单击其中的“3-axis Machine”按钮，然后单击 确定 按钮，完成机床的选择。

步骤 03 定义加工坐标系。

（1）单击“Part Operation”对话框中的按钮，系统弹出如图 16.2.6 所示的“Default reference machining axis for Part Operation.1”对话框。

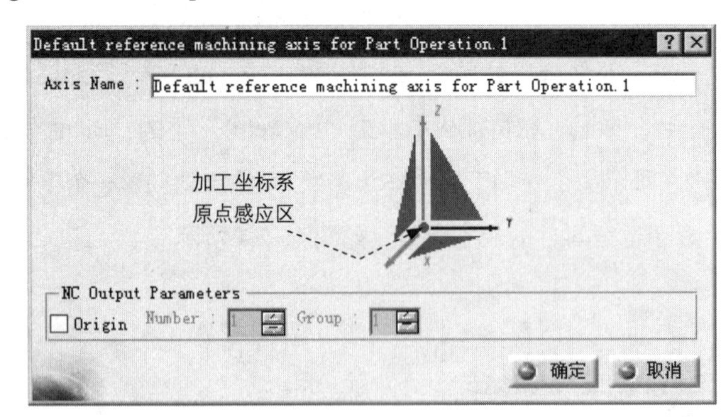

图 16.2.6 “Default reference machining axis for Part Operation.1”对话框

（2）在对话框的 Axis Name : 文本框中输入坐标系名称 Default-axis.1 并按下 Enter 键，此时，“Default reference machining axis for Part Operation.1”对话框变为“Default-axis.1”对话框。

（3）单击“Default-axis.1”对话框中的加工坐标系原点感应区，然后在图形区选取如图 16.2.7 所示的点（此点在零件模型中已提前创建好），此时对话框中的基准面、基准轴和原点均由红色变为绿色（表明已定义加工坐标系），系统创建图 16.2.8 所示的加工坐标系。

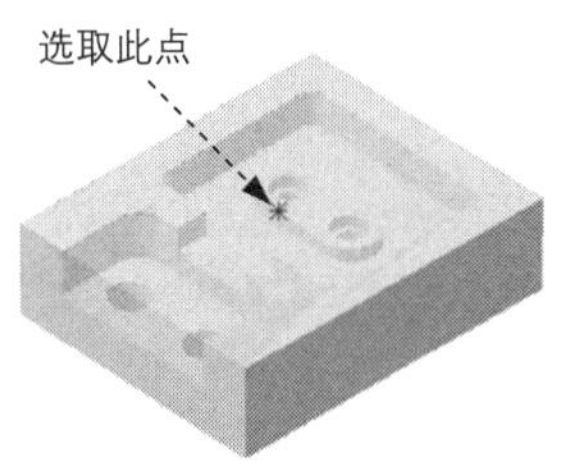

图 16.2.7 选取参照点

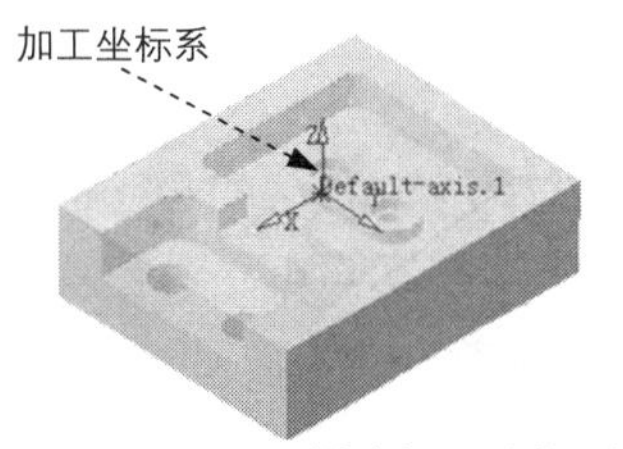

图 16.2.8 创建加工坐标系

（4）单击“Default-axis.1”对话框中的 确定 按钮，完成加工坐标系的设置。

步骤 04 定义目标加工零件。单击“Part Operation”对话框中的按钮，在如图 16.2.9 所示的特征树中选取“零部件几何体”作为目标加工零件。在图形区空白处双击鼠标左键，系统回到“Part Operation”对话框。

步骤 05 定义毛坯零件。单击“Part Operation”对话框中的按钮，在特征树中选取“Blank”作为毛坯零件。在图形区空白处双击鼠标左键，系统回到“Part Operation”对话框。

步骤 06 定义安全平面。

（1）单击“Part Operation”对话框中的按钮，在图形区选取如图 16.2.10 所示的面（毛坯零件的上表面）为安全平面参照，系统创建如图 16.2.10 所示的安全平面。

图 16.2.9 特征树

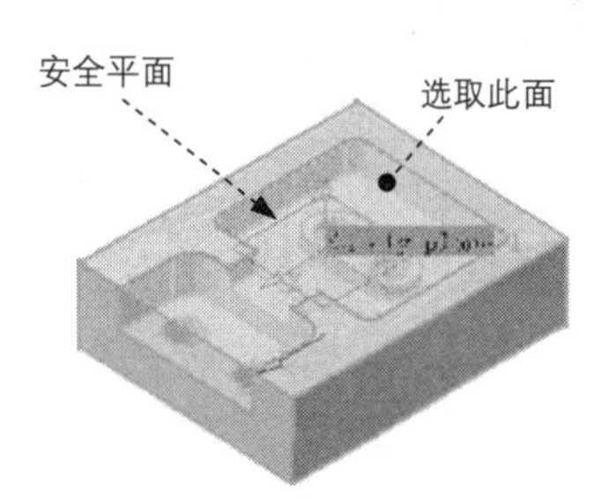

图 16.2.10 定义安全平面

（2）右击系统创建的安全平面，系统弹出如图 16.2.11 所示的快捷菜单，选择其中的 Offset... 命令，系统弹出如图 16.2.12 所示的“Edit Parameter”对话框，在其中的 Thickness 文本框中输入数值 20。

（3）单击“Edit Parameter”对话框中的 确定 按钮，完成安全平面设置。

步骤 07 定义换刀点。在“Part Operation”对话框中单击 Position 选项卡，然后在 Tool Change Point 区域的 X :、Y :、Z : 文本框中分别输入数值 0、0、100，设置的换刀点如图 16.2.13 所示。

图 16.2.11 快捷菜单

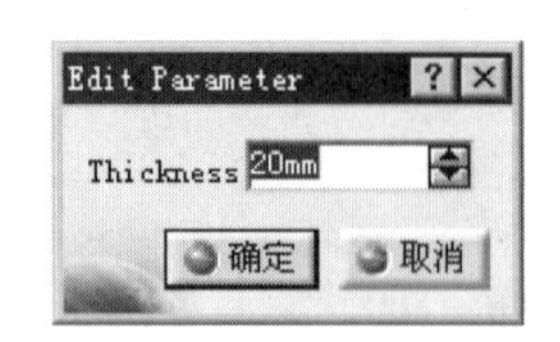

图 16.2.12 “Edit Parameter”对话框

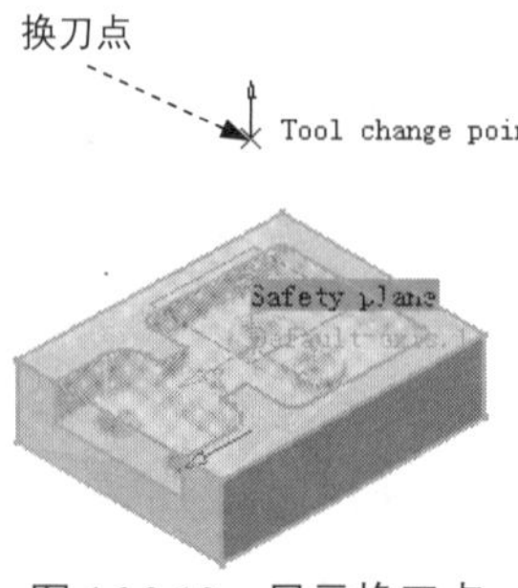

图 16.2.13 显示换刀点

步骤 08 单击“Part Operation”对话框中的 确定 按钮，完成零件操作的定义。

16.2.4 定义加工几何

首先定义加工的区域、设置加工余量等相关参数，设置几何参数的一般过程如下。

步骤 01 切换工作台。选择下拉菜单 开始 → 加工 → Prismatic Machining 命令，系统进入 2.5 轴铣削加工工作台。

步骤 02 在特征树中选择“Part Operation.1”节点下的 Manufacturing Program.1 节点，然后选择下拉菜单 插入 → Machining Operations → Pocketing 命令，系统弹出如图 16.2.14 所示的“Pocketing.1”对话框。

图 16.2.14 所示的“Pocketing.1”对话框中部分选项的说明如下。

- ：刀具路径参数选项卡。
- ：几何参数选项卡。
- ：刀具参数选项卡。
- ：进给率选项卡。
- ：进刀/退刀路径选项卡。
- Offset on Check : 0mm（Offset on Check：0mm）：双击该图标后，在弹出的对话框中可以设置阻碍元素或夹具的偏置量。
- Offset on Top : 0mm（Offset on Top：0mm）：双击该图标后，在弹出的对话框中可以设置顶面的偏置量。
- Offset on Hard Boundary : 0mm（Offset on Hard Boundary：0mm）：双击该图标后，在弹出的对话框中可以设置硬边界的偏置量。
- Offset on Contour : 0mm（Offset on Contour：0mm）：双击该图标后，在弹出的对话框中可

以设置软边界、硬边界或孤岛的偏置量。

◆ (Offset on Bottom: 0mm): 双击该图标后，在弹出的对话框中可以设置底面的偏置量。

◆ (Bottom: Hard): 单击该图标，可以在软底面及硬底面之间切换。

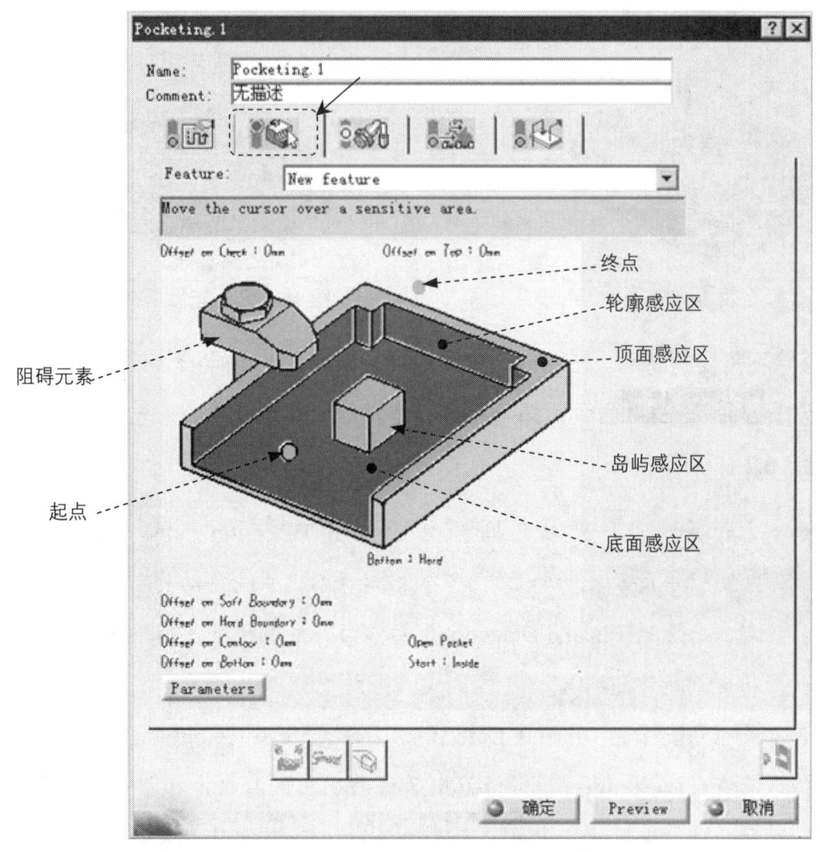

图 16.2.14 “Pocketing.1”对话框

步骤 03 定义加工底面。

为了便于选取零件表面，可将毛坯暂时隐藏。方法是在特征树中右击 Blank 节点，在弹出的快捷菜单中选择 隐藏/显示 命令即可。

（1）将鼠标指针移动到“Pocketing.1”对话框中的底面感应区上，该区域的颜色从深红色变为橙黄色，在该区域单击鼠标左键，对话框消失，系统要求用户选择一个平面作为型腔加工的区域。

（2）在该图形区选取如图 16.2.15 所示的零件底面，系统返回到“Pocketing.1”对话框，此时“Pocketing.1”对话框中底面感应区和轮廓感应区的颜色变为深绿色，表明已定义了底面和轮廓。

步骤 04 定义加工顶面。单击“Pocketing.1”对话框中的顶面感应区，然后在图形区选取如图 16.2.16 所示的零件上平面为顶面，系统返回到“Pocketing.1”对话框，此时“Pocketing.1”对话框中顶面感应区的颜色变为深绿色。

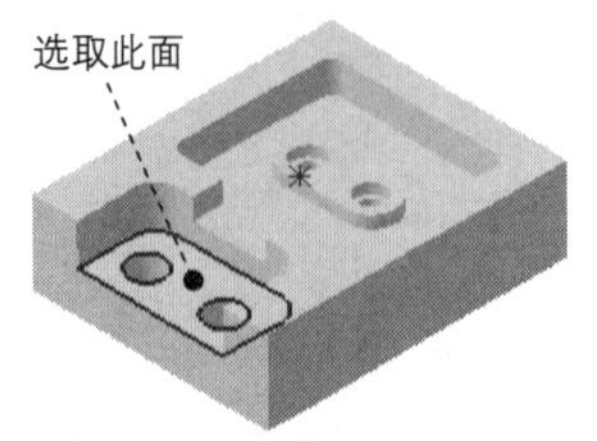

图 16.2.15　选取零件底面

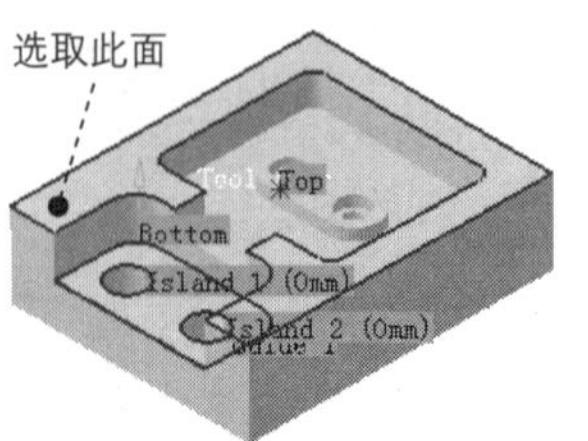

图 16.2.16　选取零件顶面

步骤 05 移除不需要的岛屿。在图形区中对应的 Island 1(0mm)字样上右击，在系统弹出的快捷菜单中选择 Remove Island 1 命令，即可将该岛屿移除；参照此操作方法，将另一个岛屿移除，结果如图 16.2.17 所示。

- 由于系统默认开启岛屿探测（Island Detection）和轮廓探测（Contour Detection）功能，所以在定义型腔底面后，系统自动判断型腔的轮廓。当开启岛屿探测（Island Detection）功能时，系统会将选择的底面上的所有孔和凸台判断为岛屿。
- 关闭岛屿探测（Island Detection）和轮廓探测（Contour Detection）的方法是在“Pocketing.1”对话框中的底面感应区右击，在弹出的快捷菜单（图 16.2.18）中取消选中 Island Detection 和 Contour Detection 复选框。

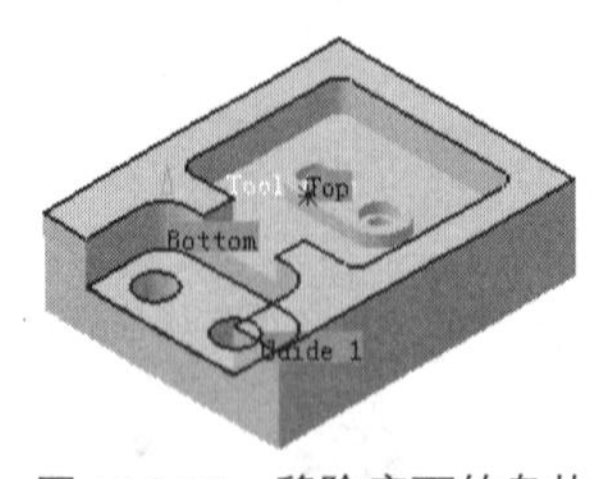

图 16.2.17　移除底面的岛屿

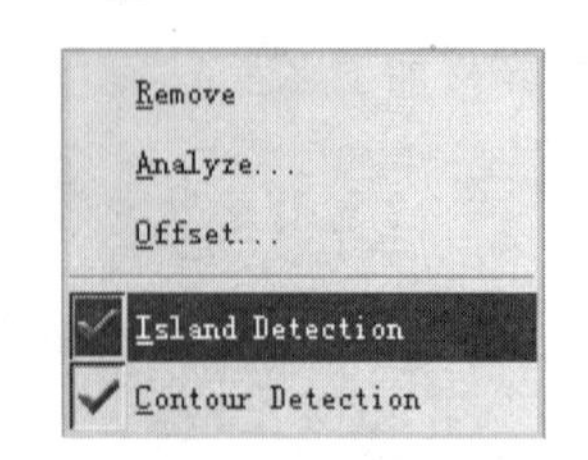

图 16.2.18　快捷菜单

步骤 06 定义进刀点参数。单击“Pocketing.1”对话框中的 Start : Inside （Start：Inside）字样，使其变为 Start : Outside （Start：Outside）字样；然后双击对话框中对应的 0mm 字样，在系统弹出的“Edit Parameter”对话框中输入数值 3，单击 确定 按钮，完成进刀点设置。

步骤 07 定义余量参数。

（1）双击“Pocketing.1”对话框中的 （Offset on Contour：0mm）字样，然后在系统弹出的“Edit Parameter”对话框中输入数值 0.2，单击 确定 按钮，完成侧面余量设置。

（2）双击“Pocketing.1”对话框中的 （Offset on Bottom：0mm）字样，然后在系统弹出的“Edit Parameter”对话框中输入数值 0.2，单击 确定 按钮，完成底面余量设置。

16.2.5 定义刀具

定义刀具参数就是根据加工方法及加工区域来确定刀具的参数，这在整个加工过程中起着非常重要的作用。刀具参数的设置是通过“Pocketing”对话框中的 选项卡来完成的。

步骤 01 进入刀具参数选项卡。在“Pocketing.1”对话框中单击 选项卡。

步骤 02 选择刀具类型。在“Pocketing.1”对话框中单击 按钮，选择立铣刀为加工刀具。

步骤 03 刀具命名。在“Pocketing.1”对话框的 Name 文本框中输入“T1 End Mill D 10”。

步骤 04 定义刀具参数。

（1）在“Pocketing.1”对话框中单击 More>> 按钮，单击 Geometry 选项卡，然后设置如图 16.2.19 所示的刀具参数。

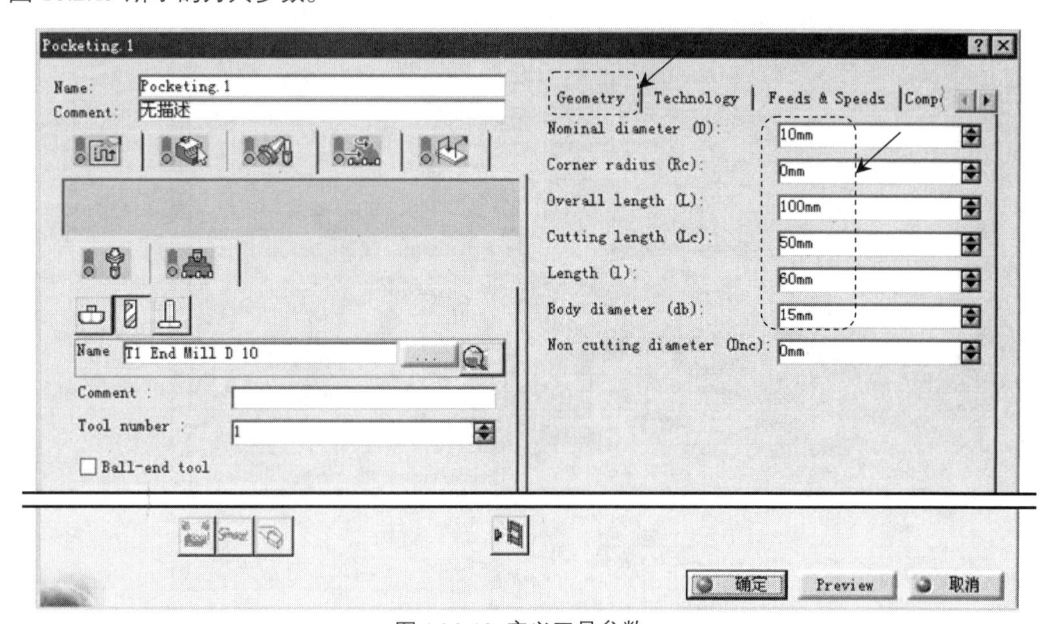

图 16.2.19 定义刀具参数

（2）其他选项卡中的参数均采用默认的设置值。

16.2.6 定义进给率

进给率可以在“Pocketing.1”对话框的 选项卡中进行定义，包括定义进给速度、切削速度、退刀速度和主轴转速等参数。

定义进给率的一般步骤如下。

步骤 01 进入进给率设置选项卡。在“Pocketing.1”对话框中单击 选项卡（见图 16.2.20）。

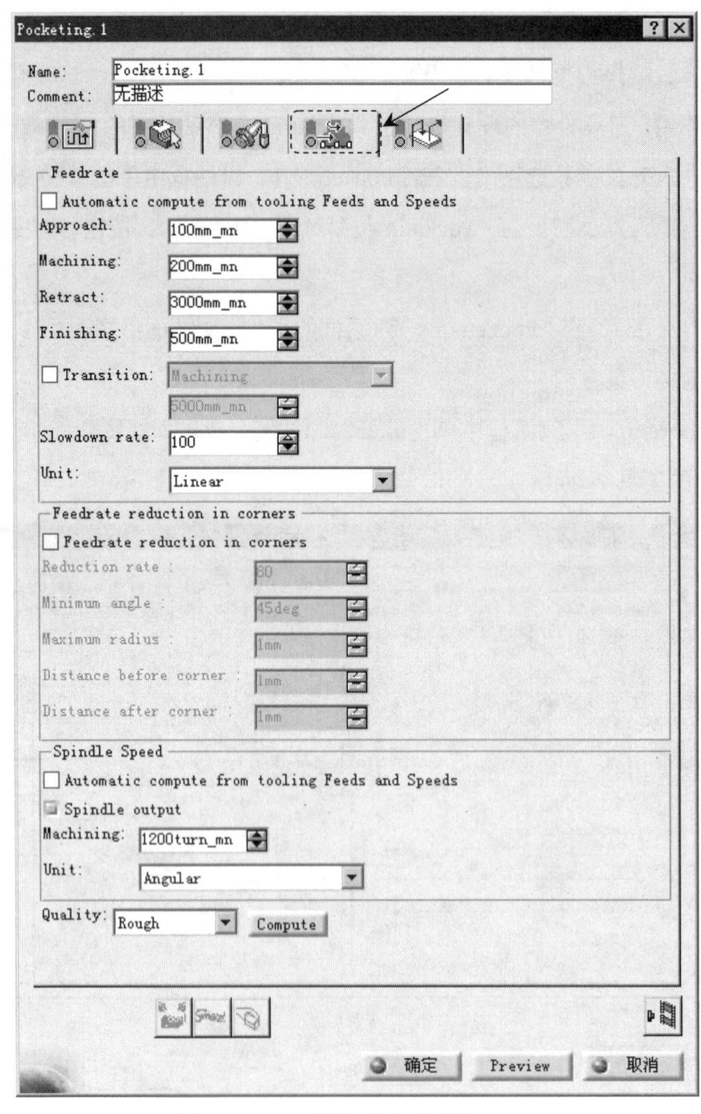

图 16.2.20 “进给率”选项卡

步骤02 设置进给率。分别在“Pocketing.1”对话框 Feedrate 和 Spindle Speed 区域中取消选中 □ Automatic compute from tooling Feeds and Speeds 复选框，然后在“Pocketing.1”对话框的选项卡中设置图 16.2.20 所示的参数。

16.2.7 定义刀具路径

定义刀具路径参数就是定义刀具在加工过程中所走的轨迹，根据不同的加工方法，刀具的路径也有所不同。定义刀具路径参数的一般过程如下。

步骤01 进入刀具路径参数选项卡。在“Pocketing.1”对话框中单击选项卡。

步骤02 定义刀具路径类型。在“Pocketing.1”对话框的 Tool path style: 下拉列表中选择 Inward helical 选项。

步骤03 定义“Machining（切削）”参数。在“Pocketing.1”对话框中单击 Machining 选项卡，然后在 Direction of cut: 下拉列表中选择 Climb 选项，其他选项采用系统默认设置值。

步骤04 定义“Radial（径向）”参数。单击 Radial 选项卡，然后在 Mode: 下拉列表中选择 Maximum distance 选项，在 Distance between paths: 文本框中输入数值 4，其他选项采用系统默认设置值。

步骤05 定义“Axial（轴向）”参数。单击 Axial 选项卡，然后在 Mode: 下拉列表中选择 Number of levels 选项，在 Number of levels: 文本框中输入数值 10，其他选项采用系统默认设置值。

步骤06 定义“Finishing（精加工）”参数。单击 Finishing 选项卡，然后在 Mode: 下拉列表中选择 No finish pass 选项（图 16.2.21）。

在如图 16.2.21 所示 Finishing（精加工）选项卡中各参数的说明如下。

- Mode:：此下拉列表中提供了精加工的几种模式。
  - No finish pass：无精加工进给。
  - Side finish last level：在最后一层时进行侧面精加工。
  - Side finish each level：每层都进行侧面精加工。
  - Finish bottom only：仅加工底面。
  - Side finish at each level & bottom：每层都精加工侧面及底面。
  - Side finish at last level & bottom：仅在最后一层及底面进行侧面精加工。
- Side finish thickness:：该文本框用来设置保留侧面精加工的厚度。
- Nb of side finish paths by level:：该文本框在分层进给加工时用于设置每层粗加工进给包括的侧面精加工进给的分层数。

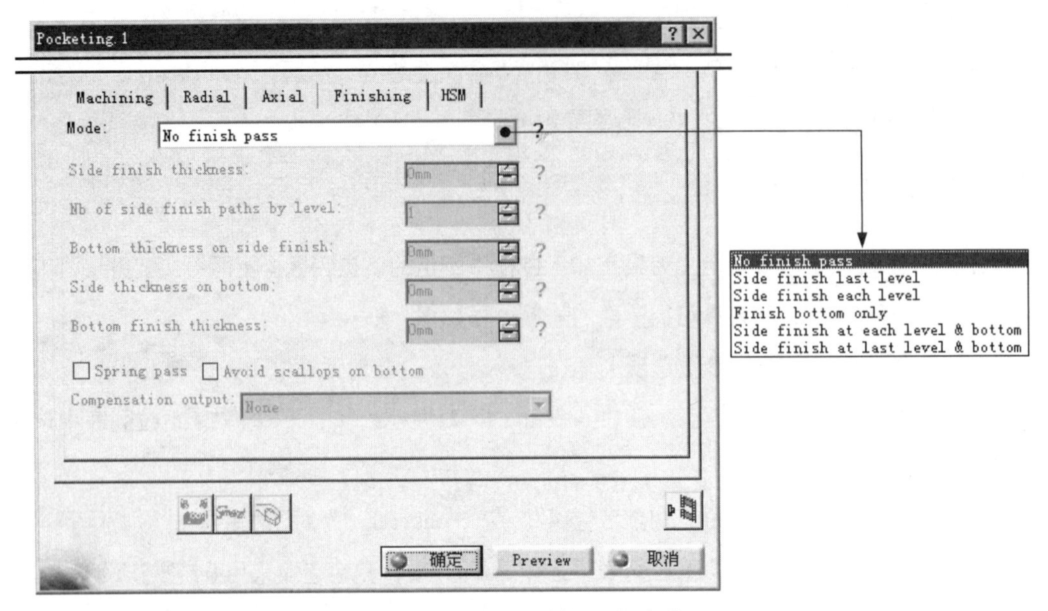

图 16.2.21　定义“精加工”参数

- Bottom thickness on side finish：该文本框用来设置保留底面精加工的厚度。
- Spring pass：该选项用于设置是否有进给。
- Avoid scallops on bottom：该选项用于设置是否防止底面残料。
- Compensation output：下拉列表用于设置侧面精加工刀具补偿，主要有 3 个选项。
  - None：无补偿。
  - 2D radial profile：2D 径向轮廓补偿。
  - 2D radial tip：2D 径向刀尖补偿。

步骤 07　定义“HSM（高速铣削）”参数。单击 HSM 选项卡，然后取消选中 High Speed Milling 复选框（见图 16.2.22）。

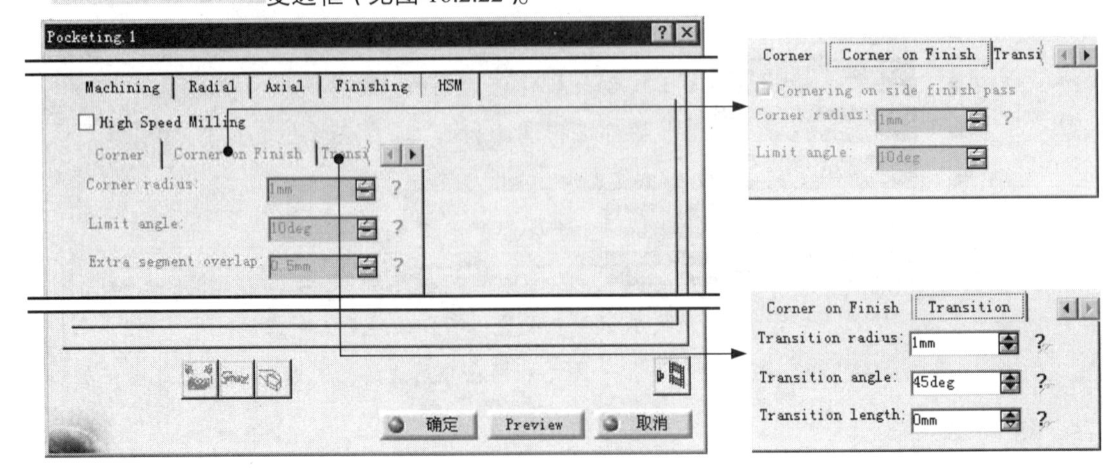

图 16.2.22 定义“高速铣削”参数

在如图 16.2.22 所示 HSM （高速铣削）选项卡中各参数的说明如下。

- High Speed Milling：选中该选项则说明启用高速加工。
- Corner：在该选项卡中可以设置关于圆角的一些加工参数。
  - Corner radius：该文本框用于设置高速加工拐角的圆角半径。
  - Limit angle：该文本框用于设置高速加工圆角的最小角度。
  - Extra segment overlap：该文本框用于设置高速加工圆角时所产生的额外路径的重叠长度。
- Corner on Finish：在该选项卡中可以设置圆角精加工的一些参数。
  - Cornering on side finish pass：选中该选项则指定在侧面精加工的轨迹上应用圆角加工轨迹。
  - Corner radius：该文本框用于设置圆角的半径。
  - Limit angle：该文本框用于设置圆角的角度。
- Transition：在该选项卡中可以设置关于圆角过渡的一些参数。
  - Transition radius：该文本框用于设置当由结束轨迹移动到新轨迹时的开始及结束过渡圆角的半径值。
  - Transition angle：该文本框用于设置当由结束轨迹移动到新轨迹时的开始及结束过渡圆角的角度值。
  - Transition length：该文本框用于设置两条轨迹间过渡直线的最短长度。

16.2.8 定义进刀/退刀路径

进刀/退刀路径的定义在加工中是非常重要的。进刀/退刀路径设置的正确与否，对刀具的使用寿命以及所加工零件的质量都有着极大的影响。定义进刀/退刀路径的过程如下。

步骤 01 进入进刀/退刀路径选项卡。在“Pocketing.1”对话框中单击选项卡。

步骤 02 定义进刀路径。

（1）激活进刀。在 Macro Management 区域的列表框中选择 Approach，右击，从弹出的快捷菜单中选择 Activate 命令。

若弹出的快捷菜单中有 Deactivate 命令，说明此时就处于激活状态，无须再进行激活。

（2）在 Macro Management 区域的列表框中选择 Approach，然后在 Mode: 下拉列表中选择 Build by user 选项，依次单击“remove all motions”按钮、“Add Tangent motion”按钮和

"Add Axial motion up to a plane" 按钮。

步骤 03 定义退刀路径。

（1）在 Macro Management 区域的列表框中选择 Retract，然后在 Mode: 下拉列表中选择 Build by user（用户自定义）选项。

（2）在"Pocketing.1"对话框中依次单击"remove all motions"按钮、"Add Tangent motion"按钮和"Add Axial motion up to a plane"按钮。

步骤 04 定义层间进刀路径。

（1）激活进刀。在 Macro Management 区域的列表框中选择 Return between levels Approach，右击，从弹出的快捷菜单中选择 Activate 命令。

（2）在 Mode: 下拉列表中选择 Build by user 选项，依次单击"remove all motions"按钮、"Add Tangent motion"按钮和"Add Axial motion up to a plane"按钮。

步骤 05 定义层间退刀路径。

（1）在 Macro Management 区域的列表框中选择 Return between levels Retract，然后在 Mode: 下拉列表中选择 Build by user 选项。

（2）在"Pocketing.1"对话框中依次单击"remove all motions"按钮、"Add Tangent motion"按钮和"Add Axial motion up to a plane"按钮。

16.2.9 刀路仿真

刀路仿真可以让用户直观地观察刀具的运动过程，以检验各项参数定义的合理性。刀路仿真的一般步骤如下。

步骤 01 在"Pocketing.1"对话框中单击"Tool Path Replay"按钮，系统弹出"Pocketing.1"对话框，且在图形区显示刀路轨迹（图 16.2.23）。

步骤 02 在"Pocketing.1"对话框中单击按钮，然后单击按钮，观察刀具切割毛坯零件的运行情况，仿真结果如图 16.2.24 所示。

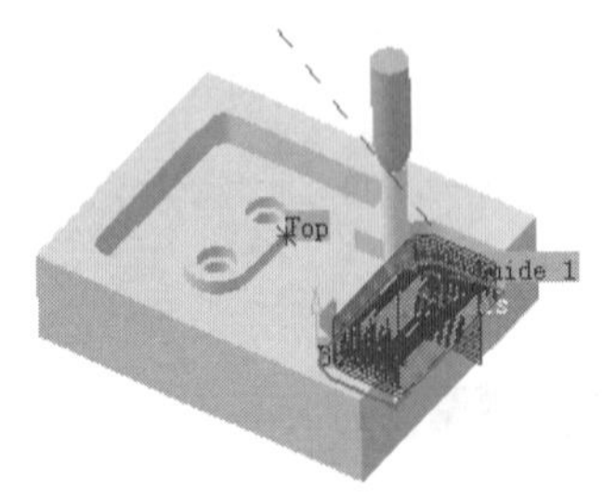

图 16.2.23 显示刀路轨迹

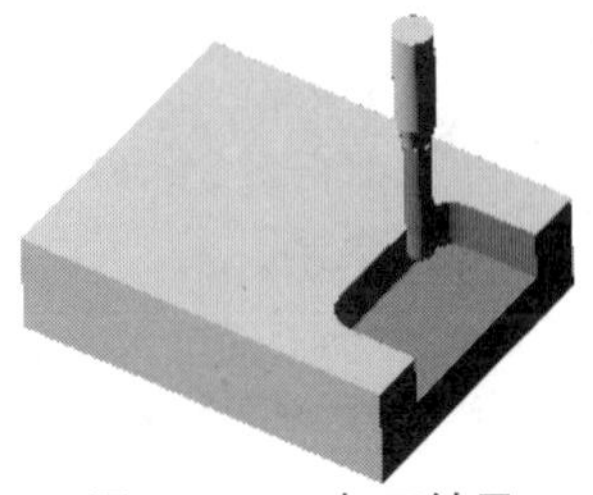

图 16.2.24 加工结果

16.2.10 余量与过切检测

余量与过切检测用于分析加工后的零件是否有剩余材料、是否过切，然后修改加工参数，以达到所需的加工要求。余量与过切检测的一般步骤如下。

步骤 01 在“Pocketing.1”对话框中单击“Analyze”按钮，系统弹出“Analysis”对话框。

步骤 02 余量检测。在“Analysis”对话框中选中 Remaining Material 复选框，取消选中 Gouge 复选框，单击 应用 按钮，在图形区中高亮显示毛坯加工余量（如图 16.2.25 所示，存在加工余量）。

步骤 03 过切检测。在“Analysis”对话框中取消选中 Remaining Material 复选框，选中 Gouge 复选框，单击 应用 按钮，图形区中高亮显示毛坯加工过切情况（如图 16.2.26 所示，未出现过切）。

图 16.2.25 余量检测

图 16.2.26 过切检测

步骤 04 在“Analysis”对话框中单击 取消 按钮，然后在“Pocketing.1”对话框中单击两次 确定 按钮。

16.2.11 后处理

后处理是为了将加工操作中的加工刀路转换为数控机床可以识别的数控程序（NC 代码）。后处理的一般操作过程如下。

步骤 01 选择下拉菜单 工具 → 选项... 命令，系统弹出“选项”对话框。在左边的列表框中选择 加工 节点，然后单击 Output 选项卡，在 Post Processor and Controller Emulator Folder 区域中选择 IMS 单选项，单击 确定 按钮。

步骤 02 在特征树中右击“Manufacturing Program.1”，在弹出的快捷菜单中选择 Manufacturing Program.1 对象 → Generate NC Code Interactively 命令，系统弹出“Generate NC Output Interactively”对话框。

步骤 03 生成 NC 数据。

（1）选择数据类型。在如图 16.2.27 所示的“Generate NC Output Interactively”对话框中单击 In/Out 选项卡，然后在 NC data type: 下拉列表中选择 NC Code 选项。

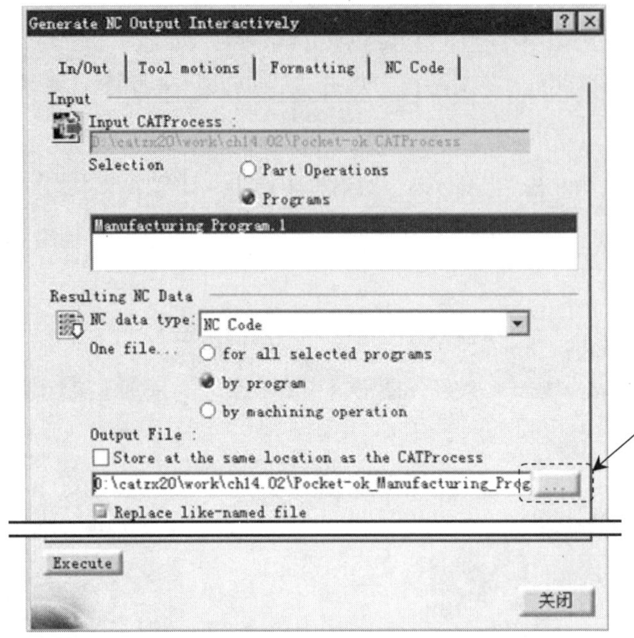

图 16.2.27 “Generate NC Output Interactively”对话框

（2）选择输出数据文件路径。单击 ... 按钮，系统弹出“另存为”对话框，在“保存在”下拉列表中选择目录 D:\ catxc2014\work\ch16.02.01，采用系统默认的文件名，单击 保存(S) 按钮完成输出数据的保存。

（3）选择后处理器。在“Generate NC Output Interactively”对话框中单击 NC Code 选项卡，然后在 IMS Post-processor file 下拉列表中选择 fanuc16i （图 16.2.28）。

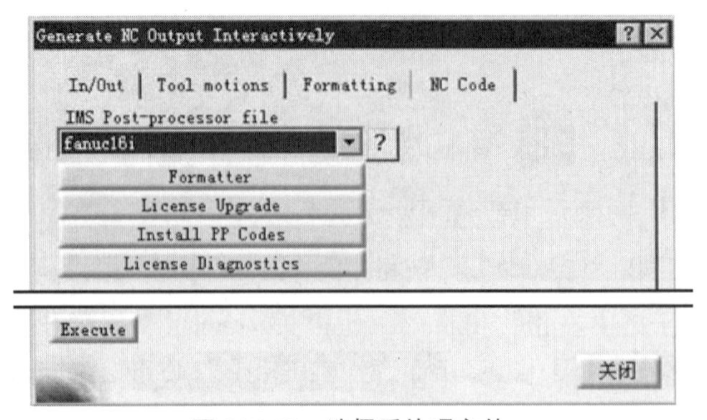

图 16.2.28 选择后处理文件

（4）在“Generate NC Output Interactively”对话框中单击 Execute 按钮，此时系统弹出

“IMSpost – Runtime Message” 对话框，采用默认程序编号，单击 Continue 按钮，系统再次弹出“Manufacturing Information”对话框，单击 确定 按钮，系统即在选择的目录中生成数据文件，然后单击 关闭 按钮。

步骤 04 查看刀位文件。用记事本打开文件 D:\ catxc2014\work\ch16.02.01\ Pocket-ok_Manufacturing_Program_1_I.aptsource（图 16.2.29）。

步骤 05 查看 NC 代码。用记事本打开文件 D:\ catxc2014\work\ch16.02.01\ Pocket-ok_Manufacturing_Program_1.CATNCCode（图 16.2.30）。

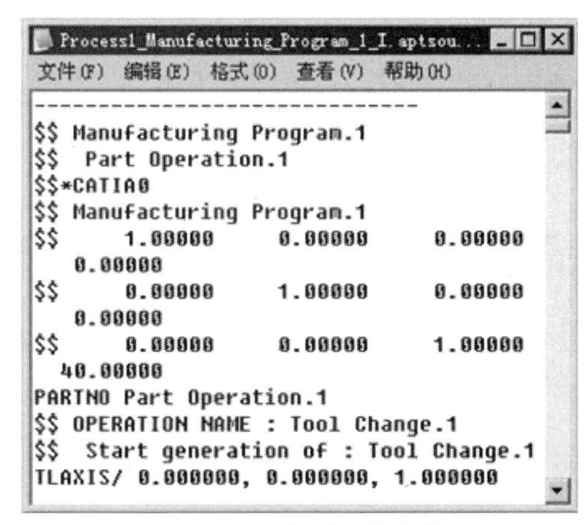


```
------------------------------
$$ Manufacturing Program.1
$$  Part Operation.1
$$*CATIA0
$$ Manufacturing Program.1
$$     1.00000      0.00000      0.00000
   0.00000
$$     0.00000      1.00000      0.00000
   0.00000
$$     0.00000      0.00000      1.00000
  40.00000
PARTNO Part Operation.1
$$ OPERATION NAME : Tool Change.1
$$  Start generation of : Tool Change.1
TLAXIS/ 0.000000, 0.000000, 1.000000
```

图 16.2.29 查看刀位文件

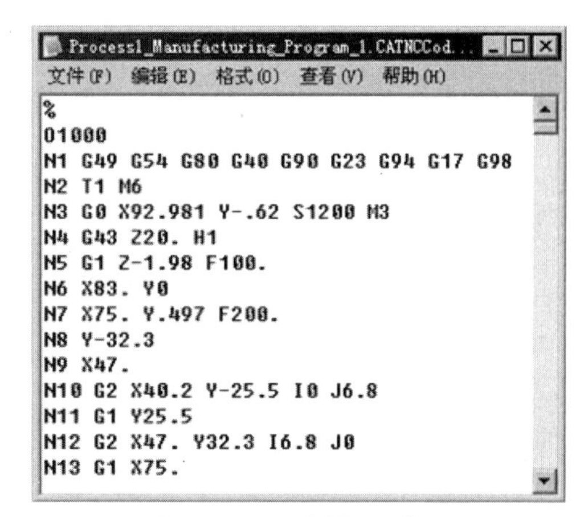


```
%
O1000
N1 G49 G54 G80 G40 G90 G23 G94 G17 G98
N2 T1 M6
N3 G0 X92.981 Y-.62 S1200 M3
N4 G43 Z20. H1
N5 G1 Z-1.98 F100.
N6 X83. Y0
N7 X75. Y.497 F200.
N8 Y-32.3
N9 X47.
N10 G2 X40.2 Y-25.5 I0 J6.8
N11 G1 Y25.5
N12 G2 X47. Y32.3 I6.8 J0
N13 G1 X75.
```

图 16.2.30 查看 NC 代码

步骤 06 保存文件。选择下拉菜单 文件 → 保存 命令即可保存文件。

16.3 铣削加工

16.3.1 平面粗加工

平面铣削加工就是对大面积的没有任何曲面或凸台的零件表面进行加工，加工时一般选用平底立铣刀或面铣刀。此加工方法既可以进行粗加工，又可以进行精加工。

对于加工余量大又不均匀的表面，采用粗加工，选用的铣刀直径应较小，以减少切削力矩；对于精加工，选用的铣刀直径应较大，最好能包容整个待加工面。

下面以图 16.3.1 所示的零件为例介绍平面铣削加工的一般过程。

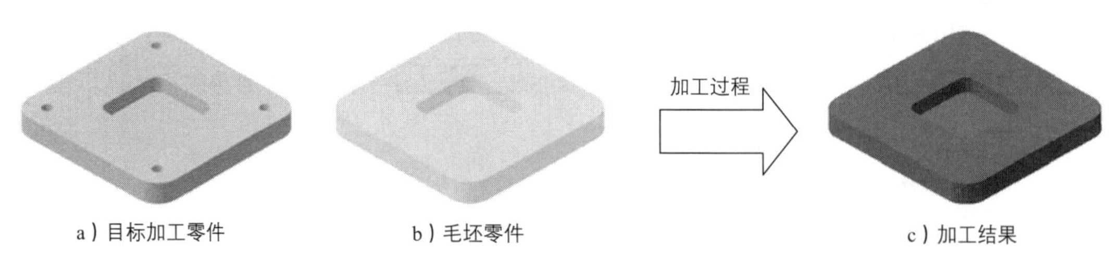

a）目标加工零件　　b）毛坯零件　　c）加工结果

图 16.3.1　平面铣削

1. 新建一个数控加工模型文件

选择下拉菜单 文件 ➡ 新建... 命令，系统弹出“新建”对话框。在 类型列表： 列表框中选择 Process，单击 确定 按钮，系统进入“Prismatic Machining”工作台。

说明：如果系统进入的是其他加工工作台，则需选择下拉菜单 开始 ➡ 加工 ➡ Prismatic Machining 命令切换到“Prismatic Machining”工作台。

2. 引入加工零件

步骤 01 在 P.P.R 特征树中双击“Process”节点中的“Part Operation.1”节点，系统弹出“Part Operation”对话框。

步骤 02 单击“Part Operation”对话框中的“Product or part”按钮，系统弹出“选择文件”对话框，在 查找范围(I): 下拉列表中选择目录 D:\ catxc2014\work\16.03.01，在 文件类型(T): 下拉列表中选择 Product (*.CATProduct) 选项，在“选择文件”对话框的列表框中选择文件 Face _Milling.CATProduct，单击 打开(O) 按钮，完成加工零件的引入。

说明：加工零件包括目标加工零件和毛坯零件，这里引入的是一个装配体文件，已经将目标加工零件和毛坯零件装配在一起。

3. 定义零件操作

步骤 01 机床设置。单击“Part Operation”对话框中的“Machine”按钮，系统弹出“Machine Editor”对话框，单击其中的“3-axis Machine”按钮，保持系统默认设置值，然后单击 确定 按钮，完成机床的选择。

步骤 02 定义加工坐标系。

（1）单击“Part Operation”对话框中的按钮，系统弹出“Default reference machining axis for Part Operation.1”对话框。

（2）单击“Default reference machining axis for Part Operation.1”对话框中的加工坐标系原点感应区，然后在图形区选取如图 16.3.2 所示的点作为加工坐标系的原点（“Default reference machining axis for Part Operation.1”对话框中的基准面、基准轴和原点均由红色变为绿色，表明已定义加工坐标系），系统创建图 16.3.3 所示的加工坐标系。

（3）单击“Default reference machining axis for Part Operation.1”对话框中的 确定 按钮，完成加工坐标系的定义。

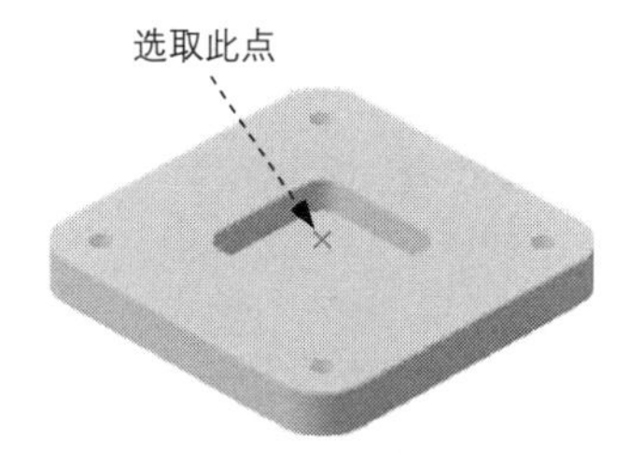

图 16.3.2　选取加工坐标系的原点

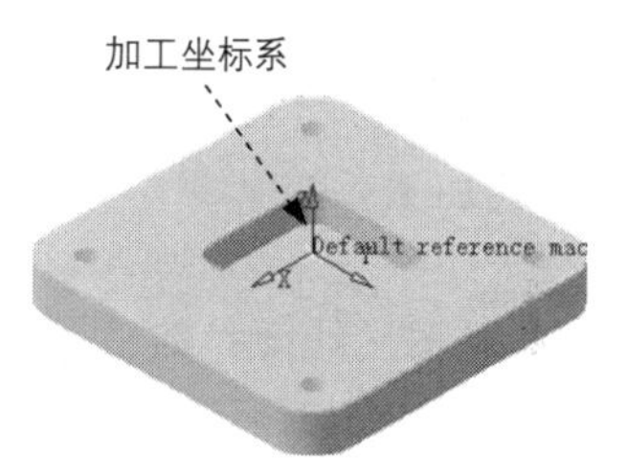

图 16.3.3　定义加工坐标系

步骤 03　定义目标加工零件。

（1）单击“Part Operation”对话框中的“Design part for simulation”按钮。

（2）在特征树中右击“Face_Milling_Rough（Face_Milling_Rough.1）”，在弹出的快捷菜单中选择 隐藏/显示 命令。

（3）选择图形区中的模型作为目标加工零件，在图形区空白处双击鼠标左键，系统返回到“Part Operation”对话框。

步骤 04　定义毛坯零件。

（1）在特征树中右击“Face_Milling_Rough（Face_Milling_Rough.1）”，在弹出的快捷菜单中选择 隐藏/显示 命令。

（2）单击“Part Operation”对话框中的“Stock”按钮，选取图形区中的模型作为毛坯零件。在图形区空白处双击鼠标左键，系统返回到“Part Operation”对话框。

步骤 05　定义安全平面。

（1）单击“Part Operation”对话框中的“Safety plane”按钮。

（2）选择参照面。在图形区选取图 16.3.4 所示的毛坯表面为安全平面参照，系统创建如图 16.3.5 所示的安全平面。

（3）右击系统创建的安全平面，在弹出的快捷菜单中选择 Offset... 命令，系统弹出“Edit

Parameter”对话框，在其中的 Thickness 文本框中输入数值 10，单击 确定 按钮完成安全平面的定义。

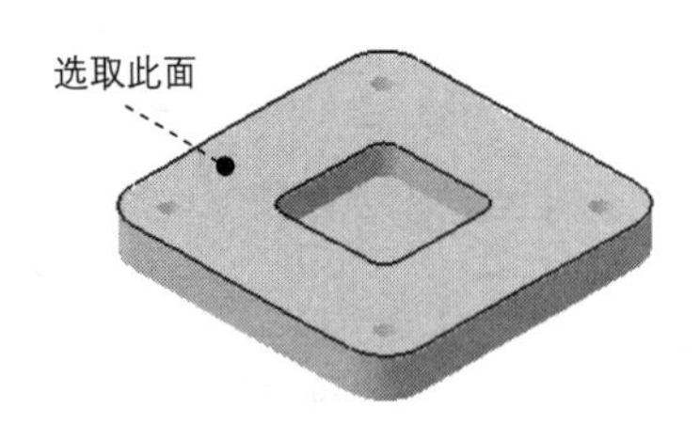

图 16.3.4　选取安全平面参照

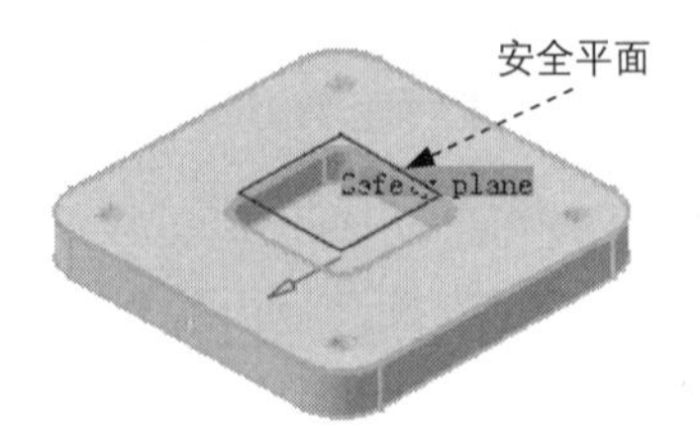

图 16.3.5　定义安全平面

步骤 06 单击“Part Operation”对话框中的 确定 按钮，完成零件定义操作。

4. 设置加工参数

任务 01 定义几何参数

步骤 01 隐藏毛坯零件。在特征树中右击“Face_Milling_Rough(Face_Milling_Rough.1)”，在弹出的快捷菜单中选择 隐藏/显示 命令。

步骤 02 在特征树中选择 Manufacturing Program.1 节点，然后选择下拉菜单 插入 → Machining Operations → Facing 命令，插入一个平面铣加工操作，系统弹出“Facing.1”对话框。

步骤 03 定义加工平面。单击 Facing.1 对话框中的底面感应区，对话框消失，系统要求用户选择一个平面为铣削平面。在图形区选取如图 16.3.6 所示的模型表面，系统返回到“Facing.1”对话框，此时“Facing.1”对话框中的底平面和侧面感应区的颜色变为深绿色。

感应区中的颜色为深红色时，表示未定义几何参数，此时不能进行加工仿真；感应区中的颜色为深绿色时，表示已经定义几何参数，此时可以进行加工仿真。

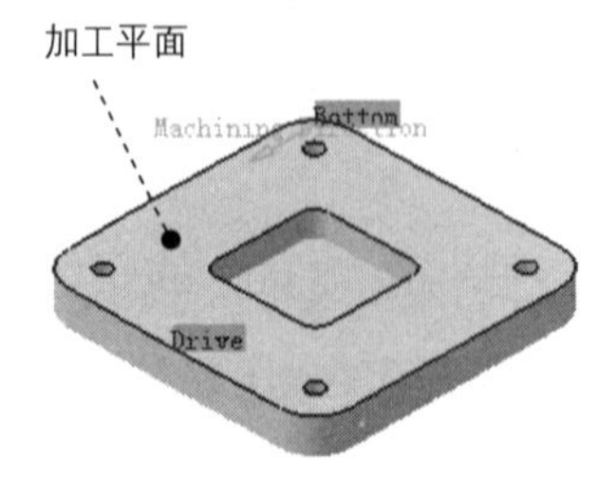

图 16.3.6　定义加工平面

任务 02 定义刀具参数

步骤 01 进入刀具参数选项卡。在“Facing.1”对话框中单击“刀具参数”选项卡。

步骤 02 选择刀具类型。在“Facing.1”对话框中单击按钮，选择面铣刀为加工刀具。

步骤 03 刀具命名。在“Facing.1”对话框的 Name 文本框中输入“T1 Face Mill D 50”。

步骤 04 定义刀具参数。

（1）在“Facing.1”对话框中单击 More>> 按钮，单击 Geometry 选项卡，然后设置如图16.3.7 所示的刀具参数。

（2）单击 Technology 选项卡，然后设置如图 16.3.8 所示的参数。

（3）其他选项卡中的参数均采用系统默认的参数设置值。

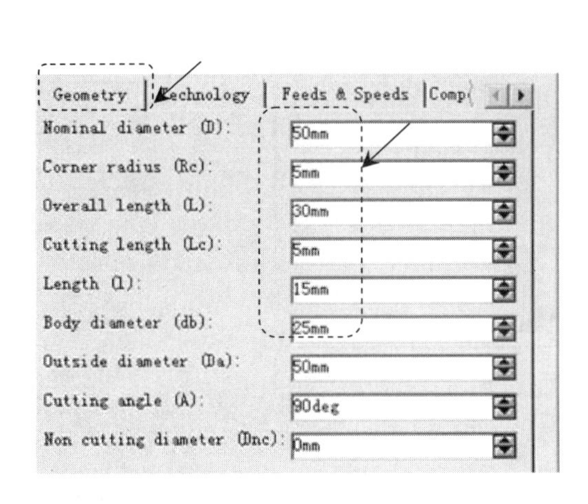

图 16.3.7 定义刀具参数（一）

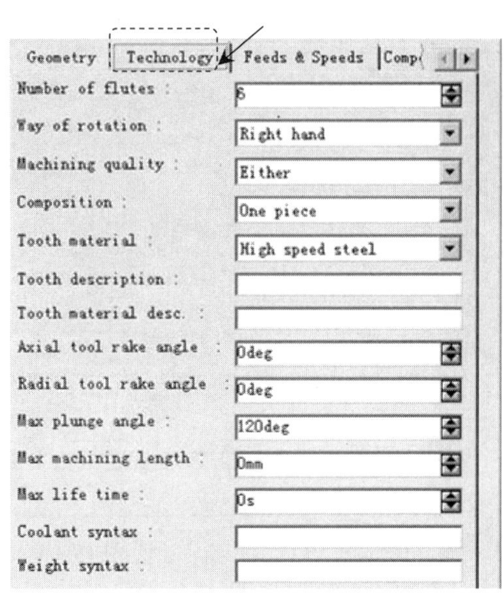

图 16.3.8 定义刀具参数（二）

任务 03 定义进给率

步骤 01 进入进给率设置选项卡。在“Facing.1”对话框中单击“进给率”选项卡。

步骤 02 设置进给率。分别在“Facing.1”对话框 Feedrate 和 Spindle Speed 区域中取消选中 □ Automatic compute from tooling Feeds and Speeds 复选框，然后在“Facing.1”对话框的选项卡中设置如图 16.3.9 所示的参数。

任务 04 定义刀具路径参数

步骤 01 进入刀具路径参数选项卡。在“Facing.1”对话框中单击“刀具路径参数”选项卡 。

步骤 02 定义刀具路径类型。在“Facing.1”对话框的 Tool path style: 下拉列表中选择 Inward helical 选项。

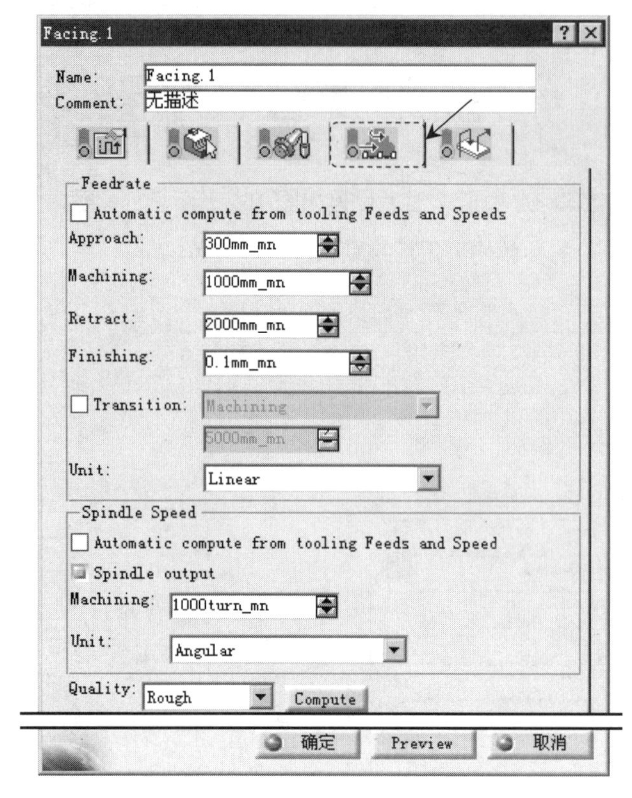

图 16.3.9 “进给率”选项卡

在 选项卡中选择不同的刀具路径类型，生成的刀路轨迹也不一样。当在 Tool path style: 下拉列表中选择 Inward helical 选项时，生成的刀路轨迹如图 16.3.10 所示；在 Tool path style: 下拉列表中选择 Back and forth 选项时，生成的刀路轨迹如图 16.3.11 所示；在 Tool path style: 下拉列表中选择 One way 选项时，生成的刀路轨迹如图 16.3.12 所示。

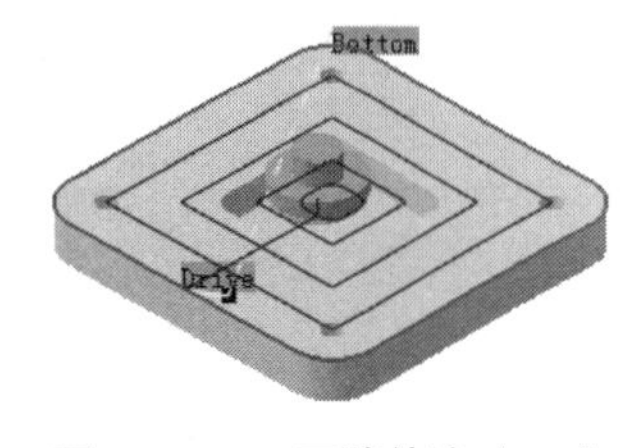

图 16.3.10 刀路轨迹（一）

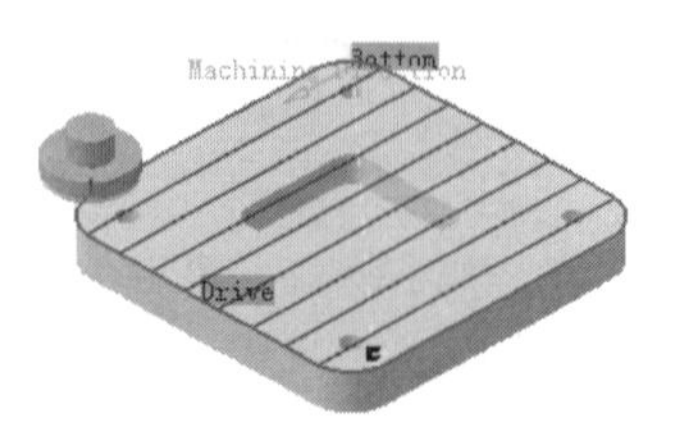

图 16.3.11 刀路轨迹（二）

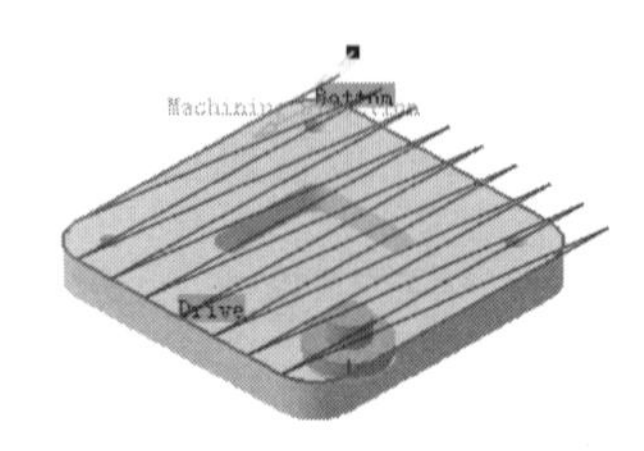

图 16.3.12 刀路轨迹（三）

步骤 03 定义切削参数。在“Facing.1”对话框中单击 Machining 选项卡，然后在 Direction of cut: 下拉列表中选择 Climb 选项，其他选项采用系统默认设置值。

步骤 04 定义径向参数。单击 Radial 选项卡，然后在 Mode: 下拉列表中选择 Tool diameter ratio 选项，在 Percentage of tool diameter: 文本框中输入数值 50，其他选项采用系统默认设置值。

步骤 05 定义轴向参数。单击 Axial 选项卡，然后在 Mode: 下拉列表中选择 Number of levels 选项，在 Number of levels: 文本框中输入数值 1。

步骤 06 定义精加工参数。单击 Finishing 选项卡，然后在 Mode: 下拉列表中选择 No finish pass 选项。

步骤 07 定义高速铣削参数。单击 HSM 选项卡，然后取消选中 □High Speed Milling 复选框。

任务 05 定义进刀/退刀路径

步骤 01 进入进刀/退刀路径选项卡。在“Facing.1”对话框中单击“进刀/退刀路径”选项卡。

步骤 02 定义进刀路径。在 Macro Management 区域的列表框中选择 Approach 选项，然后在 Mode: 下拉列表中选择 Ramping 选项，选择螺旋进刀类型。

步骤 03 定义退刀路径。在 Macro Management 区域的列表框中选择 Retract 选项，然后在 Mode: 下拉列表中选择 Axial 选项，选择直线退刀类型。

5. 刀路仿真

步骤 01 在“Facing.1”对话框中单击“Tool Path Replay”按钮，系统弹出“Facing.1”对话框，且在图形区显示刀路轨迹，如图 16.3.12 所示。

步骤 02 在“Facing.1”对话框中单击按钮，然后单击按钮，观察刀具切割毛坯零件的运行情况。

步骤 03 确定无误后单击“Facing.1”对话框中的 确定 按钮，然后再次单击 确定 按钮。

6. 保存模型文件

选择下拉菜单 文件 ➡ 保存 命令，在系统弹出的“另存为”对话框中输入文件名 Face_Milling，单击 保存(S) 按钮即可保存文件。

16.3.2 轮廓铣削

轮廓铣削就是对零件的外形轮廓进行切削，刀具以等高方式沿着工件分层加工，在加工过程中采用立铣刀侧刃进行切削。轮廓铣削包括两平面间轮廓铣削、两曲线间轮廓铣削、曲线与曲面间轮廓铣削和端平面轮廓铣削 4 种加工方法。这里介绍两平面间轮廓铣削和两曲线间轮廓铣削。

（一）两平面间轮廓铣削

两平面间轮廓铣削就是沿着零件的轮廓线对两边界平面之间的加工区域进行切削。下面以图 16.3.13 所示的零件为例介绍两平面间轮廓铣削加工的一般过程。

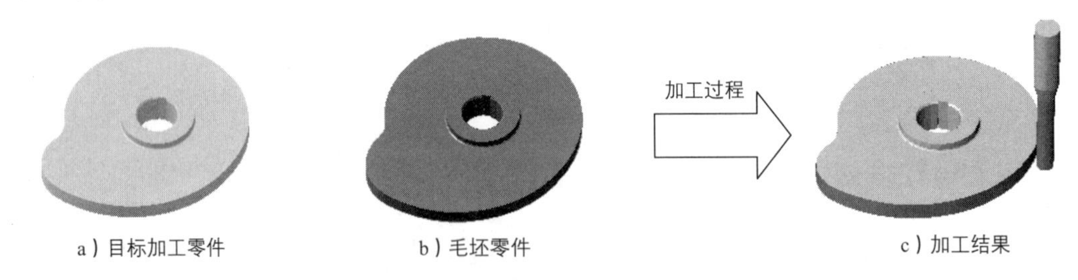

a）目标加工零件　　b）毛坯零件　　c）加工结果

图 16.3.13　两平面间轮廓铣削

1. 打开零件并进入加工工作台

步骤 01　打开文件 D:\ catxc2014\work\ch16.03.02\Profile-01\Process01.CATProcess，单击 打开(O) 按钮。

步骤 02　确认当前处于“Prismatic Machining”工作台，否则用户需要选择下拉菜单 开始 → 加工 → Prismatic Machining 命令，切换到“Prismatic Machining”工作台。

2. 设置加工参数

任务 01 定义几何参数

步骤 01　在特征树中选择 Manufacturing Program.1 节点，然后选择下拉菜单 插入 → Machining Operations → Profile Contouring 命令，插入一个轮廓铣削操作，系统弹出如图 16.3.14 所示的“Profile Contouring.1”对话框。

图 16.3.14 所示“Profile Contouring.1”对话框中各选项的说明如下。

- ◆ Mode：此下拉列表用于选择轮廓铣削的类型，包括如下四种。
- ◆ Between Two Planes：两平面间轮廓铣削。
- ◆ Between Two Curves：两曲线间轮廓铣削。

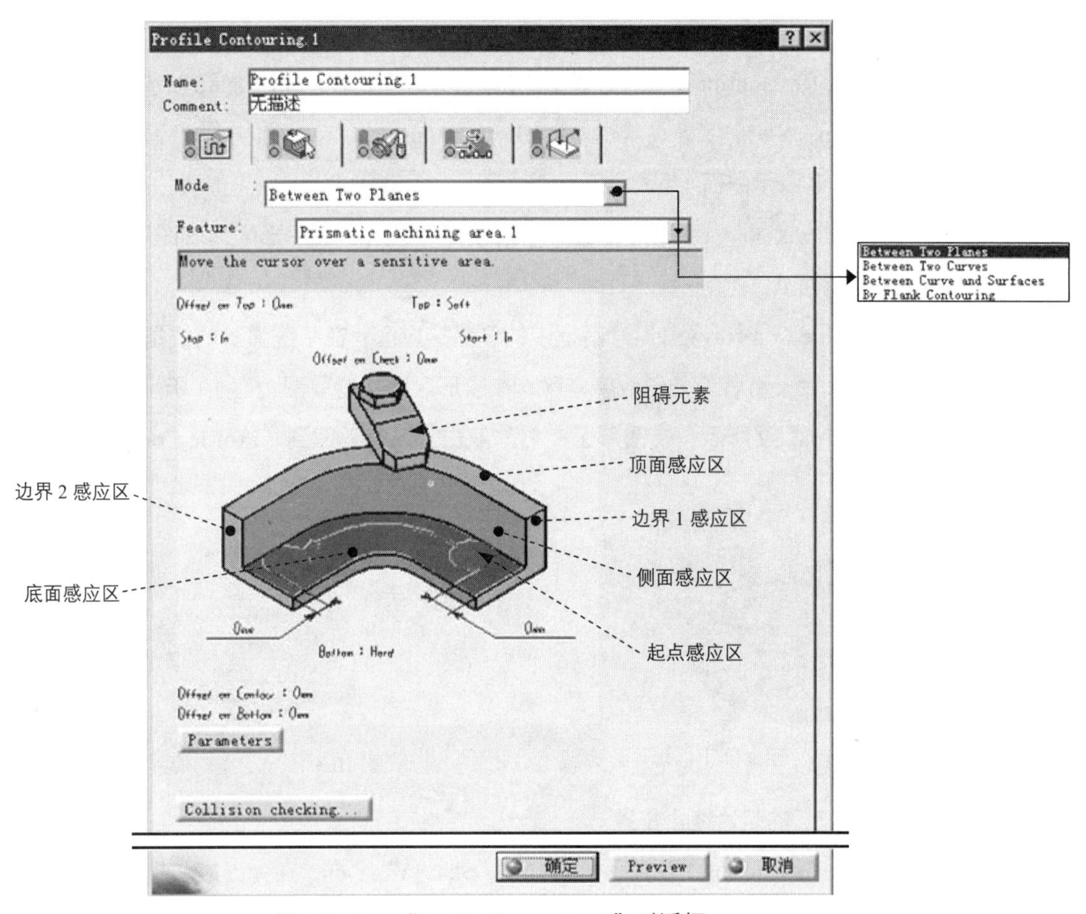

图 16.3.14 “Profile Contouring.1”对话框

◆ Between Curve and Surfaces：曲线与曲面间轮廓铣削。

◆ By Flank Contouring：端平面轮廓铣削。

◆ Stop : In / Start : In (Stop : In / Start : In)：右击对话框中的该字样后，系统弹出图 16.3.15 所示的快捷菜单，用于设置刀具起点（Start）和终点（Stop）的位置。图 16.3.16、图 16.3.17 所示分别为选择 On 和 Out 命令时的刀具位置。

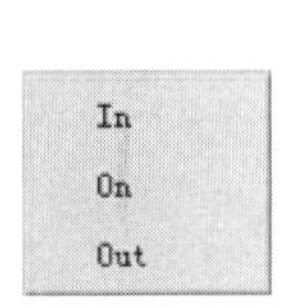

图 16.3.15 快捷菜单

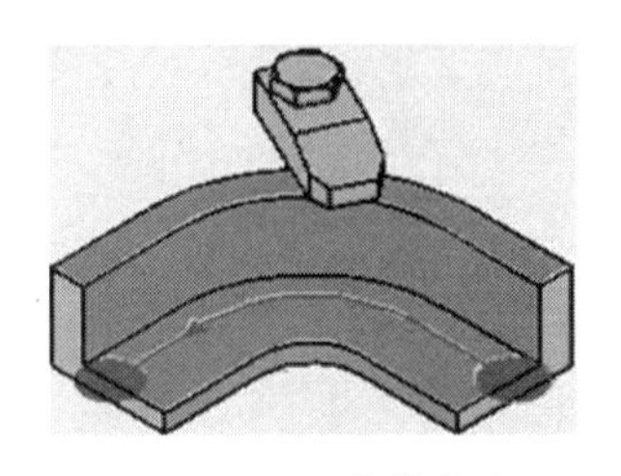

图 16.3.16 在轮廓上

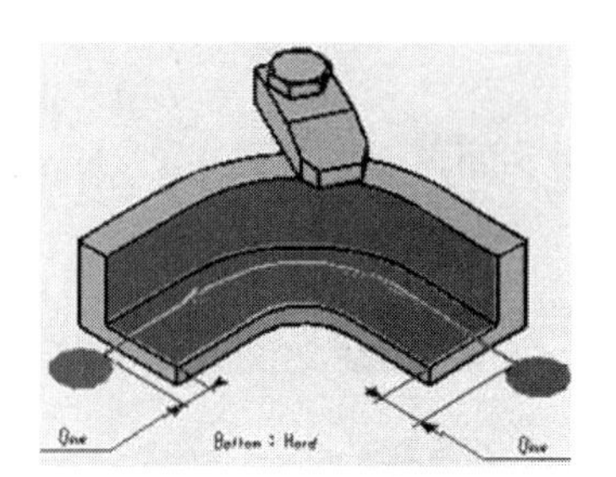

图 16.3.17 在轮廓外部

步骤 02 定义加工区域。

（1）在“Profile Contouring.1”对话框中单击 （Bottom：Hard）字样，使其变成 （Bottom：Soft）字样；单击“Profile Contouring.1”对话框中的底面感应区，在图形区选取图 16.3.18 所示的面 1（背面）为底平面。

（2）单击“Profile Contouring.1”对话框中的顶面感应区，在图形区选取图 16.3.18 所示的面 2（上面）为顶面。

（3）右击“Profile Contouring.1”对话框中的侧面感应区，在系统弹出的快捷菜单中选择 Remove All Contours 命令；然后单击侧面感应区，在图形区顺次选取图 16.3.19 所示的边线，并调整箭头方向如图 16.3.19 所示；在图形区空白处双击，系统返回到“Profile Contouring.1 对话框。

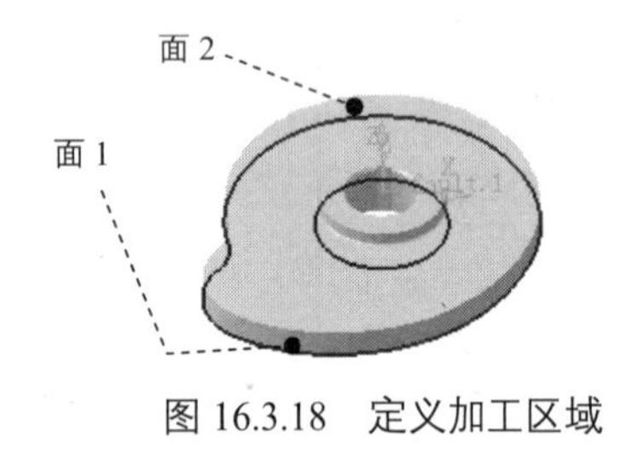

图 16.3.18 定义加工区域

图 16.3.19 定义轮廓线

步骤 03 定义加工的起始终止位置。

（1）在“Profile Contouring.1”对话框中右击“Start in”字样，在弹出的快捷菜单中选择 Out 命令，然后双击图中对应的 0mm 字样，在弹出的“Edit Parameter”对话框中输入数值 2，单击 确定 按钮。

（2）右击“Stop in”字样，在弹出的快捷菜单中选择 Out 命令，然后双击图中对应的 0mm 字样，在弹出的“Edit Parameter”对话框中输入数值 2，单击 确定 按钮。

（3）在“Profile Contouring.1”对话框中双击 字样，在弹出的“Edit Parameter”对话框中输入数值 0，单击 确定 按钮。

两平面间轮廓铣削必须定义加工的底面（Bottom）和侧面（Guide），其他几何参数都是可选项。

任务 02 定义刀具参数

步骤 01 选择刀具类型。在“Profile Contouring.1”对话框中单击“刀具参数”选项卡 ，单击 按钮，选取立铣刀为加工刀具；在 Name 文本框中输入“T1 End Mill D 10”并按下

Enter 键。

步骤 02 定义刀具参数。取消选中 □Ball-end tool 复选项，单击 More>> 按钮，单击 Geometry 选项卡，然后设置图 16.3.20 所示的刀具参数，其他选项卡中的参数均采用默认的参数设置值。

任务 03 定义进给率。在“Profile Contouring.1”对话框中单击“进给率”选项卡 。分别在 Feedrate 和 Spindle Speed 区域中取消选中 □Automatic compute from tooling Feeds and Speeds 复选框，然后在“Profile Contouring.1”对话框的 选项卡中设置图 16.3.21 所示的参数。

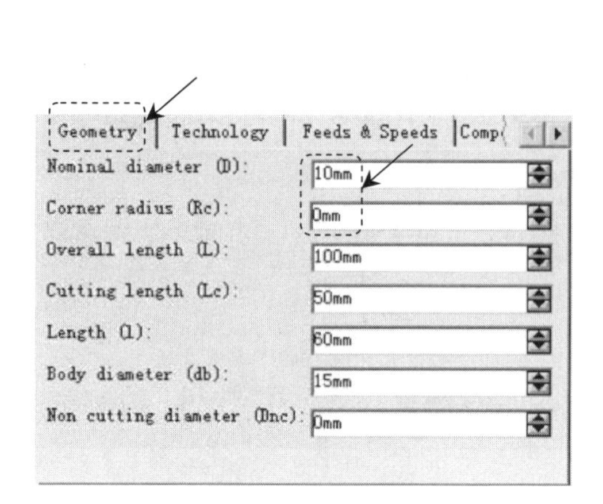

图 16.3.20 定义刀具参数

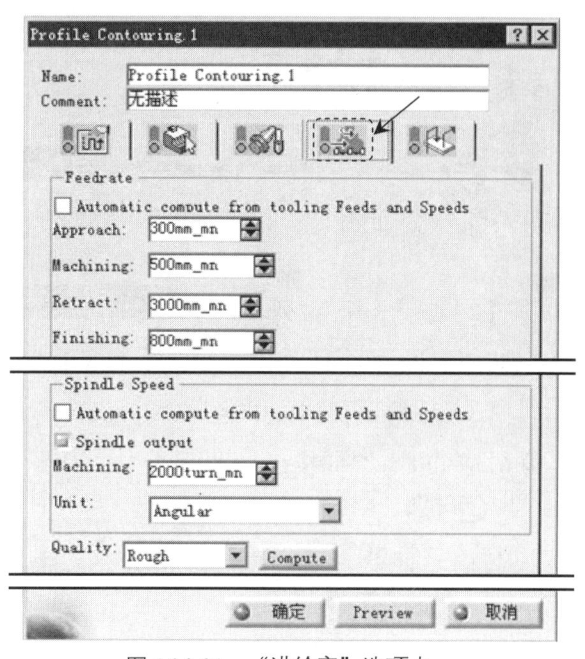

图 16.3.21 “进给率”选项卡

任务 04 定义刀具路径参数

步骤 01 进入刀具路径参数选项卡。在“Profile Contouring.1”对话框中单击“刀具路径参数”选项卡 。

步骤 02 定义刀具路径类型。在“Profile Contouring.1”对话框的 Tool path style: 下拉列表中选择 One way 选项。

步骤 03 定义切削参数。在“Profile Contouring.1”对话框中单击 Machining: 选项卡，然后在 Machining tolerance: 文本框中输入数值 0.005，其他选项采用系统默认设置。

步骤 04 定义进给量。在“Profile Contouring.1”对话框中单击 Stepover 选项卡，在 Axial Strategy (Da) 区域的 Mode: 下拉列表中选择 Number of levels 选项，然后在 Number of levels:

文本框中输入数值 3。

步骤 05 其他参数采用系统默认参数设置值。

任务 05 定义进刀/退刀路径

步骤 01 进入进刀/退刀路径选项卡。在“Profile Contouring.1”对话框中单击“进刀/退刀路径”选项卡 。

步骤 02 定义进刀路径。

（1）激活进刀。在 Macro Management 区域的列表框中选择 Approach，右击，从弹出的快捷菜单中选择 Activate 命令。

若弹出的快捷菜单中有 Deactivate 命令，说明此时就处于激活状态，无须再进行激活。

（2）在 Mode: 下拉列表中选择 Build by user 选项，依次单击“remove all motions”按钮 、“Add Circular motion”按钮 和“Add Axial motion”按钮 。

（3）双击示意图中的半径尺寸 10mm 字样，在弹出的“Edit Parameter”对话框中输入数值 6，单击 确定 按钮。

步骤 03 定义退刀路径。

（1）在 Macro Management 区域的列表框中选择 Retract，然后在 Mode: 下拉列表中选择 Build by user 选项。

（2）在“Pocketing.1”对话框中依次单击“remove all motions”按钮 、“Add Circular motion”按钮 和“Add Axial motion”按钮 。

（3）双击示意图中的尺寸 10mm 字样，在弹出的“Edit Parameter”对话框中输入数值 6，单击 确定 按钮。

步骤 04 定义层间进刀路径。

（1）激活进刀。在 Macro Management 区域的列表框中选择 Return between levels Approach，右击，从弹出的快捷菜单中选择 Activate 命令。

（2）在 Mode: 下拉列表中选择 Build by user 选项，依次单击“remove all motions”按钮 、“Add Circular motion”按钮 。

（3）双击示意图中的半径尺寸 10mm 字样，在弹出的“Edit Parameter”对话框中输入数值 6，单击 确定 按钮。

步骤 05 定义层间退刀路径。

（1）在 Macro Management 区域的列表框中选择 Return between levels Retract，然后在 Mode: 下拉列表中选择 Build by user 选项。

（2）在“Pocketing.1”对话框中依次单击“remove all motions”按钮、“Add Circular motion”按钮。

（3）双击示意图中的半径尺寸 10mm 字样，在弹出的“Edit Parameter”对话框中输入数值 6，单击 确定 按钮。

3. 刀路仿真

步骤 01 在“Profile Contouring.1”对话框中单击“Tool Path Replay”按钮，系统弹出“Profile Contouring.1”对话框，且在图形区显示刀路轨迹（见图 16.3.22）。

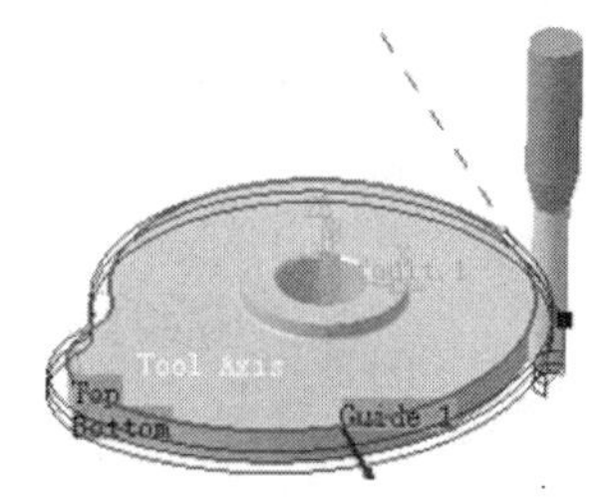

图 16.3.22 显示刀路轨迹

步骤 02 在“Profile Contouring.1”对话框中单击按钮，然后单击按钮，观察刀具切割毛坯零件的运行情况。

步骤 03 完成后单击两次“Profile Contouring.1”对话框中的 确定 按钮。

4. 保存模型文件

选择下拉菜单 文件 ➡ 保存 命令，即可保存文件。

第17章　数控加工与编程综合实例

本实例是一个简单凸模的加工实例，加工过程中使用了等高线、型腔铣削以及平面铣削等加工方法，其加工工艺路线如图 17.1.1 所示。

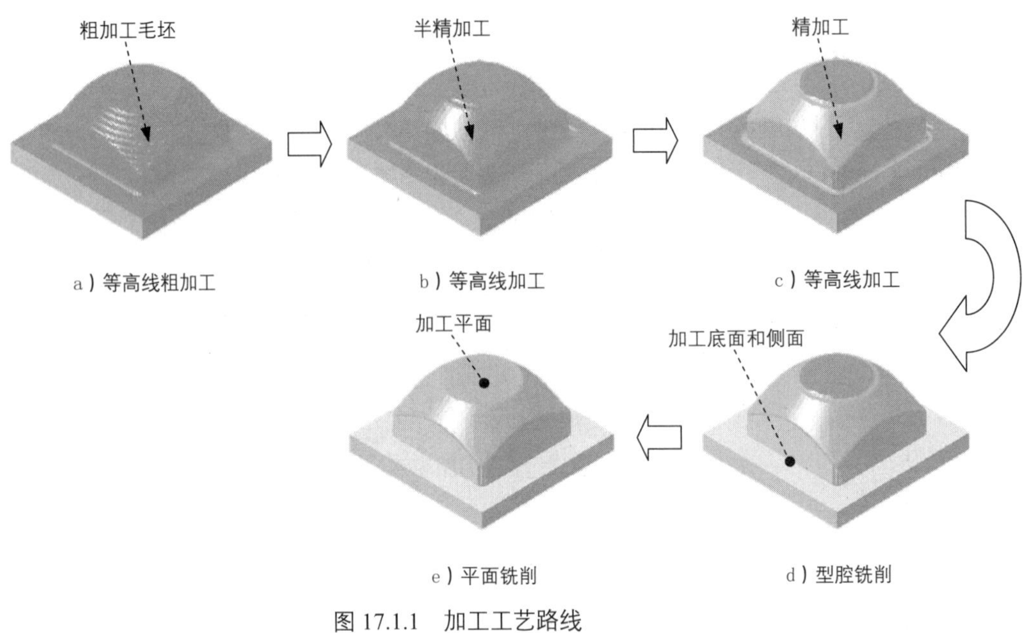

图 17.1.1　加工工艺路线

本实例的详细操作过程请参见随书光盘中 video\ch17.01 文件下的语音视频讲解文件。模型文件为 D: \catxc2014\work\ch17.01\upper_vol.CATPart。